KB099032

지구의
마지막 숲을
걷다

지구의 마지막 숲을 걷다

벤 롤런스 지음 · 노승영 옮김

수목한계선과 지구 생명의 미래

THE TREELINE

엘리

숲을 집이라고 부르는
나무와 뭇 생명에게

일러두기

* 본문 중의 주석은 옮긴이 주, 미주는 저자 주이다.
* 인명과 지명의 표기는 외래어표기법을 따르되, 통용되지 않는 명칭은 원서 오디오북에 준했다.

차례

지도 ◦ 008

머리말 ◦ 011

1 좀비숲 ◦ 025

2 순록을 쫓아 ◦ 079

3 잠자는 곰 ◦ 125

4 국경 ◦ 215

5 바다의 숲 ◦ 269

6 얼음과의 마지막 탱고 ◦ 349

맺음말: 숲처럼 생각하기 ◦ 397

나무 설명 ◦ 411

옮긴이의 말: 숲의 끝은 세상의 끝이다 ◦ 443

주 ◦ 448

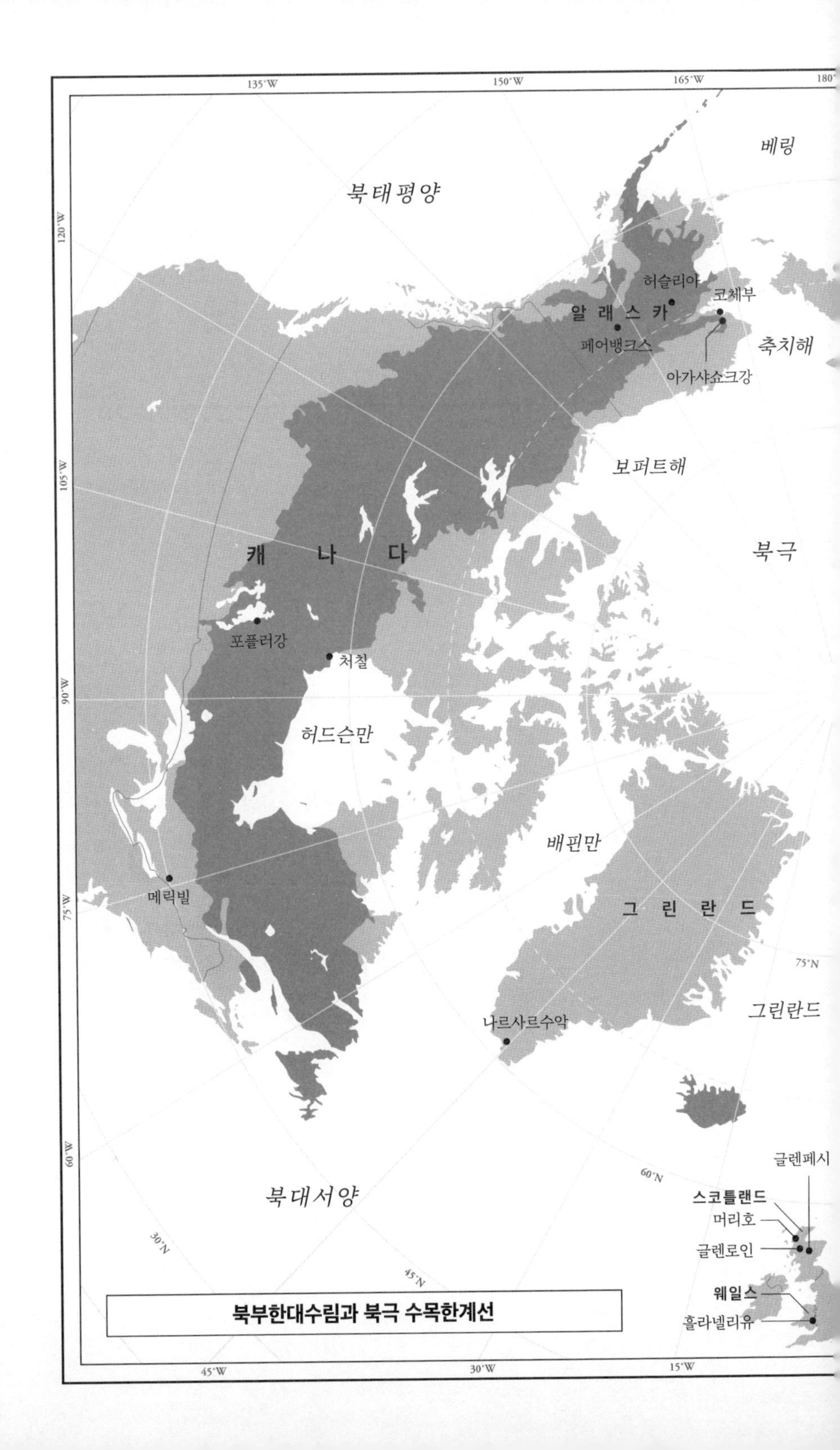

북부한대수림과 북극 수목한계선

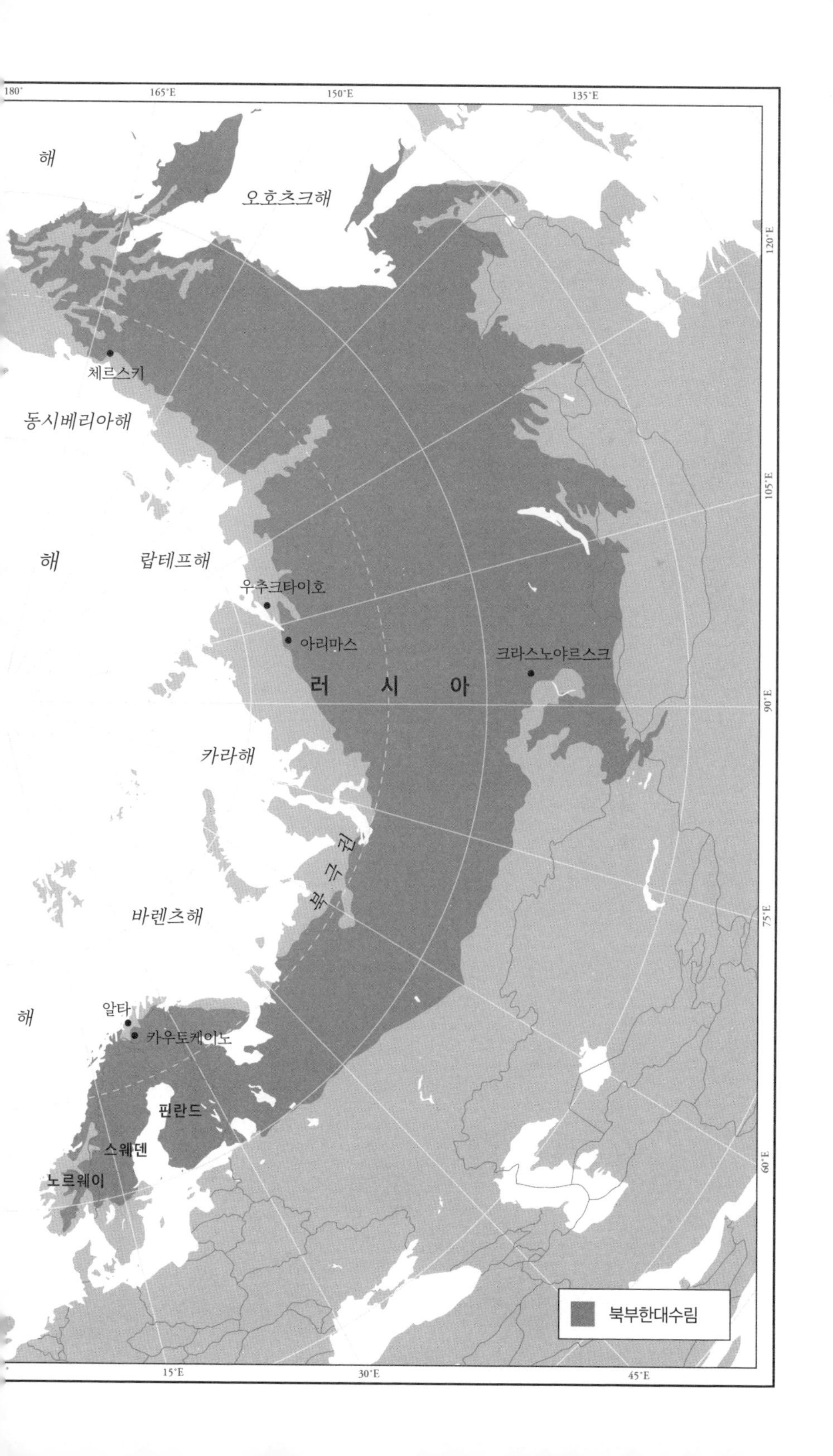

180°
165°E
150°E
135°E
120°E
105°E
90°E
75°E
60°E
15°E
30°E
45°E
해
오호츠크해
체르스키
동시베리아해
해
랍테프해
우추크타이호
아리마스
크라스노야르스크
러 시 아
카라해
북극권
바렌츠해
해
알타
카우토케이노
핀란드
스웨덴
노르웨이
북부한대수림

머리말

서양주목

Taxus baccata

웨일스 흘라넬리유

북위 52도 00분 01초

우리 집 뒤에는 아주 크고 아주 늙은 나무가 있다. 딱히 관심을 가져본 적은 없었다. 평범한 나무였으니까. 교회 묘지 옆에 있는 옹이투성이 노목. 웨일스의 전형적인 풍경이었다. 하지만 얼마 전부터 나무들에 관심이 생겼다.

문제의 나무는 주목*Taxus baccata*이다.* 도로 위로 1~2미터 솟은 둔덕에 서 있는데, 뿌리는 피부밑 울퉁불퉁한 근육처럼 흙 아래 촘촘히 몰려 있다. 크고 구부러진 가지에 돋은 섬세한 늘푸른 바늘잎은 가느다란 머리카락을 닮았으며 얼굴을 가린 부스스한 앞머리처럼 늘어져 있다. 수줍은 초록 인간 같다. 줄기에 가까이 다가가려면 금방이라도 나를 덮칠 듯한 앞머리 밑으로 머리를 숙이고 마치 제단 뒤쪽을 훔쳐보듯 묵직하고 성스러운 장막 같은 가지들을 벌려야 한다. 이곳은 길에서 고작 몇 걸음 떨어진 신비로운 피난처다. 상록수의, 생명의 알싸한 향이 감돈다.

맞은편 길가에 주목이 한 그루 더 있다. 크기는 약간 작지만, 껍질이 매끄럽고 발그레하며 껍질 여기저기가 북슬북슬하고 끈

* 이 책에서 '주목'은 '서양주목'을 일컫는다.

적끈적한 것은 똑같다. 흙에서 불쑥 솟아 밖으로 드러난 뿌리를 눈으로 좇는다. 뿌리는 길가를 따라, 또 길 아래 땅속에서 덩치 큰 이웃의 뿌리와 얽혀 하나의 생명 조직을 형성한다. 자세히 들여다보니 작은 나무에 연홍색 열매가 맺혀 있다. 암나무다. 큰 나무는 열매가 없으니 수나무다. 둘은 멋지고 우람한 짝이지만, 아무리 수소문해도 이 오래된 연인이 얼마나 늙었는지, 어쩌다 여기 왔는지 아는 사람을 못 찾겠다.

주목은 나이를 알아내기가 힘들기로 악명 높다. 여기에는 수명의 상한선이 없는 탓도 있다. 주목은 젊을 때는 쑥쑥, 중년에는 꾸준히 자라며, 늙은 채로 한없이 살아갈 수 있는 듯하다. 이따금 생장이 멈추면 오랫동안, 어쩌면 수백 년간 휴면할 수도 있다. 나이테분석은 주목에는 무용지물이다. 개잎갈나무와 마찬가지로 주목 또한 낮게 드리운 가지에서 흙에 뿌리를 내려 자랄 수 있으며 그루터기에서 싹을 틔울 수도 있다. 내버려두면 영원히 재생할 수 있을 것이다. 이런 이유로 주목은 켈트인에게 신성한 존재가 되었다. 켈트인이 빨간 독 열매, 분홍색 껍질, 풍성한 수액을 내는 주목을 숭배한 것은 다름 아닌 신과 같은 특징, 생명과 죽음을 선사하는 능력, 영원히 사는 불멸성 때문이었다. 교회 경내境內는 둥근 모양으로, 아담한 노르만 양식 교회에 앞서 전前기독교 성지 흘란이 있었음을 나타내는 표지다. 주목은 흘란과 함께 있을 때가 많다. 스톤 서클* 위로 고요히 선 채 수백 년, 어쩌면 수천 년간 길

* 거대한 선돌이 둥글게 줄지어 놓인 유구遺構. 신석기시대에서 청동기시대에 걸쳐 나타난 것으로 유럽 대서양 해안의 유적지에 많다. 태양숭배와 관련된 종교 기념물로서, 무덤과도 관계가 있다.

아래 땅속에서 손을 맞잡고 있는 늙은 연인은 흘라넬리유 마을이 애초에 이곳에 자리잡은 이유인지도 모른다.

늙은 나무는 경이감을 불러일으킨다. 노거수는 다른 시대에서 찾아온 난민으로, 수명 주기는 인간의 시간 척도를 훌쩍 뛰어넘으며 그 분포와 범위는 지질, 기후, 진화의 장구한 지구적 순환이 낳은 결과다. 이를테면 주목이 중앙아시아 고산 지대와 유럽 북부 외딴 지역에 띄엄띄엄 분포하는 흥미로운 현상은 이 나무들이 틀림없이 한때 널리 퍼져 있다가 이제 잔존식물*이 되었음을 암시한다. 남은 개체들은 다른 시대에서 온 국외자다. 이것은 위기의 순간에는 위로가 될지도 모르겠다. 나이테가 수천 개에 또 수천 개가 쌓인 심층 시간 속에서 우리의 우려는 점 하나에 지나지 않음을 상기시키니 말이다. 하지만 인류가 대양, 숲, 바람, 해류의 지구적 체계를 들쑤셔 애초에 우리를 탄생시킨 물과 공기의 기체 균형을 깨뜨린 지금은 주목이 선사하는 위로에 의구심이 든다. 나무가 건네는 것은 이제 위로가 아니라 경고다.

지구온난화를 처음으로 절감한 것은 우리의 태평하던 시간 감각에서다. 수천 년이 순식간으로 바뀌어버렸다. 요즘은 산, 숲, 들판을 볼 때마다 땅이 예감과 기억으로 전율하는 것이 느껴진다. 다가올 불확실성에 대한 최상의 길잡이는 역사다. 암석, 얼음, 나무를 연구하는 지질학, 빙하학, 연륜연대학인 것이다. 역사의 관점에서 보면 암석, 얼음, 나무 안에 과거와 미래가 공존하고 시간 관념이 흐릿해진다. 언덕을 걷다보니 어질어질하다. 문득 사방에

* 과거에 번성하였지만 환경의 변화에 따라 쇠퇴하여 한정된 지역 또는 특별한 환경에서만 살아남은 식물.

서, 나무가 없는 곳에서, 있던 곳에서, 있어야 할 곳에서 허깨비처럼 나무가 보인다. 이것은 시간 바깥에서 풍경을 바라보는 방법이다. 땅에 더 가까운 사람들이 늘 그랬듯. 그렇게 바라보면 풍경은 잘못된 것처럼 보인다. 교회와 마을 위로 솟은 블랙산맥의 말끔한 초록색 선은 이제 내게 비극적 사막처럼, 인류의 집단적 어리석음으로 대표되는 어떤 지질시대의 기념물처럼 보인다.

이 언덕들은 잉글랜드와 웨일스를 가르는 경계선이다. 처음에는 로마인이, 다음에는 데인인이, 그다음에는 중세 잉글랜드 왕들이 이 선을 건너면서 시작된 변화는 마침내 지구 자연림의 마지막 남은 거대 자취인 아마존 열대림과 아북극 북부한대수림의 종말을 목전에 두고 있다. 로마인, 데인인, 잉글랜드 귀족들이 찾으러 온 것은 천연자원, 그중에서도 목재였다. 웨일스 정복은 선 넘기를 기반으로 한 경제체제가 최초로 모습을 드러낸 사건이었다. 환경이 지탱할 수 있는 한계를 초과한 초기 중상주의자들은 무력을 휘둘러 공물貢物과 자원을 타국에서 얻어냈다. 영국이든 바이킹이든 로마든 뭐든, 제국은 선을 넘는다(그게 바로 제국의 정의定義다). 제국주의, 자본주의, 백인우월주의에는 공통의 비뚤어진 철학이 있다. 그것은 인간 행동 중 일부의 자유에 대한 제약을 자유 원칙 자체에 대한 침해로 여긴다는 것이다. 숲의 공共진화적 역동성은 그와 정반대다.

한때 이 언덕은 나무로 덮여 있었다. 이제 남은 것은 프리드 또는 코드케이라고 불리는 조각난 생태계다. 이곳은 산사나무, 덤불, 고사리가 활엽수와 어우러져 있으며, 저지대 서식지와 고지대 서식지 사이의 전이지대*다. 꼭대기의 이탄은 이곳이 한때 숲이었다는 증거다. 하지만 그것은 우리의 신석기 조상이 가축을 먹이고 땔감을 얻기 위해 숲을 개간하기 전이었고 그 뒤에 우리가 사슴고기, 들꿩고기, 그리고 물론 양고기에 맛들이기 전이었다. 나무가 자라기 전, 그 무엇도 암석을 덮기 전 그곳엔 얼음이 있었다.

마지막 빙기는 1만 년 전 끝났다. 지구 시계로는 몇 초에 불과한 기간이다. 흘라넬리유의 늙은 주목은 얼음이 물러갈 때 뿌리를 내린 첫 나무들 중 하나의 손주, 심지어 증손주일 것이다. 주목 같은 구과수**는 얼음의 순환에 발맞춰 진화했다. 극한적 환경에서, 영양소가 부족한 메마른 토양에서 무럭무럭 자랐다. 이것은 수목한계선이라는 과정의 작동 방식이다. 수목한계선은 실은 전혀 선이 아니기 때문이다.

현대적 용법에서 '수목한계선'이 나무의 생장 한계를 나타내는 지도상의 고정된 선을 뜻한다는 사실은 인간의 시간대가 얼마나 협소하고 우리가 현재의 서식지를 얼마나 당연시하는지 보여주는 증거일 뿐이다. 사실 고도에 의해 (산 위로) 제한되든 위도에 의해 (북극 근처로) 제한되든 나무의 생장 조건은 나무를 낳는 환경, 즉 토양, 영양, 햇빛, 이산화탄소, 온기를 얼마나 얻을 수 있는가에 따라 얼마든지 달라질 수 있다. 이 기후 조건은 1000~2000년간 놀랍도록 일정했으나 더 오랜 시간 척도에서 보

* 생물권 보존 구역에서 서로 다른 둘 이상의 공간이 접하는 지역으로, 자연자원의 추출과 실험 연구 등이 이루어지는 핵심 지역 및 완충 지역을 보호하는 기능을 한다.

** 毬果樹. 영어 'conifer'는 대개 '침엽수'로 번역하지만 이 책에서는 둘을 구분한다.

자면 지구 온도가 조금만 달라져도 수목한계선은 늘 오르락내리락했다.

얼음은 숱하게 오고 갔다. 그때마다 자연은 처음부터 새로 시작하여 빙식* 지대를 서서히 재정복했다. 처음에는 지의류가, 다음에는 이끼가, 그다음에는 풀, 떨기나무, 그리고 자작나무와 개암나무처럼 토질을 개선하고 부엽腐葉을 수북이 쌓는 개척종이, 마지막으로 소나무, 졸참나무, 주목 같은 느림보 거목이 찾아왔다. 지구상의 대다수 서식지에서 자연의 평형 작용은 추위나 가뭄에 얽매이지 않고 인위적 교란을 겪지 않는다면 결국 숲을 형성하는 경향이 있다. 그리하여 얼음이 북쪽으로 이동함에 따라 수목한계선은 느릿느릿 뒤를 따라가며 메마른 토양에 뿌리를 내리고 광합성을 하고 바늘잎을 떨구다가, 죽어서는 풍성하고 기름진 지각을 형성해 나머지 모든 뭍 생물의 서식지를 위한 토대를 놓았다. 북반구를 통틀어 수목한계선이 거쳐가지 않은 땅덩어리는 거의 없다.

300만 년 전 플라이오세**에 식물이 폭발적으로 증가하여 대기가 현대와 비슷한 평형 상태로 냉각된 이후, 빙기는 10만 년 주기로 지구를 얼렸다. 주기가 반복되는 이유는 지구가 반듯하게 돌지 않고 팽이처럼 기우뚱하게 돌기 때문이다. 이 세차운동을 밀란코비치 주기Milankovitch cycle라고 한다. 이 때문에 지구가 10만 년에 한 번씩 태양으로부터 살짝 멀리 기울어 아주 조금 냉각되는데, 그러면 극지방의 얼음이 수천 년의 계절을 거치며 팽창했

* 빙하의 이동과 기온차로 암석이 깎이는 현상.

** 신생대 제3기의 마지막 시기로, 500만 년 전부터 200만 년 전까지의 시기.

다 수축했다 한다. 남극은 섬이며 남반구는 뉴질랜드와 파타고니아를 제외하면 빙하를 찾아보기 힘든 데 반해 북반구에서는 숲이 거듭거듭 나타났다 사라지기를 반복했다. 지구를 지질학적 시간에 걸쳐 저속 촬영하면 빙상이 율동적 패턴으로 다가왔다 물러나고 거대한 초록 숲이 북극을 향해 올라갔다 내려오면서 일종의 호흡을 하는 것을 볼 수 있다.

하지만 지금 지구는 과호흡하고 있다. 연두색 띠가 부자연스러울 만큼 빠르게 움직이며 바늘잎과 넓은잎의 월계관을 지구에 씌워 흰색의 북극을 초록으로 바꾸고 있다. 이제 수목한계선은 몇백 년에 수십 센티미터가 아니라 해마다 수백 미터씩 북쪽으로 이동한다. 나무들이 이동하고 있다. 이래선 안 된다. 이 불길한 현상은 지구상의 뭇 생명에게 어마어마한 영향을 미친다.

나무들이 행군한다는 표현을 처음 들은 것이 언제였는지 어디서였는지는 기억나지 않는다. 하지만 몇 년이 지나도록 그 이미지가 머릿속을 떠나지 않자 실제로 무슨 일이 벌어지고 있는지 직접 조사하기로 마음먹었다. 나는 지난 몇십 년에 걸친 최근의 온난화 추세에 맞춰 변화가 조금씩 누적되는 과정을 발견하게 될 줄 알았다. 아래와 같은 현실을 보게 되리라고는 꿈에도 생각지 못했다.

북극 툰드라가 떨기나무 천지가 되고 초록색으로 바뀌고 있었다. 하지만 이것은 단순히 나무들이 이산화탄소를 들이마시며 북쪽으로 내달리는 이야기가 아니다. 지구가 요동치는 이야기, 생태계가 거대한 변화에 대응하여 균형을 회복하려고 안간힘을 쓰는 이야기다. 해마다 나라만큼 큰 숲들이 화재, 충해, 인간에 의해 파괴되고 귀한 툰드라가 (침입종으로 간주되는) 나무들에 잠식되는 이야기다. 숲은 있어서는 안 되는 곳에서 군락을 진화시키거나 모습을 드러내고 있으며 이에 따라 숲의 안정을 생존 전략의 토대로 삼는 동물과 인간이 혼란에 빠지고 있다.

우리의 지도는 낡았다. 북극 수목한계선의 위치는 북극권을 정의하는 여러 기준 중 하나였다. 수목한계선은 또 다른 선인 '7월 10도 등온선'과 거의 정확히 일치하는데, 지구 위쪽을 두른 이 선은 여름 평균온도가 10도인 지대를 가리킨다. 이 너울거리는 선은 스코틀랜드 캐른고름산괴의 위쪽을 살짝 건드린 뒤 피오르 온대림으로부터 훌쩍 떨어진 스칸디나비아 내륙에 다시 상륙한다. 그런 다음 핀마르크 고원을 지나 러시아 백해에서 시베리아 위쪽을 거쳐 베링해협까지 쭉 이어진다. 알래스카에서는 브룩스산맥을 치받고는 캐나다를 가로질러 대각선으로 뚝 떨어져 다시 한번 허드슨만에서 바다와 만난다. 내해인 허드슨만의 반대편에서 퀘벡과 산악 지대 래브라도를 지나 그린란드 남쪽에서 물속에 뛰어든다.

이것이 이 책에서 서술하는 여정이지만, 선의 개념 자체는 오해의 소지가 있다. 지도를 확대하면 수목한계선은 선이 아니라 생태계와 생태계 사이의 이행대로, 과학자들은 숲-툰드라 이행대forest-tundra ecotone라고 부르며 경우에 따라서는 수 미터에서 수백 킬로미터에 이르기도 한다. 기후가 온난해지면서 숲-툰드라 이행대와 그 양쪽에 자리한 거대한 툰드라 생태계와 숲 생태계가 다양하고 예상치 못한 방식으로 달라지고 있다. 어쨌거나 선은 문제가 있다. 7월 10도 등온선은 더는 지도에 표시할 수 있는 고정된 지대가 아니다. 시베리아, 그린란드, 알래스카, 캐나다의 여름 기온에서 보듯 곳곳에서 널뛰기가 일어나고 있다. 나무가 자랄 수 있는 곳과 실제로 자라는 곳이 불일치하는 현상이 꾸준히 발생했다. 이 때문에 모든 지역이 가능성의 지대이자 위협의 지대가 되었다.

나는 이 지대를 따라 여행하면서 지구의 현재 기후를 조절하는 북부 숲의 기본 역할에 대해 많은 것을 알게 되었다. 아마존 우림이 아니라 북부한대수림이야말로 지구의 진짜 허파다. 지표면의 5분의 1을 덮고 지구상의 모든 나무 중 3분의 1을 거느린 북부한대수림은 바다에 이어 두 번째로 거대한 생물군계*다. 물과 산소의 순환, 대기 순환, 알베도 효과**, 해류, 극풍*** 같은 지구의 계들은 수목한계선의 위치와 숲의 활동에 의해 형성되고 변화한다.

나는 이 계들의 활동이 온난화의 영향으로 어떻게 달라지는지에 대해 우리가 아는 게 거의 없다는 사실을 알게 되었다. 우리는 세상이 위험하리만치 뜨거워지고 있다는 것은 알지만 이것이 우리에게나 숲의 다른 생물에게 무슨 의미인지는 아직 모른다. 숲이 더워지면서 이산화탄소를 흡수하고 저장하는 능력을 잃고 있

* 기후 조건에 따라 지역을 구분할 때 그 기후 지역에 분포하는 식물의 군집과 동물의 군집을 모두 포함하는 가장 큰 생물 군집으로, 예를 들면 툰드라나 열대우림 기후 지역에 분포하는 특정 생물의 군집 단위가 있다.

** 햇빛 반사율 변화로 인한 지구의 에너지 균형 변화.

*** 위도 60도 이상의 극지방에서 발생하는 고기압으로부터 불어 나오는 차가운 바람으로, 지구의 자전 때문에 생기며 극전선의 원천이 된다.

다. 북부한대수림이 지구 최대의 산소 공급원이기는 하지만 이곳에 나무가 많다고 해서 반드시 대기 중 탄소를 더 많이 격리하는 것은 아니다. 나무는 툰드라 동토에 침입하여 영구동토대의 해빙을 촉진하는데, 영구동토대가 녹아 그 안에 갇혀 있던 온실가스가 빠져나오면 과학자들의 예측을 모조리 뛰어넘는 수준으로 지구온난화가 가속화할 것이다. 지금 여러 모순되는 현상들이 한꺼번에 벌어지고 있다.

지구는 균형을 잃었으며 수목한계선은 거대한 지질학적 변화에 휘말린 채 과거, 현재, 미래에 대한 우리의 판단을 어지럽히고 이의를 제기한다. 문화사학자 토머스 베리가 말한다. "우리는 이야기들 사이에 있다. 세계가 어떻게 생겨났으며 우리가 그 세계와 어떻게 조화를 이루어야 하는지 설명하는 오래된 이야기는 이제 더이상 효력이 없다. 그러나 우리는 아직 새로운 이야기를 배우지 못했다."[1] 나는 새 이야기들의 씨앗이 북부한대수림의 오래된 방식에 뿌리를 내린 것을 발견했다. 숲은 인간이 자연과 평등하게 공존하는 방법이 아직 남아 있는 곳이다.

하지만 이 지대는 학술적으로든 지리적으로든 방대하며, 북부한대수림에 해당하는 범위가 하도 넓어 책 한 권에 담기엔 불가능해 보였다. 그러다 몇 안 되는 수종이 수목한계선을 구성한다는 사실을 알고서 어쩌면 이곳을 서술하려는 시도가 가능할지도 모르겠다는 생각이 들기 시작했다. 이 책에 등장하는 여섯 종의 엘리트 클럽 나무들은 북부 지대의 친숙한 수종으로, 구과수 세 종과 활엽수 세 종이 추위에서 살아남기 위해 진화했다. 게다가 스코틀랜드의 구주소나무, 스칸디나비아의 자작나무, 시베리아의 잎갈나무, 알래스카의 가문비나무, 그리고 범위는 적지만 캐나다의 포플러와 그린란드의 마가목에 이르기까지 각 종은 수목한계선에서 나름의 영역을 차지하여 다른 종을 몰아내고 독특한 생태계를 정착시킨다. 나는 이 나무들의 자연 서식지를 찾아 각 종이 온난화에 어떻게 대처하고 있는지, 그들의 이야기가 우리를 비롯한 숲의 나머지 구성원들에게 무엇을 의미하는지 알아보기로 마음먹었다. 숲의 계절 변화를 파악하기 위해 2018년부터 2020년에 걸쳐 여러 차례 수목한계선을 방문했는데, 이어지는 장들은 해가 뜨는 곳을 향해 동쪽으로 수목한계선을 따라가며 지리적으로 배열되어 있다.

이 북부 수종은 소수이지만 강인하다. 지리적 자연선택이라는 오랜 게임에서는 가장 창의적인 생물만이 이 혹한의 위도에서 살아남는다. 섬세하고 다채로운 열대우림이 종의 친숙한 조합을 수백만 년 동안 유지한 것에 반해 북부 지대는 거듭거듭 깨끗이 지운 칠판 같다. 이곳은 현재 지구상에서 벌어지는 대변화 이후에 무엇이 남을지 엿볼 수 있는 장소다. 지금으로부터 수천, 어쩌면 수백만 년이 지나 지구가 다시 식었을 때 땅을 뒤덮고 또 한 번 번성할 종은 북부한대수림에 터 잡은 생물일 것이다. 그들은 기후변화에 독특하게 적응했다. 수천 년간 얼음의 진퇴에 발맞췄다. 숲 파괴와 대기 중 온실가스 배출로 인해 전 세계 우림의 대부분은 이미 사바나가 될 운명을 맞았다. 나의 이웃, 흘라넬리유의 늙은 초록색 남녀는 영국이 얼마나 뜨겁고 건조해지는가에 따라, 피해를 억제하려는 인류의 노력이 어느 규모로 이루어지고 얼마나 성공을 거두느냐에 따라 살아남을지도 모르지만, 최후의 숲은 북부한대수림일 것이다. 인간이 화석으로만 남았을 때 여전히 우뚝 서 있을 것은 이 강인한 북부의 수종들이다.

1
좀비숲

구주소나무

Pinus sylvestris

스코틀랜드 글렌로인

북위 57도 04분 60초

지금의 간빙기가 시작될 때 빙하가 고지대로 물러나자 북부한대수림이 빈자리를 메우려고 출발했다. 영국제도에서 수천 년간 보지 못한 식물들이 하나둘 돌아오기 시작했다. 웨일스 북부 고지대와 스코틀랜드 하일랜드에는 얼음이 남아 있었지만, 산간분지와 들판에서는 지의류가 노암露巖에 껍질을 씌웠다. 그다음 이끼가 찾아와 양탄자를 깔자 풀과 사초가 먼저 자리잡았고 이내 개암나무, 자작나무, 버드나무, 주니퍼(향나무속), 아스펜(사시나무속) 같은 개척자 떨기나무가 뒤따랐다. 이 북부한대수림 체계는 북쪽으로 진출해 지금의 영국해협에 놓여 있던 육교를 건넌 뒤 얼음의 발치에 초록 물살을 밀어붙였으며 초기의 온갖 씨앗들은 바람, 비, (인간을 비롯한) 동물의 이주 패턴이 이루는 자연적 순환을 따라 퍼져 나갔다.

1만 년 뒤 내가 그 길을 따라간다. 웨일스에서 북쪽으로 차를 몰아 지도상에서 수목한계선이 현재 멈춰 있는 지점인 스코틀랜드로 향한다. 포트윌리엄을 목적지 삼아 스코틀랜드 서해안을 따라 웅장하게 솟은 계곡을 통과한다. 꼭대기의 노두는 하늘과 어우러진 성당 지붕처럼 꿋꿋이 서 있다. 도로가 꺾일 때마다 무성한 초록 비탈이 물러났다 다가오기를 반복한다. 높이 숨은 돌밭 호수에서 마치 폭포가 떨어지듯 너덜*이 긴 도랑을 이뤄 흘러내린다. 햇빛이 시야를 가려 잠시 눈이 멀었는데, 다음 순간 약속의 땅이 드러난다.

실제로 당도하고서야 모순을 알아차린다. 내가 찾는 건 숲의 상한선인데, 정작 숲은 어디 있지? 스코틀랜드의 무시무시한 언덕, 안개를 뚫고 솟아오른 첩첩의 그늘진 비탈이 집단적 기억과 문화 속에 어찌나 단단히 박혔던지 다른 식으로 상상하기란 불가능에 가깝지만, 영국은 한때 잠시나마 나무의 섬이었다. 로마인들이 붙인 이름인 칼레도니아는 '고지대 숲'이라는 뜻이지만 그 '거대한 숲'은 신화 속으로 사라졌다. 스코틀랜드의 헐벗은 언덕들은 묘비이자 경고문이다. 이곳은 자연의 자원화가 이르는 종착지다.

이토록 황폐한 풍경에서 수목한계선에 무슨 일이 일어나고 있느냐고 묻는 것은 지극히 정치적인 행위다. 책에는 스코틀랜드가 유럽 내 북극 수목한계선의 남쪽 끝과 서쪽 끝이라고 나와 있다. 기온과 생장철을 토대로 추산했더니 수목한계선은 해발 700~750미터에 위치해야 한다.[1] 해발 790미터에서는 지금보다 조금 온난했던 시기인 4000년 전의 그루터기가 발굴되었다.[2] 하지만 수목한계선이 지금의 온난화에 어떻게 대처할지는 알기 힘들다. 나무가 거의 다 벌목되었기 때문이다. 언덕을 '재자연화'하고 나무를 심어 스코틀랜드의 거대한 숲을 복원하려는 시도가 진

* 돌이 많이 흩어져 있는 비탈.

행 중인데, 그러면 부분적으로나마 나무들이 제 고도를 찾아 숲과 황무지 사이의 자연 전이지대를 다시 정착시킬 수 있을 것이다. 하지만 그런 변화에는 논란의 여지가 있다. 현재와 미래를 바라보는 우리의 관점은 과거를 어떻게 이해하느냐에 따라 곧잘 달라진다. 무엇이 자연스러울까? 복원되고 있는 것은 과연 무엇일까? 한편 인간이 생태의 역사를 놓고 논쟁을 벌이는 동안 지구온난화는 세력을 키워 우리의 시답잖은 대응을 무위로 돌릴 기세다.

마지막 빙기 이후 수목한계선의 첫 번째 물결인 일차 식물피복으로 인해 듬성듬성한 숲이 생겼다. 영국 풍경의 으뜸가는 역사가 올리브 래컴은 이것을 "자연림wildwood"이라고 부른다.[3] 자연림은 역동적으로 변화하는 식물 공동체였다. 남쪽 끝은 유럽 본토와 육교로 연결되어 있었고 북쪽 한계선은 스코틀랜드 극북 '플로flow' 지대*에 펼쳐진 황무지 툰드라와 헤브리디스제도에 널브러진 암석 지대와 맞물렸다. 북극 극소용돌이**의 차고 건조한 공기가 멕시코만류와 세력을 다투는 곳이었다.

이 자연림은 왕성하나 위태로웠다. 자작나무는 냉큼 자리잡았지만 오래가지 못하고 자신보다 크고 대담한 나무들에게 밀려났다. 진화하는 숲 사회가 나름의 논리를 전개하면서 특정한 나무(또는 나무들)가 우세한 안정된 상태가 나타났다. 잉글랜드 남부에서는 대체로 라임이, 잉글랜드 북부와 웨일스에서는 개암나무와 참나무가 득세했다. 스코틀랜드 하일랜드의 으뜸 나무는 본래

* 원어인 고대 노르드어 'floi'는 '습지'를 뜻한다.

** 주로 극지방에 중심을 둔 지구 규모의 저기압성 흐름.

참나무였다. 하지만 자연림의 안정 상태는 새로운 종이 유입되거나 기후변화가 일어나면 교란되어 다른 순환에 접어들 수 있다. 소나무의 유입도 그중 하나였다.

구주소나무*Pinus sylvestris*는 (꽃가루 기록에 따르면) 기원전 8500년경 불쑥 찾아와 영국을 가로질러 영국제도 서해안에 이르는 통로를 점령하고는 스코틀랜드의 강어귀와 피오르에 코를 들이밀더니 계곡과 산간분지를 지나 산악 지대로 올라갔다. 소나무는 자작나무와 참나무를 물리친 뒤 두 수종이 마련해놓은 기름진 흙에서 무럭무럭 자랐다. 소나무가 어찌나 승승장구했던지 자작나무는 수천 년간 자취를 감추다시피 하여 지금 인버네스시의 북쪽에 있는 플로 지대의 일부에서 간신히 명맥을 유지하고 있다.

래컴에 따르면 이 소나무 숲은 스코틀랜드 전역에 뻗어 나가 기원전 4500년경 절정기에 국토의 약 80퍼센트를 장악했다. 하지만 최근 고고학 연구와 꽃가루분석이 이루어지고 심지어 습지에서 보전된 7000년 전 소나무 잔해가 발굴되면서 한때 위용을 떨치던 스코틀랜드 자연림의 규모와 운명을 놓고 논란이 벌어지고 있다.[4] 자연보전론자들은 '생태 복원' 시도를 뒷받침하는 증거를 찾고 있다. 한편 반대론자들은 나무가 자연적 원인으로 절멸했으며 '들꿩 황무지'와 '사슴 공원'*이 펼쳐진 현상태도 '자연적'으로 간주될 자격이 충분하다는 증거를 찾고 있다. 사람들은 자연을 바라보는 자신의 관점이 상대방의 관점보다 우월하다며 다투지만, 어느 쪽도 풍경의 형태가 빚어지는 데 미치는 인간의 영

* 둘 다 과거에 귀족의 사냥터로 쓰이던 곳.

향력을 눈여겨보지 않는다(인간의 역사와 숲의 역사는 밀접하게 얽혀 있는데도).

북쪽으로 차를 몰기 전에 리투아니아 연구자들이 쓴 학술 논문을 읽는다. 그에 따르면 스코틀랜드 동반부 구주소나무의 DNA는 기원전 9000~8000년경 모스크바 인근 절멸면제지역refugium—마지막 빙기에 살아남은 종의 서식지—출신이다.[5] 예전에 DNA를 분석했더니 스코틀랜드 서부에 살아남은 소나무는 현재의 포르투갈과 스페인에 해당하는 이베리아반도에서 왔다. 두 경우 다 씨앗은 자연천이*에서 가능한 속도보다 수백 배 빠르게 스코틀랜드에 이주했다. 이렇게 빠른 이주의 운반 수단은 필시 인간이었을 것이다.

켈트 신화를 보면 켈트인이 스코틀랜드를 정복했을 때 반대편에서 오는 우크라이나인과 마주쳤다고 한다(여기에는 일말의 진실이 있어 보인다). 켈트인에게 소나무는 쓰임새가 무궁무진한 신령한 나무였다. 켈트어 알파벳인 오검 문자의 '아일름'이 바로 소나무인데, 소나무와 오검 문자는 아일랜드와 웨일스에서 함께 전래됐을 가능성이 매우 크다. 소나무는 수수께끼 같은 우크라이나인들에게도 신령했을 것이다. 켈트 왕국의 일부였고 고대 아일랜드어로 '다뉴브강 민족'이라 불리던 우크라이나인은 이방인 중 유일하게 머리카락이 붉었다. 그토록 자연에 매여 있고 식물에 의존하는 사람들이라면 이주할 때 자신들의 서식 환경을 함께 가져

* 천이는 일정 지역의 식물군락이나 군락을 구성하고 있는 종들이 시간의 추이에 따라 변천하는 현상으로, 이것이 계속됨에 따라 생태계의 속성이 변한다. 자연천이는 '1차 천이'라고도 하며, 화산 주변이나 호수처럼 식물종이 결여된 불모지에서 시작되는 천이를 일컫는다.

왔을 법도 하다. 어쩌면 21세기 사람들 또한 조만간 그러고 싶어질지도 모르겠다.

이런 결과로 현재 스코틀랜드의 구주소나무는 하일랜드를 사이에 두고서 유전적으로 뚜렷이 다른 두 군집으로 나뉜다. 아직 이종교배가 벌어지지는 않았는데, 자연보전론자들은 이종교배를 막으려고 촉각을 곤두세운다. 유전적·화학적 변화가 일어나면 소나무에 의탁하는 다른 종들이 영향을 받을 수 있기 때문이다. 이를테면 흰개미 같은 곤충은 송진의 차이를 맛으로 가려 나무를 고른다. 잎의 화학작용, 개화 시기, 생장 형태도 저마다 다르다. 도가머리박새는 캐른고름산괴 동쪽에 있는 자신의 서식지를 벗어나려 들지 않는다. 하지만 자연보전론자들은 아직까지는 걱정할 필요가 없다. 어차피 이종교배 위험이 작기 때문이다. 살아남은 숲의 조각들은 뿔뿔이 흩어져 있으며 아주 작다. 스코틀랜드의 노송림 중에서 남은 것은 1퍼센트도 안 된다.

래컴은 소나무 숲이 해안에서 해안으로 뻗어 나간 적이 한 번도 없었다고 주장하지만 중석기 인류가 농경, 수렵, 정주를 위해 숲을 개간하기 전까지만 해도 틀림없이 스코틀랜드 대부분을 덮었을 것이다. 수렵을 위해 벌목, 개간, 소각 등의 방법으로 숲을 관리하는 관행은 생물 다양성이 큰 관목지와 황무지 서식지가 조성되는 데 일조했으나, 영국 고지대의 대표적 풍경이 된 울룩불룩한 대습원blanket bog이 조성될 무대를 마련하기도 했다. 습원*은 한마디로 황폐한 생태계다. 숲이 개간되면서 무기물과 철분이

* 습지 생태계의 한 형태로, 축축하고 흡수성이 있으며 배수가 잘 안 되는 이탄질泥炭質 토양이 특징이다.

토양 하층으로 스며들어 불투수층이 형성되었는데, 물이 빠지지 못하니 툰드라 형태의 지대가 침수되고 식물은 온전히 분해되지 못해 이탄이 된다.

18세기와 19세기에 이곳이 개간되기 전에 농사를 지은 토박이 크로프터*들은 대체로 가축을 데리고 저지대 숲과 황무지를 오갔다. 숲이 개간되고 빅토리아시대의 들꿩과 사슴 사냥터가 확장되며 하일랜드의 숲이 파괴되었다는 비판이 종종 제기되는데, 관목지가 불타고 늑대, 스라소니, 곰 같은 최상위 포식자가 사라져 사슴이 남섭**하면서 나무들이 돌아오지 못한 것은 사실이지만 대부분의 고지대 벌판은 이미 벌목에 의해 조성되어 있었다.

켈트인이 물려준 전통적 관습과 관행은 숲을 존중하는 것이었다. 소나무는 건축 재료, 조명 연료, 무두질용 타르, 방수용 수지, 밧줄용 섬유, 불쏘시개용 껍질, 목분木粉, 약재로 쓸 수 있는 재생가능 원료였다. 1960년대로 훌쩍 접어들기 전에만 해도 소나무 수액은 양초용 수지로 쓰였고 목재는 철로 침목과 선박에, 속을 파낸 줄기는 담배 파이프에 쓰였다. 토착 체계는 숲이 선사하는 재화—개암나무 작대기, 땔나무, 목재, 버섯, 짐승 먹이—에 각각 권한을 배분했으며, 무분별한 간벌이나 무허가 방목pannage(가축을 공유림에서 방목하는 일) 등에 엄격한 도덕적·금전적 처벌을 부과했다. 최근의 수많은 열대림 파괴 사례에서 보듯, 숲을 이용하는

* crofter. 스코틀랜드의 소농을 일컫는 말로, 집에 딸린 작은 농장croft에서 농사와 축산을 영위한다.

** overgrazing. 초식동물이 풀과 싹을 지나치게 많이 뜯어 먹어서 식생이 복원되지 못하는 현상을 일컫는데, 적당한 번역어가 없어서 이 책에서는 '남획'과 '섭이'를 짜맞춰 '남섭濫攝'으로 쓰기로 한다.

토착 방식이야말로 가장 신뢰할 만한 자연보전 방법이다. 이른바 공유지의 비극(인간이 공유 자원을 분별력 있게 관리하리라고 신뢰할 수 없다)은 오염과 난개발을 억제할 수 없는 개인주의 사회에서는 문제일지 몰라도, 영국 풍경에 대한 역사적 설명으로서는 결코 성립하지 않는다(뒤이은 실제 비극—공유지 인클로저—을 사후에 이념적으로 정당화하는 데 동원되긴 했지만).[6]

토지 소유권은 본디 로마식 개념이었다. 그리스인과 켈트인은 인간이 자연을 소유할 수 없고 이용만 할 수 있다고 생각하여 반발했으나, 로마인이 영국을 떠나고 수백 년 뒤 이 개념은 오늘날 스코틀랜드에서 외국인 지주가 득세하고 토지가 극소수에게 집중되는 길을 닦았다.[7] 숲은 본디 씨족에 의해 이용되었다. 그들은 숲을 필요로 했다. '숲forest'이라는 낱말은, 나무 한 그루 없이도 지도에 이 낱말이 남아 있는 것은 '울타리가 쳐지지 않은 채 수렵과 공동 이용을 위해 보호되는 지역'이라는 예전 의미를 떠올리게 한다(최근에는 왕실에서 보호하고 있다). 이용권에서 소유권으로의 변화는—이것은 유럽 북부의 중상주의 정신이 스스로를 전 세계에 강매하거나 강요한 것으로 여겨지는데—결정적 전환점이었다. 숲은 더는 경이로움, 신비, 생명의 신령한 장소로 여겨지지 않았으며, '아직 수확하지 않은 작물'이 되어 에이커와 톤당으로 계산되고 파운드, 실링, 펜스로 표현되는 가치를 지니게 되었다.

스코틀랜드와 아일랜드, 그곳의 천연자원, 무엇보다 그곳에 남아 있는 목재는 식민주의로 표현된 초기 자본주의적 욕망의 최전선이었다. 잉글랜드 국왕들은 중세시대부터—헨리 허드슨과 존 데이비스가 북서항로를, 월터 롤리 경이 오리노코강을 탐사하기 훨씬 전부터—선박, 주택, 수레, 성당이 필요했는데, 처음에는 웨일스를, 다음에는 아일랜드 식민지를 눈여겨보았다. 스코틀랜드와 잉글랜드의 왕위가 통합되고 아일랜드의 숲이 사라진 뒤에는 스코틀랜드에 눈독을 들였다.

리니호湖를 따라 낮은 솜사탕 구름이 아드가우어 봉우리 사이로 물을 가로지른다. 이 반도에는 남서쪽 끝에 남아 있는 소나무 숲이 자리하고 있는데, 사슴 추적*이 시행되는 코나글렌 지구에 속해 있다. 언덕 사이 우묵땅에는 이전 세대들이 부를 쌓은 토대인 숲의 마지막 조각이 놓여 있다. 한 연구자는 1686년 막대한 양의 목재가 스코틀랜드에서 아일랜드로 수출되는 광경을 보고서 이렇게 썼다. "많은 배들이 아드가우어에 와서 선박용 목재를 싣는다. 이 골짜기는 왕에게 매우 짭짤하다."[8]

초록색 언덕은 호수의 검고 깊은 물 위로 깎아지른 듯 솟아 있다. 기차가 물 옆으로 덜커덩거리며 선로의 끝을 향해 달린다. 숲의 풍요는 스코틀랜드의 지리조차 바꿔놓았다. 통나무를 스페이사이드의 제재소와 배를 짓는 배무이들에게 띄워 보내기 위해 스페이강에 댐이 건설되고 물길이 변경되었다. 증기 철도가 깔리면서 독특한 은어를 쓰고 커러currach(가죽을 씌운 경량 보트로, 상류로 돌아갈 때 쓴다)를 몰던 떼몰이꾼**들은 일자리를 잃었다. 서해안에서는 목재가 제너럴웨이드 군사 도로를 따라 운반되다가 철로

* deer stalking. 사슴을 따라다니며 사냥하거나 사슴 개체수 조절을 위해 추적·도태하는 행위.

** 흘러내리는 물을 이용해 뗏목을 몰아 물아래로 내려보내는 사람.

로 옮겨져 리니호 어귀의 포트윌리엄에 도착했다.

포트윌리엄 너머로는 유명한 '섬으로 가는 도로Road to the Isles'가 뻗어 있다. 노이다트에서는 푸른 봉우리들 아래로 떨어지는 웅장한 골짜기들이 바다 건너 스카이섬을 마주본다. 시간을 초월하던 이 풍경은 지금 내겐 파국적 장면으로, 재앙의 희생자로 보인다. 노숙림이 하나라도 살아남았다면 기적일 것이다. 하지만 희귀한 계몽 지주 덕분인지, 선견지명이 있던 산림 관료 덕분인지, 순전히 외딴곳에 있어서인지 여든네 조각의 칼레도니아 자생 소나무 숲이 아직 남아 있다. 옹이투성이에 반쯤 죽은 이 '할머니 소나무'들은 스코틀랜드 산지의 희멀건 캔버스에 생명을 불어넣는다. 가장 오래된 것으로 알려진 나무는 540살이며 글렌로인이라는 외딴 습원 산간분지에서 자란다. 이 나무들은 늑대가 절멸해 사슴과 양이 천방지축 날뛰게 된 뒤에도 결딴나지 않을 만큼 커다란 유일한 나무였다.

외로운 소나무는 무언가 심각한 문제가 있어 보인다. 소나무는 사회적 존재로, 균류망을 통해 자원을 공유하며 서로에게 의지한다. 성숙하면 땅속으로 탄소를 운반해 어린나무를 보살피며 늙으면 거꾸로 젊은 나무들에게서 탄소와 영양소를 공급받는다. 건강한 숲 연결망에서는 구주소나무의 자연 수명이 600~700년에 이른다. 스코틀랜드에서 살아남은 할머니 소나무들은 대부분 400살 미만이다. 꽃가루 기록이 급감한 것으로 보건대 이는 1690년부터 1812년까지 벌어진 대규모 벌목 때문인 듯하다. 연륜연대학자 롭 윌슨이 말한다. "숲의 구성에서는 나폴레옹전쟁의 여파를 여전히 볼 수 있다." 하지만 다른 요인도 있다.

외로운 나무는 정상적 수명이 다하기 전에 횡사하기 쉽다. 가장 오래된 숲의 가모장, 고대 생태계의 청지기, 두둑한 산업적 부를 낳은 산파들을 노년에 외로이 내버려둔다는 게 납득이 되는가? 아메리카 원주민 민담에 따르면 외로운 나무들은 인간에게 외롭다고 말하며 이웃을 심어달라고 부탁한다고 한다. 할머니 소나무들은 동반자를 그리워하고 있을까? 자녀가 가져다주던 음식도? 어쩌면 숲의 넋을 애도하고 있는 걸까?

막다른 외길 가에 차를 대고 내린다. 아래로 펼쳐진 산간분지는 스코틀랜드가 산업자본주의와 맞닥뜨린 최근 사례의 이야기를 간직한 채 파괴의 풍경을 넓게 드리웠다. 맞은편 언덕에는 '뮤어번muir-burn'—들꿩을 총으로 맞히기 쉽게 헤더*를 태워 조성한 갈색과 황갈색의 들쭉날쭉한 줄무늬—이 위장색처럼 그려져 있다. 저곳은 그냥 내버려두었으면 소림**이 되었을 텐데, 지금은 대충 삭발한 머리통 같다. 아래쪽에는 단작 가문비나무 조림지의 상흔이 남아 있다. 생물 다양성이 결여된 사막에 가깝거니와 짙은 국방색 나무들이 빽빽하게 식재되어 어떤 생물도 끼어들 틈이 없다. 나무가 성숙기에 도달하기 전에 기계로 베어내는 바람에 비탈면이 만신창이가 되었으며 널찍한 갈색 고랑을 따라 귀중한 표토가 팔팔 끓는 스파게티 면처럼 호수로 흘러 내려간다. 더 나아가면 솎아베기를 해주지 않고 버려둔 잎갈나무 조림지가 있는데, 줄기는 앙상하고 뿌리는 힘이 없어 나무의 절반이 바람에 쓰러져 서로 포개져 있다. 오르락내리락하는 가두리 안쪽과 사이

* heather. 진달래과에 속한 키 작은 상록관목으로, 낮은 산이나 황야 지대에 난다.

** 疏林. 나무가 듬성듬성 들어선 숲.

사이의 수면에는 연어 밀집 양식장의 부표들이 바늘땀처럼 떠 있다. 둑에는 플라스틱 사료통이 6미터 높이로 쌓여 있다. 그 위로 철탑들이 6만 6000볼트의 전압으로 쉭쉭거리며 호안을 따라 킨지의 수력발전소까지 이어진다. 콘크리트댐 꼭대기에 빨간색과 노란색 사탕이 얹혀 있는 모습이다. 호수조차 인공적이다. 회계사의 냉정한 눈에 비친 궁극적 자원으로서의 풍경이다. 앞쪽 개울가의 버드나무 군락을 제외하면 자연적인 것은 하나도 안 보인다.

오솔길 표지판이 언덕 위로 북쪽을 가리킨다. 밑에 경고문이 붙어 있다.

> 주의하시오: 이곳은 인적이 드물고 위험을 당할 수 있는 산악 오지입니다. 적절한 경험과 장비를 갖추지 않았다면 혼자서 통행할 수 없습니다.

골짜기 맞은편에서는 영국에서 가장 외딴 야생지 중 하나가 시작된다. 노이다트까지 사흘을 꼬박 걸어도 도로 하나 집 하나 보이지 않는다. 글렌로인의 할머니 소나무들이 여전히 서 있는 것은 이 때문이다. 골짜기 밖으로 나르기가 지독히 힘들기 때문에 마지막까지 남았고 그런 다음 잊혔을 것이다.

진창길은 개울과 사슴 울타리 사이로 구부러진다. 진흙 위에 다른 사람의 장화 발자국이 있다. 갓 찍힌 것은 아니다. 울안에 있는 자작나무, 버드나무, 소나무의 어린나무들은 잘 자라는 것처럼 보인다. 나무들이 언덕의 나머지 지역보다 세 배 이상 웃자란 게 기이해 보이지만, 그것은 울타리 바깥에 양과 사슴이 있기 때문이다. 이곳은 스코틀랜드 생태 복원의 최전선이다. 한쪽에는 경제와 상업적 임업·수렵을 풍경의 기반으로 삼는 것에 이해관계가 걸린 사람들이 있고 다른 쪽에는 나무가 집어삼켜지지 않도록 지키려고 헌신하는 자연보전론자들이 있다. 이 투쟁은 전쟁처럼 치열하게, 철조망을 두른 채 벌어진다.

금세 계단을 올라 돌밭을 넘어간다. 벌레잡이통풀처럼 아가리를 벌린 작은 벌레잡이제비꽃이 바위에 매달려 있고 비버해트* 처럼 생긴 15센티미터 굵기의 거대한 석송이 바위 꼭대기에 얹혀 있는데, 석송에서는 고산식물과 풀, 그리고 노인의 수염처럼 가늘고 성긴 털이 난 이끼가 자란다.

바위는 수목한계선에서 벌어지고 있는 일을 보여주는 축소판이다. 이 바위는 언젠가 허먹**이 될 것이다. 노암을 맨 처음 정복하는 것은 해마다 0.1밀리미터씩 자라며 무기물을 찾는 고착지의다. 고착지의는 무기물을 얻기 위해 산을 분비하여 암석을 쪼갠다. 이파리를 닮은 엽상지의는 이 부서진 틈새에서 이끼처럼 엽상체로 유기물을 거둬 토양 축적 과정을 가속화한다. 덮개의 맨 위 겹이 마침내 나무그루나 바위를 뒤덮어 표토와 만나면 허먹이 형성된다. 일정한 크기로 바싹 붙은 허먹들은 오래된 자연림의 흔적으로, 나무그루에 흙이 쌓여 만들어진다. 허먹이 형성되기까지는 수십 년, 어쩌면 수백 년이 걸리기도 한다. 이 질척질척한 보금자리는 얼마나 많은 계절을 보았을까?

* 남자가 쓰는 정장용 서양 모자로, 높고 딱딱한 원통 모양에 광택이 있는 실크로 싸여 있다.

** hummock. 작은 언덕이나 나무그루에 식생과 토양이 덮여 형성된 지형.

산등성이에 다다랐을 즈음 목이 몹시 마르다. 사방에 개울이 있을 테니 물을 안 가져와도 되겠거니 생각했는데, 대습원을 만나게 될 줄은 몰랐다. 영국은 전 세계 이탄의 13퍼센트를 보유하고 있는데, 대부분 분해되어 빠르게 말라버리고 있다. 이탄은 말랑말랑한 용암층처럼 해마다 몇 밀리미터씩 쌓인다. 이런 지형에서는 나무가 한번 사라지면 돌아오기 힘들다. 그래서 능선 꼭대기에 서니 로인호 어귀부터 삭발한 듯 파리한 골짜기가 사방으로 훤히 보인다. 북서쪽을 바라보자 산들이 첩첩이 솟은 채 물결치듯 화강암과 풀의 풍경을 이룬다. 내 머리카락을 흩트리는 바람 말고는 아무 소리도 안 들린다. 새소리도, 물방울 떨어지는 소리도 없다. 영국의 생태학자 프랭크 프레이저 달링이 왜 스코틀랜드 고지대를 '습한 사막'이라고 불렀는지 알겠다.

물을 찾아 풀이 촘촘한 이탄의 틈새에 팔을 쑤셔넣는다. 갈색의 떫은맛 액체를 한 컵이라도 길으려고 팔을 언덕의 살갗 안쪽으로 거의 어깨까지 집어넣는다. 물맛이 쓰지만 갈증은 달랠 수 있다. 오, 숲의 수많은 섬유들이 지하수를 걸러 맑고 달짝지근한 약수를 만들어주었다면!

바람을 피해 글렌로인으로 내려가자 몰아치는 물의 소리가 나를 반긴다. 희미한 굉음이다. 저 아래로 급류가 강물에 줄무늬를 새기는 게 보인다. 강은 1000년간 느릿느릿 흐르며 산간분지를 깎아냈다. 물소리를 들으니 내가 얼마나 홀로인지 실감한다. 경관은 경이롭다. 낯익은 언덕 너머에서 비밀의 아프리카 사바나를 마주친 심정이다. 사슴이 닿지 못하는 바위 틈새에서 마가목이 외로이 솟아 있다. 더 내려가면 부서진 사슴 울타리가 어렴풋한

선을 그리며 그 아래로 골짜기 전경이 펼쳐진다. 600미터 높이의 뾰족뾰족한 산등성이까지 초록 양탄자가 깔려 있다. 앞쪽에는 울타리의 보호 덕분인 듯 널찍널찍 자리잡은 노송들이 멀리까지 뻗어 있다.

전투가 벌어지고 난 자리를 처음으로 맞닥뜨린 사람이 된 것 같다. 고사목의 회백색 줄기들이 마치 서 있는 해골처럼 널려 있다. 그 밖의 노목들은 반쯤 초록색에 가느다란 팔로 허공을 허우적거린다. 무덤에서 비틀비틀 올라오는 좀비처럼 살점은 떨어져 나간 채다.

울안에서 가장 오래된 나무는 가장 큰 나무가 아니다. 소나무는 암수한그루이지만 '그녀'라고 부르겠다. 그녀의 가지 중 하나의 팔오금에서는 블루베리류 식물이 자라고 다른 가지에는 양치식물이 다닥다닥 돋아 있다. 벗겨져 나가는 연분홍 껍질은 빨간색, 주황색, 검은색의 점박이 지의류에 덮였고 가지 끝에는 초록색 말총지의 가닥들이 거미줄처럼 매달려 있다. 울창한 숲에서였다면 촘촘한 돛처럼 늘어져 수분을 잡아두었을 것이다. 그녀는 탁월풍*의 반대쪽으로 가지를 늘어뜨렸다. 가지는 점점 가늘어져 짧고 뾰족뾰족한 초록색 바늘이 되었으며 바늘 끝에는 굵기가 담배만 한 회갈색 '양초'가 달렸다. 이것이 가지의 생장점이다. 줄기 위쪽에 시커먼 구멍들이 뚫렸는데, 어떤 것들은 최근 묻어난 배설물로 얼룩졌다. 올빼미나 딱따구리의 보금자리다.

안쓰럽게도 이 거목은 다른 생물이 새끼를 기르고 번식할 보

* 어느 지역에서 어떤 시기나 계절에 따라 특정 방향에서부터 가장 자주 부는 바람.

금자리를 내어주면서 정작 자신의 새끼는 지키지 못한다. 어린나무의 잔해는 바람이 불어가는 쪽에 널브러져 있다. 울타리를 뚫고 쳐들어온 사슴들에게 유린당한 것이다. 사슴은 소나무 숲이 건강하게 유지되는 데 꼭 필요한 동물이지만—풀을 뜯어 먹어 땅에 공간을 만들고 똥으로 숲바닥을 기름지게 한다—너무 오래 머물거나 너무 많으면 피해를 입힐 수 있다. 사슴은 머리가 닿는 높이의 나무는 뭐든 먹어 치우며 어린나무를 뿔로 공격해 할퀴고 여린 줄기를 부러뜨린다. 스코틀랜드의 자연문학가 짐 크럼리가 늑대를 "산의 화가painter of mountains"라고 부르는 것은 사슴 개체수를 조절해주기 때문이다.[9]

펼쳐진 우듬지 아래 어디에나 사슴 똥이 있으며, 울안을 거닐다 보면 헤더 사이사이에도 있다. 비탈면 곳곳에 사슴이 씹다 버린 어린 자작나무, 마가목, 소나무가 줄무늬처럼 누워 있다. 이 할머니 소나무는 자식을 낳으려는 바람으로 540년간 씨앗을 냈다. 울타리를 치고 초기에는 어린나무가 이곳에 자리잡을 수 있었을 테지만 이젠 단 한 그루도 올겨울을 나지 못할 것 같다.

소나무의 가장 가까운 이웃은 장승처럼 서 있는 골백색 줄기다. 몸통에 못으로 박은 빛바랜 파란색 꼬리표에는 "50a"라고 쓰여 있다. 땅 위에 으스스한 분위기가 서려 있다. 소나무들은 쓰러지다 그 채로 얼어버린 부상병 같다. 할머니 소나무는 스라소니 털의 솔질과 늑대의 축축한 코를 느꼈으며 나폴레옹과 싸우기 위한 선박을 만들기 위해 이웃들이 베이는 것을 보았다. 최악의 악천후와 질병을 이겨낸 힘센 나무이지만 사슴의 입맛에 맞서 자식을 보호하지는 못했다.

그녀는 무슨 일이 벌어지고 있는지 안다. 모노테르펜은 소나무가 만들어내는 휘발성 유기 화학물질로, 소나무는 이를 이용해 서로 신호를 주고받아 초식동물이나 곤충을 퇴치하거나 발아 시기를 조율한다. 모노테르펜은 작은 분자인데, 솔향을 운반하고 햇빛을 공기 중으로 튕겨낸다. 소나무가 햇빛을 받으며 대사 작용을 할 때는 나무 주위 공기에서 1세제곱센티미터당 최대 1000~2000개의 입자가 방출되어 땅에 도달하는 태양복사의 양을 줄인다. 소나무는 화학 신호의 밀도와 햇빛의 양으로 다른 나무의 존재를 감지할 수 있다. 사실 소나무는 공간을 다각형으로 인식해 이웃으로부터 멀리, 햇빛에 가까이 자라며 우듬지에 오각형 모자이크를 만드는데, 이것은 숲에서 자기조직화가 이루어지는 바탕이다.[10] 소나무는 세포의 구조를 통해 주변의 반향을 포착하고 주변의 소리와 먼 초음파를 '들을' 수 있다.[11] 바늘잎이 바스락거리는 친숙한 소리나 나무가 쩍 하고 쓰러지는 소리를 감지할 수 있으며, 땅속의 풍성한 균근* 연결망을 통해 서로 소통하고 보살핀다. 구주소나무의 균류망은 흙속에서 가장 정교한 구조 중 하나다. 열아홉 종류가 넘는 것으로 알려진 외생 균근** 관계를 통해 탄소, 질소, 필수 산을 비롯한 영양소를 주고받는다.

나의 사방에서는 습원에서 자라난 거대하고 풍성한 버섯들이 죽은 나무그루 둘레로 고리를 형성하고 있다. 숲의 유전체는 흙

* 고등식물의 뿌리와 균류가 긴밀하게 결합해 양자 간에 공생 관계가 맺어진 뿌리로, 식물은 균류로부터 무기물이나 비타민류를 취하고 균류는 식물로부터 유기물을 취한다.

** 주로 목본식물에서 발견되며, 곰팡이의 균사가 기주식물의 세포 안으로 들어가지 않고 기주식물 세포 밖에서만 머무는 현상.

아래에서 명맥을 유지하며 기다린다. 소나무들은 몇 년 더 기다려야 할지도 모르지만, 과연 그들에게 시간이 있을까? 계곡 정상부 주변으로 죽은 나무들이 점점이 서 있다. 말라비틀어진 팔과 빈약한 바늘잎, 왜소한 솔방울 몇 개를 단 늙은 나무도 몇 그루 안 남았다. 이런 상황에서는 할머니 소나무들도 머지않아 포기하리라는 느낌을 떨치기 힘들다. 그들이 호젓한 비탈면에서 옹이투성이 어깨를 으쓱하며 "인간은 대체 왜 저러는 거지?"라고 말하는 장면이 머릿속에 떠오른다. 영국에서 가장 오래된 소나무들이 다음 세대에 유전자를 전달할 가능성이 조금이나마 있더라도, 그것은 울타리를 보수하려는 인간의 의지만큼이나 희박해 보인다.

스코틀랜드 머리호

북위 57도 42분 37초

스코틀랜드에서 사슴이 닿지 못하는 장소는 극소수에 불과한데, 머리호의 섬들이 그중 하나다. 글렌로인에서 북쪽으로 길고 구부러진 도로를 따라 인적이 드문 계곡들을 통과하고 칼레도니아 소나무 숲 조각 몇 군데—애터데일, 타오데일, 애크너실래크—를 지난다. 하지만 이곳에도 벌목과 교란의 역사가 남아 있다. 머리호의 섬들은 8000년 가까이 숲이 우거져 있었다는 점에서 독특하다. 이따금 신비가나 수도사가 머무른 것이 고작인데, 한 섬에는 수도 분원의 잔해가 남아 있기도 하다. 물론 사슴은 헤엄칠 줄 알지만 섬들은 호안에서 멀리 떨어져 있다. 그래서 사슴이 섬에 산 적이 있긴 해도 별다른 피해는 없었다.

곧 한여름이다. 저녁에도 19도로 따뜻하다. 태양은 여전히 파란 하늘 높이 떠 종잇장처럼 파삭파삭하다. 호수는 검은색으로 반짝거린다. 벤에이산의 다각형 탑이 알프스산맥이나 히말라야산맥의 외톨이 산처럼 시커먼 물 위로 우뚝 서 있다. 인상적인 너덜이 말도 안 되는 급경사를 이루는 벤에이산은 영국제도의 거봉巨峯으로, 위압적인 먼로* 무리에 둘러싸여 있다. 노송림이 산자락에서 호숫가까지 죽 이어져 스코틀랜드에서 가장 아름다운 수변을 이룬다. 머리호는 남동쪽을 가리키는 길고 가느다란 손가락처럼 뻗어 북쪽 끝에서 손바닥을 편 채 북서쪽을 향해 바다로 흘러 나간다. 손바닥은 보석들을 움켜쥐고 있는데, 바로 에메랄드색 섬들이다.

슬래터데일의 호안에서 보면 태양은 호수를 가로질러 희끄무레한 불을 던져 숲섬들에 서 있는 소나무 줄기를 밝힌다. 눈앞에 어른거리는 태곳적 낙원에서 굵은 나무줄기들이 보인다. 저곳은 캠핑과 모터보트가 금지된 자연보호구역이다. 자갈밭 호안에 서서 이탄의 갈색이 물결치는 개울에 발가락을 식히며 황금빛으로 빛나는 섬들에 대해 궁리한다. 내가 여기 온 것은 숲섬에 가기 위해서이지만 어떻게 들어갈지는 생각해두지 않았다. 피크닉용 호안 몇 곳과 산림위원회 주차장 너머에는 수십 킬로미터에 이르도록 이렇다 할 시설이 하나도 없다. 카누 대여소도, 페리도 안 보인다. 하지만 태곳적 섬들에 반드시 발을 디뎌야 한다. 지금까지

* Munro. 스코틀랜드에서 3000피트(914.4미터) 넘는 산을 이르는 말.

이어진 영국의 고대 자연림 중에서 가장 오래된 곳, 어쩌면 유일하게 남은 곳의 내음을 들이마셔야 한다.

1킬로미터 너머로 보이는 것은 주황색 줄기 꼭대기의 늘푸른 우듬지가 이루는 가느다란 선뿐이다. 나무들이 손짓한다. 올 수 있으면 와보라고. 방법은 하나뿐이다. 30분 걸려 헤엄칠 용기를 끌어내고 또 30분 걸려 실제로 물을 건넌다. 거리가 아니라 내 마음이 문제다. 사실 중간께에서 나를 의기소침하게 하는 것은 내 마음이다. 쥐가 나면 어떡하지? 기운이 빠지면? 머리호 한가운데에서 무슨 일이 일어난들 아무도 모를 것이다. 내 밑의 시커멓디 시커먼 물은 깊이가 300미터이고 앞뒤로 거리는 500미터다. 1027번 물장구를 쳐야 한다. 해낸다. 저 멀리 맞은편에서 물이 화강암 판돌에 부딪혀 까마득히 사라진다. 따끈따끈한 바위에 누워 숨을 고른다. 그러고는 주위를 둘러본다.

숲은 호안까지 죽 이어져 있다. 물을 맞닥뜨린 나무들은 주황색 가지를 물속으로, 골백색으로 바랜 줄기를 물 위로 뻗었다. 하목림*은 비집고 들어가기 힘들다. 쓰러진 줄기의 거대한 판근**이 덤불에서 비져나왔는데, 크기는 집채만 하고 생명을 잔뜩 달고 있다. 이끼, 가시금작화, 버드나무, 마가목, 양치식물, 베리가 나무 옆의 빈 구덩이에서 자란다. 발뒤꿈치를 들고 호안을 따라 곱고 붉은 모래사장을 가로지른다. 세발가락 섭금류의 연하디 연한 발자국 말고는 아무 흔적도 없다. 이곳은 무인도이지만 열네 종의 잠자리가 사는 보금자리다. 조금 겁이 나는 야생의 자연이

* 큰키나무 아래에 키 작은 나무들로 이루어진 숲.

** 땅 위에 판 모양으로 노출된 나무뿌리.

다. 무심한 모습이 으스스하기까지 하다.

새들은 잔치를 벌이고 있다. 노랫소리가 풍성하고 다채롭고 농밀하다. 크기와 색깔이 제각각인 새들이 우듬지에서 팔짝거리고 휙휙 날아다닌다. 호안을 따라 적갈색과 담녹색 지의류로 덮인 바위를 에도는데, 갈색 섭금류 한 마리가 멀찍이 물에 잠긴 통나무에서 나를 미심쩍게 쳐다본다. 노숙림에서는 나무의 섬유인 물관부와 체관부가 매우 길어 소리가 더 낭랑하게 울려 퍼진다. 새들은 이 차이를 감지하는 듯하다. 새들의 노래는 주변 환경과 어우러진다. 숲에서 새소리가 메아리친다. 그렇다. 이곳은 먹이를 찾고 둥지를 틀고 새끼를 키우기에 좋은 곳이다. 연구에 따르면 새들은 오래된 숲에서 더 크고 튼튼한 알을 낳는다.

가장 뜻밖인 바위틈에서 소나무가 뒤틀린 채 자란다. 사방에 죽은 나무가 서 있거나 쓰러져 있다. 쓰러진 고사목이 그 자리에 그대로 잠드는 것은 자연림의 대표적 특징이다. 죽은 나무는 살아 있는 나무보다 훨씬 많은 생명을 먹여 살린다. 이곳의 조류 밀도가 높은 것은 이 때문이다. 나무발종다리와 딱새 같은 일부 종은 곤충의 양과 종류 때문에 노숙림에서만 서식한다. 오색딱따구리는 구주소나무 고사목에만 둥지를 튼다. 소나무꽃등에는 더 깐깐해서 구주소나무 고사목의 축축한 구멍에서만 번식한다. 그러니 스코틀랜드에서 멸종하다시피 할 만도 하다.

모든 탄소순환에서 죽음은 생명의 엔진이다. 나무가 죽으면 나무에 구멍을 뚫는 딱정벌레가 껍질을 뚫고 들어와 분해 과정의 시동을 건다. 그다음 균류가 벌, 거미, 곤충과 함께 들어와 또 다른 균류를 불러들인다. 마지막으로, 부식화 단계에 접어들면 토양 유기물이 마지막 남은 목질 분자 리그닌을 흙으로 전환한다. 이 순환은 완벽하다. 다 자란 구주소나무는 송진 함량이 많아 분해되기까지 40년이 걸리는데, 그동안 질소를 천천히 흙에 방출하고 굼벵이와 세균을 먹여 살린다. 먹이사슬의 밑바닥을 이루는 굼벵이와 세균은 곤충과 조류의 먹이가 된다.

섬의 흙은 붉은색에 가까운 연갈색이며 촉감이 섬유 같다. 부슬부슬한 고사목의 아래쪽은 거의 가죽 같은데, 뿌리의 치밀한 조직은 삽으로 자르기가 여간 힘들지 않다. 살아 있는 나무는 살아 있는 세포가 전체 부피의 5퍼센트이지만 죽은 나무는 40퍼센트나 된다.* 노숙 원시림에서는 전체 생물량의 최대 40퍼센트가 죽은 채 훨씬 많은 생명을 먹여 살리고 있을 수도 있다. 관리되지 않는 원시림에서는 곤충의 양이 기하급수적으로 증가한다. 오래된 자연림을 온전히 재생하는 것은 현재 진행 중인 많은 자연보전 사업의 목표이지만, 이를 위해서는 우선 지금 어린 나무들이 죽어서 썩어야 한다. 최근에야 재생이 가능해진 칼레도니아 소나무 숲의 많은 조각들은 지금부터 400~500년이 지나야 온전히 재생할 것이다. 자연보전 관련 분류에는 '노숙old growth'을 넘어선 하위 범주로 '진노숙true old growth'이 있다. 진노숙림에는 여러 세대에 걸친 나무의 죽음이 쌓인 뒤에야 생겨날 수 있는 토양 구조와 복잡한 하층식생understory(숲의 주主 숲지붕 밑에 있는 식생의 층)이 있다. 머리호의 섬들이 중요한 것은 이런 까닭이다.

검은색과 노란색 줄무늬가 진 커다란 잠자리가 내 얼굴을 뜯

* 나무에 서식하는 생물을 포함한 수치.

어보다 호수의 청록색 수면 위로 사라진다. 뒤쪽으로 말총지의 가닥들이 잔잔한 저녁 공기 속에 다소곳이 매달려 있다. 뚫고 들어갈 수 없는 숲속에 있어서 그림의 떡이다. 애써봐도 맨발로는 숲의 덤불 깊숙이 들어갈 수 없다. 소나무들은 바위 위의 한 뼘 공간을 놓고 힘겨루기를 벌인다. 섬은 나무의 무게에 가라앉을 것처럼 보인다. 호수로 첨벙첨벙 돌아가 섬을 바라보며 뒷걸음질 친다. 호박색 액체가 팔다리를 타고 입안으로 흘러든다. 단맛이 난다. 나무가 걸러준 덕이다. 궁금증이 인다. 바다송어와 연어는 왜 지난 3년간 머리호에 돌아오지 않았을까? 물이 너무 따뜻해져서일까?

멀리서 보니 소나무 우듬지는 양탄자를 닮았다. 오각형 세포로 이루어진 단세포생물 같다. 껍질은 회색에서 주황색과 심홍색까지 색깔의 만화경이다. 매우 늙은 꼬부랑 할머니가 호수 옆의 바위를 뿌리로 감쌌다. 울퉁불퉁한 팔을 물 위로 구불텅구불텅 뻗었다.

호안으로 돌아오는 동안 마지막 햇빛이 우듬지에 줄무늬를 그리며 내 뒤의 황금빛 얼룩들 속으로 물러난다. 큰회색머리아비가 물 위를 낮게 날며 내 얼굴 가까이서 흰색 배를 번득 보여준다. 내가 몸을 털어 구릿빛 물방울을 자갈에 흩뿌리고 이를 딱딱 부딪치는 동안 하늘에서 서서히 색이 빠지고 뻐꾸기 한 마리가 숲속에서 운다. 한때 흔했으나 이젠 희귀해진 이 새의 울음소리를 들어도 기쁘지 않다. 내게 들리는 것은 당부다. 고개를 들라! 보라! 그대 주위로 물고기를 잃은 호수 사방에서 멸종 위기에 처한 종들을 보라. 기후 붕괴는 우리로 하여금 끊임없이 주변 환경을 새로이 보게 한다. 나는 우리의 세계관과 현실 사이의 간극을 극복하려는 투쟁이 장차 펼쳐질 것임을 직감한다. 우리의 상상력은 언제나 현실을 따라잡으려고 안간힘을 쓸 것이다. 빛이 짙어지고 호수가 자홍색으로 반짝거리다 흑요석 같은 검은색으로 돌아가는 것을 바라본다. 한참 동안 분홍색 구름이 책망하듯 빛을 반사하고 파란색 밤하늘은 판결을 유보하듯 멈춰 있다.

스코틀랜드 글렌페시

북위 57도 11분 40초

머리호가 과거의 한 단면이라면 글렌페시는 그 미래를 비춘다. 그곳에 가려고 대륙 분수령을 가로지른다. 하일랜드를 둘로 가르는 네스호의 진집*을 건너 인버네스에서 캐른고름산괴까지 도로를 따라 올라가 동쪽에 있는 우크라이나산 소나무 개체군의 심장부로 들어간다. 글렌페시는 지괴**의 북서면에 있는 거대한 산간분지 중 하나로, 숲이 들꿩과 사슴의 폭정에서 해방된 곳이다. 듣자 하니 이곳에서 스코틀랜드의 자연 수목한계선을 찾을 수 있다고 한다.

하지 전날 저녁에 도착해 강가에 텐트를 친다. 다리 밑 으슥한 곳의 갈색 물은 시커멓다. 그리고 차갑다. 배수를 위해 판 듯한 도랑 옆에서 평평한 땅을 찾는다. 이 전설적 골짜기에서는 단 한 뼘도 계획되지 않은 곳이 없다. 아직 밝은 햇빛을 받으며 계곡을

* 가느다랗게 벌어진 작은 틈.

** 사방이 단층면으로 나뉜 지각의 한 덩이.

따라 올라가 길이 넓어지는 지점에 도착하자 온통 회색인 언덕의 풍경이 펼쳐진다. 이곳은 〈골짜기의 군주The Monarch of the Glen〉의 무대다. 랜시어가 그린 명화로, 열두 가닥 뿔이 달린 위풍당당한 수사슴이 계곡 위쪽에서 바위산을 뒤로하고 서 있다. 위스키병과 하일랜드 기념품에서 흔히 볼 수 있는 이 그림은 토박이 크로프터나 나무가 배제되고 사슴과 빅토리아시대 수렵 애호 분위기에 매몰된 풍경을 낭만적으로 묘사한다.

지금 풍경은 사뭇 다르다. 강은 여전히 인적이 드문 계곡을 가로질러 흐르며 거칠고 얕은 여울에서 연분홍색과 노란색 화강암 돌멩이 위를 질주한다. 황무지 꼭대기는 여전히 헤더로 덮여 갈색과 자주색으로 얼룩덜룩하지만 계곡 밑자락에서는 상록수의 축제가 벌어진다. 덩어리진 소나무 군락이 언덕 비탈면을 휩쓸며 자연 한계선을 찾는다. 그들은 해방되었다. 글렌페시에서는 새로운 토지관리 방식이 시도되고 있다. 바로 재자연화다.

이 땅의 역사는 비탈면에서 읽을 수 있다. 예전 조림지의 직선과 평평한 꼭대기가 서서히 무너진 뒤, 지금껏 버틴 노목들의 둥그스름한 우듬지와 새내기들의 뾰족뾰족 솟은 꼭두머리가 들어섰다. 15년 전 자연림 조성이 재시도된 이후 발아한 후손들이다. 여기선 외톨이로, 저기선 뭉쳐 있지만 어디서나 다채로운 초록색의 난장을 벌이며 흐드러졌다.

길 옆의 땅은 매트리스처럼 두툼하고 폭신폭신하며 이끼, 헤더, 블루베리, 풀, 꼬맹이 꽃으로 가득하다. 할머니 소나무들은 자신의 우듬지 너머에 자리잡은 어린나무에 둘러싸였다. 우듬지 바로 아래에서는 어린나무가 자라지 못한다. 이런 까닭에 칼레도니아 숲은 나무의 세대가 바뀔 때마다 변화가 일어나는 역동적인 숲이었을 것이다. 개울 위쪽으로 올라가니 20미터, 30미터, 40미터 높이의 나무들이 강의 굽이를 점령했으며 5미터까지 자란 어린나무들이 사방을 떠받친다. 정상부에서 골짜기가 나뉘어 웅장한 광경을 연출한다. 빙하가 양쪽으로 흙을 퍼낸 탓에 바닥이 사발처럼 우묵하다.

산토끼 한 마리가 길을 가로지른다. 도가머리박새 한 마리가 짹짹거리고 흰말 세 마리가 마지막 남은 저녁 햇살을 받으며 무심히 풀을 뜯는다. 경외감을 일으키는 자연 풍경이 이곳을 지배한다. 이것은 나무가 번성하도록 내버려두었을 때 무슨 일이 일어날 수 있는지를 보여주는 사례일 수도 있고 이곳이 한때 어땠는지를 보여주는—토박이 크로프터는 없지만—사례일 수도 있다. 늙어 죽어 그 자리에 쓰러진 나무에는 파리, 나방, 수액, 감로, 기생충, 균류가 득시글거린다. 자작나무, 마가목, 오리나무가 뒤섞여 소나무와 어우러진 모습이 사교계를 방불케 한다. 모든 것이 빛나고 만발하고 와글거린다. 자연이 마치 목청을 돋워 노래를 부르는 것 같다. 실제로 이날 아침 큰들꿩이 안개 속에서 말발굽 소리처럼 꿩꿩 우는 소리에 잠에서 깼다. 켈트인은 큰들꿩을 일컬어 '숲의 말'이라고 불렀다. 사슴은 한 마리도 보이지 않는다. 신출귀몰한 몸놀림이 켈트인을 닮았다.

토머스 맥도널이 말한다. "사슴은 숲의 적이 아니다." 사슴은 숲지기요, 풀을 견제하고 허브를 육성한다. 특히 큰들꿩은 (만일 숲이 있다면) 숲속에서 사슴의 패턴을 따라 풀을 뜯는다.

영어에서 '황무지wilderness'라는 낱말의 어원은 '야생 사슴이 사는 곳'이지만, 이 낭만적 이상理想은 하일랜드에서 사람이 없어진 뒤 도를 넘었다. 사슴에게 유리한 방식의 재자연화를 과도하게 추진한 탓에 생태계의 균형이 깨진 것이다. 사슴 추적이 시행되던 19세기와 20세기에도 글렌페시에는 1제곱킬로미터당 50마리의 사슴이 서식했다. 지금은 한두 마리로 줄었다. 그리고 멸종 위기에 처했던 큰들꿩이 돌아오고 있다. 짝짓기하는 장끼(수꿩)들은 글렌페시에 새 영역인 레크*를 확보했는데, 이곳은 모든 관련자들에게 으쓱한 훈장과 같다. 레크는 수새들이 과시를 벌이는 숲속 결투장으로, 규모가 큰 오래된 숲에서만 나타난다. 큰들꿩의 먹이인 블루베리는 잘 조성된 소나무 숲의 얼룩덜룩한 그늘에서만 자란다.

글렌페시는 와일드랜드 사의 왕관에 달린 보석과 같다. 이 회사는 재자연화에 헌신적인 덴마크 기업가 안데르스 포울센의 사유지로 이루어진 제국이다. 와일드랜드가 개척한 운동은 현재 성과를 거두고 있다. 산업적 영농과 도시화로 인해 내 생전에 영국 야생 생물의 40퍼센트 이상이 절멸하고 지력地力이 위험 수준으로 고갈되었음은 주지의 사실이다(나는 1974년생이다). 유럽 전역에서 '자연 복원'이 (정부의 최우선 과제까지는 아니더라도) 주문呪文이 되었으며 정당들은 앞다퉈 더 많은 나무를 심으라고 요구한다. 재자연화는 요즘 유행하는 개념이며 공감을 불러일으킨다. 전원에 사는 사람들 중에는 재자연화를 열성적으로 옹호하는 쪽이 있는가 하면 자신의 문화와 역사에 대한, 총체적 삶의 방식에 대한

* lek. 매년 번식기에 수컷들이 전통적으로 모이는 장소로, 암컷들은 오로지 짝짓기만을 위해 방문하는 곳.

치명적 위협으로 여기는 쪽도 있다.

나무가 이런 극단적 반응을 유발한다는 것이 신기해 보이지만, 글렌페시는 땅에 대한 근본적 질문을 제기한다. 수렵 관련 소득이나 임업을 통한 생산 가치를 거두지 못하거나 상업적 영농을 위해서가 아니라면—금전적 대가를 얻을 전망이 없다면—땅은 실제로 무엇을 위한 것일까? 간단한 답은 '생명'이다. 우리는 식량을 재배하기 위해 땅이 필요하지만, 생존에 필요한 산소와 생물 다양성을 배출하기에 충분한 자연의 땅도 따로 떼어두어야 한다. 땅이 모든 사람에게 분배되고 적절히 관리된다면, 생활양식, 소비, 가치, 평등, 정의, 그리고 생계 수단과 생명 세계의 단절 같은 문제가 해결된다면 땅은 모두를 먹이기에 충분히 존재한다. 생명 세계에 다양성과 풍부함이 충분하지 않으면 인간도, 인간 아닌 생물의 생명도 결코 존재할 수 없다.

토머스 맥도널은 혁명가처럼 보이지 않는다. 초록색 플리스와 하이킹 바지 차림에 깔끔하게 면도하고 은발을 바짝 깎은 외모는 산책을 나서려는 사람 같지만, 상대를 꿰뚫어 보는 듯한 검은 눈은 성직자와 정치인에게서만 볼 수 있는 안광을 발하며 이글이글 불타고 있다. 와일드랜드 소재지인 애비모어의 주택단지가 내다보이는 윙백 체어에 앉아 표정을 숨긴 채 나를 바라본다.

토머스 맥도널은 스코틀랜드에서 누구보다 많은 사슴의 생사여탈을 책임지고 있다. 15년 넘도록 와일드랜드의 보전관리자로 일하는 토머스의 임무는 글렌페시의 나무가 재생할 수 있는 수준까지 사슴 개체수를 줄이는 것이다. 번성하는 숲은 노력의 결실을 보여주는 살아 있는 기념비다. 자연보전 계획의 성공이 마침내 경관 규모에서 가시적으로 드러나자 우호적인 분위기가 조성되고 있지만, 쉬운 여정은 아니었다.

어릴 적 친한 친구들은 토머스가 자신들의 일자리를 위협한다며 비난했다. 인파가 밀집한 마을 회관에서 사슴 도태의 근거를 설명하고 글렌페시를 위한 향후 200년의 구상을 밝혔을 땐 고성이 터져 나왔다. 농민, 사슴 추적자, 사냥 안내인, 사냥터지기 등은 토머스의 계획이 자신들의 일자리와 문화에 미칠 영향을 우려했다. 하지만 토머스에게 감정은 이 일과 무관했다. 공학자로 훈련받았기에 언제나 사물이 어떻게 작동하는지 이해하고 무엇이 잘못되었는지 분석하고 해결책을 고안하고 싶었다.

토머스가 자신에게 쏟아지는 비판을 무덤덤하게 평가한다. "어떤 면에서 그들은 여전히 식민주의 사고방식에 갇혀 있습니다." 땅은 불타고 소진되었으며 빅토리아시대의 토지 이용 방식에 얽매인 지역사회는 "19세기에서 온 피난민"이라고 토머스가 말한다.

토머스는 20년 전 글렌페시 에스테이트*의 팩터factor—토지 관리인—가 되고서 무엇이 잘못되었는지 똑똑히 알 수 있었는데, 사실 무엇이 문제인가는 제2차 세계대전 이후 정부와 지주들에게도 분명했다. 정부의 수많은 위원회는 사슴 개체수를 줄이려고 노력했으되 사슴 추적의 소득과 연계된 도태를 지주들에게 설득할 능력도, 강제할 의지도 없었다. 토머스는 젊을 때 목재 조림지

* estate. 전원에 있는 대규모 사유지.

에서 사슴을 막으려고 울타리를 치면서 춥고 추적추적한 나날을 보냈다. 그 전에는 글렌페시와 인근 산간분지에서 자랐다. 생태계의 작동 원리를 파악했으며 사슴 위원회들의 권고안이 실제로 구현되면 무슨 일이 일어날지 궁리했다. 토지 소유주가 바뀌자 토머스는 자신의 변화 아이디어에 귀기울이는 새 보스를 만났다. 실험에 착수할 기회를 잡은 것이다.

토머스가 말한다. "아무것도 하지 않는 것이야말로 가장 급진적이고 용감한 행위일 때가 있습니다." 엄밀히 말해 사슴 도태가 아무것도 아닌 것은 아니지만, 토머스의 말뜻은 땅을 관리하지 않는다는 뜻이며 이것은 (크로프터의 이동식 방목을 비롯한) 수백 년, 어쩌면 수천 년의 관행을 거스르는 일이다(방목 또한 관리의 한 방식이었다). 그것은 용기가 필요한 일이었다. 토머스는 2006년에 어떤 순간이, 영적 순간이 찾아왔다고 회상한다. 극렬한 비판을 무릅쓰고 3년간 글렌페시에서 사슴 5000마리를 쏘아 죽였을 때였다. 이제 사슴은 특정 구역의 울안에 갇히지 않고 하일랜드 곳곳을 자유로이 돌아다닐 수 있었으나 사슴 개체수가 3년간 낮게 유지되었는데도 소나무는 돌아올 기미가 보이지 않았다.

"암흑기였죠. 이런 생각이 들었습니다. '젠장. 내가 틀린 건지도 모르겠어.'"

그러다 3년째 되는 해 6월 토머스는 글렌페시를 걷다가 오래전부터 노목이던 친숙한 할머니 소나무를 만났다. 노목 사방에서 작은 초록색 손가락들이 풀밭 위로 삐죽삐죽 올라와 있었다. 어린나무들이었다. 우듬지를 올려다보니 솔방울이 흐드러지게 맺혀 있었다. 할머니 소나무는 결코 자고 있던 것이 아니었다.

"누군가 스위치를 딸깍 켠 것 같았습니다. 그들이 홀연 찾아온 겁니다. 하마터면 울음을 터뜨릴 뻔했어요! 누군가 자신들을 도우려 한다는 걸 그들이 깨달은 것 같았습니다."

구주소나무는 솔방울을 해마다 풍성하게 내진 않는다. 높은 고도에서는 겨울이 혹독하고 생장철이 짧아서 3~4년이나 심지어 10년이 지나도록 나무가 꽃을 피우거나 씨앗을 내지 않을 때도 있다. 기후의 연속성은 중요한 조건이다. 한 해에 일어나는 일은 이듬해에 일어나는 일에 영향을 미친다. 여름이 따뜻하고 화창하면 이듬해에 대체로 꽃이 흐드러지게 핀다. 그리고 소나무는 어느 때든 3년 치 솔방울을 지니고 있다.

봄에 나타나는 바늘잎 눈은 가지를 따라 송진 냄새 나는 갈색 꽃 무리로 피어난다. 단단히 뭉친 이 폭탄에는 웅성(수컷) 배우자*가 들어 있다. 꽃들은 처음에는 미니어처 솔방울처럼 생겼지만 금세 바슬바슬 가루가 되어 바람에 퍼져 나간다. 5월과 6월에는 성숙한 소나무 숲 곳곳에서 노란색 꽃가루가 떠다니는 것을 볼 수 있다. 건강한 생태계에서는 연못과 호수 표면에 더껑이가 진다. 꽃가루에는 물에 떠 있기 위한 용도로 설계된 기포가 두 개 달려 있다. 구주소나무는 꽃가루를 최상의 조건에서 출발시킬 뿐 아니라 다른 소나무들과 개화 시기를 일치시켜 수정 가능성을 높인다. 구주소나무는 최장 320킬로미터에 이르기까지 일제히 개화하는 것으로 밝혀졌다. 그들은 서로의 개화 시기를 어떻게 알

* 성숙한 반수체 생식세포. 다른 세포와 접합하여 새로운 개체를 형성하는 세포로, 정자 또는 난자를 이른다.

까? 생태학자들은 바람과 땅속 균류망을 통한 호르몬 소통을 제시했는데, 그게 아니라면 일정한 기후 문턱값에 의해 활성화되는 유전적 방아쇠가 깊숙이 잠재해 있는지도 모른다. 하지만 실상은 아직 아무도 모른다.

자성(암컷) 솔방울은 어린 가지 끝의 작은 자주색 망울로 출발한다. 꽃가루는 솔방울 비늘의 적자색 표면에 내려앉는다. 꽃가루의 당과 솔방울의 수분이 상호작용하면 달콤한 꽃가루받이 방울pollination droplet이 형성되어 꽃가루관으로 빨려 들어간다. 꽃가루관은 세포 속으로 통하는 통로로, 그곳에서 생식핵과 접촉한다. 솔방울은 여름내 더욱 단단해지고 1센티미터 이내로 자란 다음 겨우내 휴식한다. 이듬해 봄 꽃가루관이 생장을 재개하여 길게 늘어나 생식핵을 뚫고 들어가면 수정이 이루어진다. 두 번째 여름이 끝나갈 무렵 솔방울은 온전한 크기에 도달하지만, 아직은 초록색이고 끈적끈적하며 가을과 겨울 내내 갈색으로 바뀌고 단단해지기만 할 뿐이다. 세 번째 봄이 되면 솔방울이 열린다. 비늘이 벌어져 씨앗이 드러나는데, 바람이 불면 떨어져 나온다.

구주소나무 씨앗은 곤충 날개와 비슷하게 생겼다. 딱딱한 씨껍질과 길고 얇은 날개가 돛처럼 바람을 받아 날아다닌다. 씨앗의 배젖은 솔잣새, 검은머리방울새, 박새, 딱따구리, 청서에게 꼭 필요한 식량이다. 청서는 비늘을 갉아 씨앗을 꺼내는데, 하루에 최대 200개의 솔방울을 먹어 치운다. 청서 한 마리가 겨울을 나려면 1헥타르의 나무가 필요하다. 이에 반해 솔잣새는 엇갈린 부리로 비늘을 비틀어 벌린 다음 굶주린 혀를 밀어넣어 씨앗을 끄집어낸다. 입천장의 이랑으로 껍질을 벗기고는 씨앗을 삼킨다. 설치류와 곤충도 소나무 씨앗을 좋아하기에, 어린나무가 살아남으려면 소나무는 먹이사슬의 먹성보다 많이 씨앗을 맺어야 한다. 결실년*에 일제히 솔방울이 맺히는 데는 이런 까닭이 있는 듯하다. 이때 모든 나무가 엄청난 양의 씨앗을 동시에 만들어낸다.

하지만 결실년이 점차 잦아지고 있으며 온난화로 나무들이 혼란을 겪고 있다. 이 때문에 소나무가 씨앗을 점점 빨리 내어 숲의 정상적인 계절 순환이 교란되는 조짐이 보인다. 아직까지는 한 해의 솔방울에서 씨앗을 내보낸 뒤 이듬해에도 씨앗을 내보낼 여력이 있다. 하지만 솔방울의 세대 간격이 너무 길어지면 씨앗을 먹고 사는 수많은 종이 굶주릴 것이다. 씨앗을 먹는 동물만 고통을 겪는 것이 아니다. 꽃꿀이 풍부한 송화松花는 나방과 나비를 비롯한 날벌레 수십 종의 핵심 먹이 공급원이다. 나방 애벌레는 구주소나무 껍질 밑에 틀어박혀 겨울을 보낸 뒤 봄이 되면 꽃을 먹으려고 번데기에서 빠져나온다. 하지만 나무가 그 전에 꽃을 피워버렸다면 그 세대의 나방은 몰살할 것이다. 나방이 죽으면 새들의 먹이가 줄고 새들의 상위 포식자도 마찬가지다. 대부분의 털애벌레와 나방 애벌레는 정상 개화일로부터 21일까지의 격차는 감당할 수 있다. 2020년에는 격차가 11~12일이었다. 소나무에서 가장 우려스러운 현상은 개화 시기와 꽃가루 방출 시기가 어긋나는 것이다. 동시 개화의 근거가 땅속이나 공기 중에서 이루어지는 소통이 아니라 기후 신호에 대한 학습된 유전적 반응이라면, 비대칭 온난화—숲의 일부 지역에서 기후가 달라지는 불균

* 다년생 과실나무에서 열매를 맺는 해.

등한 날씨 패턴—로 인해 씨앗이 전혀 맺히지 않을지도 모른다.

씨앗이 맺힌 뒤 설치류, 새, 딱정벌레에게 들켜 먹히는 신세를 면하더라도 발아가 보장되지는 않는다. 씨앗은 길가나 강가처럼 노출된 자갈밭이나 얕은 이탄지가 필요하다. 두꺼운 이탄은 영양소가 부족하며 소나무가 인과 질소를 얻는 데 필요한 균근 균류가 없을 가능성이 크다. 기존 숲으로부터 균근 관계를 형성하고 확장하는 것은 성공적 발아를 보장하는 가장 수월하고 듬직한 방법이다. 비록 수 세대 동안 숲이 없었던 곳일지라도 균근이 휴면 형태로 잠재해 있을 가능성이 있다.

흙은 어디에서 나무를 심거나 보살펴야 전망이 밝은지 알려주는 주된 길잡이라고 토머스는 말한다. 버섯, 양치식물, 고사리, 그리고 제비꽃 같은 특정 종류의 소림 식물이 있는 곳에는 어김없이 한때 숲이 있었다. 고리 형태로 자란 버섯들은 대체로 오래전 나무그루가 뿌리내린 흔적의 윤곽을 나타낸다. 성숙한 소나무 숲에는 15~19종의 외생 균근 균류(뿌리 주변에서 자라는 균류)가 있어 탄소와 영양소의 운반에서 지의류 덮개까지 온갖 역할을 맡으며 나무로부터 당을 얻고 그 대가로 무기물을 내어준다. 땅속에서 공생하는 필수적 '절반'을 고려하지 않은 채 나무를 심는 것은 땅이 스스로의 속도에 맞춰 숲으로 진화하도록 내버려두는 것보다 훨씬 비효율적일 것이다. 올리버 래컴은 에식스에 참나무 숲이 식재되고 750년이 지났는데도 천연림에서 볼 법한 난, 식물, 버섯이 없더라고 말한다.[12]

현재 와일드랜드는 앞으로의 관리에 참고할 15년 치의 기준 데이터를 수집했다. 이들은 생태학자와 자원봉사자를 동원하여

7미터 사분면으로 구획된 땅을 조사해 생태 천이가 어떻게 일어나는지 파악하고 있다. 똥 개수를 세어 사슴 개체수를 확인하고, 헤더 높이를 재어 다른 식물에 그늘을 드리우는지 파악하며, 블루베리 잎의 겨울물결자나방 번데기 개수를 헤아려 큰들꿩이 겨울에 새끼를 먹일 수 있는지 가늠한다.

토머스는 무슨 일이 일어날지, 종마다 어떻게 반응할지 여전히 알지 못하지만—생태 천이의 시간 척도는 인간의 지력으로 파악하기에 너무 거대하다—변화를 지켜보고 측정하는 일을 즐긴다. 갑자기 소나무가 사방에 들어섰다. 글렌페시에서만 그런 것이 아니다. 초창기에는 헥타르당 200그루였는데 지금은 6000그루다. 나무들이 힘을 얻고 있다.

첫 번째 목표는 서식지 복원이다. 그런 다음 토머스는 관리 가능한 사슴 개체수의 기준을 확립하고 관광을 비롯한 '자연 자본' 사업으로 수익을 창출하고자 한다. 하지만 늑대 같은 최상위 포식자가 없기에 토머스는 여전히 사슴을 쏘아야 할 것이며 여전히 글렌페시의 이웃들과 협력해야 할 것이다. 사슴은 야생동물이며 산 전체에 울타리를 두를 수는 없기 때문이다. 왕립조류보호협회, 스코틀랜드 산림위원회, 스코틀랜드 자연유산위원회, 캐른고름 국립공원 등에서 운영하는 인근 애버네시 지구와 와일드랜드가 공동으로 추진하는 사업인 캐른고름 커넥트는 이런 사정을 염두에 두고서 설립되었다. 무려 6만 헥타르의 토지가 야생의 잠재력을 실현하기 위해 자연 상태로 보전되고 있다.

토머스가 그날 저녁 글렌페시의 보시*에서 열리는 한여름 케일리—저녁에 모여 게일어로 노래하고 춤추는 행사—에 나를 초대하기 전 마지막으로 건넨 말은 토머스의 야심이 얼마나 큰지 짐작게 했다. 스코틀랜드 토지의 절반이 매물로 나와 있는데, 와일드랜드는 그중 몇 곳을 매입하느라 분주하다. 2020년 말경 와일드랜드는 9만 헥타르를 소유하여 스코틀랜드 최대 지주가 되었다. 글렌페시는 그중 1만 7000헥타르에 '불과'하다고 토머스는 내게 말한다.

그러고는 의미심장한 미소를 띠며 덧붙인다. "저는 이곳에서 정원을 가꾸고 있습니다." 우리가 만나는 동안 토머스의 미소를 실제로 본 것은 이번이 유일하다.

애비모어 바깥에 있는 스코틀랜드 자연유산위원회 주차장 옆 오두막을 개조한 공간이 캐른고름 커넥트 사무실이다. 장소는 허름하지만 포부는 야무지다. 아직까지도 무척 보수적인 자연보전 업계에서 그들은 당돌한 이단이 되고자 한다. 자연의 위기에 대처하려면 깊숙이 뿌리내린 전제와 습관을 재고해야 한다. 자연을 보살피는 일을 업으로 삼는 사람도 예외가 아니다.

마크 핸콕은 왕립조류보호협회에서 캐른고름 커넥트에 파견한 과학자다. 마크가 우려준 차를 들고서 밖으로 나가 사무실 오두막 옆 들판에 있는 나무그루에서 햇볕을 쬔다. 화강암과 편마암이 1200미터에 걸쳐 솟아오른 채 좌우로 뻗은 캐른고름 지괴 전체가 지평선에서 반짝거린다. 서쪽 끝이 글렌페시, 동쪽 끝이 애버네시 숲이다. 캐른고름 커넥트의 목표는 두 곳을 잇는 황무

* bothy. 원래는 사냥꾼이나 양치기의 임시 숙소였으나 지금은 무료 대피소로 쓰이는 산장.

지 통로를 마련하는 것이다.

마크가 안경을 추어올리고는 과학적 신중함과 엄밀함을 기해 낱말을 고른다. 이 계획의 규모와 목표는 과학, 통제, 관리의 언어에 익숙한 마크 같은 사람들에게는 낯선 영역이라는 느낌이 든다. 마크는 캐른고름 커넥트가 기존 관행을 뒤엎었으며 "100년에 걸친 자연보전의 역사와 적극적 관리의 관행에 어긋난다"고 선뜻 인정하면서도 글렌페시의 사례에서 보듯 이 방식이 효과가 있다면 영국의 자연보전 업계 전체의 사고 및 행동 방식을 탈바꿈시킬 수 있을 것이라고 말한다. 이를 통해 땅의 가치에 대한 사고방식을 바꿀 수 있으며 심지어 국립공원의 목적에 대한 견해까지 바꿀 수 있을지도 모른다고 덧붙인다.

영국은 숲 면적을 늘리려고 필사적으로 애쓰고 있다. 현재 면적인 13퍼센트는 유럽 평균인 37퍼센트와 세계 평균인 30퍼센트에 훨씬 못 미친다. 게다가 그 13퍼센트의 대부분은 조림지—목재를 위한 단작—이며 나무 사이사이나 아래에 서식하는 종의 다양성이 극히 낮다. 사실 조림지는 결코 숲이라고 말할 수 없다.

스웨덴과 핀란드는 유럽연합 전체 숲의 3분의 1을 차지하며 영토의 68퍼센트와 71퍼센트가 숲이다.[13] 그런데도 핀란드의 숲이 흡수하는 온실가스는 자국 배출량의 절반가량에 불과하다. 영국이 숲 면적을 세 배로 늘려 유럽 평균에 도달한다는 것은 획기적 발상이지만 여전히 미흡하다. 숲은 인간 활동으로 인한 전 세계 이산화탄소 오염의 4분의 1 내지 3분의 1을 빨아들일 수 있지만, 이런 목표를 달성하려면 어마어마하게 넓은 토지의 용도를 바꿔야 한다. 연구에 따르면 인도만 한 면적이 필요한데, 이것은 전 세계 경작 면적과 맞먹으며 해마다 유실되는 나무를 제외하고도 이 정도다. 해마다 전 세계에서 150억 그루의 나무(3000만 헥타르의 숲)가 벌목되며, 비슷한 수가 산불에 유실된다. 캐른고름 커넥트는 탄소 격리나 숲 조성이 국가 안보 사안이 되었을 때—조만간 그렇게 될 것이다—무슨 일이 일어날 수 있는지 살짝 엿보게 해준다. 배출량을 상쇄하려고 안달하는 기업들이 넓은 스코틀랜드 토지의 가격 상승을 벌써부터 부추기고 있다.

하지만 현재로서 캐른고름 커넥트는 군사 작전이 아니다. 진행 중인 역동적 활동으로서의 자연을 이해하고, 숲을 유동적 공동체로 인식하고, 땅을 끊임없이 유동하는 것으로 간주하는 위태로운 실험이다. 마크의 주 관심사는 조류와 조류 서식지다. 이런 까닭에 제휴 대상인 토지의 면적보다는 지형, 즉 토지가 지탱할 수 있는 생태계 다양성에 중점을 둔다. 숲은 필요시에 이주할 수 있을까? 숲이 높은 고도로 올라가고 싶을 때 장애물이 있을까? 숲이 막상 올라갔을 때, 서늘한 산이 충분히 남아 있을까?

교란되지 않은 숲에서는 자연 수목한계선의 소나무가 산간소림montane woodland—노르웨이에서는 '버드나무 구역'이라고 부른다—에 선두를 양보한다. 버드나무와 마가목의 산간소림은 시간이 흐르면서 숲의 첫 단계인 소나무가 자랄 토대가 된다. 하지만 사슴은 버드나무와 마가목을 무엇보다 좋아한다. 일부 버드나무 종은 어찌나 시달렸던지 스코틀랜드를 통틀어 자연산 개체가 한둘밖에 남지 않았다. 이어진 숲의 한계 너머로 진출하는 여린 떨기나무와 베리의 산간소림은 하일랜드에서 사슴의 남섭으로 인한 최대 피해자다. 이제는 씨가 말랐다.

남쪽으로 몇 시간 떨어진 내셔널트러스트 자연보호구역 벤 루어스에는 산간소림 종들이 영국에서 가장 풍부하게 모여 있다. 이 나라에서 가장 희귀한 서식지를 위한 종자은행인 셈이다. 남쪽을 바라보는 몇 헥타르의 울안으로 이루어졌는데, 스프링 작동식 문이 달린 높고 단단한 사슴 울타리로 보호된다. 포트윌리엄 가는 길에 들렀더니 거의 한 그루 걸러 한 그루마다 잎이 동그랗게 잘려 있었다. 털이 난 잎 아랫면을 보송보송한 관棺 삼아 폭 싸여 있는 털애벌레의 흔적이다. 나비들은 초지 사방에서 날개를 팔락거렸으며 1헥타르당 새의 마릿수는 기절초풍할 정도였다. 이런 서식지가 희귀한 탓에 이곳은 기존 먹잇감을 필사적으로 찾는 종들의 피난처가 되고 있다. 흡사 동물원에 온 것 같은 기분이다. 요새로 보호되는 드넓은 금단의 산 중턱에 실수로 들어선 조그만 식물원 같기도 하다. 이 희귀한 종들이 다시 야생에서 안전하게 살아가려면 아직 할 일이 많다.

버드나무 구역은 특정한 조류 및 곤충 종에게 중요한 서식지다. 이곳은 '주변 효과edge effect'가 일어나는 곳이다. 숲이 생장 영역의 한계에 도달함에 따라 다양한 고도에서 저마다 다른 종이 북상을 포기해 여러 종이 뒤섞인 풍성한 지대가 만들어지는 것이다. 일조량이 많고 온도 범위가 커지면 다양한 종류의 전이지대가 생긴다. 핵심종 하나만 더해지거나 빠져도 생명의 전체 균형이 달라질 수 있다. 소나무가 없는 곳에서는 버드나무가 왕 노릇을 할 수 있다. 버드나무 아래에서는 땅에 바짝 붙어 보호받아야 하는 좀새풀과 깃털이끼가 번성할 수 있다. 하지만 남섭이 벌어지면 가장 먼저 사라질 종이기도 하다. 이곳엔 희귀한 지의류가 풍부하여 버드나무 구역의 식물들과 연계를 맺는다. 그런 식물로는 헤더 사이사이에서 자라는 것도 있고 겨울에 곤충의 구황작물인 된서리이끼*Racomitrium lanuginosum*도 있다. 된서리이끼는 공기 중의 수분을 흡수하기 때문에 물이 없어도 열두 달간 버틸 수 있다. 깊은 눈 속에서는 쿠션 역할을 하여 나름의 미기후를 만들어내는데, 온도가 주변 설괴*보다 최대 20도까지 올라간다. 보송보송한 덮개를 들어올리면 웅송그린 채 몸을 데우고 있는 곤충 수천 마리를 볼 수 있다.

곤충 서식지는 물론 새들에게도 이롭다. 경관이 느닷없이 바뀌는 것(이를테면 소나무 조림지의 직선)은 자연스럽지 않고 유익하지 않다. 새는 철마다 다양한 곤충, 씨앗, 열매를 구할 수 있는 모자이크 경관을 좋아한다. 이제 캐른고름 커넥트 안에서는 숲과 황무지가 다시 한번 어우러지면서 전이지대들이 뒤섞이고 있다. 이곳은 다양성의 조건을 조성하는 주변적 서식지다. 이를테면 목도리지빠귀는 수목한계선에 서식하는 종으로, 서식지를 옮겨다닌다. 흰눈썹물떼새, 흰멧새, 잿빛개구리매는 모두 황무지에 서식하는 조류로, 이따금 숲에서 안식을 취하고 먹이를 구해야 한다. 핸콕은 이 종들이 우리가 아직 갚지 못한 '멸종 부채'**일지도 모른다고 우려한다. 서식지가 하도 훼손되고 개체수가 하도 줄어 회복이 불가능한 지경에 이르렀으리라는 것이다.

캐른고름 커넥트의 핵심 목표 한 가지는 나무가 자연 수목한계

* 추운 날씨가 지속되어 녹지 않고 쌓인 눈.

** extinction debt. 과거의 서식지 파괴로 인해 미래에 지연되어 나타나는 생물다양성 손실.

선까지 다시 자리잡도록 하는 것이다. 이는 다른 사업들의 길잡이가 될 수 있으며, 이를 통해 산간소림 복원 사업을 어디에서 시작해야 할지 알 수 있다. 산간소림행동모임이라는 단체가 일부 구역에서 600미터 고도에 버드나무와 주니퍼를 열심히 심고 있지만 사업이 주먹구구식으로 진행되고 있으며 아슬아슬하고 위태롭다. 또한 이론상 생장 한계인 등온선은 고정되어 있지 않다. 저 버드나무들이 몇 년 안에 소나무 숲 한가운데에 들어설지도 모른다.

마크가 말한다. "스코틀랜드의 수목한계선이 어디인지, 어디여야 하는지 실제로 아는 사람은 아무도 없습니다."

통념에 따르면 나무들이 자연적 한계선에 매달려 있는 지역은 하나뿐이며 그곳에서는 크룸홀츠krummholz(나무들이 고도와 악천후 때문에 점점 왜소해지는 현상)의 정상적 단계를 볼 수 있다고 한다. 그곳은 작가 짐 크럼리가 '소림의 신전woodland shrine'이라고 부르는 곳, 크레이그피아클래크다.

이튿날 아침 일찍 크레이그피아클래크(게일어로 '뾰족뾰족한 암괴'라는 뜻)를 향해 길을 오른다. 초입은 글렌페시가 넓어져 스페이강 유역에 접어드는 곳이다. 이곳에서 언아일린호의 그림 같은 풍경 주위로 산림위원회의 인슈리아크 숲 조림지가 킹유시('소나무 숲 꼭대기')와 로디머커스('넓은 전나무 들판') 사이에 침입자처럼 서 있다.

자갈길, 직선, 으스스한 정적을 품은 조림지의 빽빽한 우듬지를 벗어나 습원의 탁 트인 소림에 들어서자 불쑥 사방이 새 천지다. 허리 높이의 허먹 위로 기어오르는데, 장화가 푹신푹신한 이끼 쿠션에 파묻혀 보이지 않는다. 풀에 덮인 두툼한 이탄 둑 사이로 유리처럼 맑은 물이 졸졸 흐른다. 강둑을 따라 헤더, 양치식물, 진들딸기, 골풀, 사초가 자라고 강둑 위로는 이탄의 단단한 검은색 돔이 솟았는데, 그곳에서 오래된 무고소나무들이 옹이 지고 뒤틀린 채 돋아났다. 층층이 뻗은 가지들은 탁월풍에 의해 변형되었다.

헤더와 가시금작화의 빽빽한 덤불, 마가목, 개암나무, 오리나무의 채찍 같은 어린나무, 어디에나 있는 소나무 한두 그루를 뚫고 앞으로 나아간다. 무고소나무 연륜연대학자 롭 윌슨의 말이 떠오른다. "명심하세요. 소나무는 잡초입니다. 조금이라도 기회가 생기면 비집고 들어오죠."

작은 갈색 새 한 마리가 멀찍이서 나를 따라오며 "피윗" 하고 운다. 굴 옆에 올빼미 깃털이 떨어져 있고 꼭대기가 납작한 소나무 아래에 자몽만 한 커다란 흰색 알이 깨져 있다. 위를 올려다보니 검독수리 둥지의 어수선한 작대기들이 우듬지 사이로 보일락 말락 한다. 토끼 똥이 떨어져 있고 연못에는 영원蠑螈이 있다. 얼마 전 사슴이 다녀갔다. 3미터 높이의 마가목은 허리 아래로 잎과 가지가 싹 달아났다. 이것이 북부한대수림의 원래 모습이라는 느낌이 든다. 물론 한때 여기 살던 곰, 스라소니, 늑대가 없긴 하지만. 이곳은 글렌페시보다 오래되었으며, 갓 자란 소나무 세대의 당돌한 참신함을 찾아볼 수 없다. 재자연화된 산간분지에서는 흥겨운 놀라움, 자유의 환희를 느낄 수 있었던 반면에 여기서는 확고한 리듬이 생명의 안정된 패턴을 보여준다.

물소리를 따라 올라가니 마침내 검은 무기질 흙이 밟혀 다져진 길이 보인다. 숲이 펼쳐져 있다. 노목들이 듬성듬성 서 있고 하층식생이 틈새를 메우고 있다. 거대한 허먹은 그 자체로 하나의 생태계다. 고귀하고 장엄한 피조물인 자작나무가 예상보다 많다. 드러난 붉은 뿌리를 강물에 뻗었고 껍질은 늙은 도마뱀처럼 골이 지고 금이 갔다. 강물은 찰랑거리고, 맑고, 요란하다. 나무 사이로 우렛소리를 내며 이끼와 양치식물의 둑에 안개를 뿌린다.

고사리의 단단한 주먹이 펴지기 시작하고 깃털이끼의 작고 붉은 털이 공기를 간지럽힌다. 온갖 이끼가 사방에 널려 있다. 물이끼, 석송, 깃털이끼, 뿔이끼가 여리고 투명한 줄기에서 작은 홀씨를 밀어낸다. 이끼는 숲의 습기를 머금고 있다. 유리질 화학물질 덕분에 몸무게의 1000배나 되는 수분을 간직할 수 있다. 이끼는 최초의 스펀지로, 빗물을 잡아두었다가 나무와 흙의 흡수 능력에 맞춰 천천히 내보낸다. 또한 그 과정에서 질소를 고정해 숲을 기름지게 한다.

우점종은 이탄이끼라고도 불리는 물이끼다. 이 이끼는 석탄과 다이아몬드의 원천이며 지구온난화의 수혜자 중 하나다. 이산화탄소를 좋아하기 때문이다. 하지만 물이끼가 너무 많으면 하층식생이 짓눌려 숲의 천이 패턴이 달라질 수 있다. 이미 시베리아에서는 이끼가 기승을 부리는 바람에 잎갈나무 어린나무가 뿌리내리지 못하고 있다. 이산화탄소가 쌓이면 마치 바닷물이 산성화되듯 토양이 산성화되어 식물이 질식한다.

석탄기에는 대기 중 산소가 지금보다 훨씬 적어 이끼와 (쇠뜨기 같은) 양치식물이 10~20미터 높이로 자랐으며 트리피드*처럼 생긴 괴식물이 이산화탄소를 게걸스럽게 흡입했다. 겉씨식물과 속씨식물(대기에 서서히 산소를 공급한 구과수와 낙엽수)이 승리를 거두자 속새, 양치식물, 이끼는 크기가 쪼그라들었다. 하지만 현재의 온난화 추세가 계속된다면 다시 크기가 커질 수 있으며, 산성 공기가 이끼를 키우고 들판을 질식시켜 임업과 농업이 심각한 타격을 받을 것이다.

좁아져 개울이 된 강의 위쪽과 건너편으로 보이는 탁 트인 황무지를 향해 올라가는데, 길이 무척 험하다. 개울 북쪽은 아직도 숲이 남아서 남쪽을 바라보고 있다. 맞은편에서는 나무들이 느닷없이 주저앉는다. 개울 이쪽 편으로부터 30미터 위쪽에서 크룸홀츠가 나타나는가 싶더니 빠르게 사그라든다. 길옆에 있는 마지막 소나무의 가지 마디를 세어 나이를 헤아린다. 내 허리 높이밖에 안 되는데 나이는 열여섯 살이다. 더 올라가니 전체 크기가 내 손만 한 꼬맹이 자작나무는 적어도 열 살이다. 주니퍼와 버드나무는 이제 언덕에 바짝 붙어 자란다. 위쪽 우묵땅에서 마가목과 더 곧은 버드나무가 보인다. 이곳은 영국에서 유일한 수목한계선 전이지대의 잠정적 출발선—어쩌면 잔재—이다.

여기 오기 전에는 이 버드나무 구역 서식지가 이토록 희귀하고 중요한지 전혀 몰랐다. 이곳은 목도리지빠귀, 잿빛개구리매, 흰멧새, 연노랑솔새, 작은홍방울새가 사는 곳이다. 서식지가 복원되면 붉은날개지빠귀, 긴발톱멧새, 흰눈썹울새가 사는 곳이 될 수도 있다. '서식지 유실'이라는 점잖고 무해해 보이는 구절 뒤에는 수많은 역사가 있다. 이 구절은 무슨 뜻인지 이해하기 힘들고

* 존 윈덤의 소설 『트리피드의 날』에 등장하는 식물 괴수.

피해를 돌이키기 위해 우리가 무엇을 변화시켜야 하는지 알아내기 힘들 때가 많다. 새들은 지의류, 이끼, 곤충의 미묘한 균형을 필요로 하는데, 이를 위해서는 특정 버드나무 종이 겹겹이 보호해줘야 한다. 그런데 몇몇 종은 중국에서 판다가 희귀한 것보다 더 영국제도에서 희귀하다. 나는 관심을 기울이고 있다고 생각했지만 필요한 것은 전혀 다른 차원의 관심이다.

언덕의 팔레트는 이끼의 붉은색, 화강암의 분홍색, 블루베리 싹의 연두색, 지의류의 주황색과 붉은색과 흰색으로 이루어졌는데, 이 모든 색깔의 배경에 두꺼운 진회색 비구름이 내리깔리고 있다. 내 아래쪽 숲은 끝없는 초록이다. 사이사이로 고속도로를 달리는 트럭이 간간이 보인다. 나무 사이를 구불구불 흐르는 스페이강은 암회색이다. 저 멀리 황량한 흑갈색 들꿩 황무지와 조림지의 기하학적 구획이 보인다. 조림지는 잔혹한 브루털리즘 노출 콘크리트 구조물 못지않게 폭력적으로 보인다.

크레이그두브(756미터—'검은 암괴') 정상에 오르자마자 비가 옆으로 들이쳐 나를 후려친다. 아래로 내려가 아가일석*에 도달한다. 약간 동쪽에 카나프리스휴비스('소나무 덤불 속 언덕')가 서 있다. 이 황량한 비탈면이 늘 바람을 고스란히 받고 있지는 않았다는 뜻이다. 동쪽에서 몰아치는 차가운 물줄기 사이에서 맞은편 크레이그폴리시 능선을 내려다본다. 시시각각 변하는 폭풍우의 잿빛 속에서 빛을 발하는 게 뭐지? 틀림없는 소나무 윤곽이다. 나무는 이제 단단히 자리잡고는 바람 속에서 일찌감치 줄기를 구

* 아일랜드의 성인 콘윌이 스코틀랜드에 타고 왔다고 전해지는 돌.

부린 채 아래쪽 형제들보다 훨씬 위쪽에 진출한 자신의 무모함에 실소를 터뜨린다.

등산객이 무료로 이용할 수 있는 산장 중 하나인 루이애티친보시는 글렌페시 정상에서 페시강과 로어게이드 개울이 만나는 근사한 합수점에 있다. 이곳에서 골짜기는 글렌페시의 상징인 빙하곡으로 갈라진다. 크레이그피아클래크에서 골짜기를 따라 한참을 내려가니 갖가지 풍경이 조각보처럼 펼쳐진다. 자갈 강바닥 옆에는 헤더와 물풀이 자라고 맑은 숲속 연못에는 곤충이 덕지덕지 붙어 있고 옛 소나무 조림지는 우뚝하고 율동적인 풍경을 연출한다.

이곳은 와일드랜드 소속이기에 조림지는 자연적 과정이 다시 시작되도록 방치되어 있다. 그래서 여기저기 통나무가 쓰러진 채 썩어가고 솎아베기가 일부 실시되었고 빈터에서는 어린나무가 무럭무럭 자란다. 하지만 조림지의 구성은 획일적이다. 모든 나무는 수령이 같으며, 일부러 바짝바짝 붙여 심은 탓에 곧은 줄기들이 햇빛을 차지하려고 다툰다. 그래도 솎아베기 덕에 숲바닥까지 햇빛이 들어올 수 있으며 이제는 나무 사이사이 땅이 블루베리, 헤더, 깃털이끼로 시푸르다. 햇빛이 너무 많으면 헤더가 기승을 떨치고 너무 적으면 블루베리가 자라지 못한다. 하층식생의 세계는 빛, 영양소, 균근이 한 치의 오차도 없이 맞아떨어지는데, 이것은 우듬지 밀도와 직접 연관되어 있다. 우듬지는 아래쪽의 조건을 섬세하게 조절하여 무엇이 살아갈 수 있는지 결정한다. 큰들꿩을 비롯해 새들이 돌아온 것은 이런 까닭이다.

글렌페시 산장은 강가 언덕 위에 있다. 방문객은 아프리카 사파리가 아니라 '야생'을 경험하려고 큰돈을 낸다. 더 나아가면 옛 소나무가 벌목된 곳에 숨겨진 석조 보시가 있다. 덜 부유한 여행객을 위해 건축되고 관리되는 곳으로, 거친 널벽을 댄 방이 두 개 있으며 노르웨이산 주철 난로로 난방한다. 밖에는 맑고 시원한 개울 옆에 퇴비 화장실과 양동이가 있다.

토머스가 언급한 한여름 케일리는 무도회라고 말하기 힘들다. 작은 방에는 서 있을 공간조차 빠듯하며 요란하게 타는 화목 난로 덕분에 찔 듯이 덥다. 스무 명가량이 옛 방식에 대한 게일어 전설을 노래로 들으려고 찾아왔다.

마거릿 베넷은 가수인데, 『요람에서 무덤까지 스코틀랜드의 풍습』을 비롯한 여러 책을 썼다. 노래하기 전에 지팡이를 내려놓고 굵은 테 안경을 벗은 다음 난로 앞 내 옆에 자리를 잡는다. 나무의 마법에 대해 이야기하려는 참이다. 토머스가 마거릿에게 내가 숲에 대한 책을 쓰고 있다고 말해뒀다. 마거릿은 검은색과 은색 머리카락을 단순한 매듭으로 묶었으며, 이야기하는 동안 파란 눈으로 방을 둘러본다.

마거릿은 어떻게 봄철에 여자들이 자작나무 싹으로 머리를 감고는 자작나무 향기를 풍기며 교회에 갔는지, 어떻게 자신의 어머니가 행운을 빌며 집 바깥에 마가목을 심었는지 이야기한다(마가목은 아직도 그곳에 서 있다고 한다). 우리는 소나무가 어떻게 늘 약용으로 쓰였는지, 어떻게 바늘잎이 집을 훈증하고 호흡기 질환을 치료하고 이제는 장뇌*, 살충제, 용제溶劑, 향수 같은 공업적 용도로 쓰이는지 이야기한다. 북아메리카 원주민 카유가족은 소나무 옹이의 고갱이를 삶아 피노실빈이라는 항생물질을 뽑아냈는데, 이것은 피부 질환과 벌레 물린 데를 치료하는 항생제 연고에 쓰이는 것과 같은 물질이다. 마거릿은 부족 체계가 어떻게 효과를 발휘했는지 설명한다. 아무도 땅의 소유권을 가지지 않았으며 숲과 언덕은 모두에게 유익하도록 관리되었다. 마거릿은 군주들이 부족 전체가 아니라 부족장 개인에게 토지 소유권을 하사하는 바람에 땅을 사고팔 길이 열렸다고 한탄한다. 이것이 이제 부를 노래의 배경이다. 양과 사슴에게 터전을 빼앗기고 아직까지도 언덕을 되찾지 못한 하일랜드 사람들 말이다. 현대의 골짜기 이미지는 국경 남쪽에서 비롯한 착취, 추방, 군사 폭력의 역사와 밀접하게 연관되어 있다.

나중에 다른 손님들이 도착하여 다 함께 몇 킬로그램의 사슴고기 버거를 먹은 뒤 마거릿은 영국 해군이나 스코틀랜드 고지 연대와 함께 떠난 소년들을 기다리는 어린 소녀들에 대한 노래, 매클라우드 선장의 허깨비 백파이프 연주자에 대한 이야기를 들려준다. 붉은정강이**에 대한 이야기, '연어 같은 장딴지'를 가진 잘생긴 소몰이꾼이 행운을 가져다주는 마가목 가지로 꼬리털을 땋은 하일랜드 소들을 데리고 언덕을 가로질러 크리프 읍내에 가는 이야기도 있다. 토머스의 형제 샌디가 백파이프로 마거릿의 노래를 반주하고 키가 크고 머리카락이 검은 캐른고름 국립공원의 수석 생태학자 윌이 밴조로 거든다. 마거릿은 우리 스무 명으

* 침투성이 있고 곰팡이 냄새가 다소 나는 방향성 유기화합물.

** redshank. 스코틀랜드의 하일랜드와 헤브리디스제도 출신 용병으로 아일랜드를 위해 싸웠는데, 정강이를 드러낸 복장 때문에 이렇게 불린다.

로 하여금 입을 모아 게일어 노래를 부르게 했는데, 끝 무렵에는 많은 사람이 눈물을 글썽였다.

마거릿이 바깥 한여름 자정의 반야半夜와 같은 색깔로 홍채를 반짝이며 말한다. "자, 봐요. 우리는 옛 방식을 잊지 않았다고요."

아침이 되어 희끄무레한 여명과 함께 일찍 일어난다. 남쪽으로 산의 어깨에 아직 달이 걸려 있는데, 해가 그 뒤에서 이글거린다. 하지夏至다. 실내에서는 바닥에 놓인 침낭들 속에 스무 명의 몸뚱이가 누워 있다. 아침을 먹으면서 윌에게 내가 이 흥미로운 즉석 회합에 참석하게 된 사연을 설명한다. 전날 크레이그피아클래크와 수목한계선을 순례한 이야기를 들려주자 윌이 미소를 지으며 의미심장하게 고개를 끄덕인다.

윌이 전화기를 꺼내며 말한다. "거긴 수목한계선이 아니에요."

그 주에 윌은 국립공원 숲 전략의 초안을 짜느라 사무실에서 밤늦도록 일하고는 휴식을 취할 때 으레 그러듯 전에 가보지 않은 장소에서 야영하려고 언덕을 올라갔다. 어둠 속에서 텐트를 치고서 이튿날 잠에서 깨어 고개를 내밀었는데, 분명히 수목한계선을 지났는데도 자신이 여전히 숲속에 있음을 깨달았다. 작은 나무 여러 그루가 점점이 서 있었다. 윌은 캐른고름 고원의 높은 지대에 서 있었다. 사진 한 장을 내게 보여주는데, 나무 한 그루가 단단히 자리를 잡았고 물풀과 헤더 사이로 줄기들이 삐죽삐죽 돋았으며 고도계가 보인다. 1045미터다. 크레이그피아클래크보다 높은 비탈을 기어오르는 소나무를 보았다고 말하자 윌은 놀라지 않는다. 스코틀랜드의 자연 수목한계선은 이미 가장 높은 산의 정상 너머로 올라갔을 거라고 말한다. 아직 아니라면 곧 그렇게 될 거라고. 스웨덴에서는 훼손되지 않은 소나무 수목한계선을 몇십 년째 모니터링하고 있는데, 1960년대 이후 고도가 200미터 높아졌다.[14] 최근 스웨덴에서 여름 가뭄으로 최전방의 자작나무들이 죽자 더 강인한 구주소나무가 자작나무를 앞질러 수목한계선의 선봉에 섰다.[15]

'캐른 고름'은 게일어로 '파란 산'이라는 뜻이다. 6월부터 10월까지 몇 달을 제외하면 고원은 늘 눈으로 덮여 있다. 이 때문에, 멀리서 보면 산등성이에 파란빛이 감돈다. 하지만 옛 게일어에서 '고름'은 녹청색에 가깝다.

아일랜드 태생의 캐나다 식물학자이자 화학자 다이애나 베레스퍼드크루거는 북부한대수림에 대해 방대한 저술을 남겼다. 다이애나는 내게 소나무 바늘잎의 색깔이야말로 강인함과 적응 능력에 결정적으로 중요한 요소라고 말했다. 청록색 바늘잎은 각피* 표면이 2~3마이크로미터 더 두껍다. 매끈매끈한 겉면은 빛을 잘 통과시키기 때문에 바늘잎 세포의 엽록소는 파르스름해 보인다. 이 여분의 두께는 극한적인 열기나 한기를 막아주며 소나무가 기후에 더 유연하게 대응하는 후성적 능력의 핵심이다. 다이애나는 표본을 수집할 때 늘 가장 높은 고도에 있는 가장 파란 구과수를 찾으라고 조언한다. 미래의 종자 보급원인 이런 구과수는 가장 강인하며 이런 색조의 차이가 생기기까지 "수백 년"이 걸릴 수도 있다고 다이애나는 말한다. 높은 고도의 나무들은 이 형

* 생물의 체표 세포에서 분비해 생긴 딱딱한 층. 몸을 보호하고 수분의 증발을 방지하는 구실을 한다.

질이 진화하기 쉬운데, 구과수로 덮인 높은 산이 종종 파랗게 보이는 것은 이 때문이다. 스코틀랜드의 '고지대 숲'은 한때 바로 이 '캐른 고름'이었을까? 다시 그렇게 될 수 있을까?

우리가 잃어버린 칼레도니아의 거대한 숲을 복원하는 일은 갸륵한 계획이며 생명 세계에 대한 존중과 연결을 재확립하는 데 꼭 필요하다. 와일드랜드와 (더 포괄적으로 보자면) 재자연화 운동은 수백만 명을 다시 매혹하는 데 성공하고 있으며 하일랜드에 다시 사람이 살도록 하자는 논의로 의제를 확장하기 시작했다. 하지만 새로 생겨날 '거대한 숲'이 좀비숲의 운명을 면하려면 매혹만으로는 부족하다.

영국 산림위원회에서는 이산화탄소 배출이 증가하고 기온이 상승하고 생장철이 길어지면 21세기 안에 구주소나무가 영국에서 번성할 것이라고 전망한다.[16] 인간이 여건을 마련해주면 스코틀랜드의 소나무는 다시 한번 산을 파랗게 물들일 것처럼 보인다. 하지만 오래가지는 못할 것이다.

구주소나무는 현재 수목한계선에서 유럽 남부에 이르는 넓은 기후 틈새에서 서식한다. 지금은 스코틀랜드가 그 범위의 북쪽 한계이지만 구주소나무의 영역은 점점 북쪽으로 이동하고 있다. 유럽 남부에서는 이미 가뭄과 열 스트레스 때문에 소나무 바늘잎이 일찍 갈변하고 바스러지고 있다. 2008년부터 진행된 연구에서는 기온이 1~4도 따뜻해지면 북위 62도 이남에서 생존하는 구주소나무가 감소할 것이라고 예측한다. 캐른고름은 북위 57도에 있다.[17] 이 엄연한 현실은 기후 붕괴가 나무와 숲에 어떤 영향을 미칠지 보여주는 암울한 전망이다.

지구온난화는 남쪽으로 밀고 내려가는 것과 같은 효과를 낳는다. 영국의 현재 기후변화 속도는 해마다 20킬로미터씩 남하하는 것과 맞먹는다. 2050년이 되면 런던의 기후는 바르셀로나와 비슷해질 것으로 전망된다.[18] 어떤 사람들에게는 근사하게 들릴지 몰라도 구주소나무에게는 심란한 노릇이다. 영국 기상청과 오리건대학교에서 각각 고안한 두 모델에서는 현재의 배출 추세가 지속될 경우 21세기 말이 되면 구주소나무가 스코틀랜드를 비롯한 유럽 저지대에서 사라질 수 있다고 예측한다. 기상청 모델은 한 발 더 나아가 구주소나무가 페노스칸디아*, 러시아, 알프스산맥에서만 생존할 것이라 전망한다.[19] 이 전망은 지구의 평균온도가 1~2도만 상승해도 기존 숲의 생존 능력이 감소하기 시작한다는 예측들과 일맥상통한다.[20] 스코틀랜드의 거대한 숲에 자리잡은 안전한 공간인 기후 틈새는 숲을 남겨둔 채 이동하고 있다.

극적인 변화가 일어나지 않는다면 캐른고름 커넥트의 야심찬 200개년 구상은 지구온난화로 인해 무산될 것이다. 8000년을 넘는 숲의 역사, 그리고 구주소나무를 중심으로 진화해 정교한 균형을 이루는 숲 생태계의 모든 새와 곤충과 포유류가 나무 한 그루의 생애 안에 절멸할 수도 있다. 현재 스코틀랜드를 지나는 북방 수목한계선은—그 위는 소나무가 자라기엔 너무 춥거나 너무 높기에—100년이 채 지나지 않아 남방 한계선이 될지도 모른다.

* Fennoscandia. 스칸디나비아반도 북부와 콜라반도, 카렐리야, 핀란드 지역을 포함하는 용어.

2
순록을 쫓아

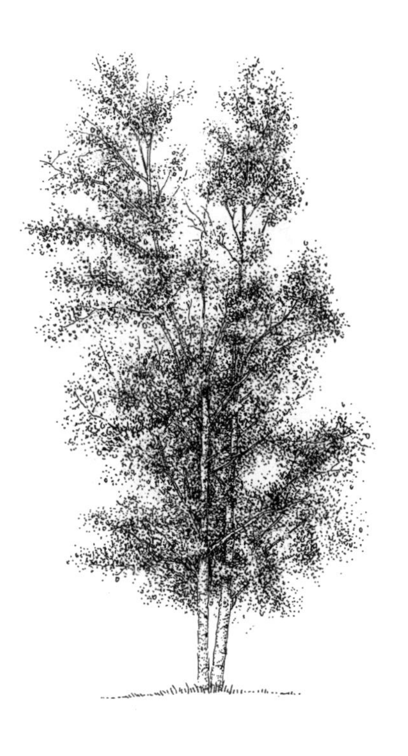

솜털자작나무

Betula pubescens

노르웨이 핀마르크 고원

북위 69도 58분 07초

알타 피오르는 드넓은 검은색 물로, 커다란 흰색 돔 모양 봉우리의 산들에 둘러싸여 있다. 밤새 겨울의 첫눈이 내렸다. 아침 바람이 바다를 피오르의 좁은 깔때기를 따라 도시 방향으로 밀어붙이자 거대하게 부푼 검은색 덩어리가 내가 묵고 있는 게스트하우스 창문 아래 방파제에 부딪힌다. 파도 거품은 찰나적이다. 사위를 감싼 바렌츠해의 어둠이 깜박이는 빛을 재깍재깍 집어삼킨다.

알타는 노르웨이 핀마르크주의 주도州都로, 노르웨이의 들쭉날쭉한 해안선과 유럽의 북해안을 이루는 말갈기의 머리털 격이다. 나는 스코틀랜드보다 훨씬 북쪽에 와 있지만, 이곳 해수면 고도에서는 유럽에서 가장 북쪽에 서식하는 나무들이 위도상으로 북극을 향해 이동할 뿐 아니라 고도상으로도 상승하고 있다. 문제는 확장할 여지가 별로 없다는 것이다. 알타에서 바라보면 북극해 바다얼음海氷의 시작점에 이르기까지 1600킬로미터에 걸쳐 오로지 물뿐이다. 툰드라는 죔쇠에 죄여 있다. 이곳에 사는 사람과 동물은 혼란, 부정, 공포에 휩싸인 채 급격한 변화를 이해하려고 안간힘을 쓰고 있다.

북위 70도의 겨울 새벽은 으스스하고 끝이 보이지 않는다. 거의 하루 종일 지속된다. 오전 8시에 신비한 연보랏빛이 남쪽의 산들을 뒤에서 비춘다. 위쪽의 얇은 구름은 분홍색으로 보송보송하다. 수평선 뒤에서 태양이 웅크린 채 숨어 있음을 알려주는 유일한 실마리다. 박명의 어스름이지만 일출은 결코 일어나지 않는다. 해는 결코 떠오르지 않고 날은 언제까지나 밝을락 말락 할 뿐이다. 어리둥절하다. 반시간이 지났는데도 해는 여전히 세상의 가장자리 너머에 있으며 달은 여전히 연보랏빛으로 빛나고 있다. 요동치는 검은 바다 위로 조금 낮아지긴 했지만. 뒤쪽의 가파른 피오르가 그림자 속에 도사리고 있다. 세상 끝에 있다는 툴레 왕국에 대한 민담에는 불에 둘러싸인 산이 등장하는데, 그 산이 떠오른다.

극야*에도 현대적 주중 노동시간은 흐트러지지 않는다. 지금은 월요일 오전이다. 알타 주민들은 침대에서 기어나와 따뜻하게 차려입고는 차창의 성에를 긁어내고 차에 들어가 어스름을 뚫고 출근한다. 공기가 차가워서 배기가스 매연이 흩어지지 않은 채 떠 있다.

게스트하우스에서 시청으로 가는 길에 교실의 아이들과 얼음장 도로를 따라 느릿느릿 나아가는 차량 행렬을 엿본다. 행인은 거의 없다. 알타는 미국식 원칙에 따라 건설된 도시다. 휘발유가 값싸고 자동차가 필수품인 세상을 전제했다는 뜻이다. 쇼핑몰, 주유소, 널찍널찍한 교외 주거 단지가 경관을 이룬다. 1년 중 이 시기에는 짐승 가죽을 걸치지 않은 채 실외에 오래 머물면 위험

* 겨울철 고위도 지방이나 극점 지방에서 추분부터 춘분 사이에 오랫동안 해가 뜨지 않고 밤만 계속되는 상태.

하다. 오늘은 영하 1도로 포근한 편이지만, 도시계획으로 인해 운전 습관이 몸에 밴 사람들은 걸으려 들지 않는다.

도로를 따라 도심까지 어린 구주소나무가 늘어서 있다. 주황색 나무껍질이 갓 내려앉은 눈과 대조를 이룬다. 소나무 사이사이로 키가 작고 몰골이 추레한 나무들이 있다. 줄기는 우툴두툴하고 가지는 쭈글쭈글하고 가느다란 잔가지는 손가락처럼 마디져 있다. 솜털자작나무 *Betula pubescens* 다. 한겨울의 월요일 오전 9시에 내가 알타 도시계획국장 할게이르 스트리펠트의 사무실을 찾은 것은 이 나무들 때문이다.

솜털자작나무는 우아한 사촌 은자작나무 *Betula pendula* 보다 키가 훨씬 작고 겉모습이 초라하며, 훨씬 북쪽에서 살아남도록 진화했다. 북극지방에 몇 없는 낙엽수 중 하나로, 대부분의 구과수보다도 억세다. 이름의 솜털은 껍질을 덮은 부드러운 모용[*]인데, 혹독한 추위에 모피 코트 역할을 한다. 위도와 고도가 낮은 곳에서는 소나무나 가문비나무와 섞여 자라지만, 일정한 지점을 넘어서면 나머지를 따돌리고 혼자 수백 킬로미터를 나아간다. 황무지자작나무, 백자작나무, 산자작나무라고도 불리며 변종인 난쟁이자작나무 *Betula nana* 와 함께 유럽 북극 수목한계선의 대부분을 차지한다. 아이슬란드에서—이곳에서 자작나무는 자연 소림을 형성하는 유일한 수종이다—노르웨이 북단을 가로질러 핀란드와 (시벨리우스 덕에 유명해진) 카리알라 습지에 몸을 담갔다가 러시아의 콜라반도를 거쳐 백해에 이르는데, 그 너머에서 시베리아의 잎갈나

* 식물의 잎이나 줄기의 표면에 생기는 잔털.

무가 바통을 이어받는다.

뭉툭한 줄기와 우묵우묵한 껍질은 호감을 주지 못하고 심지어 추할지도 모르지만 이 강인하고 작달막한 솜털자작나무는 생존자이자 개척자이며 인간, 동물, 식물을 막론한 북극지방의 거의 모든 생물에게 필수적이다. 인간에게는 연장, 주택, 연료, 식량, 약재로 쓰이고 먹이사슬의 핵심인 미생물, 균류, 곤충에게는 보금자리이며 숲 형성에 필요한 식물을 보호하는 데 결정적 역할을 한다. 솜털자작나무가 개척자 임무를 맡지 않았다면 북부 생태계는 지금과 다르게 진화했을 것이다. 솜털자작나무는 자신이 장악한 지역에서 무엇이 자라고 살아남고 이동할 수 있는가의 조건을 정한다. 또한 북극지방이 더워지면서 서식 범위가 빠르게 확장되고 있다. 인간을 제외하면 솜털자작나무는 온난화되는 유럽 극북 생태계에서 기준을 세우는 유일한 존재다.

이 어둑어둑한 세상에서는 모든 것이 파란색 농담濃淡으로만 보여 길을 찾기 힘들지만, 마침내 시청을 발견한다. 주황빛을 뿜는 현대식 목재 외벽 건물이다. 출입구는 잠수함 에어록*처럼 이중으로 되어 있는데, 안에 들어가려면 찌는 듯한 더운 공기를 통과해야 한다. 접수계원은 기분이 좋아 보인다. 알타의 여느 주민처럼 느긋하다. 마침내 눈이 조금 내렸고 마침내 기온이 조금일망정 영하로 내려갔다. 모름지기 겨울은 이래야 한다.

지도와 세련된 책꽂이가 늘어선 현대식 사무실에서 할게이르가 말한다. "이곳은 눈이 쌓이지 않으면 무척 어둡습니다. 어릴

* airlock. 이중문에서 두 문이 동시에 열리지 않도록 방지하는 장치.

적 부모님께서는 늘 10월 10일까지는 겨울 준비를 마쳐야 한다고 말씀하셨죠." 요즘 들어 겨울이 점점 더워지긴 했지만, 2018년 11월과 12월의 온기는 할게이르 말마따나 "지독"했다. 주민 전체가 공황 상태에 빠졌으며 순록치기들은 눈이 없는 툰드라 사진을 페이스북에 올렸다.

할게이르는 도시 주민으로, 무테안경을 쓰고 차분한 분위기를 풍기는 온화한 사내다. 북극 유럽 원주민 사미인의 피가 섞여 있는데, 사미인은 핀란드에서 러시아까지, 거기서 베링해협을 건너 알래스카, 래브라도를 지나 다시 그린란드에 이르는 환북극環北極 지역 민족들과 DNA 및 문화유산을 공유한다. 사미인은 한때 이 땅을 자유로이 오갔지만, 이제 남은 8만 명은 노르웨이, 스웨덴, 핀란드, 러시아 네 나라 중 하나의 국민이 되었다. 그들은 유엔에서 유일하게 인정받은 유럽 토착민이다.

1만 년 전 순록의 신이 처음으로 순록의 피를 쏟아 강을 만들고 순록의 털을 땅에 심어 풀과 나무를 자라게 하고 순록의 눈을 밤하늘에 던져 별을 만든 이래로 사미인은 유럽인이 라플란드라고 부르는 곳, 자신들은 사프미(사미인의 땅)라고 부르는 곳에서 살았다. 그들의 암각화는 수천 년을 이어온 생활양식을 묘사한다. 탄소연대측정법에 따르면 8000년을 거슬러 올라가는 이 그림에서는 배를 타고 고기잡이를 하는 사람들, 곰과 말코손바닥사슴을 사냥하고 순록을 치는 사람들이 선으로 표현되어 있다. 같은 장소에서 발견된 2000년 전 그림에서도 선으로 그려진 사람들은 배를 타고 고기잡이를 하고 곰과 말코손바닥사슴을 사냥하고 순록을 친다. 유일하게 눈에 띄는 차이점은 8000년 전 미술가가 짐승을 더 실감나게 그렸다는 것이다.

여느 사미인과 마찬가지로 할게이르에게도 순록은 정체성의 핵심이다. 외가는 순록치기였지만 외할머니가 고원에서 출산하다가 죽자 외할아버지는 아기인 어머니를 도시 알타에 데려와 노르웨이인 가족에게 양육을 부탁했다. 외할아버지는 고원의 너른 하늘 아래 순록 떼에게, 라보laavo(북아메리카 원주민의 티피와 비슷한 원뿔형 전통 천막)에 돌아가 재혼했다. 할게이르는 도시와 라보에 양발을 걸치고 있다. 그 주에 열린 사미인 문화 행사에서 다시 만난 할게이르는 금으로 장식된 펠트 윗도리, 비단 스카프, 순록 가죽 바지와 장화, 정교하게 세공한 은제 허리띠의 사미인 전통 복장을 하고 있다. 합리국가*의 대리인이요 관료제와 콘크리트의 조달관이지만, 할게이르는 유목민의 자유로운 피가 흐르며 인간이 아니라 순록 떼에 필요한 것에만 봉사하고 싶어한다.

순록은 독특한 짐승이다. 갈색 눈은 기다랗고 털 난 가지뿔은 모양이 가지각색이며 부드러운 털은 한쪽으로 쏠렸고 눈밭에서 미끄러지지 않도록 도톰한 발굽으로 뒤뚱뒤뚱 귀엽게 걸으며 잘가닥잘가닥 소리를 낸다. 지긋이 노려보는 시선은 신비하고 영리해 보이는 동시에 의심하고 계산하는 것처럼 보인다. 순록은 모두 사미어 이름이 있는데, 순록치기는 한 마리 한 마리를, 심지어 촉감만으로도 알아본다. 사랑이라는 말로는 이 관계를 온전히 표현할 수 없다. 상호의존이 더 알맞은 낱말일 것이다. 사미인이 추위와 얼음의 냉혹한 세상에서 살아남을 수 있는 것은 순록

* rational state. 합리적으로 제정되고 고안된 법률과 이 법률에 숙달된 행정 전문가 관료 조직에 의해 관리되고 통치되는 국가.

덕이다. 순록 가죽으로 만든 옷과 신발이 없으면 누구도 죽음을 면치 못하며 사미인이 이동하는 것은 순록이 먹이를 찾아 이동하기 때문이다. 사미인의 모든 문화는 순록 떼의 이주에 맞춰 진화했다.

자작나무는 순록치기의 동반자다. 보금자리에서 연료와 탈것에 이르기까지 자작나무는 이곳에서 살아남는 데 꼭 필요한 수단이다. 천막 장대로 쓰이는가 하면 사람들이 바닷가의 울창한 여름 초원에서 겨울 고원의 툰드라로 이동하기 위한 스키와 썰매에 쓰이기도 했다. 하지만 기후가 뒤죽박죽이 되면서 이 순환이 교란되고 있다. 사미인은 기후변화의 첫 희생자 중 하나다. 그들은 문화의 전면적 붕괴를 나머지 사람들보다 조금 일찍 걱정해야 했다.

지금은 순록이 유일하게 남은 버팀목이지만 한때는 문명이 더 다채롭던 시절이 있었다. 숲 사미인은 나무들 사이에서 살았고 고기잡이 사미인은 해안에 거주했다. 숲 사미인은 뗏장 가옥에서 살았으며, 나무로 집을 짓는 노르웨이인의 낭비벽을 경멸했다. 나무는 연장, 배, 연료에만 써야 한다고 생각했기 때문이다. 하지만 그들은 오래전에 사라졌다. 한 세기 전 노르웨이 정부에 의해 순록을 사육할지 현대 문명에 동화될지 선택을 강요당했기 때문이다. 정부의 관점에서 식용으로 짐승을 기르는 것은 어엿한 삶이었지만 숲에서 자급자족하는 삶은 어떤 경제적 목적에도 부응하지 않았다. 고기잡이 사미인을 동화시키는 데는 시간이 더 걸렸지만 대구 어장이 황폐해지면서 도시 이주가 가속화되었다. 이 절차를 관리하는 것이 할게이르의 임무다. 알타는 주민이 5만 명이나 되는 신흥 도시로, 주위의 농촌에서 인구를 빨아들여 성장하고 있다.

순록치기는 노르웨이인들에게 가치를 인정받아 지금껏 지속되었다. 사미인은 언제나 남부 지방에 순록고기를 팔았다. 순록고기는 값비싼 별미로, 오래전 노르웨이 문화의 일부가 되었다. 노르웨이 정부는 순록을 가축 자원으로 간주해 할당제와 보조금 제도를 시행하고 도태를 엄격하게 규제한다. 공무원의 사고방식으로 보자면 순록은 상품이요 북부의 쓸모없고 드넓은 고원에서 나는 유용한 생산물이지만 사미인에게 순록은 경제적·문화적 의미만 있는 것이 아니다. 할게이르의 가죽 바지가 웅변하듯 상징적 의미도 있다.

"순록은 생명입니다. 모든 것이에요. 순록이 없어지면 우리도 죽습니다."

1만 년간 고스란히 살아남은 생활양식인 순록치기가 지금 위기를 맞았다. 이번에 가장 큰 위협을 가하는 것은 노르웨이 정부가 아니라 기후다(노르웨이 정부도 일조하기는 하지만). 온난한 겨울은 두 가지 면에서 순록에게 치명적이다. 하나는 짧고 예리하여 신속한 죽음으로 이어지는 얼음이고 다른 하나는 느리지만 확실한 죽음으로 이어지는 나무의 번성이다.

옛날에는 겨울 첫눈이 10월께에 찾아왔다. 처음에는 수목한계선 위쪽의 고원인 툰드라에, 다음에는 하천 유역과 해안의 소나무·자작나무 숲에 내렸다. 그러다 금세 수은주가 영하로 내려갔으며, 4월이나 5월에 눈이 녹기 시작하면 과산화된 얼음의 맑은 청록색을 띤 채 강물이 세차게 흘렀다. 2005년까지는 겨울 평균기온이 영하 15도였으며 겨우내 적어도 한 번은 반드시 영하 40도까지 내려갔다. 그러면 아무리 억센 곤충 애벌레조차 떼죽음하기 때문에 북극은 해충이 하나도 없는 말끔한 여름을 맞을 수 있었다. 이런 겨울 세상은 어둡고 춥고 메말랐다. 그렇게 낮은 기온에서는 수분이 전혀 없었다. '세아나시'라는 굵은 눈 결정이 켜켜이 쌓인 설괴는 모래처럼 균일했다. 한겨울에 기온이 영하 40~50도까지 내려가면 눈 결정의 균일함과 성질이 인간과 짐승의 생존에 결정적으로 작용한다.

세아나시는 밀도가 균형 잡힌 건강한 설괴인 '구오흐툰'에 필수적이다. 세아나시가 형성되면 순록은 가지뿔, 발굽, 주둥이로 눈을 치워 깊은산사슴지의*Cladonia stellaris*를 찾아낼 수 있다. 탄수화물과 당이 풍부한 이 지의류는 땅 위에서 자라며 툰드라의 풀과 공생하는데, 겨울에 빠른 움직임을 위한 고에너지 먹이가 된다. 툰드라에는 나무가 없어서 핀마르크의 매서운 탁월풍이 고원을 거침없이 가로지르며 고운 눈가루를 날려 얇은 양탄자를 깔아 아래의 지의류를 보호했다. 눈이 두껍게 쌓이면 지의류는 짜부라질 수도 있다.

하지만 기온이 0도 가까이, 심지어 그보다 위로 올라가면 이 섬세한 겨울 생태계가 붕괴한다. 눈이 조금만 따뜻해져도 참사가 벌어질 수 있다. 영하 5~6도에서는 설괴에 수분이 생기기 시작하는데, 그러면 세아나시는 모래 같은 성질을 잃고 녹으며 눈은 순록의 발굽에 다져져 아래의 지의류를 짓뭉갠다. 최근 기온이 영상으로 올라가는 일이 점차 잦아지는데, 그러면 재앙이 일어난다. 기온이 다시 영하로 내려가면 녹았던 눈이나 비가 얼어서 땅 위에 얼음 껍질을 형성해 순록이 먹이에 접근하지 못하게 된다. 2013년에, 그리고 2017년에도 이 현상이 벌어졌다. 순록 수만 마리가 죽었으며 어떤 순록치기는 3분의 1 이상을 잃었다. 지난 130년을 통틀어 겨울 기온이 영상으로 올라간 적은 세 번인데, 그중 두 번이 지난 10년 사이에 일어났다. 예측에 따르면 앞으로 매년 겨울 기온이 영상으로 올라갈 것이다. 그러면 순록은 먹이를 구할 방도가 없다. 순록 떼는 줄잡아 2만~3만 마리에 이르며 스위스 면적만 한 수천 제곱킬로미터의 핀마르크 고원에 퍼져 있다. 사료를 먹여 키우는 것은 비현실적이다. 어마어마한 비용이 든다는 건 말할 필요도 없다. 이대로는 지속될 수 없다.

순록은 매우 영리한 짐승이다. 인간, 풍력발전기, 비행기, 차량을 적절하게도 경계한다. 핀마르크에서는 인간이 땅을 야금야금 차지하고 있는데, 이 때문에 순록의 서식 범위가 점점 줄어들고 있다. 순록은 먹잇감답게 의심이 많다. 사촌인 사슴보다도 큰 눈으로 언제나 주위를 주시한다. 머리를 고정한 채 풀이나 지의류를 뜯을 때조차 눈으로는 300도 시야를 감시하며 무엇 하나 놓치지 않는다. 고개를 살짝 기울이면 360도를 볼 수 있다. 깊이와 거리를 측정하도록 진화한 인간이나 포식자의 시각은 초점이 맞는 면적이 좁은 데 반해 순록은 저 넓은 시야의 대부분에 초점이 맞는다. 위험의 기미가 조금이라도 보이면 냅다 달아난다.

순록은 지형을 속속들이 기억하며 완벽한 체내 나침반으로 여름과 겨울에 이주할 곳을 안다. 골짜기와 강을 어떻게 주파해야 하는지 늘 아는 것은 아니지만 자신이 알던 초원에 돌아오려는 귀소본능이 있다. 이동해야 할 시기를 알려주는 체내 온도계도 있다. 가을 관목지를 떠나 겨울 초지로 이동할 만큼 기온이 내려가지 않으면 순록은 이동하지 않으려 들며 한곳을 남섭하거나 정상적 서식 범위를 넘어설 우려가 있다. 땅에 물기가 너무 많아서 발이 묶이거나 먹이가 부족하면 순록 암컷은 새끼를 고의로 유산할 수도 있다. 생쥐, 원숭이, 범고래 같은 몇몇 포유류도 같은 습성이 있다.

겨울이 따뜻해지면 순록 떼는 먹이를 찾는 면적을 넓혀야 한다. 다른 순록들, 풍력발전기, 송전탑, 도로, 광산은 풀로 덮인 고원 툰드라를 차지하려고 점점 치열하게 경쟁을 벌인다. 하지만 가장 막강한 도전자는 따로 있다. 나머지 경쟁자들보다 훨씬 무해해 보이지만 결국 가장 큰 피해를 입힐 수수한 솜털자작나무다.

할게이르의 사무실 옆에는 핀마르크산림청 관리자 토르 호바르 순의 사무실이 있다. 토르는 체구가 우람하며 체크무늬 셔츠 차림이다. 천진한 얼굴에는 따스한 미소를 띠고 있다. 30년 전 숲 학교 교사로 시작했다가 나무에 대한 애정을 살려 나무 전문가이자 숲 관리인이 되었다. 대화가 시작되자마자 사무실 한쪽 벽을 덮은 커다란 지도 얘길 꺼냈더니 표정이 일순 찌푸려진다.

"이 지도는 언제 인쇄됐죠?" 가장자리에 작은 글자로 연도가 적혀 있다. 1994년이다.

토르가 말한다. "이 지도는 전혀 무용지물입니다. 새 지도가 필요해요. 수목한계선이 통제 불능 상태가 돼버렸습니다."

서로 얽힌 몇 가지 요인들이 수종의 서식 가능 범위에 영향을 미친다. 햇빛, 물, 영양소를 얼마나 얻을 수 있는가는 필수 전제 조건이지만 바람과 기온 같은 그 밖의 요인들과도 섬세한 균형을 이뤄 상호작용한다. 고도나 위도가 조금만 달라져도 식생에 크나큰 변화가 일어날 수 있는데, 이 조건은 물론 달라지고 있다. 다양한 기후에 적응한 온대 지방과 달리 기후 패턴과 생태계가 미세하게 조율된 열대와 극지방은 지구 가열*에 훨씬 민감하다. 솜털자작나무는 지금의 온난화 추세를 대부분의 과학자보다 훨씬 일찍 감지했다. 탄광의 카나리아인 셈이었지만, 그들이 하는 말을 알아들은 사람은 거의 없었다.

핵심 변화는 겨울이 더 따뜻하고 짧아졌다는 것이다. 사미인은 적어도 15년 전부터 겨울이 "요상해지고" 있다고 말했다. 햇빛의 양은 달라지지 않았고 토양은 그대로인데도 강수량과 온도가 증가하면서 온갖 변화가 일어났다. 솜털자작나무는 온난한 기후를 좋아한다. 지금까지는 얼음장 같은 바람을 피해 고원의 우묵땅과 도랑에 갇혀 있었지만 온기 덕분에 해방되어 지면과 들판을 휩쓸며 1년에 40미터씩 상승하고 있다. 어마어마한 면적에 걸쳐 번개 같은 속도로 툰드라를 소림으로 바꾸고 있다.

언뜻 생각하기에 나무가 많아지는 것은 좋은 일처럼 보일지도 모르겠다. 하지만 툰드라가 초록으로 바뀌는 것은 온난화와 직접적 연관성이 있다. 솜털자작나무가 미생물 활동을 통해 토질을 개선하고 땅의 온도를 높여 영구동토대를 녹이고 메탄을 방출시키기 때문이다. 메탄은 온난화 효과 면에서 이산화탄소보다 85배

* global heating. 지구의 온도가 급격히 오르는 상황을 일컫는 말로, 지구온난화라는 표현이 기후 위기의 심각성을 제대로 표현하지 못한다는 자각으로 제시되었다.

강력한 온실가스이며 더 짧은 기간에 영향을 미친다.

솜털자작나무는 큰키나무 중에서 록스타 같은 존재다. 속전속결로 살고 죽는다. 한계적 환경에서 생존하느라 막대한 에너지를 소비하지만 60년을 채 넘기지 못한다. 소나무처럼 더 느리게 자라는 구과수는 자리잡는 데 오랜 시간이 걸리는데, 먼저 자작나무가 길을 내줘야 한다. 자작나무는 개척종이다. 봄이 되어 밤이 짧아지고 온도가 꾸준히 올라가는 것을 감지할 수 있으며, 때가 됐다고 판단하면 개화하여 두 종류의 꼬리꽃차례*를 틔운다. 수꽃은 털애벌레처럼 황갈색이며 눈 끝에서 네 송이씩 아래로 늘어진다. 암꽃은 짧고 초록색이고 우뚝하다. 자작나무는 소나무처럼 암수한그루여서 자화수정**을 할 수 있기에 바람만 있으면 딴 나무가 없어도 된다. 핀마르크 고원의 세찬 바람은 자작나무가 꽃가루받이를 하고 수정된 씨앗을 가을에 퍼뜨리기에 이상적이다.

꽃가루받이를 마치면 고운 털로 덮인 보송보송한 싹이 벌어져 딱딱한 딱정벌레처럼 생긴 100만 개 이상의 날개 달린 작은 씨앗이 바람을 타고 퍼진다. 씨앗을 퍼뜨리기에 좋은 해는 결실년이라고 불리는데, 요즘은 매해가 결실년이다. 작은 씨껍질이 눈 밑에서 휴면하다가 봄의 햇빛과 온기에 깨어 발아하면 씨앗은 근단***을 내밀어 무른 흙을 찾는다. 툰드라를 덮은 이끼와 지의류 사이에서 어느 때보다 많은 자작나무가 뿌리를 내고 있다. 예

* 축이 가늘고 꽃덮개가 작거나 없는 단성화가 빽빽하게 달려 늘어지거나 혹은 바로 서서 달리는 꽃차례.

** 암술이 같은 그루 안의 꽃으로부터 꽃가루를 받는 일.

*** 뿌리의 끝부분으로, 생장점과 이를 보호하는 기관인 근관이 있으며 생장점의 세포분열로 뿌리가 생장한다.

전에는 씨앗이 발아에 성공하더라도—결코 쉬운 일이 아니었다—싹과 잎을 내고 땅을 꽁꽁 얼리는 극겨울*에 살아남을 양분을 모아들일 기간이 6월부터 10월까지에 불과했다. 자작나무는 이 일에 유난히 능하다. 질긴 목질 껍질을 기록적인 시간 안에 축적하며 추위에 견딜 기름과 단백질을 생산하는 데 적잖은 에너지를 쓴다. 그렇게 해도 지금까지는 툰드라에서 가까스로 살아남은 어린나무의 대부분이 얼어 죽었으며 수목한계선은 일정한 고도로 유지되었다. 그런데 예전에는 5월에서 10월까지이던 생장철이 지금은 4월에서 11월까지로 길어졌으며 여름과 겨울 둘 다 더 습해졌다. 자작나무에게는 이상적인 조건이다.

순록치기들은 농담조로 이것이 자작나무의 기생충들에게도 이상적인 조건이라고 말한다. 자작나무를 갉아 먹는 가을나방(노르웨이어로 '마테르요크트')의 애벌레는 영하 36도에서 죽는다. 최근 겨울이 더워져 온도가 그만큼 내려가지 않자 애벌레는 겨울을 나고 수천 헥타르의 자작나무 숲을 초토화했다. 하지만 이 충해조차 자작나무의 툰드라 공습을 막기엔 역부족이었다.

토르가 말한다. "자연은 복잡합니다." 그는 자신의 생전에 거대한 변화를 이미 목격했기에 자연이 (균형을 이룰 수 있도록) 선택들의 조합을 실험하고 여러 선택지를 시도하며 새로운 평형을 찾고 있다고 믿는다.

"머지않아 고원이 온통 나무로 덮일 겁니다."

물론 나무는 전에도 여기 있었다. 마지막 빙기 전에 숲은 해안

* 극지방의 겨울.

까지 밀고 올라갔다. 나무들은 아직 예전의 위도에 도달하지는 못했지만 수천 년이 걸린 거리를 이제 수십 년 안에 주파하고 있다. 속도가 문제다. 대부분의 종은 이렇게 빨리 적응하지 못한다. 툰드라와 숲은 언제나 관계를 맺고 있었으며 사미인은 그 접점에서 살아갔다. 하지만 '숲'이라는 낱말은 50년 전 온난화가 선보이기 전에는 의미가 달랐다. 예전에는 느릿느릿 움직이고 진화하는 경관이었으며 자작나무는 그 가장자리에서 끊임없이 북쪽으로 올라가면서 어리고 연약한 소나무를 보호했다. 노송은 순록이 먹을 수 있는 수백 가지 식물로 가득한 풍성한 숲을 만들어냈다. 핀란드에는 이런 노숙림이 국경을 따라 넓게 펼쳐져 있지만 노르웨이에는 거의 하나도 남지 않았다.

소나무와 자작나무의 노숙림이 형성되려면 160년이 걸린다. 이 숲은 순록이 먹이를 구하기에 알맞다. 어린 소나무는 바늘잎을 너무 많이 떨어뜨려 땅에서 자라는 지의류를 질식시킨다. 30년이 지나면 빽빽한 어린나무와 작은 나무들이 습한 미기후를 만들어내 지의류가 감소하고 우듬지의 이끼가 번성한다. 자연 상태의 숲에서 지의류가 새로 깨어나려면 100년이 지나 숲이 성글어져야 한다. 소나무 노숙림에서 자라는 지의류는 산호와 같아서 커다란 스펀지 엽상체를 뻗어 노목의 죽은 가지에 매달린다. 이 지의류는 탄소를 흡수하고 저장하는 능력이 뛰어나며 젊은 숲과 늙은 숲의 가장 중요한 차이점이다. 순록이 겨울에 먹이를 찾기 위한 툰드라의 대안으로 늙은 숲이 중요한 것은 이 때문이다.

늙은 숲이 인간의 정신에 이로운 것도 이 때문일까? 여러 세대의 나무가 어우러지고 여러 종의 생물이 서식하는 숲에는 풍요와 다양성도 있지만, 자연이 자연적 균형을 달성한 광경 또한 만족감을 선사한다. 핀란드의 노숙림을 벌목으로부터 보호하는 운동을 벌이는 한 순록치기가 그린피스에 말했다. "회춘하는 느낌을 받으려고 젊은 숲에 가진 않아요. 늙은 숲에 가고 싶어하지."[1]

노르웨이에서는 나무의 급성장 때문에 난리가 일어나고 있다. 자작나무가 툰드라를 누비는 속도는 소나무가 따라잡지 못할 만큼 빠르다. 이것은 순록에게, 또한 순록에 의지하는 인간에게 궂은 소식이다. 곧게 뻗은 자작나무 숲은 숲지붕을 형성하지 않기에 덤불과 더 비슷하다. 숲지붕이 없으면 나무에 눈이 더 많이 쌓이고 가지가 그 무게에 휘어 부러지며, 이것이 바람막이 역할을 해 눈이 더욱 깊이 쌓여 순록이 지나가지 못한다. 자작나무 뿌리는 땅을 데워 주변을 얼렸다 녹였다 한다. 시간이 지나면서 자작나무 1헥타르당 3~4톤의 부엽이 땅에 쌓이면 흙의 유기물 구성이 더욱 개선되어 다른 식물이 더 잘 자란다. 순록이 어린 자작나무의 잔가지를 뜯어 먹는 것은 사실이지만 "핀마르크의 순록 마릿수가 두 배로 늘어도 자작나무를 멈출 수는 없다".

토르가 씁쓸하게 미소 짓는다. 토르는 과학자여서 이 사무실에는 감정이 들어설 자리가 별로 없다. 토르는 수목한계선의 전진을 불가피한 현상으로 받아들인다. 오히려 긍정적인 면도 있다고 생각한다. 소나무야말로 토르가 관심을 가지는 수종이다. 자작나무는 사미인에게 꼭 필요하긴 하지만 현대 경제에서는 그다지 귀중하지 않다. 핀마르크의 임업은 구주소나무를 기반으로 하며 잇따른 재난을 겪은 뒤 이제야 회생했다. 소나무는 수명 주기가 길다. 한 그루의 소나무가 살아가는 동안 열 세대의 자작나무가 나고 죽기도 한다. 일부 소나무는 오늘날 살아 있는 스코틀랜드의 사촌처럼 바이킹 항해에서 중세 그린란드에 이르는 인류 역사의 오랜 시기를 목격했다. 20세기는 소나무에게 가장 고통스러운 시기였다.

1930년대 유럽 최대의 제재소는 (러시아 국경 너머 무르만스크에서 멀지 않은) 바렌츠해의 노르웨이 항구 시르케네스에 있었다. 시르케네스는 해마다 13만 톤의 소나무를 소비했다. 하지만 제2차 세계대전 때 나치가 침공해 제재소를 불살랐다. 그들은 노르웨이의 숲을 약탈해 선박을 건조하고 전대미문의 규모로 목재를 수출했다. 나치는 퇴각하면서 핀마르크의 숲 지대를 초토화했다. 토르의 어머니는 고향 바르쇤이 잿더미로 변하는 광경을 언덕에서 지켜본 일을 기억한다. 핀마르크 사람들은 그 파괴를 여전히 일종의 홀로코스트라고 부른다. 전쟁이 끝난 뒤 옛 숲의 남은 나무들은 주민들의 집을 짓기 위해 벌목되었다.

이 때문에 핀마르크의 소나무는 대부분 60살 이하의 어린 나무라고 토르가 설명한다. 소나무는 120살이 되어야 수확할 수 있다. 그 뒤에는 성장이 느려진다. 300~400살까지 살 수 있지만 120살이 넘으면 토르 말마따나 "부가가치"가 별로 없다. 핀마르크의 숲은 결코 늙지 않을 것이다. 달라진 경관에서 순록이 살아남는 것이 가능할지도 모르지만, 그러려면 숲이 성숙하고 발달할 시간이 충분해야 하는데 그럴 시간이 있는지는 분명치 않다. 어느 경우든 순록이 늙은 숲에서 먹이를 구한 지 하도 오래된 탓에 사미인조차 순록이 무엇을 잃었는지 모르는 듯하다.

토르가 말한다. "노르웨이 사미인은 핀란드에 있는 것만큼 오래된 소나무 숲을 한 번도 본 적이 없습니다. 임업과 더불어 자랐으니까요."

토르는 숲을 관리하면서 사미인 순록치기들과 상의하도록 되어 있는데, 순록에게 필요한 귀한 툰드라 서식지를 보호하기 위해 자작나무를 베어달라고 간청하는 순록치기들이 해마다 늘고 있다. 예부터 자신을 자연과 동떨어진 존재가 아니라 자연의 일부로 여기던 순록치기들이 자연을 상대로 가망 없는 싸움을 벌이고 있는 것이다. 토르는 무덤덤하다.

"사미인은 다른 생활 방식을 찾아야 할 겁니다."

봄과 여름에 사미인은 순록 떼를 해안이나 피오르에 삐죽삐죽 솟은 웅장한 언덕이나 거칠게 깎은 보석처럼 바렌츠해에 박힌 연안 섬에 데려간다. 봄철에는 발길 닿지 않은 섬에서 무성한 풀을 뜯으려고 순록 떼가 피오르를 헤엄쳐 건너고 순록치기와 개가 카약이나 노 젓는 배로 따라가는 광경을 흔히 볼 수 있었다. 요즘은 대부분의 순록 떼가 차량용 페리를 타고 건넌다.

여름에는 많은 사미인이 순록 떼와 함께 흩어져 라보에서 산다. 라보는 자작나무 장대를 피라미드 모양으로 엇갈려 세우고 양털 천을 씌워 만든 사미인 전통 천막이다. 방학을 맞아 학교에서 해방된 아이들은 집에는 거의 가지 않고 이런 가족 여름 별장에서 몇 주를 보낸다. 순록치기 가족들이 한곳에 정착하기 시작한 것은 최근 일이다. 정부에서 그들에게 도로변에 거주하고 자녀를 정부 학교에 보내라는 명령을 내린 뒤였다. 유목민의 날개를 묶어 시야 안에 머물도록 하고 그들의 가축에 세금을 물리기 위한 조치였다. 예전에는 순록치기가 가족 전체의 일이었지만 이제는 대부분 남자 몫이 되었고 여자들은 어린 자녀를 보살핀다.

하지만 가을과 겨울에는 순록 떼가 '겨울나기 장소'인 고원으로 돌아간다. 그곳에서는 '시다'라는 가족 공동체가 태곳적부터 꾸려지고 있다. 겨울은 사미인이 교류하는 시기로, 사미인 문화생활의 중심지 카우토케이노시에서 별로 떨어지지 않은—스노모빌로 하루 종일 내달리면 닿을 수 있다—고원에 순록 떼가 모여든다. 이 도시의 사미어 명칭인 '구오브다게아인누'는 '한가운데'라는 뜻이다. 말 그대로 핀마르크 고원의 한가운데에 있다. 농담조로 오지여서 그렇다는 사람도 있지만(고원은 최근 수십 년간 나무와 영구 정착지가 들어오기 전에만 해도 허허벌판이었으므로).

카우토케이노에는 사미 유니버시티 칼리지, 사미 문화원, 베아이바시 사미 극장, 국제순록축산연구소가 있다. 유럽에서 가장 오래 지속된 문명—1만 년 넘도록 고스란히 전해진 생활양식—의 핵심축이라기엔 턱없이 작다. 상주인구는 1500명에 불과하다. 1950년대 사진에서 카우토케이노의 건물들은 나무 한 그루 보이지 않는 새하얀 툰드라 눈밭에 둘러싸여 있었는데, 지금은 자작나무 숲 한가운데에 있다.

알타에서 정남향으로 250킬로미터 떨어진 카우토케이노행 도로를 탄다. 도로 초입은 소나무 숲과 자작나무 숲이 섞여 있고 바로 옆에는 세계에서 가장 훌륭한 연어 강이라는 알타강 기슭의 넓고 구불구불한 자갈밭이 펼쳐져 있다. 길은 수천 미터 높이의 깎아지른 절벽 아래로 좁은 골짜기를 따라 급경사를 오른다. 저 위에 고원이 보인다. 길가 바위 틈새로 맑은 개울이 우렁차게 흘러든다.

사미인은 예부터 바위, 나무, 강, 산을 비롯한 성스러운 지물을 섬겼으며 풍획, 풍어, 복을 빌며 물고기와 백순록 같은 짐승을 바쳤다. 주변 사물과 이야기를 나눴으며 동식물을 공동체의 일원으로 여겼다. 합일은 사미인 우주론의 중심이다. '인간'이나 '자연' 같은 개념은 존재하지 않는다. 사미인 샤먼의 주술용 북에 표현된 순환 체계만 있을 뿐이다. 북 한가운데에서는 마름모꼴 태양이 네 가닥의 광선을 뻗고 천둥, 바람, 달의 주신主神과 '신들의 개'인 곰이 사방을 둘러쌌으며 가장 낮은 층에는 사미인, 그들의 보금자리, 순록, 새, 숲의 사냥감이 놓여 있다. 신을 통해 스스로를 드러내는 거룩한 힘은 공경을 요구했으며, 사미인은 성스러운 지물을 지나칠 때 좋은 옷을 입고 노래를 올리거나 공경의 표시로 모자를 벗었다. 특정한 나무나 바위에 아침 인사를 드리라고 부모에게 교육받은 일을 기억하는 사람들이 아직 살아 있다.

골짜기에는 영적 기운이 서려 있다. 성당—또는 숲—처럼 메아리가 울려 퍼지는 걸 보니 성스러운 장소가 틀림없다. 이것은 인간이 거주하는 모든 영역이 한때는 이름, 이야기, 정령으로 감싸여 있었음을 떠올리게 한다. 이 목소리들은 대부분의 사람들에게 신비로운 과거 속으로 사라진 아득한 메아리이지만 사미인은 귀만 기울이면 그 소리를 들을 수 있다. 땅은 침묵에 잠기지 않았다. 우리가 더는 귀기울이지 않을 뿐.

골짜기 정상부에서 물이 자갈밭 위로 찰싹거리다 흐르기를 멈추고는 넓어지고 또 넓어진다. 위쪽 세계로 통하는 문이 활짝 열리듯 골짜기가 벌어지면서 시야도 넓게 열린다. 이곳의 눈은 해안의 눈보다 두껍고 깊지만 강물은 아직 얼지 않았다. 구불구불한 강기슭을 따라 15분쯤 나아가자 얼음의 희미한 선이 넓고 느린 물살을 유리판처럼 반으로 가른다. 물은 얼음의 위와 아래로 미끄러지듯 흐른다. 기나긴 기다림과 오랜 지연 끝에 결빙이 시작된 것이다. 여기서부터는 강의 표면이 뿌옇고 단단하다. 하얀 소용돌이와 파란 조각들이 날카로운 아침 공기 속에서 반짝인다. 남쪽으로 분홍색과 주황색 용광로 같은 새벽빛이 보인다. 몸을 숨길 산이 없으니 해가 더 가까워 보인다. 여전히 수줍어서 보일락 말락 하지만. 빨간색과 노란색이 예광탄처럼 하늘에 줄무늬를 그리고 알록달록한 언덕, 눈, 떨기나무가 콧노래를 부르듯 따스한 장밋빛을 뿜는다.

100킬로미터 전에 있던 알타강 이후로 덤불 같은 자작나무들이 길가를 따라 자동차와 바싹 붙어 있다. 카우토케이노까지 줄곧 길동무가 되어줄 것이다. 딱 한 번, 탁 트인 하천 유역 위로 산이 우뚝 솟은 곳에서 숲이 우거지지 않은 툰드라가 번득하고 지나간다. 흠 없이 매끈한 눈 위에 꼬이고 구부러진 작은 형체들이 한 줄로 늘어섰다. 음산하게 위쪽으로 행군하는 자작나무 부대다. 이곳 나무들은 해안만큼 키가 크지는 않아서 2~3미터를 넘는 것이 드물다. 은색 껍질도 더 볼품없다. 힘차게 뻗은 줄기를 덮은 매끈한 종잇장이 아니라 나무를 추위로부터 보호하느라 물집 자국이 숭숭 난 우툴두툴한 살갗이다. 흰색은 주피* 때문이다. 이 포슬포슬한 표피는 햇빛을 반사해 나무를 화상과 낮은 겨울 해로부터 보호한다. 줄기 속에 압축된 수액이 햇볕에 녹으면 나무가 터질 수도 있기 때문이다. 껍질은 사미인의 약재로도 쓰인다. 크룸홀츠, 즉 자연 서식 범위 바깥에서 느릿느릿 자라며 목숨을 부지하는 왜소한 나무들이다. 나무라는 이름이 가당찮다고 생각하는 사람들도 있다. 하지만 키가 50센티미터인 100년 묵은 분재는 나무가 아닐까? 경이로운 생존의 위업은 더더욱 존경받을 자격이 있지 않을까?

카우토케이노까지 얼마 남지 않은 곳에서 도로가 능선을 넘는다. 아래쪽 고원에는 나무의 검은색과 눈雪에 비친 하늘의 주황색이 어우러진 풍경이 널찍이 펼쳐진다. 경치의 가운데를 꿰뚫는 것은 구불구불한 강의 선이다. 여기저기서 녹아 다시 흐르는데, 수면이 액체 황금처럼 반짝거린다. 으스스한 첫새벽이 지났는가 싶더니 해가 한 번도 보이지 않은 채 벌써 해거름이다. 하늘의 절반이 불타고 있다. 지금은 오후 1시다. 이곳은 20시간 지속되는 밤의 문턱이다. 이 지점에서 보면 나무의 역병이 오싹하리만치 뚜렷하다. 시선이 닿는 저 끝까지 고원의 툰드라에 흰올빼미의 점박이 가슴처럼 검은색 줄무늬가 져 있다. 무늬를 그린 것은 탁월풍이다. 작은 날개가 달린 딱딱한 씨껍질을 돌풍과 기류에 태워 울룩불룩한 언덕 위로 실어 날랐다. 습곡과 우묵땅에 떨어져 바람을 받지 않는 곳에서는 자작나무가 더 크고 굵다.

아름다운 풍경이지만 나무들은 저곳에 있으면 안 된다. 강물은 이맘때 한겨울에는 1~2미터 두께로 꽁꽁 얼어서 순록 떼나 트레

* 쌍떡잎식물 또는 겉씨식물의 줄기나 뿌리의 표피 밑에 형성되는 조직의 총칭으로, 표피의 탈락 후에는 표피를 대신해 보호조직이 된다.

일러트럭의 무게를 지탱할 수 있어야 한다. 이런 사실을 떠올리면 아름다운 경치에 마냥 빠져들 수만은 없다. 예전에 어떤 모습이었는지 모른다면, 이것이 가속화하는 패턴의 일환이 아니라 일회성 이변에 불과하다고 스스로를 속일 수 있다면 다르게 보일지도 모르겠다. 사실 이 훼손되지 않은 영역은 거대한 격변을 겪고 있다. 겨울날 북극권의 이 지점이 영하 1도(이 시기 평균보다 14도 높다)라면 지구의 기후 평형이 오래전에 깨졌다는 느낌을 피하기 힘들다.

카우토케이노 외곽의 노란색 단층 주택에서 베릿 우치는 두 살배기 아들을 품에 안은 채 종잇장처럼 얇은 얼음장에 덮이고 자작나무에 둘러싸인 호수에 어둠이 깔리는 광경을 내다본다. 베릿은 현지 순록사육인협회의 사무총장으로, 나무의 북상으로 인한 문제에 대해 나와 이야기를 나누는 데 동의했다. 표정은 차분하지만 이따금 시선 뒤쪽에서 동요가 번득인다. 불안이 완전히 감춰지지는 않는 모양이다.

베릿이 말한다. "수선 떠는 것은 우리 문화와 거리가 멀어요." 이건 겸양의 표현이다. 노르웨이인은 감정을 절제하기로 유명하지만 사미인에 비하면 약과다. 그들의 감정은 몸의 떨림이나 조용한 미소로만, 얼어붙은 표정에 그어진 흐릿한 선으로만 드러난다.

"다들 겉으로는 침착해 보이지만 속으로는 무척 우려하고 있어요." 베릿이 말하는 것은 지독히 더운 겨울이다. 이제야 첫눈이 내렸다. 그래도 베릿은 걱정이 가시지 않는다. 남편은 아직 그곳에, 어딘가에 있다. 정확히 어디인지는 모르지만. 남편은 먼 거리를 이동하며 휴대폰 신호가 안 잡힐 때도 많다. 이즈음은 기후가 양호한 해에도 순록치기에게 고달픈 시기다. 순록 떼를 가을 방목지에서 겨울 방목지로 옮기느라 수백 제곱킬로미터를 몰고 다녀야 하니 말이다.

툰드라의 색깔이 달라지면 심각한 결과가 닥친다. 순록은 인간이 보지 못하는 자외선을 볼 수 있는 유일한 포유류다. 이것은 해가 뜨지 않는 극야의 어스름에서 살아남는 데 꼭 필요한 능력이다. 지의류는 자외선을 흡수하기 때문에 눈과 대조적으로 검게 보인다. 또한 지의류가 여러 형광색을 발하기 때문에 눈 밑에서도 순록에게 보인다는 증거가 발견되고 있다.[2] 순록의 눈에는 반사면tapetum lucidum이라는 특수한 막이 있다. 야행성 짐승과 곤충의 공통점인 이 '밝은 태피스트리'는 빛을 흡수했다가 망막으로 반사해 어두운 곳에서도 잘 볼 수 있게 해준다. 순록은 특이하게도 여름에는 반사면이 황금색이다가 겨울에는 심청색으로 변해 자외선을 흡수한다. 새하얀 눈밭에서 순록은 침착하게 한자리에 머물며 눈을 파서 먹이를 찾는다. 하지만 검은색과 흰색으로 얼룩덜룩한 표면은 솔깃하면서도 혼란을 준다. 더 쉽게 얻을 수 있는 먹이가 있을지도 모른다는 신호이기 때문이다. 순록은 눈밭을 파기보다는 나무등치에 드러난 풀과 지의류를 뜯어 먹느라 훨씬 먼 거리를 이동하는데, 순록치기는 이 때문에 골머리를 썩인다. 순록이 이웃 시다의 영역에 들어가거나 설상가상으로 뒤섞이지 않게 하려면 무리가 흩어지지 않도록 감시해야 한다. 뒤섞인 순록 1만 마리를 구분하려면 두 주가 걸리기도 한다.

지난주에는 베릿이 수술을 받아서 며칠 동안 남편이 돌아와 있었지만 그때를 제외하면 남편은 고원에서 두 달 내리 순록 떼와 지냈다. 가족의 수입과 저축은 모두 순록에 투자된다. 순록 한 마리는 도축장에서 1200유로 넘게 받을 수 있으며 가죽, 가지뿔, 발굽, 힘줄 등 사체의 모든 부위는 사미인의 의복, 연장, 수공예품에 쓰인다. 벌이가 짭짤한 만큼 사람들은 위험을 감수한다.

베릿이 말한다. "최근 사고가 많이 일어났어요." 순록 떼 주변을 차로 한 바퀴 도는 '포인트 점검'은 순록치기의 일과다. 추운 날에는 무리를 벗어난 순록의 발자국이 눈에 선명히 찍히며, 스노모빌은 탁 트인 툰드라와 얼어붙은 호수, 강을 누비며 30킬로미터를 내달릴 수 있다. 반면에 떨기나무가 점점이 박힌 해동解凍 지대는 주파하기가 훨씬 힘들다. 스노모빌을 몰 수 있을 만큼 눈이 쌓이지 않고 얼음이 얼지 않으면 순록치기는 4륜 오토바이를 타고 호수, 강, 나무 주변을 돌아다녀야 하는데, 90~110킬로미터를 더 달려야 할 때도 있다. 시간이 하루 종일 걸릴뿐더러 연료도 많이 태워야 하고 수백 년 걸려 자리잡은 지의류를 마구잡이로 짓이기게 된다. 이튿날 똑같은 일을 반복해야 한다.

베릿이 말한다. "돌바닥에서 스노모빌을 몰다가 나무에 부딪히고 처박혀 병원 신세를 진 사람들이 있어요. 얼음은 순록을 떠받칠 만큼 단단하지만 4륜 오토바이를 감당하지는 못해요. 때로는 위험을 불사해야 해요. 너무 먼 거리를 돌아야 하거든요. 작년에는 두 사람이 얼음을 지치다 돌아오지 못했어요."

베릿은 십 대 시절에 시내에서 일해보려고 했지만 맘이 편하지 않았다. 순록이 그리웠다. 베릿은 순록과 함께 자랐으며 여름마다 트롬쇠 인근 륑스알페네에서 가족과 짐승 곁에서 지낸다.

어릴 적 툰드라에 나무가 별로 없던 때를 기억한다. 변화는 상실처럼 느껴지지만 내가 만난 여느 사미인과 마찬가지로 베릿은 현실주의자다. "우리는 적응해요. 언제나 그랬듯이요." 하지만 기후가 달라지고 나무가 북상하고 도로, 광산, 풍력발전기가 초지를 집어삼키는 바람에 순록치기로 생계를 유지하기가 갈수록 힘들어진다. 설상가상으로 정부는 목초지 감소에 맞춰 해마다 더 많은 순록을 도태하라고 요구한다. 베릿의 가족에게는 또 다른 소득원이 필요하다.

베릿은 자녀들이 순록치기가 되고 싶어한다면 될 수 있길 바라지만—순록치기는 확고히 자리잡은 전통이다—그들이 부모처럼 늘 순록 떼와 함께 살지 않는다면 지식을 지금만큼 쌓을 수 없을 것이다. 배워야 하는 것은 순록치기 기술만이 아니다. 야생에서의 밤은 이야기를 들려주고 연장을 만드는 시간이기도 했다.

'소아키'(자작나무를 사미어로 이르는 말)는 툰드라에서의 전통적 삶에 순록 못지않게 필수적이다. 소아키는 보금자리를 만드는 데 긴요했다. 라보의 장대와 보온에 꼭 필요했으며 바닥에는 향기 나는 자작나무 잔가지를 깔았다. 목재는 운반에도 필수적이었다. 썰매, 스키, 눈신을 만드는 데 이용되었으며 연료로도 쓰였다. 가을에는 여느 나무처럼 줄기의 안쪽인 물관부의 수분 함량을 줄여 겨울잠을 준비한다. 따라서 겨울에 채취한 자작나무는 말리지 않아도 잘 탄다. 자작나무의 타닌과 기름은 옷감과 가죽을 무두질하고 기름종이를 만드는 데 쓰인다. 껍질은 바닷물에 발효시켜 부드럽게 만든 뒤 카누에 씌웠다. 타닌은 모직, 마, 아마포로 만든 전통 선박의 돛을 질기게 하는 데도 쓰였다. 봄에는 수액을 뽑아

미네랄이 풍부한 음료로 마시거나 발효시켜 꿀술의 재료로 쓸 수도 있다.

"가을에는 버섯도 나요!" 70여 종의 균류가 자작나무 뿌리 서식지에서 공존한다.[3] 사미인과 자작나무의 운명은 늘 연결되어 있었다.

봄의 전령처럼 보이고 실제로도 그런 자작나무는 사미인에게 늘 다산의 상징으로서 역할을 했다. 다른 곳에서도 마찬가지다. 스코틀랜드 민속에서는 불임 암소를 자작나무 작대기로 몰면 임신할 수 있게 된다고 한다. 남쪽으로 내려가 잉글랜드에서는 오월주*를 예부터 자작나무로 만들었다. 부부가 자작나무 빗자루를 팔짝 뛰어넘는 것으로 성혼 선언을 대신하는 '자작나무 빗자루 결혼식'은 최근까지도 잉글랜드에서 교회 결혼식 대신 널리 행해졌다. 이 의식은 정화와 청결과도 관계가 있었기에 교구의 '경계선 두드리기'**는 늘 자작나무 잔가지로 했다.

"자작나무는 우리 친구예요!" 베릿이 자신에게 이토록 귀중한 나무를 흉보는 게 꺼림칙한 듯 말한다.

저기 툰드라에서는 자작나무 때문에 남편의 삶이 힘들고 위험해지고 있다. 여기 부엌에는 어디나 자작나무가 있다. 베릿의 현대식 부엌은 여전히 유목민의 전통 수공예품으로 가득하다. 산에 여름 여행을 가서 만든 것들이다. 나무 스푼과 국자는 전부 자작

* 풍작을 기원하는 고대의 봄 의례인 오월제에 쓰이는 기둥으로, 살아 있는 나무 주위를 돌며 추던 춤에서 비롯했다.

** 잉글랜드와 웨일스 등에서 교구 사제와 교구민들이 7년마다 교구 경계선을 두드리며 정신적 지도를 상기하는 의식.

나무를 깎아 만들었다. "소나무보다 훨씬 튼튼해요." 선반의 컵과 사발도 자작나무로 만들었으며 수제 식칼 손잡이의 재료는 가지 뿔과 뼈다. 무두질한 순록 가죽으로 만든 커피 주머니가 주전자 옆에 걸려 있으며 옆에는 여우털과 순록 가죽으로 만든 모자가 놓여 있다. 베릿의 아들은 순록 가죽으로 만든 장화를 신었다. 안감으로는 속이 빈 툰드라 풀을 댔다. 조리대 위의 작은 냄비에는 약차와 탕약에 넣을 자작나무 껍질 조각이 들어 있다.

베릿이 얼굴을 찌푸리며 말한다. "하지만 지금은 자작나무가 너무 많아졌어요." 베릿은 교사가 되려고 공부하고 있다.

스코틀랜드에서와 마찬가지로 초식동물과 나무의 균형이 깨졌으며 인간은 어안이 벙벙하다. 하지만 역시 스코틀랜드에서와 마찬가지로 주사위는 던져졌다. 대기 중에 이미 방출된 배출가스가 숲의 미래 모습을 결정할 것이다. 지금 우리가 맞닥뜨린 과제는 베릿이 맞닥뜨린 것과 같다. 지금 일어나는 일을 받아들이고 적응하려고 안간힘을 쓰는 것.

카우토케이노는 겨울잠을 자는 도시처럼 보인다. 실은 전혀 도시가 아닌 것처럼, 영화 세트장 같은 정교한 허구인 것처럼 보이기도 한다. 아크틱모텔에 도착해 어둠 속에서 문을 두드려보지만 허사다. 유스호스텔에서는 나이 지긋한 여인이 1970년대 콘크리트 건물에서 유일하게 불을 밝힌 창문 밖을 빼꼼 내다보더니 내게 딴 데 가보라며 손을 젓는다. 공예품 전시관은 문이 열려 있지만 오랫동안 방치된 모양새다. 위층에서 노인 세 명이 큼지막한 코트 차림으로 신문을 읽고 있다. 그들이 아래층 공방을 가리킨다. 공방에서는 차음용 귀마개를 머리에 눌러쓴 남자가 공작용 선반 앞에서 작업에 몰두해 있다. 나를 보았을 텐데도 일을 멈출 기미가 안 보인다. 가게들은 내키는 대로 문을 여는 듯하다. 알타와 마찬가지로 길거리에는 행인이 하나도 없다. 주택 바깥에 세워진 빈 차들뿐. 온도를 유지하려고 엔진을 공회전시키고 있다. 도로에서는 정체 모를 차들이 어둠 속에서 브레이크등을 깜박이며 느릿느릿 지나간다.

이튿날은 사미인 권리 신장을 요구하는 정치단체 노르웨이사미인협회의 창립 50주년 기념일이다. 다들 이 중요한 행사를 준비하느라 여념이 없는 걸까?

"뭐라고요?! 천만에요!" 부엌에서 커피를 마시던 여성 두 명이 웃음을 터뜨리며 이렇게 내뱉는다. "그딴 걸 누가 신경써요!"

마리야는 검은색 손톱과 흑백 시폰 블라우스에 어울리게 검은색 시계를 차고 있다. 목걸이와 귀고리는 금제이며 부분 삭발한 머리는 빨간색으로 염색했다. 사라이렌도 흑백 셔츠 차림이며 머리 양옆을 밀었지만 가장자리는 금색으로 물들였다. 한쪽 귀에 진주 귀고리를 세 개 걸었다. 가운뎃손가락에는 남편이 만들어 준 반지를 꼈다. 자기 순록 떼의 '귀표'다. 사육되는 순록은 전부 귀를 특정한 무늬로 째어 임자를 표시한다. 목초지에서 마릿수를 셀 때가 되었을 때 잔뼈 굵은 순록치기는 귀만 만져도 자기 짐승을 알아본다. 사라이렌은 자신의 순록을 무척 자랑스러워한다. 하지만 몇 마리가 있는지는 밝히려 들지 않는다. "그걸 물어보는 건 예의에 어긋나요."

마리야가 웃으며 말한다. "엄청나게 많아요."

사라이렌이 대꾸한다. "하지만 마리야만큼 많진 않아요." 둘은 키득거리며 자지러진다.

두 사람은 정치엔 관심이 없다. 여느 토착민처럼 정부를 경멸한다. "정부는 사미인을 신경쓰지 않아요." 집회에 나가 현실을 바꾸려 해봐야 소용이 없다고 생각한다. 하지만 마리야는 카우토케이노 복지 사무소의 소장이므로 실제로는 국가를 위해 일하는 것 아닐까?

"그럼요! 상상해봐요! 적을 위해 일하는 모습을요!" 마리야가 웃다가 다시 한번 사레들린다. 마리야의 고조할아버지는 1852년 정부에 맞서 봉기했다가 노르웨이인들에게 참수당했다. 마리야는 고조할아버지의 귀표를 물려받았다. 고귀하고 유명한 귀표다.

내가 기후변화 이야기를 꺼내자 분위기가 달라진다. "정부는 우리와 우리의 순록 떼를 통제하려고만 해요. 우리에게 순록 도태를 강요하려는 핑계에 불과하죠. 기후변화는 개소리예요. 90년 전 우리 엄마가 어릴 적에도 날씨는 지금과 똑같았어요. 그래서 저는 걱정하지 않아요. 전에도 보았던 것들이니까요."

마리야는 나무에 대해 설명하지 못한다. 내가 문제를 지적하자 웅얼웅얼 노르웨이 정부를 욕하더니 내가 알아듣지 못하는 농담으로 사라이렌을 웃긴 다음 현관으로 나가 담배를 문다. 마리야가 돌아왔을 때는 대화 주제가 전혀 달라져 있다.

순록치기들은 순록 떼와 별개가 아니라 그 일부다. 순록 떼가 언제 이동해야 할지를 며칠이나 몇 주 전에 감지할 수 있다. 순록 떼가 먹기 전에는 그들도 먹지 않는다. 기후변화처럼 순록 떼의 안녕을 위협하는 문제를 떠올리는 것은 자녀가 굶거나 죽는 모습을 상상하는 것과 비슷할 것이다. 부정은 물론 애도의 첫 단계다.

사라이렌과 마리야는 둘 다 시내에서 일한다. 마리야는 복지 사무소 소장이고 사라이렌은 네일 숍을 운영한다. 마리야의 검은색 손톱은 사라이렌의 솜씨다. 하지만 해마다 빼먹지 않고 순록과 함께하는 시기가 있다. 여름에 새끼를 받을 때, 늦겨울에 어린 새끼에게 귀표를 낼 때다. 그때는 온 가족이 밤낮으로 순록 수천 마리를 울안에 몰아넣어야 한다.

사라이렌이 말한다. "이따금 조현병 환자가 된 것 같아요!" 두 여성은 정신 나간 것처럼 웃음을 터뜨린다. 두 사람은 유능하고 심지어 자신의 일에 자부심을 느낄는지 모르지만 그들의 영혼은 시내에 있지 않다. 저기 언덕에서 순록과 자유롭게 뛰놀고 있다.

이튿날 아침 도시는 어둠과 추위에 짓눌린 채 다시 반쯤 잠들어 있다. 현재 기온은 영하 8도다. 아직 충분히 춥지 않다고 게스트하우스 여자가 불평한다. 하늘에는 구름이 깔렸다. 돔이 투명하지 않으니 조명이 뿌연 수프 같다. 다리 아래 강은 여전히 일부는 액체 상태로, 얼음 사이 물길을 따라 어둑한 교회 앞으로 느릿느릿 흘러간다. 집들에 조명이 켜져 있다. 차량이나 행인은 여전히 거의 보이지 않는다.

하지만 주유소는 다르다. 앞마당이 백색광으로 번득인다. 커다란 픽업트럭이 줄지어 서 있는데, 상당수는 '아크틱 트럭 컴퍼니' 로고로 장식되었으며 거대한 스노타이어를 장착했다. 엔진을 부르릉거리며 쌀쌀한 공기에 경유 매연을 내뿜는다. 각 차량 뒤에 트레일러가 매달려 있고 스노모빌이나 4륜 오토바이, 또는 둘 다가 실려 있다. 나는 미국식 식당에서처럼 철제 걸상에 앉아 커피를 마시며 머리에서 발끝까지 방설복으로 감싸고 여우털 모자를 쓴 사내들이 차에서 내려와 제리캔 석유통에 연료를 채우는 광경을 바라본다. 단호하고 활기차며 몸을 재게 놀린다. 성큼성큼 가게 안으로 걸어 들어가 계산대에 돈을 털썩 내려놓고 직원에게 시끌벅적하게 인사를 건네고는 과자와 단 음료를 한아름 안고 작별 인사를 외친다. 그런 다음 우람한 공해 유발 기계에 올라타 기어를 넣고 아침이라 불리는 어스름 속으로 굉음과 함께 돌진한다. 포인트 점검을 하러 가는 순록치기들이다. 몇몇은 오늘밤 돌아올 것이고, 몇몇은 몇 주간 떠나 있을 것이고, 몇몇은 아예 돌아오지 못할지도 모른다.

카우토케이노에는 어디나 순록 그림이 있다. 가게 벽에, 정부기관과 사미인 문화단체 로고에도 있다. 공예품 판매점에, 우표에, 슈퍼마켓 조명 간판에도 있다. 하지만 진짜 순록은 하나도 없다. 사흘째 단 한 마리도 못 봤다.

카우토케이노가 삭막하고 요상하게 느껴진다면 그 이유는 이 도시가 고원 생활의 중심이라서가 아니다. 예부터 카우토케이노의 역할은 언제나 주유소였다. 필수 서비스를 제공하는 기착지*에 불과했다. 주유소의 패스트푸드 카운터를 제외하면 식당은 하나도 없다. 슈퍼마켓 말고는 가게도 전혀 없다. 이곳에 (대체로 여름에) 들르는 소수의 관광객을 위한 공예품 상점 하나가 고작이다. 사람들의 정체성, 부, 남편, 안녕, 그리고 가족과 문화의 미래

* 목적지로 가는 도중에 잠깐 들르는 곳.

는 저기 툰드라에 있는 순록 떼의 운명에 달렸다.

카우토케이노는 노곤한 오지 마을처럼 보일지도 모르지만 가까이서 들여다보면 일종의 집단적 신경증에 사로잡혀 있는 듯하다. 주위 사방의 언덕과 툰드라에서 벌어지는 인간과 자연의 격렬한 전투에 대해 누구나 알고 있지만, 누구 하나 진실을 선뜻 인정하려 들지 않는다. 지금 상태가 계속될 수는 없다는 것 말이다. 이곳은 전 세계에서 전개되는 투쟁의 축소판이다. 한 층위에는 탄화수소 사회 일상생활의 단조로운 풍경이 있다. 사람들은 출근하고 등교하고 장 보러 가고 멀리서 온 휘발유, 오렌지, 망고를 차에 싣는다. 하지만 바로 밑 또 다른 층위에서는 경고를 발하는 툰드라와 숲의 정령들이 있다.

사미인 망자의 왕국 야브미다이브무는 지하에 있으며 망자의 어머니 야브미다카가 다스린다. 피의 강이 필멸자의 땅과 신비의 순록 땅을 갈랐는데, 그 신비의 세계는 태초부터 존재하고 있었다. 고대 켈트 문화나 현대의 전 세계 토착민 문화에서와 마찬가지로 노아디—샤먼—의 역할은 조상과 정령의 대화에 참여하여 그들에게 조언을 구하는 것이었다. 하지만 노아디는 오래전에 사라졌다.

시내의 유일한 호텔에서 노르웨이사미인협회 청년 분과가 연차 총회에 앞서 사전 행사를 진행하고 있다. 아름다운 전통 복장과 거기 어울리는 운동화 차림의 젊은 운동가들이 "독립 구역"이라고 쓴 가짜 폴리스라인 테이프 뒤에서 순록 가죽 위에 다리를 꼬고 아이폰을 꺼낸 채 앉아 있다. 회의 제목은 "미래는 토박이에 있다"다. 솔깃하고 낭만적인 관념이지만, 바닥에 앉은 열성적 청년들의 대부분은 카우토케이노 출신도, 순록치기 가족 출신도 아니다. 라보에서 살고 싶어하지도, 1년의 절반을 눈밭에서 순록 뒤를 따라다니고 싶어하지도 않는다.

누구나 주변에 순록을 버린 사람이 하나씩 있다. 마리야와 사라이렌은 자기네는 결코 그러지 않을 것이며 그런 자들을 동정하지 않을 거라고 장담한다. 이 성스럽고 오래된 삶의 방식을, 이 생득권生得權을 제 손으로 포기할 사람이 어디 있겠는가? 순록치기를 계속하는 사람은 둘 중 하나다. 하나는 마리야 같은 축산 귀족으로, 짐승이 하도 많아서 일시적 악천후를 이겨낼 수 있으며 트롬쇠에 두 번째 집을, 오슬로에 세 번째 집을 살 수도 있다. 다른 하나는 진정으로 헌신적인 사람, 어쩌면 중독자, 어쩌면 미치광이들이다. 어느 문구가 이사트를 가장 적절히 표현하는지 모르겠지만, 이사트의 경험에는 온난화에 의해 강요되는 인지 부조화가 고스란히 담겨 있다. 이성적 측면에서 우리는 무슨 일이 벌어지고 있고 앞으로 벌어질 것인지 안다. 하지만 현실적이고 정서적인 측면에서 우리는 사실을 받아들이지 않기 위해 무슨 짓도 마다하지 않을 것처럼 보인다.

긴 하루의 끝인 밤 9시 카우토케이노의 지자체 건물 뒤편에 있는 평범한 사무실에서 이사트를 만난다. 이사트가 속한 프로텍트 사프미는 비영리단체로, 초국적 기관과 정부 준準국가 기관의 토지수용에 반대하는 사미인 공동체에 법률 자문을 제공하는데, 이것은 힘에 부친 일이다. 북극권이 온난화되면서 노르웨이뿐 아니라 러시아, 그린란드, 알래스카, 캐나다 등 환북극 전역에서 북부 지방의 '개방'에 지대한 관심을 보이고 있다. 노르웨이는 재생

에너지를 자급하지만 독일, 영국, 네덜란드는 어마어마한 수요를 충족하지 못하고 있으며 북극권의 풍력발전소는 핀마르크에 얼마 남지 않은 민둥산 지역을 빠르게 집어삼키고 있다. 최근 법률에 따르면 사미인은 핀마르크 토지의 96퍼센트를 관할하도록 되어 있으며, 노르웨이 정부는 토착민 토지를 수용할 때 "자유롭고 사전적이고 정보에 입각한 동의"를 받아야 한다는 유엔 원칙을 따라야 하지만 그러지 않는다. 국제법을 따르는 유일한 기관은 뜻밖에도 북대서양조약기구인데, 군사 목적으로 넓은 사미인 토지를 임차했다.

밤 11시경 우리의 대화가 끝나고 내게 졸음이 찾아왔을 무렵 이사트가 "부업"을 시작할 참이라고 말한다. 순록치기다. 내게 같이 가자고 권한다. 이사트의 집은 언덕 위에 있다. 유럽에서 흔히 보는 좁은 부지에 들어선 테라스 딸린 주택이다. 내가 밖에서 기다리는 동안 이사트는 안에 들어가 아내와 네 명의 잠든 아이들에게 입맞춘 다음 순록치기 복장—두꺼운 양모 양말 두 켤레, 내복, 오리털 바지, 플리스, 무릎까지 내려오는 외투, 시니살로* 로고가 붙은 스노모빌 재킷, 두꺼운 고무 눈신, 손모아장갑, 여우털을 안감으로 댄 낡아빠진 순록 가죽 모자—을 걸친다. 10분 뒤 이사트가 나타난다. 안경과 양복, 단정하게 깎은 머리가 안 보이니 딴사람 같다. 이젠 과묵하고 다소곳한 법률 전문가가 아니라 행동파가 됐다.

밖은 영하 5도밖에 안 되지만 순록을 잃어버리거나 사고를 당

* 동계 아웃도어 브랜드.

하면 밤새 야외에 있을 준비를 해야 한다. 얼마 전 순록치기 하나가 스노모빌에 깔려 친구들이 찾으러 올 때까지 열두 시간 동안 갇혀 있었다. 이사트가 자신의 개에게 휘파람을 불자 녀석이 4륜 오토바이 뒷좌석 내 옆자리에 뛰어오른다. 우리가 어디 가는지 안다.

카우토케이노 변두리의 테라스 주택들 사이로 어두운 길거리를 따라 4륜 오토바이가 우리를 시외로 데려간다. 말라비틀어진 자작나무들이 언덕 위로 올라가려고 안간힘을 쓰는데, 키가 점점 작아진다. 총알구멍으로 얽은 60 속도제한 표지판을 쌩하고 지나쳐 고원에 오른다. 정상에서는 나무들이 머리 높이밖에 안 된다. 이사트가 속력을 늦춰 오토바이를 길가에 댄다. 올라서서 전조등 불빛 속을 들여다보며 아스팔트 가장자리를 훑는다. 차선 대신 붉은 말뚝이 박혀 있다. 눈이 예년처럼 온다면 저것들이 도로경계를 표시할 것이다. 이사트가 발자취를 찾는다.

이사트는 눈이 흐트러진 곳에서 유난히 느릿느릿 움직인다. 눈에 찍힌 흔적은 그의 순록들이 도로를 건너 영역을 벗어났다는 뜻이다. 나무 때문에 순록이 더 멀리까지 돌아다니고 있는데, 그래서 영역과 목초지를 놓고 갈등이 커지고 이웃과의 분쟁이 잦아진다. 이사트는 순록들이 도로의 양편 중 정해진 편에 있도록 밤마다 순찰해야 한다. 변화는 사미인 공동체를 분열의 위험에 몰아넣고 있다. 순록치기와 가족들에게도 엄청난 부담을 가한다.

내가 묻는다. "밤마다 나가는 걸 아내가 싫어하지 않아요?"

이사트가 대답한다. "이골이 났죠."

이사트는 눈에, 남의 땅을 침범한 순록에 집중하고 있다. 이사트가 대답하려는 물음은 이것이다. 언제일까? 이사트는 손가락질하고 목소리를 높이고 영어로 빠르고 유창하게 말한다. 불과 한 시간 전 베이지색 사무실에서 도표를 들여다보며 적절한 어휘를 궁리하던 차분한 사내와는 딴판이다. 초승달 아래 고원에서 힘센 기계에 올라탄 이사트는 활기가 넘친다. 딴사람이 되었다. 파란 눈이 전조등 불빛 속에서 춤춘다.

이사트가 무릎을 꿇고는 발자취의 설각*과 방향을 검사한다. 사미어에는 설각을 일컫는 낱말이 열일곱 개 있으며 굳기를 일곱 단계로 나눈다. 생존은 정확성에 달렸다. 발자취는 오래전에 생긴 것이다.

우리는 오토바이로 돌아와 순록이 밟지 않은 벌판—오파스—을 내달린다. 가면올빼미처럼 눈밭을 종횡무진하며 발자취를 찾는다. 이사트가 엉뚱한 방향으로 난 발자취를 하나, 이어서 여러 개 포착한다. 고속으로 방향을 틀어 발자취를 추적한다. 4륜 오토바이는 붕 뜨는가 싶더니 쩍 소리와 함께 얼어붙은 호수에 내려앉는다. 전조등을 비추니 발자취는 앞으로 쭉 뻗었다. 얼음이 끼익 끙 하면서 이따금 총성 같은 파열음을 내자 이사트가 숨을 죽인다. 이사트는 지난달에 두 번 호수에 빠졌다. 마지막에는 얕은 웅덩이에 가슴까지 잠겼으며 오토바이는 권양기로 끌어내 며칠간 차고에서 건조해야 했다.

이사트가 웃음 띤 얼굴로 말한다. "노르웨이에서 가장 위험한 직업이죠!" 그 말은 사실이다. 순록치기는 석유 굴착선이나 군에

* 딱딱하게 언, 쌓인 눈의 표층으로, 녹은 표층이 다시 얼어서 생긴다.

서 일하는 것보다 위험하다.

별이 떠서 장관을 연출한다. 이사트가 별을 가리키며 사미어 이름을 크게 외치지만 하나도 못 알아듣겠다. 바람이 귓전에서 웅웅거리고 오토바이는 툰드라 위를 날듯이 달린다. 돌덩이와 바위 위를 들썩들썩 지나간 뒤 자작나무 숲을 통과한다. 잔가지가 얼굴을 찰싹 후려친다.

한 시간 반이 지나 새벽 2시가 다 되었을 때 이사트가 오토바이를 멈춘다.

"여기 있어야 하는데."

내가 묻는다. "GPS 있어요?"

순록 떼 중 열 마리에 GPS 인식표가 달렸지만 이사트의 스마트폰은 방전됐다. 어쨌거나 이게 이사트가 좋아하는 방식이다. 본능은 이사트를 실망시키는 일이 거의 없다.

이사트가 엔진과 전조등을 끄고 순록 몇 마리가 차고 있는 종의 소리에 귀기울인다. 적막이 막막하다. 아무 소리도 안 들린다. 별들이 어찌나 찬란히 타오르는지 만질 수 있을 것 같다. 나무의 팔다리가 눈밭에 그림자를 찍는다.

이사트가 시동 키를 돌리고 오토바이를 집 쪽으로 돌리며 말한다. "오늘은 이만하죠."

이렇게 애써놓고 막판에 포기하다니 믿기지 않는다. 이사트는 아침에 자신의 형제가 수색을 계속하면 된다고 말한다. 어안이 벙벙하지만 내가 이번 탐사의 목적을 오해했음을 깨닫는다. 거대한 정적 속에서 홀로 밤을 가로질러 야생동물을 추적하며 생사의 게임을 벌이는 것, 이것은 마치 생활 방식을 가장한 아슬아슬한 컴퓨터 게임 같다. 순록을 찾는 것이 언제나 목표인 것은 아니다. 그보다는 자신이 물려받은 것들이 죽어가는 것을 빤히 바라보는 사내의 행동에 가깝다. 이사트는 이런 방식의 순록치기가 더는 현실적이지 않음을 안다. 이것이 현실적이라는 전제하에서 온종일 정부와 채광 기업을 상대로 보상을 요구하지만 밤이 되면 정반대 꿈을 꾼다. 4륜 오토바이가 찡찡거리며 언덕을 내려가 아래쪽 산간분지에서 네온사인을 빛내며 잠든 도시를 향하는 동안 길가 나무들은 점차 키가 커지고 카우토케이노 개들의 울음소리가 밤공기를 채운다. 최근 늑대 한 마리가 인근에서 목격되었는데, 이것은 숲의 확장으로 인한 또 다른 결과다. 이사트가 어둠 속에 문을 꽁꽁 닫은 집 바깥에 오토바이를 대고 나는 추위로 뻣뻣해진 채 내린다. 이사트가 겉옷을 벗고 잠자리에 들자 이웃한 누이의 집에서 불이 켜진다. 누이의 딸인 조카 마레트가 막 일어났다.

오늘은 노르웨이사미인협회 50주년 기념일을 맞아 대규모 회의가 열리는 날이다. 마레트는 요리사인데, 200명의 대의원을 위해 음식을 만든다. 일찍 시작해야 한다.

마레트가 시내를 가로질러 슈퍼마켓 옆에 있는 커다란 건물로 향한다. 파란색과 검은색이 어우러진 직사각형 건물로, 회의가 열리는 체육관이다. 한쪽에 스테인리스스틸로 지어진 식당용 조리실이 있다. 마레트는 흰색 조리사 복장을 걸치지만, 뿔이 네 개 달린 색색의 사미인 전통 모자 고트키를 쓴다. 마레트는 주민들 사이에서 유명 인사다. 요리법, 음식 관련 전통 풍습, 약초 이용법을 보전하려고 노력하는 몇 안 되는 사미인 요리사 중 한 명이기 때문이다.

정신없던 밤을 보내고 기운 차리려고 잠시 한눈 붙인 뒤 다시 찾아갔을 때 마레트가 말한다. "사람들이 (머리가 아니라) 위장으로 생각하도록 만들고 싶어요!" 둥근 얼굴이 짓궂은 미소를 띠고 짙은 속눈썹 아래서 눈이 반짝거린다. 피곤해 보인다.

"무척 피곤하고 무척 화났어요. 하지만 포기할 순 없어요. 저는 음식을 통해 저항할 수 있어요. 모든 것이 자연에서 난 것들이랍니다."

마레트는 순록을 요리하고 있다. 생체역학에 따라 달이 찰 때 잡은 자신의 순록이다. 마레트는 맛을 자신한다. 습해지는 기후, 침범해 들어오는 나무, 순록의 먹이에서 지의류 비중이 줄어드는 등의 변화를 순록 고기에서 맛볼 수 있다고 말한다. 겨울에 고원에서 서식하는 동물은 기름기가 가장 적고 근육과 지방이 최적의 조합을 이루고 있어 최상으로 평가받았다. 하지만 지금은 대부분의 순록에서 해안 맛이 난다. 풀 맛이 지독하다.

순록 수프 다음에는 자작나무 목분으로 만든 팬케이크와 순록 피로 만든 블랙푸딩*이 나온다. 자작나무 껍질의 안쪽인 붉은 부름켜 조직을 건조하고 빻아 가루로 만드는데, 이것만 쓰기도 하고 스펠트밀이나 밀의 가루와 섞어 쓰기도 한다. 음식에 나무 향미가 감돈다. 건조시킨 순록 피, 순록 골, 소나무 껍질을 빻은 가루로 만든 빵도 있다. 이것은 비타민 C와 미네랄의 중요한 공급원이어서 사미인은 긴 겨울 동안 채소를 못 먹어도 결코 괴혈병을 앓지 않았다. (사미인이 베아키라고 부르는) 소나무가 신성한 데

* 선지 소시지의 일종.

는 이런 까닭도 있다. 생명에 꼭 필요하니 말이다.

마레트가 말한다. "이 토착 지식은 사라지다시피 했어요. 하지만 오염된 세상에서 살아남기 위한 열쇠죠."

피를 구하기는 힘들었다. 생피를 음식으로 내는 것은 금지되어 있으며 마레트의 사촌이기도 한 지역 도축장 담당자는 "동화된 사고"에 물들었다. 이 말은 노르웨이 정부의 규제에 전전긍긍한다는 뜻이다.

나머지 메뉴는 알타에서 잡은 대구, 말코손바닥사슴으로 만든 미트볼, 그리고 사미인의 별미인 해조류 튀김이다.

마레트 남편의 가족은 해안 출신이고 마레트도 지금 해안에서 살지만 자란 곳은 카우토케이노다. "아버지는 스노모빌 운전법을 가르쳐주시면서 툰드라에 있는 나무 한 그루를 지형지물처럼 목표로 삼으라고 말씀하셨어요. 그런데 웬걸요! 이젠 어딘지 알아보지도 못할 거예요." 하지만 마레트는 더이상 스노모빌을 타지 않는다. 자녀들에겐 옛 방식으로 개를 데리고 걸으며 순록 모는 법을 가르친다. 필요 이상으로 휘발유를 태우고 싶어하지 않는다.

"인간은 다른 짐승의 먹이나 서식지를 파괴할 권한이 없어요. 필요한 것만 취해야 해요. 우리만 사는 게 아니니까요." 이것은 '비르게유프미'라는 사미인의 자급자족 개념이다. 자연으로부터 필요한 것만 취하고 결코 더 취하지 말라. 현대적 지속 가능성 개념은 이와 정반대로, 자연의 공급 능력이 파괴되지 않는 한 최대한 많은 잉여를 뽑아내려 든다. 이것은 중요한 차이점이다. 자연을 이해하고 현명하게 이용하는 것은 북극권에서의 삶에 꼭 필요했을 뿐 아니라 그 자체로 가치가 있었다. 하지만 비르게유프미는 (마레트에 따르면) "돈돈 하는 생각" 때문에 사라지고 있다.

마레트는 옛 지식을 배우고 보전하는 일에 자부심을 느낀다. 자작나무가 병에 걸렸는지 진단하며 아픈 자작나무가 만들어내는 항체가 환자에게도 유익하다는 사실을 안다. 하늘과 식물을 살펴보고서 언제 눈이 올지, 언제 건조해질지, 눈이 얼마나 오래 쌓여 있을지 안다.

"자연을 읽은 다음 스마트폰 앱을 확인해요. 그러고서 보면 제가 맞힌 거예요!"

가을 번개는 이듬해 초여름이 따뜻하리라는 뜻이다. 가을 자작나무 잎이 어떤 색깔이고 얼마나 오래 매달려 있는가는 봄에 눈이 얼마나 오래갈지 알려주는 단서다. 올해는 색깔이 시원찮았다. 붉은색과 노란색이 하나도 없이 초록색과 갈색뿐이었다. 노란색과 붉은색이 아름답게 어우러진 전형적 풍경을 볼 수 없었다. 마레트는 춥고 건조하고 짧은 겨울이 아니라 습하고 긴 겨울이 될까봐 걱정한다.

마레트의 예보는 나무 자신의 진화적 기억을 바탕으로 한다. 가을에 자작나무 잎이 눈부시게 붉어지는 이유는 잎의 엽록소를 모조리 뽑아내 봄을 위해 저장하고 줄기의 잉여 수분을 가두며 혈관 격인 껍질 안쪽 체관부의 모세관을 막아 겨울을 준비하기 때문이다. 그러면 남아 있는 카로틴 때문에 붉은색을 띠게 된다. 하지만 나무가 너무 습하거나 환경이 너무 온난하면 보험용으로 잎을 가지에 더 오랫동안 매달아두는데, 이것은 일부 엽록소가 활동하면서 최대한 많은 에너지를 얻을 수 있도록 하기 위해서다. 마치 나무는 겨울이 길어질 것임을 아는 듯하다.

자작나무가 햇빛과 영양분을 모조리 빨아들이는 바람에 순록에게 필요한 지의류가 살아남지 못한다. 마레트가 서글프게 말한다. “그렇다고 해서 나무에게 화가 난 건 아니에요. 저는 늘 자연에 적응할 수 있어요. 자연은 언제나 변해요. 그러니 우리도 언제나 준비되어 있어야 해요. 저는 자연에 희망을 품어요. 인간에게가 아니라요.”

마레트를 돕는 봉사자들이 벤치에 순록 가죽을 깔고 밥상을 차린다. 마레트가 돌아가 고기를 써는데 첫 번째 대의원 무리가 곱게 수놓은 전통 펠트 재킷에 순록 가죽 바지와 신발 차림으로 강당에 도착하기 시작한다. 할게이르가 다가와 인사를 건네고는 커다란 냉수기 앞으로 가 직접 깎은 자작나무 컵에 물을 따른다. 대부분의 대의원들이 자기 컵을 끈으로 허리띠에 매달고 다니는 게 보인다.

“성대한 회의예요! 아주 성대한 회의라고요!” 할게이르는 이렇게 말하며 마치 이중간첩처럼 의미심장하게 한쪽 눈을 깜박인다. 어떻게 보면 정말로 그렇다.

노르웨이 북부 전역에서 온 사미인 대의원들이 모여 새로운 순록 법률, 핀마르크와 트롬쇠의 광산 및 풍력발전소 개발 사업안, 사미인에게 새로운 생계 수단을 제공할 기후변화 적응 기금 등을 논의한다. 하지만 마레트는 노르웨이보다 훨씬 큰 규모에서 문제를 바라본다. “이 삶을 위해, 이 생활 방식을 위해 누군가 대가를 지불해야 해요. 그건 짐승과 우리의 토박이 생활 방식이겠죠. 그게 대가예요.”

자연과의 합일이라는 사미인 정체성은 이것을 떠받치는 서식지와 함께 사멸한다. 지금 기후변화의 예봉을 절감하는 것은 사미인이지만, 시간이 지나면 더운 지역이나 해안가 도시에 사는 사람들이 홍수와 열파 때문에 더 심각한 문제를 겪을 것이다. 흉작과 극단적 기온 때문에 사람들이 남쪽에서 피신함에 따라 북극권의 난민 문제가 점점 심각해질 것으로 전망된다.[4] 사미인은 어딜 가든 적응할 수 있을 것이라고 마레트가 말한다.

마레트는 빼기는 게 아니다. 나머지 사람들을 걱정하고 있다. 마레트는 노르웨이에서 벌어지는 일을 사람들이 경고로 받아들이길 바란다. "우리가 우두머리가 아니에요. 자연이 우두머리죠. 우두머리에게 맞서면 쳐들어와 우리를 공격할 거예요. 그게 지금 벌어지고 있는 일이라고요."

3
잠자는 곰

다우르잎갈나무

Larix gmelinii

러시아 크라스노야르스크

북위 56도 01분 00초

전 세계 숲을 통틀어 가장 큰 숲은 러시아 타이가다. 러시아 육지 면적의 절반 이상을 덮고 두 개의 대륙과 열 개의 시간대를 가로질러 777만 제곱킬로미터 넘게 뻗어 있다. 영구동토대 위에 나무들이 초록 양탄자를 깔았으며, 북반구의 바람, 강수, 기후, 해양 순환을 조절하는 북부한대수림 지구 엔진의 절반 이상을 차지한다. 북부한대수림은 주로 러시아 타이가로 이루어졌으며 타이가는 대부분 잎갈나무다.

노르웨이와 러시아가 만나는 말 머리 모양 페노스칸디아의 턱 아래쪽인 백해에서 베링해 날짜변경선*까지 수목한계선과 타이가 북부 지대에는 하나의 속이 끝없이 뻗어 있다. 바로 잎갈나무속*Larix*이다. 타이가의 3분의 1 이상(37퍼센트)을 차지하는 잎갈나무는 핵심종이다. 스코틀랜드의 소나무와 마찬가지로 자신의 환경을 어느 나무보다 훌륭히 숙지해 생태계를 다스리고 나머지 동식물의 한살이와 진화 경로를 빚어낸다. 잎갈나무의 부엽은 토양의 바탕이고, 씨앗 생산 주기는 조류와 설치류 개체수를 조절하

* 동경 180도의 선을 따라 남극과 북극을 잇는 경계선으로, 이 선을 동으로 향해 넘어가면 하루가 늦춰지고 서로 향해 넘어가면 하루가 앞당겨진다.

며, 햇빛을 얼마나 가리느냐에 따라 하층식생에서 무엇이 자랄 수 있는가를 결정하고, 내화력耐火力과 불탄 땅을 좋아하는 습성은 우리가 아는 시베리아 타이가 숲의 구조 자체를 만들어냈다.

북부한대수림의 미래가 궁금하다면 타이가에서 무슨 일이 벌어지고 있는지 들여다봐야 한다. 이곳의 변화는 시베리아 전역에서 진행되는 지독한 온난화에 잎갈나무가 어떻게 대응하는가에 달렸다. 잎갈나무에 대해 누구보다 많이 아는 사람들은 러시아 유수의 숲 연구 기관 V.N.수카초프연구소의 과학자들이다. 이 연구소는 러시아과학아카데미 시베리아 분과 소속이며 크라스노야르스크시에 소재한다. 크라스노야르스크 지구地區는 세계 꼭대기에 있는 전설적 숲 아리마스의 고장이기도 하다. 아리마스는 지구상에서 나무가 자라는 가장 북쪽이다.

크라스노야르스크는 모스크바에서 네 개의 시간대만큼 떨어져 있으며 카자흐스탄, 몽골, 러시아의 국경이 만나는 지점보다 약간 북쪽에 있다. 세계 최대의 알루미늄 제련 시설 중 하나가 이곳에 있다. 스카이라인의 도시에서 맞은 첫 아침, 배낭여행자용 호스텔에서 깨니 2월의 가냘픈 햇볕이 도시 위에 드리운 실안개를 뚫으려 안간힘을 쓴다. 한쪽 벽을 가로지르는 대형 라디에이터 덕분에 실내가 후끈후끈하다. 전날 밤 모스크바에서 장거리 비행을 마치고 체크인하는 내게 접수계원은 영하 10도밖에 안 된다고 말했다. 난방은 더 추울 때를 대비해 설치된 것이었다. 이중창을 열자마자 실수를 깨닫는다. 얼음장 같은 공기가 밀려들지만 상쾌하지 않다. 매캐한 냄새가 고약하다.

시베리아를 비롯한 북극권에서 1년 중 가장 추운 때가 (낮이 가장 짧은) 한겨울이 아니라 2월인 이유는 눈으로 덮인 땅이 계속해서 열을 대기 중에 방출해 지면을 냉각하기 때문이다. 눈은 단파 복사를 반사해 태양 광선의 가열 효과와 차가운 공기의 냉각 효과로부터 땅을 단열하고 설하雪下 세계의 온도를 일정하게 유지한다. 하지만 (빛스펙트럼에서 빨간색과 노란색에 해당하는) 단파 복사는 반사하는 반면에 (파란색과 초록색에 해당하는) 장파 복사는 흡수해 밤에 우주 공간으로 재복사한다. 밤에는 설괴 표면에 가장 가까운 공기가 가장 차갑다. 나무 아래에서 잠자면 따뜻한 밤을 보낼 수 있는 것은 나무가 장파 복사를 위로 올려보내지 않고 지면으로 돌려보내기 때문이다. 설괴의 냉각 효과로 에너지 결손이 발생하는데, 그러면 잔잔한 날씨에서는 기온역전 현상이 일어나 지면 위의 공기가 대기 중의 공기보다 차가워진다. 안정된 고기압 상황이 며칠이나 몇 주 내리 지속되고 눈이 열을 지면으로부터 방출하면 기온역전이 300미터 위까지 발생하여 뜨거운 공기가 상승하는 정상적 과정이 방해받는다. 툰드라의 맑은 공기 중에서는 수증기가 위로 올라가지 못한 채 결빙해 안개가 된다. 도시에서는 오염된 공기가 상승하지 못하고 아래쪽에 머물러 있으며, 한때 안톤 체호프가 "시베리아 도시를 통틀어 가장 좋고 가장 아름다운 곳"[1]으로 단언한 크라스노야르스크는 이제 많은 주민의 수명을 단축하는 연무로 악명을 떨친다.

체호프는 예니세이강의 장엄함에 매료되었는데, 이 강은 예나 지금이나 크라스노야르스크의 상징이다. 시베리아에서 세 번째로 큰 도시인 크라스노야르스크는 1628년 러시아 동진 정책*의 일환으로 건설되었다. 당시 카자크**는 토착민의 공격을 막기 위해 예니세이강과 카차강의 합수점에 요새를 구축했다. 17세기와 18세기 서유럽 나라들이 바다 너머 신대륙에 탐험대와 죄수들을 보낸 것과 마찬가지로 러시아는 육지에서 (체호프의 말을 빌리자면) "사람들을 술에 의존하게 만드는 통상 수법"을 구사하여 시베리아의 토착 민족들을 착취했다. 하지만 시베리아가 본격적으로 식민지화된 것은 도로가 건설되고 드넓은 예니세이강에 이름난 크라스노야르스크교가 놓인 때로, 1741년에 완공된 이 다리는 러시아 10루블 지폐를 장식하고 있다. 금이 발견되고 1895년 시베리아 횡단 철도가 건설되면서 발전에 속도가 붙었다. 크라스노야르스크는 1825년 차르 니콜라이 1세에 맞선 봉기가 실패로 돌아간 뒤 십이월당원*** 여덟 명이 처형된 곳이며 그 전통에 걸맞게 스탈린 시절 굴라크 강제 노동 수용소의 중심이었다. 이곳에는 지금까지도 유형지가 있다. 제2차 세계대전 기간에 수많은 공장이 소련 서부에서 크라스노야르스크로 이전되었다. 독일군의 침공을 피하고 굴라크의 노예 노동력을 동원하기 위해서였다.

시베리아에 들어가는 관문인 크라스노야르스크는 소련 치하에서 과학과 교육의 중심지가 되었으며 야금학, 항공학, 의학, 농학, 기술 등의 연구소가 설립되었다. 가장 거대하고 명백한 천

* 16세기부터 러시아가 시베리아 지역에서 실시한 정책. 토볼스크를 거점으로 동쪽으로 진출하고자 했다.

** 러시아 남부 변경 군영 지대에서 농사를 지으면서 군무에 종사하던 사람들.

*** 1825년 12월에 러시아에서 최초의 근대적 혁명을 꾀했던 자유주의자들로, 나폴레옹전쟁에서 자유주의 사상을 받아들인 청년 장교들이 모체가 되어 무장봉기를 일으켰다.

연자원은 타이가였으므로 1930년 가장 먼저 설립된 연구 시설은 시베리아숲연구소였다. 전쟁이 끝난 뒤에는 시설이 확장되어 도시에 있는 여섯 개 대학 중 하나인 시베리아 주립기술대학교가 되었다. 수카초프연구소는 1944년 모스크바에서 설립되어 1959년 크라스노야르스크로 이전했는데, 러시아 최고의 숲 연구소를 자처했다.

연구소 이름은 설립자이자 소장인 블라디미르 수카초프에서 딴 것으로, 그는 잎갈나무 전문가이자 (거의 알려지지 않았지만) 지구 생태학과 환경보호의 선구자였다. 수카초프는 획기적인 생태학 연구서 『습지: 형성, 발전, 성질』(1926)을 써서 농업 생산성 극대화에 치중하는 광신적 레닌주의자들을 향해 생산력을 고갈시키지 말라고 설득했다. 수카초프의 '생태지리통합권biogeocoenosis'은 카를 뫼비우스의 생태계 개념을 확장한 것으로, 대기를 비롯해 끊임없이 상호작용을 발전시키는 암석, 토양, 식물, 동물을 아우른다. 수카초프는 1950년대 소련에서 줄잡아 100만 명에 이르는 학생 자연보전 운동에 영향을 미쳤으며 잎갈나무가 영구동토대에서 수분을 뽑아내기 위해 막뿌리*를 낸다는 사실을 처음 발견했다. 이 통찰을 통해 수카초프는 타이가의 과거 진화와 (따라서) 미래를 이해하는 데 자신의 가장 큰 기여를 했다. 또한 잎갈나무와 얼음의 관계가 우리가 아는 시베리아 경관의 토대임을 최초로 이해했다.

빙기가 되어 북쪽에서 빙하가 밀려 내려올 때마다 식생은 초

* 제뿌리가 아닌 줄기 위나 잎에서 생기는 뿌리로, 연, 옥수수 등의 뿌리가 있다.

토화되었고 생물은 빙하가 닿지 못하는 구석으로 피신해야 했다. 그러다 빙하가 녹으면 식물, 나무, 동물, (훗날) 인간이 피난처—학술 용어로 '절멸면제지역'—에서 나와 정착 과정을 다시 시작했다. 이 오랜 자연선택 게임에서 잎갈나무의 대응 전략은 교잡이었다. 그 덕분에 발트해에서 태평양까지, 극북 수목한계선에서 몽골의 북위 45도 타이가 남방 한계선까지 온갖 생장 조건에서 놀랍도록 높은 생태 적응력을 발휘했다.

구과 크기, 씨앗 개수, 바늘잎 색깔, 꽃밥의 붉은색과 분홍색 비율 같은 다양한 적응 수법은 20세기 내내 러시아 임학계에서 오랜 논란과 집요한 연구를 자극했다. 수카초프연구소의 소련 연구자들은 씨앗의 무게를 재고 바늘잎 개수를 세고 여러 종과 아종의 기름을 정제하고 번식 방법을 검증했다. 그중에서도 땅속 1.5미터 이내에 존재하는 지하수가 어린나무 정착에 필요한 전제 조건이라는 발견은 훗날 중요한 의미가 있는 것으로 드러난다. 불운한 연구자 아바이모프는 1980년대 내내 잎갈나무 구과 3만 개를 측정하면서 종을 구분하는 기준을 찾으려 했지만 결국 자신의 노고가 헛수고였음을 깨달았다. 1924년 수카초프가 발견했듯 유일하게 일관된 기준은 구과의 씨앗 비늘 각도뿐이며, 이것을 제외하면 잎갈나무 종을 구분하기란 여간 힘들지 않다.

모든 잎갈나무는 고결한 기운, 곱고 섬세한 바늘잎, 봄철의 연녹색, 가을의 매끈한 주황색을 자랑하는데, 이것은 비늘처럼 우툴두툴한 구주소나무의 잿빛 껍질과 대조적이다. 잎갈나무가 무리 지어 있으면 비탈면이 불타는 것 같다. 잎갈나무는 유일한 낙엽성 구과수다. 꼭대기는 코르크스크루처럼 생겨서 햇빛을 최대한 받아들이며, 우아한 곡선으로 뻗은 가지 하나하나에 바늘잎이 잔뜩 달렸다. 봄이면 사탕처럼 생긴 작은 자줏빛 구과를 내는데, 그해에 걸쳐 천천히 주황색으로 변한다.

지금은 타이가가 마치 시베리아 전역을 세로 줄무늬로 칠한 듯 네 가지 잎갈나무 종의 뚜렷한 띠(분류군taxon)로 이루어졌다는 것이 통설이다.[2] 서쪽으로 백해에서 모스크바 동쪽 우랄산맥까지는 수카초프가 발견하여 명명한 아종 라릭스 수카체피*Larix sukaczewii*가 우점종이다. 우랄산맥부터는 수더분하지만 영구동토대를 꺼리는 라릭스 시비리카*Larix sibirica*(시베리아잎갈나무)가 바통을 이어받았다가 예니세이강에서 라릭스 그멜리니*Larix gmelinii*(다우르잎갈나무)를 만나는데, 이곳에서 두 종이 교잡한 잡종 라릭스 체카노프스키*Larix czekanowskii*가 너비 130킬로미터의 좁은 띠를 이룬다(발견자인 폴란드 식물학자의 이름을 땄다). 그곳에서 타이미르반도를 시작으로 드넓은 시베리아 정중앙을 가로질러 레나강까지는 누구도 부정할 수 없는 추위의 왕 라릭스 그멜리니가 우세하다. 라릭스 카얀데리*Larix cajanderi*(쿠릴잎갈나무)라고도 불리는 근연아종 라릭스 그멜리니 야포니카 변종*Larix gmelinii var. japonica*은 레나강에서 동쪽으로 축치해와 베링해협, 캄차카반도와 (귀신고래가 먹이를 찾는 장소인) 오호츠크해까지 숲의 동쪽 띠를 이룬다.

수카초프는 이 종들이 접촉하여 교잡한 것이 비교적 최근이며 모두가 홍적세* 들머리에 다른 절멸면제지역에서 왔으리라는 가설을 세웠다. 또한 다우르잎갈나무와 쿠릴잎갈나무가 우세한 지

* 신생대 제4기의 첫 시기로, 인류가 발생해 진화한 시기다. 지구가 널리 빙하로 덮여 몹시 추웠고, 매머드 같은 코끼리와 현재의 식물과 같은 것이 생육했다.

역이 영구동토대와 일치한다는 사실을 밝혀냈다. 실제로 시베리아 내륙으로 들어갈수록 숲에서 두 종이 차지하는 비중이 커지다가 극북에서는 오로지 잎갈나무만 수천 킬로미터를 가로질러 행군한다. 얼음이 있는 곳에서는 어디서나 시베리아잎갈나무를 비롯한 아종들이 물러나고 그 자리를 가장 어리고 억센 새내기 다우르잎갈나무가 차지했다. 하지만 영구동토대가 녹고 있는 지금 시베리아 숲의 균형이 깨지고 있다. 타이가와 영구동토대의 운명은 줄곧 연결되어 있었으나 최근까지도 수카초프연구소의 임학자들은 위쪽으로 나무를 올려다보기만 했지 아래쪽으로 발치의 땅을 내려다본 적은 한 번도 없었다.

소련 시절에는 학술 기관들을 현대식 산업 단지처럼 독자적 행정구에 몰아넣는 것이 관행이었다. 이것은 과학자들을 온실 속에서 육성하여 혁신적 생각을 장려하기 위해서였거나 더 효과적으로 통제하기 위해서였을 것이다. 크라스노야르스크의 학술 단지 아카뎀고로도크는 시 외곽으로 약 8킬로미터 떨어져 있다. 호텔 접수계원 말로는 택시를 타는 수밖에 없다고 한다. 시내버스는 권하지 않으려 든다.

택시 승차장으로 걸어가는데, 산업 단지로 조성된 도시답게 콧구멍이 시커먼 막으로 덮인다. 북부한대수림 수종을 심은 널찍한 공원을 가로지른다. 예니세이강을 내려다보는 절벽을 따라 보행자용 포장도로가 구불구불 이어져 있다. 예니세이강은 북극해와 만나는 곳에서 3000킬로미터 남쪽으로 내려온 이곳에서도 어마어마하게 넓다. 바이칼호 어귀에서 발원해 이미 2000킬로미터를 흘렀다. 예니세이강은 도시의 심장이다. 딱딱한 얼음 테두리를 두른 시커먼 물 위로 안개가 감돌며 '8' 자를 그린다. 강이 액체인 것은 30킬로미터 상류의 수력발전소 때문이다. 발전소는 물의 결빙을 방지하며 이 지역 전력의 대부분을 공급한다. 멀리 얼음판 위에서 후드를 쓴 형체들이 얼음에 구멍을 뚫고 낚싯줄을 내려 얼음 밑에서 겨울을 나도록 유전적으로 적응한 물고기를 찾는다.

공원 반대쪽으로 가서 파사드를 누금세공 조각으로 장식한 19세기풍 목조 저택이 점점이 서 있는 격자무늬 길을 따라 걷는다. 또 다른 공원에는 얼음으로 조각한 어린이 놀이터가 있다. 스탠드에 올린 행사용 스피커에서는 뮤잭*의 음악이 울려 퍼진다. 길가에는 자작나무, 잎갈나무, 소나무, 가문비나무가 늘어섰고 그 아래로 짓이겨진 씨앗이 쌓여 있는데, 새들이 겨울 양식을 구하려고 가문비나무 구과를 헤집는다. 극장, 시청, 발레 공연장이 들어선 중앙 광장의 한쪽 끝에는 8차로가 만나는 거대한 교차로가 있고 콘크리트 육교에서는 노숙자들이 맨손으로 종이컵을 내민 채 푼돈을 구걸한다. 극장 전면의 디지털 전광판을 보니 다행히 온도는 영하 18도밖에 안 된다.

"아카뎀고로도크라고요!" 운전사가 고개를 끄덕인다. 우리는 넓은 고속도로 아래로 홱 방향을 틀어 숲에 들어선다. 크라스노야르스크는 타이가 한가운데에 있다. 뾰족뾰족 숲으로 덮인 언덕 풍경이 사방으로 아득히 뻗어 있다. 학술 단지는 한쪽으로 강을 내

* 배경음악을 공급하는 미국 회사.

려다보는 높고 깎아지른 사암 절벽이 경계선을 이루는데, 이 때문에 '크라스니'(붉은색)와 '야르'(절벽)를 합친 이름으로 불린다. 반대쪽은 뚫고 들어갈 수 없는 숲 벽이 막아섰다. 공기가 맑아서 아침 햇빛에 주황색으로 빛나는 우람한 구주소나무들이 보인다. 사이사이에서 자작나무의 은빛 줄무늬가 스트로브*처럼 번득인다. 잎갈나무는 훨씬 북쪽으로 가야 시작되지만 나무를 만나기 전에 과학자들과 대화를 나누고 경관 보는 법을 익혀야 한다.

시베리아의 변화는 복잡하다. 스코틀랜드처럼 숲이 없어지는 것도 아니고 노르웨이처럼 숲이 생기는 것도 아니다. 그런 단순한 변화가 아니라 숲의 구조와 조성이 슬로모션으로 바뀌는 것에 가깝다. 어떤 장소에서는 수목한계선이 전혀 움직이지 않는가 하면 어떤 장소에서는 실제로 후퇴하고 있다. 남쪽에서는 불탄 숲이 회복되지 않고 있으며 한가운데에서는 잎갈나무가 다른 수종에 밀려나고 있는데, 새로 들어선 나무들은 탄소를 흡수하고 산소를 배출하는 효율이 낮다. 그러는 내내 영구동토대가 녹으며 나머지 모든 현상을 압도한다.

우리는 한때 검문소이던 곳을 통과해서는 눈밭에 격자 모양으로 웅크려 산업 단지 느낌을 풍기는 크고 각진 콘크리트 건물들 사이로 들어선다. 가운데에서 석탄 화력발전소가 황갈색 연기를 내뿜는다. 거주 구역은 뒤늦게 여기저기 조성된 것으로 보인다. 서너 블록마다 아파트 단지에 똑같은 모양의 얼어붙은 어린이 놀이터가 있는데—바람이 불지 않는 아침 공기 속에서 그네가 얼

* 섬광을 발생시켜 연속 동작을 불연속적으로 보이게 하는 조명 기구.

어 빽빽이 매달려 있다—사람은 한 명도 보이지 않는다.

택시가 평범한 콘크리트 건물 앞에 나를 내려준다. 1950년대에 건축된 나머지 건물과 똑같이 생겼다.

내가 묻는다. "수카초프?"

"수카초프." 운전사가 고개를 끄덕이더니 내가 내민 루블화 다발을 뒤도 돌아보지 않은 채 받아 호주머니에 넣는다.

계단 위에서 나데즈다 체바코바가 밝은 햇살 아래 모자, 장갑, 가벼운 코트 차림으로 나를 기다리고 있다. 머리카락은 짧은 은발이다. 내면에 지닌 지식을 바깥세상의 광기와 조화시키려 안간힘을 쓰는 인간적 과학자의 미소가 재빨리 떠올랐다가 금세 사라진다. 나데즈다가 웃음을 터뜨리지만 우스워서 웃는 것은 아니다. 소련 시절의 넉넉한 연구 자금과 높은 지위는 옛일이 되었어도 비밀과 의심이라는 러시아 문화는 여전히 버젓이 살아 있다. 연구소에 들어가려면 석 달 전에 온갖 문서와 승인 서류를 발급받았어야 했기에 나데즈다는 손사래를 치며 대신 산책이나 하자고 말한다.

아래쪽에서 시커먼 강물이 눈부신 눈에 덮인 절벽 사이를 가른다. 위쪽에서는 낮의 반달이 이젠 눈에 보이는 수레국화색(파란색) 아침 하늘에 떠 있다. 산간분지 저 멀리 굴뚝에서 시커먼 연기가 리본처럼 뿜어져 나오고 붉은색과 검은색 고층 건물들이 물에 그림자를 드리운다. 이쪽에서는 새로 지은 정교회의 황금 돔이 나무들 사이에서 빛나며 올리가르히*의 신앙심을 웅변한다.

* 러시아 경제를 장악한 신흥 재벌.

연구소에서 강까지 숲이 울타리에 둘러싸여 있는데, 400종이 자라는 이 연구용 수목원은 올리가르히들이 다차*를 짓고 싶어할 만한 곳이다. 저곳에서 북부한대수림의 모든 수종과 그 밖의 나무들이 마치 칼집에 든 칼처럼 바늘잎을 얼음으로 감싼 채 두툼한 눈 재킷을 걸치고서 반짝거린다.

"저 풍경이 좋아요." 나데즈다가 강을 바라보며 말한다. 아침 해가 안경테에 반사된다. "자연, 동물, 숲이 제 관심사랍니다." 하지만 47년 전 처음 이곳에 왔을 땐 상황이 전혀 달랐다. 나데즈다는 우울했으며 가족이 그리웠다. 부모는 딸의 장래를 위해 많은 것을 희생했지만 돌아온 것은 이별뿐이었다. 농부였던 두 사람은 1930년대의 엄혹한 스탈린 시절에 볼가강 유역을 떠나 모스크바 인근 자동차 공장에서 일자리를 얻었다. 나데즈다의 어머니는 훗날 유치원 조리사가 되었다. 부모는 나데즈다가 공부할 수 있도록 성원했으며 나데즈다는 결국 모스크바 최고의 대학에 들어가 영어를 전공했다. 어머니는 딸을 뒷바라지하려고 월급을 몽땅 보냈지만 나데즈다는 1학년 때 낙제하여 지리학으로 전과하는 운명적 선택을 내린다.

1960년대 초 모스크바와 레닌그라드의 과학아카데미는 머지않아 세계적으로 유명한 기후학자 미하일 부디코가 '인간에 의한 기후 변형의 문제'라고 부르게 될 주제에 대한 첨단 연구의 중심이었으며 이 분야에서는 서방을 앞서고 있었다. 1961년 부디코는 「지표면의 열 및 물 균형 이론」이라는 논문을 제3차 소련 지

* 러시아의 별장.

리학회 대회에 제출했는데, 이 논문에서 인류에 의한 기후변화가 필연적 결과이고 에너지 이용 문제를 해결해야 한다고 천명했다. 1962년에는 소련 『과학아카데미 회보』에 발표한 「기후변화와 자연 변형의 수단」이라는 기념비적 논문에서 얼음 피복이 파괴되면 "대기 순환 체계에 중대 변화"가 일어날 것이라고 주장했다. 나데즈다가 과학아카데미에 가입했을 때 부디코는 1969년 논문 「태양복사의 변화가 지구 기후에 미치는 영향」을 발표해 극지방 바다얼음과 알베도 효과의 되먹임 메커니즘이 어떻게 기후변화를 일으키는지 설명했다. 나데즈다가 박사후 연구를 시작할 무렵에는 부디코의 명저 『기후와 생명』이 출간되었다. 이 책은 2년 뒤인 1974년에 영어로 번역되었으며 신생 분야인 기후학의 토대가 되었다. 그즈음 나데즈다는 기후학에 단단히 매료되었다.

나데즈다는 크라스노야르스크 남쪽 산림의 북부한대수림 식생에 기후가 미치는 영향에 대한 박사후 연구를 계속하려고 수카초프연구소에 왔을 때 임학자로 가득한 연구진 중에서 기후 모델링을 하는 사람이 자기뿐인 걸 알고 놀랐다. 나머지 연구원들은 매년 여름이면 숲에서 진행하는 현장 연구에 몰두했으며 모델을 경멸했다. 반세기 가까이 지났는데도 나데즈다는 여전히 혼자다.

수카초프가 떠난 뒤 연구소를 이끈 연륜기후학자들은 뒤를 돌아보며 시베리아의 과거 기후를 재구성하는 데 많은 시간을 쏟아부었으나 앞을 내다보는 일에 관심이 있는 사람은 아무도 없는 것 같았다. 그러다 외국 과학자들이 나데즈다의 연구에 대해 알게 되었고 1989년 나데즈다는 빈에 초청받아 국제응용시스템분석연구소에서 전 세계 최고의 기후학자들과 연구하게 되었다. 빈에서 나데즈다는 지구 식생을 아우르는 대규모 모델을 제작했다. 그러고는 새로운 긴박감과 가능성에 대한 경이감을 품고서 크라스노야르스크로 돌아와 기후변화에 관한 정부간 패널(IPCC)에서 작성한 따끈따끈한 시나리오를 이용해 시베리아 숲의 미래 모델을 구축하는 작업에 착수했다. 나데즈다가 발견한 사실은 경악스러웠다. 북부 수목한계선은 극지방 쪽으로 약간 이동할 것으로 전망되었지만 진짜 변화는 타이가의 남방 한계선에서 벌어질 예정이었다. 가뭄이 증가하고 산불이 잦아지면서 중앙아시아 스텝*이 넓어져 불탄 타이가를 집어삼키고 재생을 가로막을 것으로 예측되었다. 지구 최대의 숲은 아래서부터 사멸할 터였다.

나데즈다가 말한다. "그걸 우리가 지금 보고 있는 거예요."

거품 낸 코코아와 타이가 차—박하, 바늘꽃, 야생 라즈베리를 섞은 음료—가 나오는 따스한 카페에서 엘레나 쿠콥스카야를 만난다. 엘레나는 나데즈다의 동료이며 시베리아 산불에 대한 최고 전문가로 손꼽힌다. 사방에서 학생들이 노트북을 두드린다. 엘레나는 불이 숲 순환의 자연적 일부이고 실제로 타이가가 현재 모습을 가지게 된 이유라고 설명한다. 잎갈나무 숲은 비교적 트여 있고 나무와 빽빽한 부엽 사이에 틈이 넓어 땅이 축축하며 하층 식생이 두텁게 조성되지 않아 극단적 산불이 일어날 위험이 적다. 잎갈나무는 낙엽성 바늘잎과 두꺼운 껍질 덕에 불이 너무 심하지만 않으면 산불을 이겨내고 오래 살 수 있다. 지금의 홀로세

* 러시아와 아시아의 중위도에 위치한 온대 초원 지대로, 건조한 계절에는 불모지, 강우 계절에는 푸른 들로 변한다.

(마지막 빙기 이후)에는 불이 순수한 잎갈나무 숲을 살짝 건드리고 지나가는 것이 고작이었다. 가지와 줄기를 그을리긴 해도 성숙한 나무를 죽이지는 않으며 부엽과 표토를 살라 아래쪽의 무기질 토양을 드러내는데, 이 토양은 잎갈나무 씨앗이 발아하는 데 필요하다. 반면에 북아메리카의 숲은 대체로 훨씬 젊어 200년이 채 지나지 않았으며 불은 가문비나무, 아스펜, 소나무를 몰살하고 그 뒤 어린나무들이 일제히 자리잡아 임학자들이 동갑숲*이라고 부르는 형태가 된다. 하지만 불의 행태가 달라지고 있다. 엘레나가 연구한 최근 산불에서는 나무들이 전혀 돌아오지 않고 있다.

수목한계선의 고지 타이가, 이를테면 크라스노야르스크 지구 북부의 아리마스에서는 예부터 불이 드물었으며 주로 벼락으로 인해 발생했다. 산불의 간격은 최대 300년으로 길지만, 남쪽으로 내려갈수록 빈도와 세기가 커진다. 저위도에서는 산불의 간격이 (강수량에 따라 다르지만) 5~30년이었다. 하지만 지금은 일부 지역에서 산불이 연례행사가 되었다. 기온이 상승하고 토양이 건조해지면서 불이 더 뜨겁고 오래가고 잦아졌으며 토양을 더 많이 집어삼켜 그 뒤에 잎갈나무가 다시 자리잡기가 힘들어지고 있다.

엘레나가 말한다. "사람들이 나무를 심어봤지만 이듬해에 다시 불타버렸어요."

산불이 거듭되면 지형이 바뀌어 나무가 뿌리를 내리는 것이 거의 불가능해진다. 대신 아주 척박한 토양을 좋아하는 식물이 자리를 차지한다. 버드나무 같은 떨기나무가 잎갈나무를 몰아내

* 수령이 거의 같은 나무들로 이루어진 숲으로, 조림 사업으로 이루어진 대부분의 숲에서 볼 수 있다.

고 빽빽한 수풀을 이뤄 다음번에는 불이 더 뜨겁게 타오른다. 시간이 지나면 주기적으로 반복되는 산불이 스텝 출신의 풀에게 문을 열어주는데, 풀은 나무의 발아를 막고 나머지 모든 식물을 질식시킨다.

더 북쪽으로 올라가면 불이 뜨거워지고 여름이 건조해짐에 따라 크라스노야르스크 북쪽의 중앙 타이가에서 잎갈나무가 불에 탄 자리를 구주소나무가 차지하고 있다. 이 현상은 숲의 구조를 현저히 바꿨으며 과학자들이 숲의 '생태계 서비스'를 계량하고 모델링하는 데도 큰 영향을 미쳤다. 수종마다 물·공기 순환 방식이 다르기 때문에 대기와 기후에 미치는 영향이 다양하고 독특하다. 타이가에서 격리하는 이산화탄소를 보자면, 잎갈나무는 전체 나무의 40퍼센트를 밑도는데도 이산화탄소의 55퍼센트를 흡수한다. 이 수종 하나가 지구상에서 가장 거대한 북부한대수림 산소 공급원인 것이다. 잎갈나무는 낙엽수이기 때문에 상록수보다 물을 훨씬 많이 증산*하며 이산화탄소를 소나무보다 20퍼센트 많이 빨아들인다. 부분적으로 분해된 바늘잎으로 덮인 잎갈나무 아래의 흙은 이산화탄소를 소나무 아래의 흙보다 4분의 1 적게 방출한다. 숲이 온난화되면 탄소를 순환하고 격리하는 효율이 낮아진다. 광합성에 필요한 물이 부족하고 잎이 일찍 생장을 멈추거나 지기 때문이다.[3] 그럼에도 많은 지구적 모델은 숲이 저장할 수 있는 탄소의 양이 고정되었다고 가정하여 이 수치가 얼마나 심하게 달라지고 있는지를 외면한다. 한 연구에서는 현재의 온난

* 식물체 안의 수분이 수증기가 되어 공기 중으로 나오는 현상.

화 추세가 지속될 경우 2040년이 되면 전 세계 숲이 이산화탄소를 현재의 절반만 흡수할 것이라고 전망한다.[4]

더 심각한 우려는 숲이 조금이라도 남아 있을 것인가라고 엘레나가 말한다. 엘레나의 근심거리는 불타는 숲의 규모다. 숲이 건조해지고 있다. 중국의 건설 경기를 떠받치기 위한 무허가 벌목 때문에 가연성 황무지가 늘고 있다. 더욱이 대기가 더워지고 습해짐에 따라 벼락과 인화引火의 횟수가 두 배로 늘었다. 엘레나의 관심사는 더는 학술 영역에 머물지 않는다. 여기에는 얼마 전 둘째 아이를 낳은 탓도 있다. 2019년 시커먼 연기가 크라스노야르스크를 몇 주간 뒤덮어 사람들이 숨쉴 수 없었다.

"이젠 해마다, 산불 철마다 마음을 다잡고 기다려요."

2019년에는 오스트리아보다 넓은 1500만 헥타르의 면적이 불탔다. 2018년 이전에는 산불 매연으로 발생하는 이산화탄소가 연간 2메가톤이었다. 2019년에는 5메가톤이 방출되었다. 내가 엘레나를 방문한 이후인 2020년 시베리아에서 일어난 산불은 6월 한 달에만 16메가톤을 방출하여 기록을 경신했다. 이 정도 규모의 산불이 2060년 전에 일어나리라고는 누구도 예측하지 못했다.

나데즈다는 과학자 회관에서 나와 함께 점심을 먹으면서 엘레나 이야기에 미소를 짓는다. 나데즈다는 엘레나의 모델이 이렇게 바뀔 거라고 10년 전에 예견했다. 그러고는 내게 지도를 한 장 건넨다. 미국 학술지 『환경 연구 회보』에 실린 자신의 최근 논문을 인쇄한 것이다.[5] 나데즈다의 현재 관심사는 생태계 변화가 인간에게 무엇을 의미하는가다. 나중에 〈뉴욕 타임스〉에 실린 이 논문은 "온난해진 21세기에 아시아 내 러시아 전역 경관의 인간적 지속 가능성과 '매력' 평가"라는 제목에서 학구적 분위기를 물씬 풍기지만 실은 극적인 의미를 담고 있다.[6]

나데즈다의 이전 연구는 온건한 온난화 시나리오에서조차 시베리아의 지역적 가열이 훨씬 심해지고 숲이 (만일 불타지 않는다면) 북쪽으로 치고 올라갈 것임을 밝혀냈다. 하지만 북쪽에는 차지할 땅이 별로 없기 때문에 결국 21세기 말이 되면 50퍼센트 이상의 숲이 스텝으로 바뀔 것이다.

1930년대에 소련은 기후의 혹독하고 안락한 정도에 따라 인간의 생활 여건을 분류하는 체계를 개발했다. 이 체계는 혹독한 생활 여건을 임금 보너스로 보상하는 데 쓰였으며 국가 보조금을 통해 러시아 동부로의 이주를 장려하는 잇따른 관료주의적 조치의 토대였다. 범주는 일곱 개인데, 최상위 두 구역인 '양호'와 '가장 양호'는 현재 시베리아에 존재하지 않지만 나데즈다의 모델에 따르면 조만간 상황이 달라질 전망이다.

지도 위의 선에서 보듯 더 극단적인 예측에 따르면—시베리아 북동부가 최고 9도까지 온난화될 경우—숲의 남측 경계는 1000킬로미터 북쪽으로 이동할 것이다. 그러면 21세기 말엽 시베리아의 85퍼센트에 해당하는 3억 헥타르가 가경지可耕地로 바뀔 것이다. 변화는 이미 시작되었다. 러시아 영농 기업 루스아그로는 블라디보스토크 인근의 드넓은 밀 농장을 확장하고 있으며 중국 이민자들에게 아무르강 유역에서 농사를 지으라고 권유하고 있다. 한편 북아메리카에서는 2019년과 2020년 수확량에서 감소의 조짐이 처음 나타났다.[7]

나데즈다의 최신 모델에 따르면 시베리아의 최대 절반이 '양호' 또는 그 이상이 될 것이지만 나데즈다와 공저자들은 필연적인 정치적 결과를 언급하지 않은 채 논문을 마무리한다. 인류는 역사를 통틀어 대부분의 기간 동안 지구를 가로지르는 특정 온도 범위 이내의 매우 좁은 구역에 거주했다. 하지만 구역 내 일부 지역은 이미 온도 상한선에 도달했으며 2070년이 되면 30억 명 이상이 그 범위 바깥에서 살게 될 전망이다. 대부분이 동남아시아에 속하는데, 국경을 한두 번만 건너면 러시아 동부의 드넓은 새 가경지와 만나게 된다.[8] 수십 년 이내에 중동과 동남아시아는 사람이 실외에서 안전하게 일하거나 에어컨 없이 잠잘 수 없을 만큼 뜨거워질 것이다. 시베리아는 이미 열 스트레스, 홍수, 가뭄, 기근으로 인한 압박에 시달리는 남부 지역—기후 스트레스를 겪는 중국 동부, 방글라데시, 파키스탄, 네팔, 우즈베키스탄, 카자흐스탄, 중동—의 많은 사람들에게 확실한 피난처다.

나무 서식지를 위한 틈새와 인간 거주지를 위한 틈새는 무척 비슷하다. 숲이 사라지고 사막과 스텝이 넓어지는 과정이 남아메리카, 중앙아메리카, 그리고 아프리카 사헬 전역에서 이미 똑같이 벌어지고 있다. 정치적 경계선을 무시하고 인간의 이주를 나무와 똑같이 모델링하면 대규모 북진을 예측할 수 있다.

인간 거주지를 위한 틈새와 나무 서식지를 위한 틈새가 이렇게 연결되어 있는 것에 대해 더 알고 싶어졌다. 인간 사회가 환경과 분리된 것은 최근—20세기 후반—들어서다. 이것은 화석연료 덕분에 먼 거주 불능 지역까지 공급 사슬이 확장되었기 때문이다. 하지만 그 전에는 이누이트족이 고래와 물범의 기름을 에너지원으로 삼은 것을 제외하면 인간은 나무가 공급되지 않으면 결코 오랫동안 버티지 못했다. 생태계와 서식지를 정의한다는 측면에서 수목한계선은 인간 존재의 가능성을 빚었으며 더 나아가 인류 문화의 조건을 규정했다. 우리의 장소는 늘 숲 가장자리에 있었으며 숲과 관계를 맺었다.

내가 크라스노야르스크 지구 북부에 있는 아리마스 잎갈나무 수목한계선을 그토록 찾아가고 싶었던 이유 중 하나는 응가나산인들에게서 이 관계의 실상을 확인하기 위해서다. 그들은 시베리아 수목한계선 위쪽에서 수천 년간 살아온 독특한 토착 부족으로, 세계에서 가장 북쪽에 있는 숲에서 겨울을 나고 짧은 여름에는 북극에 가까운 툰드라에서 순록을 사냥한다. 나데즈다에게 연구소 동료 중에 인류학자가 있느냐고 물었더니 없다는 대답이 돌아온다. 다들 나무만 연구한다. 나데즈다는 수십 년간 아리마스를 방문한 잎갈나무 전문가 알렉산드르 본다레프를 내게 소개해 준다. 우리는 전화 대화 일정을 잡는다.

평소 나데즈다는 동료들과 좀처럼 교류하지 않는다. 여느 연구소와 마찬가지로 대부분의 연구자들은 자신의 연구에 몰두하느라 같은 건물의 동료들에게 신경쓸 겨를이 없다. 나데즈다는 자신의 연구실에서 밤낮으로 일하고 평생 살아온 구내 아파트 숙소에 퇴근해서도 일한다. 식구는 고양이 여러 마리뿐이다. 나데즈다의 임무에 긴박감이 서려 있는 데는 사회가 태평한 탓도 있을 것이다.

"젊은 학생들 중에는 식생 변화를 모델링하는 친구가 아무도 없어요. 관심이 없다고요. 제가 형편없는 선생인지도 모르겠어요. 참을성이 없거든요." 나데즈다가 사무적으로 말한다. "이 연구는 저를 마지막으로 대가 끊길 거예요."

모델링은 고독한 작업일 수밖에 없다. 정교한 기후 모델이라는 수정 구슬을 들여다보며 종말을 엿보는 일이니 말이다. 감정적 부담도 엄청날 수밖에 없다. 그럼에도 나데즈다는 금욕적인 러시아인이나 적절히 무심한 과학자처럼 감정의 개입을 불허한다. 자신의 이름이 '희망'을 뜻하긴 하지만.

나데즈다가 미소를 거두고 말한다. "미래에 대해 감정이 북받치진 않아요. 제가 바꿀 수 있는 게 아니니까요. 저는 사람들에게 경고할 뿐이에요. 문제를 해결하는 건 제 몫이 아니에요."

내 기획—미래—에 알맞은 연구자가 누가 있을지 의논하다가 나데즈다가 50년 된 먼 지인을 점심 식사에 초대하자고 제안한다. 그 지인이 똑같은 질문을 (나름의 방식으로) 던지고 있다는 사실이 공교롭다. 질문은 이렇다. 모든 사람들은 어디로 갈 것인가?

교수인 알렉산드르 티호미로프 박사는 과묵하고 다감하다. 회관의 직원 식당에서 우리와 합류한 알렉스는 말끔하게 면도한 턱에서 보르시 수프를 닦아내며 느릿느릿 식사한다. 머리카락은 순백색이고 눈썹은 짙으며 작은 회색 눈을 익살맞게 반짝거린다. 스웨터, 셔츠, 슬랙스 차림에, 이야기하는 동안 검은색 군화를 바닥에 딱 붙이고 있다.

알렉스는 나데즈다와 마찬가지로 50년 전쯤 크라스노야르스크에서 연구자의 길에 들어섰다. 처음에는 숲연구소에서 나무가 곤충, 바람, 남섭으로 인한 손상에서 어떻게 스스로를 치유하는

지 연구했다. 알렉스의 관심사는 세포의 구조 복원이었다. 그런 다음 작물로 관심 분야를 옮겼으며 생물물리학연구소에 채용되어 생명유지시스템 부서에서 비오스-3이라는 일급비밀 과제를 수행했다. 지금은 시베리아항공우주대학교에서 이 과제를 이끌고 있다. 비오스-3은 인간이 우주에서 오랫동안—우주정거장에서든 계획 중인 화성 탐사 여행에서든—생존하는 방법을 연구했다. 이것은 폐쇄 생태계 실험이라고 부르는데, 기후변화의 축소판을 이래저래 만지작거리는 것과 조금 비슷하다.

1972~1973년에 우주비행사 세 명이 비오스-3 실험의 일환으로 밀폐실에서 180일간 생활했다. 햇빛을 흉내낸 크세논 램프가 장착된 조류藻類 배양기에서 밀과 채소를 길러 먹었으며 1인당 85제곱미터의 클로렐라에서 발생하는 산소로 호흡했다. 전체 시설은 315세제곱미터였으며 침실 세 곳, 조리실, 화장실, 제어실을 갖췄다. 인체 배설물은 말려서 보관했으나 고기와 물은 반입해야 했다. 비오스 실험은 약 85퍼센트의 효율을 달성했다. 훗날 바이오스피어스 벤처스라는 민간 기업이 미국 애리조나에서 실시한 비슷한 실험에서는 여분의 물과 산소가 전혀 필요 없는 채로 100퍼센트의 효율을 달성했다고 주장한다. 하지만 애리조나 실험은 논란 이후 스티브 배넌(훗날 도널드 트럼프 대통령의 수석 전략가가 된 인물)이라는 관리자가 밀폐실에 들어가 우주비행사들을 위험에 빠뜨리면서 수포로 돌아갔다. 연구 데이터는 대부분 유실되었다. 시설은 컬럼비아대학교에 넘어갔다가 애리조나대학교 소유가 되었으며 지금도 거주지 모델링 연구에 쓰이고 있다. 그 밖의 실험으로는 2000제곱미터의 우림을 극고온의 유리 피라

미드에서 재배하는 것이 있는데, 이에 따르면 물이 충분할 경우 만일 이산화탄소 비율이 일정하다면 온실 지구에서도 일부 숲이 생존할 수 있을지 모른다. 그야말로 '만일萬一'이긴 하지만.[9]

비오스-3, 애리조나 시설, 유럽우주국에서 공동으로 진행하는 또 다른 실험에서는 이산화탄소가 풍부한 환경에서 식물과 인간에게 무슨 일이 일어나는지에 대한 필수 정보를 수집하고 있다. 이 연구는 바다와 산호초가 산성화 때문에 어떻게 황폐할 것인지, 더 중요하게는 일부 생태계에 이산화탄소 포화점이 존재하는지를 밝혀냈다. 식물은 이산화탄소 농도의 꾸준한 증가를 감당할 수 없는 듯하다. 광합성이 이루어지려면 균형이 필요하다. 식물이 공기 중의 이산화탄소를 이용하는 데 필요한 만큼의 물과 빛을 얻지 못하면 이산화탄소에 짓눌릴 수 있다. 물론 너끈히 적응하는 종도 있을 것이다. 석탄기를 기억하는 선사시대 양치식물과 은행나무는 자신의 유전자에서 도움이 될 만한 어렴풋한 단서를 찾아낼지도 모른다. 인간으로 말할 것 같으면 알렉스의 팀은 대기 중 이산화탄소 농도가 1퍼센트(1만ppm)를 넘을 경우 인체 기능에 분명히 유해하다는 사실을 발견했다. 실험에 참여한 우주비행사들은 허둥거리고 비틀거렸다.

알렉스는 비오스-3의 여러 문제를 해결할 때까지는 인간을 통제된 환경에 투입하지 않을 작정이다. 한 가지 문제를 들자면 인체 배설물을 저장하거나 배출하지 않고서 대기 균형을 유지하는 일은 무척 어렵다. 메탄과 암모니아를 비롯한 부패 산물의 농도가 높아지면 식물의 노화가 빨라져 무척 해롭다.

알렉스가 특유의 건조한 웃음을 띠며 말한다. "인간도 마찬가지죠!"

메탄은 알렉스가 현재 주목하는 성분이다. 알렉스의 연구진은 밀폐실을 이용해 인공 온난화를 일으키고 있다.

"우리가 알고 싶은 건 메탄이 지구온난화를 가속화하는 결정적 온도입니다. 그게 핵심 문제라고요!"

알렉스는 실험의 세부 내용에 대해 이야기하면서 감정 동요를 일으킨다. 자신의 동료들이 툰드라 토양 덩어리를 가져와 얼린 다음 식물 표본실에서 천천히 가열하면서 기체를 채집한다고 말하지만, 내가 실험의 의미를 묻자 침묵한다.

그러다 불쑥 정색하고 말한다. "제겐 손주들이 있습니다. 그 아이들이 행복하길 무엇보다 바랍니다. 하지만……" 알렉스가 누런 천장을 올려다보더니 성에 낀 건물들이 이른 오후 햇빛에 반짝거리는 모습을 내다본다. "제 눈에 세 단계가 보입니다. 첫 번째 단계에서는 온난화가 유익을 가져다줄지도 모릅니다. 그 단계는 지나갔습니다. 두 번째 단계에서는 동식물상이 변할 겁니다. 우리가 지금 와 있는 단계죠. 세 번째 단계에서는 인간이 토양, 농업, 그리고 토지와 물과 자원을 차지하려는 쟁탈전 같은 새로운 여건에 적응해야 할 겁니다. 핵무기를 감안하면…… 전망이 오싹합니다."

창밖에서 여새 떼가 마가목을 요란하게 헤집는다.

"화성 탐사는 시급한 과제입니다. 전 세계가 노력하면 20년 안에 화성에 갈 수 있습니다. 그리고 기지를 건설하는 거죠. 그건 지구 상황에 달렸습니다."

점심을 먹고 나서 나데즈다가 나를 버스 정류장에 데려다준다. 점심 대화는 자신을 더 솔직히 드러내는 계기가 되었던 듯하다. 마치 알렉스에게서 용기를 얻은 듯 속내를 털어놓는다.

"저는 연쇄 반응이 벌써 일어났다고 믿어요. 영구동토대가 이미 녹고 있어요. 어떻게 멈출 수 있을지 막막해요." 나데즈다가 얇은 코트를 여민다. 낡고 두꺼운 겨울 코트는 해졌지만 새로 사지 않았다. 더는 그럴 만큼 겨울이 춥지 않다. 나데즈다는 검소하게 산다. 나데즈다가 내게 아리마스에서의 행운을 빌며 크라스노야르스크향토박물관에서 응가나산인에 대해 알아보고 시내 발레 공연장에도 가보라고 권한다. "그냥요."

버스 정류장에서 나데즈나는 오래 기다리고 싶어하지 않는다. "할 일이 많아서요. 양해해주시리라 믿어요."

시내로 돌아오는 버스 창밖에서 어슴푸레하게 서리가 앉은 자작나무 숲 사이로 낮은 오후 햇빛이 반짝거린다. 도시 외곽의 광고판과 무너진 콘크리트의 흑백 줄무늬가 시베리아호랑이 같다. 종점에서 나데즈다의 조언대로 크라스노야르스크향토박물관을 찾는다. 알고 보니 이곳은 여러 이유로 응가나산인에 대한 정보를 찾기에 안성맞춤인 장소다. 응가나산인의 언어와 문화는 절멸하다시피 했기 때문에, 그나마 남은 것은 이곳 박물관에 있으니 말이다. 건물 맞은편에는 카자크 침략자들을 시베리아에 맞아들인 유명한 다리가 있는데, 이 사건은 토착민 사멸의 결정적 계기가 되었다.

박물관은 따뜻하고 직원들로 넘쳐난다. 얼어붙고 오염된 도시에 어둠이 깔리는 시간에 실내에 있게 되어 다행이다. 웅장한 하드우드 출입문의 문틀 역할을 하는 이집트풍의 정교한 콘크리트 파사드는 절멸 위기에 처한 시베리아 원주민들에게서 수집한 내부의 토착민 보물과 아무 상관이 없다. 소장품은 흥미로운 순서로 배치되어 있다. 출입문 맞은편 바닥을 모조리 차지한 커다란 나무배는 '코치'라고 불린다. 선체가 보강된 이 배는 차르 치하 식민지 개척자들이 얼음에 덮인 북극해 해안을 탐사하기 위해 건조한 것이다. 미소 띤 집단 노동자들의 사진과 우주 탐사의 역사 등 공산당 시절을 대표하는 물건은 2층에 진열되어 있다. 화룡점정으로 크라스노야르스크에서 로켓 발사장이 운영된 일을 기념하여 위성이 천장에 매달려 있다. 선사 문화와 토착 문화는 창문 없는 지하실에 처박혀 있다.

조명이 어둑한 전시실에 놓인 일련의 펜화는 시베리아에 인간이 정착한 최초 증거가 7만 년 전으로 거슬러 올라간다고 설명한다. 마지막 빙기에, 시베리아에서 사란스크 빙기라고 부르는 5만~2만 년 전 가운데 2만 년 동안 얼음이 이 일대를 뒤덮었다. 그 뒤로 빙하가 물러나면서 새로 땅이 드러났고 이끼, 지의류, 풀, 떨기나무, 큰키나무가 재빨리 자리잡았다. 목초는 짐승을 불러들였고 짐승은 인간을 불러들였다. 대부분의 시베리아인은 유카기르족이라는 사모예드족 이전 신석기 민족과 전통을 공유한다. 유카기르족은 본디 중국 북동부 산지의 빙하 피난처에서 살았으나 점점 넓어지는 순록의 이동 범위를 따라 이곳으로 진출했다. 태평양에서 우랄산맥까지 아시아대륙 전역에 퍼졌으며 베링 육교를 건너 알래스카에 들어갔을 가능성이 매우 크다. 한쪽 방향을 보자면 언어학적 분석으로 판단컨대 유카기르어는 발트해 국가와 헝가리가 속한 핀우그리아어족과 연관성이 있다. 반대 방향을 보자면 '버치birch'(자작나무)는 시베리아의 소멸 위기 언어인 케트어와 캐나다 북부의 애서배스카어파 나데네어족이 공유하는 서른여섯 낱말 중 하나다.

원통형 유목민 천막, 순록 가죽을 꿰매 구슬로 장식한 의복, 금속 장신구와 염료와 사냥 도구, 잎갈나무와 자작나무로 만든 카누와 눈신에 이르기까지 박물관의 토착 유물들은 집단을 통틀어 놀랍도록 비슷하다. 셀쿠프인, 케트인, 에벤크인, 네네츠인, 에네츠인, 돌간인, 하카스인, 응가나산인은 드넓은 지대와 환경에 퍼져 살았지만 매우 비슷한 애니미즘 신앙을 공유했다. 돌간어로 '사이탄'은 대상에 깃든 정령을 뜻했다. 정령은 타이가 민족들의 핵심적인 조직 원리였다. 모든 문화에서 정령의 세계와 인간의 '상위' 세계를 매개하는 권위는 샤먼에게 있었다. 타이가 민족들은 나무가 상위 세계와 하위 세계의 소통에 필수적인 더듬이라고 믿었다.

잠긴 유리 상자 안에는 샤먼에게서 빼앗은 서글픈 성물이 있다. 순록, 새, 인간, 해, 달, 별의 그림이 둥근 가죽 북을 장식하고 있다. 북은 바다에서 타는 배요 뭍에서 타는 순록이었다. 샤먼은 이 탈것을 타고 멀리 떠나 저세상에서 벌어지는 일을 보고서 돌아와 들려주었다. 샤먼의 제구祭具는 정령이 깃들지 않아 가장 정결한 나무인 잎갈나무로 만들었다. 북은 우주의 순환적 성질을 상징했다. 독특한 노래와 시, 자연—새, 바람, 물, 나무—의 소리에 영감을 얻은 신기한 음악, 엄격한 장단과 운율 규칙을 곁들인 북은 상위 세계의 심판을 도와달라고 정령을 불러들이는 데 쓰였다.

나를 제외한 지하실 방문객은 한국인 법학 교수뿐이다. 교수는 한국 법의 뿌리가 애니미즘과 불교라고 설명한다. 둘 다 숲의 종교다. 한국도 북부한대수림의 나라라고 교수가 말한다.

시베리아 샤먼은 세속주의적 소련 정부에 의해 조직적으로 박해받았다. 살해당하고 투옥당했으며 일설에 따르면 하늘을 날아보라며 헬리콥터에서 내던져지기도 했다. 오늘날까지 남아 있는 신앙 체계는 대부분 소수에 의해 전수된 이야기의 단편들이며 머지않아 인간의 기억 너머로 사라질 것이다. 러시아 탐사대는 오브강을 건너고 예니세이강을 건너 시베리아 심장부에 들어서면서 숲 문화의 풍성한 그물을 찢었다. 그 문화는 이제 급격히 쇠퇴하고 있다. 많은 집단이 동화되었고 그러지 않은 집단은 사멸하다시피 했다. 에네츠인은 거의 남지 않았다. 멸종의 시대는 동식물의 문제만이 아니라 민족, 언어, 문화의 문제이기도 하다. 상당수는 이미 사멸했다.

응가나산인은 소련의 지배에서 가장 오랫동안 벗어나 있었다. 타이미르반도 아리마스 숲의 얼어붙은 오지로 피신했으며, 그곳에서 잎갈나무에 깃든 목신木神을 숭배했다. 토착 부족 중 가장 억센 응가나산인은 가장 힘센 샤먼을 섬겼으며 1930년대까지는 소련 당국에 사실상 알려지지 않았다. 정부는 그들을 사모예드족이라고 불렀다. 응가나산인은 자신을 '나누오 나나사', 즉 '진짜 사람'이라고 부른다. 이렇듯 그들은 스스로를 다르게 인식한다.

'피야시나 사모예드족'으로부터 모피 공물을 받으려는 간헐적 시도와 19세기 저작에서 보이는 몇몇 짧은 묘사를 제외하면 응가나산인은 러시아나 소련의 기록에 전혀 나타나지 않는다. 그러다 1936년 젊은 민족학자 A. A. 포포프가 소련과학아카데미 민족지학연구소로부터 그들을 조사해달라는 의뢰를 받았다. 포포프는 세계에서 가장 북쪽에 사는 토착민인 타이미르의 유목민들과 2년간 함께 지냈다. 1만 킬로미터 이상 툰드라를 가로질러 아리마스 북쪽으로 북위 75도까지 올라가 원주민의 언어와 관습을 배우고 800장의 사진을 찍고 500점의 물품을 수집했다.

포포프가 만난 민족은 조상들이 수천 년간 해온 것과 똑같이 북극권 훨씬 위쪽에서 순록을 사냥하며 온전히 자급자족적인 유목 생활을 영위하고 있었다. 여자들은 순록 힘줄을 턱뼈에 감아 실을 자았고 순록 가죽으로 파카와 바지를 재봉했으며 순록 이맛살로 장화 밑창을 만들었다. 순록의 두꺼운 겨울 털가죽으로는 겨울옷을, 얇은 가죽으로는 여름옷을 만들었다. 포포프가 만난 근면하고 강인한 남자들의 사냥 도구는 활과 화살이었는데, 잎갈나무 뿌리에서 껍질을 벗겨 만들었으며 자작나무 껍질로 감싸 보강하고 생선 부레풀로 방수防水했다.

포포프는 두 계절 동안 원주민들과 함께 사냥했다. 이레 동안 차, 주전자, 가죽, 썰매만 가지고 여행하면서 대규모 순록 사냥을 참관했다. 원주민들은 순록의 이동 경로에 있는 똑같은 장소에서 해마다 수백 마리를 집단적으로 도살했다. 포포프의 묘사에 따르면 사냥꾼들은 장대 꼭대기에 흰색 뇌조 날개를 달아 수 킬로미터에 이르는 길에 표시해 순록을 깔때기—좁은 협곡이나 절벽—로 몰아 호수에 밀어넣은 다음 카누를 타고서 짧은 창으로 (가죽이 상하지 않도록) 궁둥이를 찔렀다. 그러고는 사체 여러 구를 묶어 호안으로 끌어냈다. 그러고서 "피로를 모르는 이 사람들"은 사체를 씻고 지방, 내장, 가죽을 분리한 다음 사냥 도구를 수리하고 두세 시간 눈을 붙인 뒤 작업을 되풀이했다. 대량 도살은 순록 한 마리를 도보로 사냥하는 것보다 훨씬 수월하다고 포포프는 말했다. 혼자 사냥하면 죽인 순록을 혼자 날라야 하기 때문이다.

지방과 살코기는 말리고 훈제했으며 골과 내장은 날것으로 먹었다. 겨울이 다가오면 구역질이 날 때까지 먹어대 영하의 기온이 263일 이상 지속되는 긴 겨울을 날 열량을 비축했다. 봄이 되면 배를 곯으면서 철새들이 돌아오길 기다렸다. 때가 되면 미끼, 그물, 활, 화살로 오리와 기러기를 한 번에 1000마리까지 잡았다. 가죽, 깃털, 고기는 잠을 잊은 채 즉시 모조리 이용했으며 분리한 지방은 순록 밥통[胃]에 담았다. 잎갈나무 땔감은 훈제를 위해 챙겨두었다. 음식은 가능하면 날것으로 먹었으며, 연료를 절약하기 위해 3월부터는 안에 털가죽을 덧댄 천막에서 불을 피우지 않고 개를 끌어안아 체온을 유지했다.

하지만 포포프는 이러한 옛 생활 방식을 마지막으로 엿본 방문객이었다. 1938년 포포프는 자신의 현장 조사가 미친 영향을 뿌듯하게 서술했다.

> 위대한 10월 사회주의 혁명 이전에 응가나산인은 시베리아 북부에서 가장 외면당한 소부족 중 하나였으며 절멸할 운명이었다. 그들은 드넓은 툰드라에서 바깥세상과 고립된 채 살았다. 문명의 요소들은 실상 그들의 생활 방식에 스며들지 못했다. 이제 응가나산인 아이들은 오지 정착지에 세운 학교에서 공부한다. 최초의

철로가 툰드라에 생겼으며 바지선과 증기선이 강에 등장했다. 농업이 발전하고 있으며 이제 북극권 위쪽에서 채소가 자란다.[10]

포포프는 임무를 지나치게 잘 해냈다. 그들을 절멸할 '운명'으로 내몬 것은 '외면'이 아니라 국가의 관심이었다. 사회주의적이든 자본주의적이든 식민지화가 사람들을 자연으로부터 소외시키는 일에 어찌나 효과적이고 무자비하던지 수천 년에 걸쳐 수목한계선과의 관계 속에서 진화한 문화가 한 생애 만에 흔적도 없이 사라졌다.

2012년 조사에 따르면 응가나산인은 500명도 채 남지 않았다. 그나마 남은 사람들도 대부분 자신의 언어를 구사하거나 문화를 영위하지 못한다. 모두가 옛 터전에서 쫓겨나 멀리 떨어진 도시에서 살아간다. 과거 영토로부터 훌쩍 떨어진 채 아리마스에서 남쪽으로 100킬로미터 이상 떨어진 타이미르반도 하탄가강 유역에 몇몇 대가족이 남아 있을 뿐이다. 맞춤형 여행 전문 회사는 엄청난 수수료를 받고서 내게 북극용 특수 트럭과 통역사를 붙여주었다. 덕분에 응가나산인들을 인터뷰하고 그들이 8000년 넘도록 집이라고 부른 동토* 잎갈나무 숲을 방문할 수 있게 되었다. 그렇게 이튿날 새벽 4시 공항에서 통역사 드미트리와 만날 약속을 잡는다. 바야흐로 나의 극북 여정에서 제2막이 펼쳐질 참이다.

그래도 크라스노야르스크 발레를 관람하라는 나데즈다의 권고를 무시할 수는 없다. 박물관에서 중앙 광장을 가로지르면 바

* cryolithic. 영구동토대와 계절적 동토대를 두루 일컫는 용어.

로 국립극장이다. 북쪽 강기슭 높은 곳에 위치한 공연장은 다리에 줄줄이 매달린 붉은 조명들이 시커먼 물에 그림자를 쏟는 광경을 내려다본다. 여우털 모자와 안경을 쓴 여인이 두꺼운 유리창 안쪽에서 미소와 손짓말을 구사하여 아직 입장권이 남아 있음을 알린다. 나는 모피와 부츠 차림의 도시 중산층 가운데 자리를 잡는다. 돔형 모더니즘 양식 콘크리트 공연장의 담청색 벨루어 좌석에 앉아 정식 오케스트라 버전 〈백조의 호수〉를 관람한다. 흰 백조와 검은 백조 둘 다 남성 무용수가 연기한다. 나는 발레에 문외한이지만, 공연이 끝나자 나머지 관객처럼 감동하여 기립한다. 공연을 만끽해서라기보다는—진귀한 호사이긴 하지만—이런 혹독한 장소에서 이런 문화를 지켜낸 성취에 경탄하여 박수갈채를 보낸다.

러시아 우추크타이(꿈꾸는 호수)

북위 73도 08분 81초

시베리아는 아주 넓다. 모스크바에서 크라스노야르스크까지는 3000킬로미터이고 비행기로 다섯 시간 걸리며 시간대 네 개를 가로지르는데, 몽골 접경 지대의 크라스노야르스크 지구 남부에서 북쪽으로 북극해 하항* 도시 하탄가까지도 같은 거리다. 드미트리—이젠 디마라고 부른다—와 나는 시베리아 북중부의 캄

* 하천에 있는 항구.

캄한 광야를 가로질러 영원처럼 느껴지는 시간 동안 날아간다. 앞쪽 좌석은 전부 짐으로 채워져 있으며 모든 승객은 비행의 마지막 순간까지 잠들어 있다. 드디어 아래쪽으로 타이가가 나타난다. 얼어붙은 강줄기가 소용돌이 모양으로 굽이돌아 제자리로 돌아오고 강기슭에는 작은 나무들이 점점이 박혀 있다. 활주로에서 희뿌연 아침 여명의 어스름한 빛에 눈을 찡그린 채 프로펠러기, 제트기, Mi-26 헬리콥터가 눈과 얼음에 에워싸인 항공기 묘지를 바라본다.

얼음에 둘러싸인 잎갈나무 아래서 우리의 해결사 알렉세이를 만난다. 싱긋거리는 얼굴에 귀덮개 달린 여우털 모자를 썼으며, 타고 온 스노모빌에는 우리 짐을 실을 철제 적재함이 매달려 있다. 추위는 눈을 뜰 수 없을 정도다. 영하 44도에서는 바람이 아주 살짝만 불어도 눈에서 눈물이 난다. 눈물은 피부 위에서 언다. 눈을 깜박거리다 너무 오래 감고 있으면 눈꺼풀이 달라붙는다. 얼음장 같은 공기에 목이 사포에 쓸리듯 쓰라리다. 추위가 바늘처럼 옷을 뚫고 들어온다. 장갑을 끼지 않으면 60초도 지나지 않아 살갗이 불에 덴 듯 아리다. 모자 두 개, 코트 두 벌, 바지 두 벌, 양말과 장갑 두 켤레를 차려입는 게 상례이며 의류는 털가죽으로 만들거나 솜털을 덧댄다.

쌩쌩 달리는 스노모빌 위에서 찐득찐득하고 물기 어린 눈으로 하탄가를 흘끗거린다. 크고 네모난 건물들이 서 있는 중간 규모의 도시다. 담녹색 조립식 건물들이 줄지어 있고 적벽돌 아파트가 한 채 있는데, 모두 굵은 파이프로 연결되어 있다. 반짝거리는 알루미늄박에 감싸인 채 다리와 보도를 가로지른다. 도시의 급탕

시스템이다. 스카이라인 한쪽에는 데릭*들이 하항 위로 한가로이 서 있고 반대쪽에는 가느다란 굴뚝 두 개에서 담뱃불처럼 붉은빛을 번득이는 발전소가 잿빛 연기를 니코틴에 찌든 누런 하늘에 내뿜는다. 모든 것이 재처럼 고운 회색 눈에 덮여 있다. 하지만 우리는 꾸물대지 않는다.

알렉세이는 우리를 곧장 두 운전사 콜랴와 콜랴의 손에 맡긴다. 두 사람의 자랑이자 기쁨인 흰색 대형 트럭은 트레콜 사 제품인데, 거대한 타이어는 높이가 내 키만 하다. 엔진이 부르릉거린다. 경유를 가득 채운 거대한 철제 드럼통이 뒤쪽 트레일러에 실려 있고 커다란 구형 스페어타이어가 지붕에 묶여 있다. 한 콜랴는 머리카락이 모래색이고 다른 한 명은 검은색이다. 둘 다 짓궂은 미소를 띤 채 담배를 피운다. 금발 콜랴가 기름투성이 맨손에 든 담배를 까딱거리며 우리에게 차고로 들어가라고 손짓한다.

문은 허옇게 일어난 낡아빠진 철판이다. 끝없는 어둠과 폭풍을 몰고 다니는 혹독한 극겨울의 흔적이다. 길이가 얼추 내 팔만 하고 꽁꽁 언 커다란 생선 세 마리가 문가에 아무렇게나 내팽개쳐져 기계들 사이에 널브러져 있고 얼어붙은 순록 심장 두 덩이가 눈더미 위에 놓여 있다. 한쪽 끝에서 철제 난로가 활활 타고 있지만 온기는 거의 느껴지지 않는다. 기름 묻은 벤치, 방수포, 타이어, 연장이 어둑한 사방에 쌓여 있다. 때묻은 전구가 하나 있고 창문은 하나도 없다.

콜랴와 콜랴가 씩씩거리며 들어와 손을 흔들고 내가 알아듣지

* 배에 짐을 싣는 기중기.

못하는 일로 웃음을 터뜨린다. 디마는 꼭 필요한 말이 아니면 통역하지 않는다. 알렉세이와 디마가 오랫동안 대화를 나눈 뒤 알렉세이가 내 손을 흔들며 작별 인사를 건넨다. 이내 우리는 트레콜 뒷좌석에 올라타고 콜랴와 콜랴는 가죽을 씌운 앞좌석에 앉는다. 스피커에서는 러시아 팝 음악이 울려 퍼진다. 스패너 기어봉을 1단으로 밀자 육중한 트럭이 덜커덕하더니 꿈틀꿈틀 앞으로 나아간다.

트레콜 트럭은 시베리아에 맞게 특수 설계되었으며, 여름의 웅덩이와 겨울의 눈과 얼음에 대처할 수 있도록 무지막지한 공기타이어를 장착했다. 기어비가 매우 높아서 탱크처럼 느릿느릿 지형을 주파하며 시속 30킬로미터를 넘는 일이 드물다. 시 외곽에 버려진 지질학자 막사와 탄광을 지나친다. 트레콜이 덜커덩하며 도로를 벗어나 끼익 으드득 기우뚱하면서 하탄가강의 얼어붙은 표면을 건너 북극해의 일부인 랍테프해를 향해 동쪽으로 나아간다.

처음 들를 곳은 하탄가강 유역에 있는 노보리브나야로, 러시아의 최북단 정착지 두 곳 중 하나이며 응가나산인 대가족이 살고 있다고 디마가 설명한다. 그 뒤에 아리마스 숲을 향해 북쪽으로 가서 돌간인 유목민을 방문할 거라고 말한다. 돌간인은 여전히 수목한계선 위쪽에서 순록을 사육하며 숲과 독특한 관계를 맺고 있다.

내가 묻는다. "노보리브나야까지는 얼마나 되죠?"

"160킬로미터요."

그로부터 여덟 시간 동안 디마와 나는 뒤칸에 마주보게 놓인 벤치에 앉아 서로를 마주본다. 가운데에는 보드카가 담긴 제리캔 석유통과 가방이 있다. 우리는 스콜을 만난 배의 선원처럼 휘청거리며 필사적으로 벤치를 붙잡는다.

상하좌우로 흔들리는 풍경에 초점을 맞추려 애쓰지만, 어두운 극겨울이 지나고 막 돌아온 태양은 오후 3시를 앞두고 우리가 도시를 벗어나자마자 뒤쪽으로 지며 지평선을 가로질러 노란 선 하나를 긋는다. 땅거미 속에서 성에 낀 앞유리창 너머로 평평하고 하얀 강이 넓게 펼쳐져 있다. 양옆에는 언덕이 낮게 솟았다. 우리는 수목한계선을 따라가고 있다. 남쪽 강기슭을 따라 잎갈나무가 늘어섰지만 북쪽 강기슭에는 한 그루도 없다. 강 북쪽은 타이미르반도다. 길이 1000킬로미터의 둥그스름한 땅덩어리로, 카라해와 랍테프해를 가르는 시베리아의 최북단이며 노르웨이와 알래스카 사이 딱 중간쯤에 위치한다. 정남향으로 수천 킬로미터 아래에 바이칼호가 있고 거기서 남쪽으로 더 내려가면 울란바토르, 홍콩, 자카르타 같은 도시들이 같은 경도에 놓여 있다. 타이미르는 대륙에 속한 땅덩어리 중에서 북극에 가장 가깝다. 그 위로는 북극해의 섬들뿐이다. 아리마스—돌간어로 '나무 섬'이라는 뜻—의 기이한 나무 군락만 아니라면 하탄가강의 이 남쪽 기슭은 세계 최북단 수목한계선일 것이다.

밤의 어둠이 깔리자 숲, 툰드라, 강, 하늘은 저마다 다른 농담의 잿빛 띠처럼만 보인다. 어느 순간 금발 콜랴가 지붕 위 쇠기둥에 장착된 회전식 스포트라이트를 켜자 앞쪽 도로가 보인다. 강은 폭풍이 한창일 때 얼어붙은 듯 얼음과 눈으로 파도를 닮은 거대한 습곡을 이룬다. 트레콜은 끊임없이 끽끽거리고 주름 위를 쿵쿵 오르락내리락하면서 우리의 잠을 방해한다.

밤 11시경 강이 결빙에서 풀려난 듯 어둠 속에서 빛이 나타난다. 우리가 바라보고 있는 것은 물에서 보는 하항의 모습이다. 요철은 어느 쪽에서 보든 비슷하다. 트레콜은 강을 벗어나 눈 쌓인 가파른 강둑을 오른다. 다른 차량의 바퀴자국이 어지러이 찍혀 있다. 한데 모여 있는 건물들이 쇠기둥 조명에 모습을 드러낸다. 경사진 지붕들이 몇 미터 높이의 눈과 얼음 코팅 아래서 신음한다. 바깥 공기 자체가 목숨을 위협할 때 주택은 단순히 집이 아니라 생존에 필수적인 피난처, 보호구역, 우주정거장이다. 눈 속에 깊이 파묻혀 있지만 온기의 약속을 보듬고 있다. 그럴 리 만무해 보이지만, 노보리브나야는 수백 명이 사는 마을이다. 교회, 상점, 그리고 100명 넘는 아이들이 다니는 학교도 있다.

집 여러 채가 줄지어 있어 얼추 거리처럼 보이는 곳과 오르막길이 만나는 교차로에서 트레콜이 멈춘다. 콜랴와 콜랴가 욕설인 듯싶은 말을 속사포처럼 내뱉고는 트럭에서 뛰어내린다. 연료관이 얼기 전에 엔진 시동을 다시 걸려면 시간이 빠듯하다. 연료가 얼어버리면 엔진 밑에 모닥불을 피워야 한다. 흔하지만 위험한 시베리아식 대처법이다. 디마와 나는 방설복, 장갑, 모자를 뒤집어쓰고 차에서 내려 길거리에 발을 디딘다. 흑발 콜랴가 가장 가까운 집을 호들갑스럽게 가리키며 디마에게 소리치지만 바람에 묻혀 들리지 않는다. 우리는 눈에 파묻힌 차고(처럼 생긴 건물)들을 지나쳐 걸어간다. 사이사이로 전선이 얼음에 감싸여 있다. 눈더미를 깎아 만든 계단을 올라가 목조 주택 앞에 도달한다. 문간은 눈보라 속에서 번득이는 노란빛의 웅덩이다.

얇은 커버를 씌운 현관에는 언 순록 사체들이 무더기로 쌓여 있고 커버 옆면에는 눈이 털처럼 붙어 있다. 문을 두드리자 금세 콘스탄틴이라는 이름의 상냥한 사내가 우리를 부엌으로 안내한다. 흰색 조끼와 운동복 바지 차림이다. 콘스탄틴은 아이들을 데리고 담배와 큼지막한 냉동 생선을 든 채 집 안을 쏘다닌다. 비닐 씌운 식탁에 생선을 내려놓더니 길게 썬다. 이 지역의 별미 '키스피트'다. 차, 겨자, 소금, 종지에 든 고춧가루를 곁들여 먹는다. 맛있다!

한 시간 뒤 콜랴가 의기양양하게 돌아온다. 트레콜은 밖에서 고분고분하게 가르랑거리고 있다. 콘스탄틴의 아내 안나는 청바지와 꽃무늬 슬리퍼 차림으로 스토브 앞에 서서 방문객들에게 쉬지 않고 말을 거는 한편 전기 레인지에 올린 프라이팬에서 집게로 생선을 뒤적뒤적 굽는다. 오래지 않아 새로운 음식이 등장한다. 북극곤들매기 구이와 빵이다. 차도 더 나온다. 자정이 지났는데도 우리가 어디서 묵을 수 있는지 감감무소식이다. 디마와 나는 새벽 4시부터 깨어 있었다. 콘스탄틴의 어린 아들은 잠자리에 들 기미를 전혀 보이지 않은 채 왔다갔다한다.

식사 후 안나와 콘스탄틴을 비롯한 흡연자 전원은 거실 도기 난로 옆 바닥에 앉는다. 난로 위에 놓인 접시에서는 연어 두 마리가 녹고 있다. 사람들은 반시간 동안 휴대폰과 GPS를 들여다보며 이야기한다. 결국 디마가 상황을 설명한다. 응가나산인 가족은 장례식을 치러야 하는데, 가족 문제라서 외부인은 참석할 수 없다고 한다. 돌간인이 사는 신다스코로 이동하는 것으로 결정됐다. 응가나산인과 숲은 하탄가로 돌아오는 길에 방문하기로 했다.

내가 피곤에 지쳐 묻는다. "내일 떠나요?"

디마가 말한다. "아니요. 지금 가요." 시베리아식 일 처리 방법은 이해가 잘 안 된다.

"신다스코라고!" 금발 콜랴가 자리에서 일어나 몸을 뻗어 눈으로 지붕을 가리키며 말한다.

"신다스코까지는 얼마나 멀어요?"

"140킬로미터요." 심장이 철렁 내려앉는다. 반면에 콜랴 형제는 고난을 반기는 것처럼 보인다. 이 세상의 냉혹한 진실이 응석받이 서양인에게 본때를 보이기 위해 드러나기라도 한다는 듯. 밤낮은 이 극북에서는 아무 의미도 없다.

콘스탄틴과 안나가 콜랴와 콜랴에게 바다얼음의 위험성에 대해 이야기한다. 해안에 바싹 붙을 것, 너무 멀리 나가지 말 것. 습곡과 둔덕이 너무 높아서 차가 끼일지도 모른다는 것. 바다는 지난겨울 꽁꽁 얼었다. 거기다 짠물 진창눈*이 솟아올라 습곡과 둔덕이 서로 밀어대는 곳에서는 균열이 일어난다. 균열은 새로운 현상이다.

"알았다고!" 금발 콜랴가 외친다. 트레콜이 휘청거리며 어둠 속으로 나아갔다가 비탈을 반대로 내려가 다시 한번 얼어붙은 강에 오른다.

몇 시간 동안 끙끙대며 눈보라 속으로 나아가다가 밤중 어느 땐가 트레콜이 멈춘다. 우리는 밖으로 나가 오줌을 눈다. 달은 어스름 속에 숨었고, 해안선은 어디서도 보이지 않고, 오로지 안개뿐이다. 트럭 앞에 눈이 1~2미터 쌓여 있다. 신다스코에서는 하

* 질퍽거리는 눈.

탄가강이 너비 50킬로미터의 드넓은 하탄가만에서 랍테프해로 흘러든다. 우리는 그곳으로 가는 어딘가에 있다. 마치 우주 비행을 하는 것 같다.

움직이는 눈 밑에서 드러나는 바다는 검은 유리 같다. 뿌옇고 금간 판유리는 이따금 우그러져 지각판처럼 주름지기도 한다. 콜랴 형제가 오랫동안 GPS를 들여다본다. 걱정된다. 2톤짜리 트럭은 해안에서 수 킬로미터 떨어진 채 두께가 1~2미터쯤 되는 바다 얼음 위에서 공회전하고 있다. 한 콜랴가 얼음을 검사라도 하듯 펄쩍펄쩍 뛰며 웃음을 터뜨린다. 얼마 전까지도 사람들은 1년의 절반은 차로 늘 바다를 건널 수 있는 걸 당연하게 여겼다. 하지만 올겨울 북극을 탐사하던 과학자들은 물러진 얼음에 몇 명이 빠지고 나서 구명조끼를 입기로 했다. 아무리 단단한 확신도 순식간에 흐물흐물해질 수 있는 법이다.

내가 묻는다. “길을 잃었어요?”

디마가 농담조로 대꾸한다. “우린 북극에 왔어요!” 실제로 북극은 그리 멀지 않다. 이 속도로 운전하더라도 사흘만 가면 북극에 도착할 수 있다. 얼음이 버텨준다면 말이지만.

하늘이 밝아질 무렵 드디어 갯마을 신다스코에 들어선다. 낮에 보니 하탄가만이 얼마나 큰지 알겠다. 수평선을 따라 하얀 언덕들이 보일락 말락 한다. 이곳은 타이미르반도 가장자리로, 얼어붙은 드넓은 바다 건너편 해안을 이룬다. 강어귀의 남쪽 기슭을 따라 통나무 더미가 몇 층 높이로 늘어서 있다. 대형 불도저가 숲을 밀어 여기에 갖다놓은 듯 통째로 쌓여 있다. 전부 먼 상류의 숲에서 온 잎갈나무다. 매년 여름 얼음이 사라지면 홍수로 떠내려오는 것들이다. 예전에는 7월 20일경에 해빙이 일어났는데, 이젠 시기가 점차 앞당겨지고 있다. 노보리브나야에서 숲을 떠나 밤새 160킬로미터 남쪽으로 내려왔지만 내륙의 숲은 멀리 떨어진 하류의 인간 지리에 여전히 영향을 미친다. 강이 바다로 접어드는 만의 연안에 쌓인 유목*은 신다스코가 이곳에 있는 이유다. 신다스코는 군사기지나 광업소가 아니면서도 수목한계선 위에 있는 극소수의 정착지 중 하나다.

자갈길 뒤쪽으로 눈에 반쯤 덮이고 얼음에 둘러싸인 집들이 밤으로부터 모습을 드러낸다. 우리는 미국 서부 마을에 있을 법한 큰길을 따라 내려간다. 널찍한 가로 양쪽에 목조 주택이 늘어서 있고 눈에 덮여 묵직한 전선이 집들을 연결한다. 하지만 뭐가 건물이고 차량이고 기름 탱크인지 분간하기 힘들다. 죄다 눈 무더기에 불과하니 말이다. 우리는 어느 집 앞에 정차해 이내 세르게이라는 사내의 안내로 작은 아침 식탁에 앉는다. 세르게이는 주전자에 얼음덩어리를 던져 넣고 냉동 생선을 썰고 담뱃불을 붙여준 다음 콜랴 형제에게 하탄가 소식을 들려달라고 채근한다. 추운 곳에서 와서인지 배가 고프다. 세르게이는 우리가 필요로 하는 것을 주고 그 대가로 정보를 요구한다.

세르게이는 웃음이 헤프다. 둥근 얼굴은 번들번들하며 말할 때면 불룩한 배를 문지른다. 오늘은 다들 조금 취했다고 세르게이가 설명한다. 목요일마다 헬리콥터가 물자를 가져다주는데, 그중에는 보드카도 있다. 리터당 가격은 냉동 생선 25킬로그램이고

* 물 위에 떠서 흘러가는 나무.

이곳에는 생선이 얼마든지 있다. 세르게이는 바다얼음의 균열에 대해 알고 싶어한다. "오다 봤어요? 이건 새로운 위험이에요. 요즘은 날씨가 너무 더워요! 간밤엔 영하 27도까지 올라갔다고요." 다들 찻잔 앞에서 고개를 끄덕인다. 영하 30도는 얼마 전까지만 해도 2월에는 들어본 적 없는 기온이었다.

하지만 여전히 추워서 옥외 변소에 갔다 오려면 마음이 급하다. 세르게이의 집 현관에는 창고가 하나 있는데, 가로세로 50센티미터의 큼지막한 얼음덩어리가 가득 채워져 있다. 맞은편에는 커다란 석탄 널조각들처럼 생긴 상자가 있다. 이 정도로 북쪽에 있는 집들은 수돗물이 안 나온다. 관이 터져버릴 테니 말이다. 그 대신 집 주변마다 노랗게 물든 눈과 갈색 인분이 여기저기 흩어져 있다. 아무도 한곳에 모으려 하지 않는다. 그 자리에 얼어붙은 채로 여름까지 그대로 있을 것이다.

내가 나무에 관심이 있다는 얘길 들은 세르게이는 변소에서 돌아온 내게 땔나무 양동이에 든 '화석화된 나무'를 보여주며 뿌듯한 표정을 짓는다. 아리마스처럼 한때 훨씬 북쪽에 있던 숲의 흔적이다. 그보다 최근의 검은 석탄은 마을에서 남쪽으로 약 5킬로미터 떨어진 산의 갈라진 틈새에서 난다. 신다스코는 러시아에서 가장 북쪽에 있는 정착지다. 원래는 돌간인 유목민의 여름 고기잡이 야영지였다. 겨울이 되면 그들은 남쪽에 있는 포피가이강 수목한계선으로 이동했다. 신다스코는 그 뒤 1950년대까지 유목민이 털가죽과 순록을 가져와 '러시아인'과 거래하는 교역장이었다. 배로 물품을 공급받는 가게가 하나 있었고 영구 주택은 하나도 없었다. 그러다 제2차 세계대전 이후 굴라크 '수용소 군도'

중 하나가 되었다. 석탄을 발견해 돌간인들에게 쓰임새를 알려 준 사람은 수감자들이었다. 그 덕에 이곳에 1년 내내 정착할 길이 열렸다. 화석연료—선사시대 나무—는 여전히 인간이 어디서 살 수 있고 어떻게 살 수 있는가를 결정하는 주된 요인이었다. 이 최북단에서조차, 아니 이곳에서는 더더욱 그랬다. 굴라크와 함께 소련 정부가 찾아왔으며, 순록을 사육하는 국영 협동 농장 솝호스가 들어서면서 신다스코는 임시 야영지에서 학교, 시장市長, 경유 발전기를 갖춘 영구 정착지로 탈바꿈했다.

공산주의 정부는 할당제와 영토 확정을 통해 목축 생활양식을 개편했지만, 국가의 지원 덕에 목축은 지역사회 전체의 주된 생활양식으로 남을 수 있었다. 그러다 1990년대 소련이 붕괴하자 목축은 경제성을 잃었다. 예전에는 자본주의 나라 노르웨이에서보다 많은 사람들이 목축에 종사했으나 이제는 순록 치는 사람을 찾아보기 힘들다. 마치 관료제의 물결이 돌간인을 실어다 옛 영토의 북부에 정착시킨 다음 후퇴해 그들을 오도 가도 못하게 만든 것 같았다. 요즘은 어업이 훨씬 짭짤하고 손쉬운 일거리이며 투입한 열량보다 훨씬 많은 열량을 얻을 수 있다. 얼음에 구멍을 줄줄이 뚫고 그물을 장대로 강바닥에 밀어넣은 다음 돌아가 기다리기만 하면 된다. 이에 비해 순록 사육은 품이 훨씬 많이 든다. 하지만 사람들은 여전히 순록치기를 더 높이 친다. 얼음이 사라져 더는 고기를 잡지 못하게 되자 모두가 미샤의 친구가 되고 싶어한다. "다들 고기를 원하니까요!" 세르게이가 웃음을 터뜨린다.

미샤와 장인 알렉세이는 신다스코에서 순록을 치는 유일한 사람들이다. 우리가 여기 온 것은 두 사람을 만나 함께 튠드라의 겨울 목축 야영장에 가보기 위해서다.

내가 디마에게 묻는다. "우선 눈부터 붙일 수 있을까요?" 나는 47시간 동안 깨어 있었다.

"우린 손님이에요. 시키는 대로 해야 해요." 그때 창밖에서 스노모빌 세 대가 굉음과 눈구름을 일으키며 멈춘다. 갈 시간이다.

디마가 내게 허벅지까지 올라오는 순록 가죽 장화 신는 법을 알려준다. 시베리아 추위를 막기에는 이만한 게 없다. 순록 털은 속이 비어 있어서 이 장화는 면만큼 가벼우며 털 실내화처럼 엄청나게 따뜻하다. 눈 위를 걸어도 발자국이 전혀 남지 않는다. 미샤는 폴리에스터 스키 재킷만 걸치고 있다. 아내 안나와 딸 타냐는 머리에서 발끝까지 순록 털가죽으로 감싸고 여우털 모자와 손모아장갑을 썼다. 세 번째 스노모빌을 모는 사람은 안나의 아버지 알렉세이다. 순록 털가죽이 눈을 맞지 않도록 초록색 캔버스 방수포를 덮었다. 미샤와 알렉세이 둘 다 고글이나 마스크를 쓰지 않았다. 두 사람은 능글맞은 옛 친구를 바라보듯 툰드라를 향해 얼굴을 찌푸린다.

디마와 나는 발라클라바, 고글, 두 겹 장갑으로 완전 무장한 채 나무 썰매에 앉았다. 썰매를 미샤의 스노모빌에 연결할 준비가 끝나자 세르게이가 다가와 우리의 모자를 손가락으로 문질러보고 나의 장갑 낀 손가락을 꼬집는다. 그러더니 웃음을 터뜨린다.

그가 말한다. "그렇게 안 껴입어도 돼요. 영하 30도도 안 된다고요."

두 시간 동안 갈지자 궤적을 그리는 스노모빌로부터 눈이 날아와 우리 얼굴에 부딪히고, 썰매가 툰드라 위에 딱딱하게 굳은 눈 위를 통통거리고, 낮고 붉은 태양이 지평선 위에서 이글거린다. 우리는 날고 있다. 눈길이 닿는 저 끝 누르스름한 지평선까지 툰드라의 바다가 펼쳐져 있다. 그 위로 분홍색과 청록색 배경에 구름 깃털들이 떠다닌다. 공간 감각이 혼란을 일으켜 어질어질하다. 마치 또 다른 차원에서, 실제 차원의 위나 아래에 있는 순백의 세계에서 길을 잃은 것 같다.

네모난 막사는 '발로크'라고 불린다. 잎갈나무로 뼈대를 짠 천막으로, 스키에 얹어 순록 떼에게 끌게 한다. 눈더미에 반쯤 덮여 있는데, 오래된 천막 몇 동의 나무 뼈대가 주위에 서 있다. 발로크는 이 가족의 여름용 주택이지만 몇 년째 이동하지 않은 것이 분명하다.

"아주 무거워요." 안나가 가족이 유목 생활을 하지 않은 이유를 해명한다. 발로크를 끌려면 순록 여덟 마리가 필요하다. "지금은 그냥 여기 놔둬요."

알렉세이와 미샤는 잎갈나무 뼈대에 캔버스와 가죽을 입히는 전통 방식 대신 합판을 씌웠다. 더 따뜻하고 튼튼하지만 이동하긴 더 힘들다. 하지만 이제는 별로 상관없다. 막사는 전원의 주말 별장과 더 비슷해졌기 때문이다. 안나는 가족이 철따라 이동한 것이 언제가 마지막인지 기억하지 못한다. 안나가 어릴 적 아버지와 어머니는 여름이면 이곳에서 지냈다. 안나는 신다스코에 있는 학교에 들어갔으며, 나이를 먹은 뒤에는 하탄가의 기숙학교에 다니다가 휴일에는 배나 헬리콥터로 돌아왔다. 그동안 가족은 툰드라에 머물렀다. 겨울이 되면 많은 가족들이 포피가이강 수목한계선으로 내려왔지만, 하나둘 포기하고 고기잡이로 돌아섰다.

발로크 입구의 포치에는 냉동된 순록 가죽이 놓여 있고 지붕에는 땔감용 잎갈나무 통나무와 냉동 생선이 얹혀 있다. 실내에서 안나가 잎갈나무 조각으로 주물 난로에 불을 붙인다. 가로세로가 약 4×3미터로 여섯 명이 나란히 누워 자기에 딱 맞다. 안나가 바닥에 가죽을 깔고 주전자에 얼음덩어리를 넣어 끓이고 선반에서 라디오와 차량용 배터리를 내리더니 난로 옆 상자에서 식기와 자질구레한 물건들을 정돈한다. 몇 분 지나지 않아 발로크가 아늑하고 따뜻해진다. 아크릴유리 이중창 안쪽 면에서 얼음이 녹기 시작해 합판 내벽을 따라 흘러내린다. 나는 겉에 걸친 외투를 벗고 순록 가죽 위에 누워 마침내 잠의 블랙홀에 곧장 빠져든다.

깨어나서 보니 알렉세이는 외투를 벗고 불 옆에 앉아 차와 순록 스튜를 먹고 있다. 허벅지 높이의 장화에는 눈이 묻어 있고 벗어진 머리에는 땀방울이 맺혀 있다. 미샤가 순록을 찾으러 나간 사이에 알렉세이는 밖에서 지난여름 이곳에 끌고 온 장작을 팼다. 장작은 겨우내 언 채로 놓여 있었다. 알렉세이가 책망하듯 스푼으로 나를 가리킨다.

"숲이 북쪽으로 이동한다는 말이오? 잘됐군! 그러면 땔나무가 넘쳐날 테니." 알렉세이가 웃음기 없는 표정으로 말한다. 그가 젊을 때는 땔나무 찾으러 다니기가 고역이었다. 며칠씩 찾아다녀야 할 때도 많았다. 돌간인에게 필요한 것은 땔감만이 아니었다. 천막 장대, 썰매, 발로크, 배와 노, 연장에도 잎갈나무가 쓰였다. 거의 모든 것을 나무로 만들었다. 아이 장난감만 예외였는데, 정령을 화나게 할까봐서였다. 장난감은 주로 오리의 부리나 뼈로 만들었다. 나무는 특별했다. 물론 이제는 모든 장난감이 중국제 플라스틱이다.

"나무는 먼 곳에 있었소!" 알렉세이가 기억을 더듬는다. 젊을 땐 순록을 데리고 포피가이강에 가서 겨울을 났다고 한다. 고된 삶이었지만 알렉세이는 그때를 그리워하는데, 그래서 혼란에 빠진다. 지구온난화로 삶이 수월해진다면 백번 찬성한다고 말한다. 하지만 순록치기 생활 방식이 끝나는 것은 바라지 않는다. 석탄, 휘발유, 헬리콥터, 스노모빌 덕에 일이 줄어든 것은 환영하지만 학교, 보드카, 시장, 스마트폰에는 반대한다. 어떤 면에서 꼰대 늙은이의 표본인 셈이다. 지구온난화를 수용하는 동시에 부정하는 동시에 환영하는 냉소적인 일반인 말이다. 이 혼란은 탄화수소 시대의 번개 같은 변화 속도가 낳은 전반적 증상일까? 한 생활 방식을 미처 다 애도하기도 전에 다른 생활 방식을 애도해야 할 판이다.

이동하는 사람은 거의 없지만 유목은 여전히 언어와 문화의 핵심이다. 돌간인은 세계의 전환점에서 변화를 겪고 있는 여느 문화와 마찬가지로 자신의 문화적 뿌리를 잃었다. 이것은 밑동이 잘린 나무의 가지에 매달리는 것과 같다. 유목을 하지 않으면 툰드라에 갈 이유도, 숲이 있는 남쪽으로 갈 이유도 없다. 눈의 섬세한 차이에 주목할 이유도, 날씨, 식생, 종 이동, 손짓과 신호, 언어, 정령과 자연 세계의 대화에서 나타나는 사소한 변화의 이름을 알 이유도 없다. 이런 까닭에 자신은 결코 고기잡이를 받아들이지 않을 거라고 알렉세이가 말한다. 하지만 사위가 고기잡이를 하는 것까지 나무라진 않는다. 알렉세이는 얼굴을 힘주어 찌푸리고는 눈가에 깊은 주름살을 지으며 희미하게 미소 짓는다. “어쨌거나 미샤가 순록을 치는 동안은 말이오.” 알렉세이는 열네 자녀 중 막내였다. 지금은 일흔두 살이며 형제 중에 혼자 남았다. 자신의 자녀들은 안나만 빼고 전부 딴 곳으로 이주했다. 안나와 미샤는 신다스코의 돌간인 순록 유목 전통의 마지막 계승자다. 알렉세이는 그들에게 희망을 품지만 속내를 드러내지 않으려 애쓴다.

한동안 안나는 '발전'에 혹했다. 노릴스크에서 교사가 되려고 공부하기도 했다. 노릴스크는 타이미르 저편 세계 최대의 니켈 광산에서 일하는 8만 명을 위해 건설된 도시다. 오염 때문에 사방 수백 킬로미터의 숲이 초토화된 것으로 유명하다. 도시를 덮은 흰색 매연 돔은 “버섯처럼 생겼고 부탄가스 맛이 난다”. 입안을 채우면 “분필을 먹는 것 같다”고 안나가 말한다. 안나는 두통을 앓았고 매연이 싫었다. 헬리콥터로 오가는 데는 돈이 많이 들었다. 안나는 의미를 찾을 수 없었다. 이제는 사무실에서 일하고 싶어하지 않는다. 깨끗하고 상쾌한 툰드라에 되도록 자주 오고 싶어한다. 아이들에게도 그게 좋다고 안나가 말한다.

“우리가 어릴 적에는 아무도 전화가 없었어요. 부모님은 늘 툰드라에 계셨고요.” 안나는 알렉세이가 자녀들을 학교에 보내지 않으려 하자 소련 당국이 툰드라를 수색하여 자신을 하탄가에 데려간 이야기를 들려준다. 안나는 아버지의 세계관으로 돌아섰는데, 알렉세이는 이것을 흐뭇하게 여기는 것이 분명하다. 하지만 부녀가 툰드라를 더 자주 찾기 시작한 즈음 변화가 눈에 띄기 시작했다. 기온이나 식생이 급격하게 달라지진 않았지만 사소한 것, 무언가가 다가오는 진동이 느껴졌다. 시베리아가 홀로세의 겨울잠에서 깨어났음을 보여주는 첫 번째 진동은 낯선 새, 벌레, 나비의 출현과 얼음 밑의 기이한 거품에서 드러나고 있다.

저녁을 먹은 뒤 타냐가 엄마 스마트폰의 남은 배터리를 소진하며 틱톡 동영상을 보는 동안 안나는 불 옆에서 딸의 머리를 빗고 땋는다. 안나는 계절이 지나가는 것을 의식하여 딸을 곁에 두려 하는 것 같다. 올해는 타냐가 초등학교에 다니는 마지막 해다. 그다음에는 형제자매들이 다니는 하탄가의 기숙학교에 입학할 것이다.

안나가 말한다. “지난봄은 정말 이상했어요. 커다란 나비를 봤거든요. 한 번도 못 본 새로운 종이었어요. 아이들이 잡으려고 뛰어다녔죠.”

데이지, 제비, 잠자리가 툰드라에 나타나기 시작했으며 지난여름에는 사람들이 두 주간 바다에서 헤엄쳤다. 평상시에는 여름이 며칠 만에 끝난다. 베리가 점점 커지고 신다스코만 바다얼음이 겨울에 얼기까지 점점 오랜 시간이 걸리고 있다. 기상관측소 앞의 해안이 바다에 잠기고 있다! 안나는 다른 것들도 눈에 띄더라고 말한다. 도래까마귀가 나타나기 시작했다. 두루미도 보인다. 둘 다 한 번도 못 보던 새들이다. 정상적인 번식지가 훨씬 남쪽에 있기 때문이다.

알렉세이가 말한다. “딸아이 말이 맞소. 갈매기가 더 일찍 찾아오고 있소. 기러기와 오리도 마찬가지지요. 호수에 얼음이 없으니 말이오. ‘키스타치’라는 작은 새가 있는데, 돌간어로 ‘겨울에 머무르는 자’라는 뜻이지만 이젠 머무르지 않소.”

안나가 딸에게서 휴대폰을 낚아채고는 잠자리에 들기 전 마지막으로 밖에 내보낸다.

하늘은 맑다. 달빛이 눈밭에 비치자 툰드라는 반짝이는 우유 바다가 된다. 타냐는 털가죽을 뒤집어쓴 채 눈더미에서 눈더미로 팔짝팔짝 뛰면서 얼어붙은 강을 향해 내려간다. 나는 반대 방향으로 완만한 비탈을 올라가 눈밭에 오줌을 눈다. 내가 고른 장소에서 꼬리가 검고 몸이 설색인 뇌조 한 마리가 굴에서 뛰쳐나와 저녁 하늘에 대고 꼬꼬댁 운다. 그 너머는 평평한 광야다. 발자국을 따라가니 커다란 쇠말뚝이 깊은 구멍에 박힌 채 얼어 있다. 구멍은 꽁꽁 얼어붙었다. 나는 호수 위에 서 있다. 눈을 쓸어 치우자 대리석 같은 회색 표면이 드러난다. 균열의 선들이 암흑 속으로 뻗어 나간다. 우리의 찻물이 여기서 난다. 얼음 밑 깊은 곳에서 작은 거품들이 얼어붙은 광경이 보인다. 어둠 속에 떠다니는 진주 같다. 나중에 지도를 들여다보니 2차원의 툰드라는 그물처럼, 또는 구멍이 숭숭 뚫린 스위스 치즈처럼 보인다. 여름에는 80퍼센트가 물이다.

내가 실내에 들어오자 알렉세이가 말한다. "툰드라 연못마다 이름이 있소. 저 연못은 돌간어로 우추크타이라고 불린다오." 이 낱말은 '잠자는 호수'나 '꿈꾸는 호수'라는 뜻이다. 알렉세이는 이름에 얽힌 사연을 모르지만, 대개는 사연이 있다.

호수는 정말로 잠자고 있다. 밑바닥의 유기물 층인 저층은 분해되지 않고 떠다니며 움직인다. 온도가 낮고 산소가 부족하기 때문이다. 얼어붙은 툰드라 토양은 지구상에서 유기성 탄소를 가장 많이 저장하는 곳 중 하나다. 동식물의 생체는 완전히 썩지 않거나 매우 천천히 썩기 때문에 고스란히 보존되거나 화석화되었다. 콜랴와 콜랴가 여름마다 타이미르 툰드라에서 매머드 엄니를 파내는 것은 이 덕분이다. 영구동토대가 녹으면서 선사시대 상아를 찾는 일은 일종의 골드러시가 되었다.

기온이 높아지고 영구동토대가 해빙하기 시작하면서 혐기성 분해로 인해 메탄이 방출된다. 요즘 들어 툰드라 연못과 강어귀 바다얼음에서 메탄 거품이 생기기 시작했다. 저 진주알들은 잠자는 호수가 깨어나고 있다는 표시다.

미샤가 들어오자 얼음안개가 훅 밀려든다. 입술은 동상을 입었고 눈은 냉기에 오그라들었고 동안이던 얼굴은 찌푸린 채다. 여섯 시간 동안 차로 맴돌았지만 순록을 찾지 못했다고 한다. 속상한 표정이다. 알렉세이가 미샤에게 눈길을 던지며 뭐라고 혼잣말을 중얼거린다.

미샤의 실패는 많은 것을 의미할 수 있다. 케임브리지대학교 소속의 인류학자 피어스 비텝스키는 인근 예베니 유목민에 대해 썼다. 그들은 이곳 사람들과 관계가 있는 토착민 순록치기로, 이곳부터 동쪽으로 시간대 하나만큼 떨어진 툰드라를 점유한다. 예베니인은 사람이 경관에 조율되는 것을 뜻하는 '바냐나이'라는 감각을 지니는데, 이때의 경관은 생명 세계와 인간을 아우르는 공유된 의식의 거대한 영역을 일컫는다.[11] 미샤는 툰드라에 오는 일이 너무 뜸하기 때문에 아마도 조율되지 못했을 것이다. 이튿날 아침에 알렉세이가 직접 스노모빌을 몰고 시야를 가리는 눈 속으로 떠났다가 역시나 빈손으로 돌아올 것이다.

안나가 불 옆 자기 자리에서 분위기를 누그러뜨리려고 말한다. "고기잡이가 훨씬 쉬워요!" 미샤가 눈썹을 치켜올리지만 미소 짓지는 않는다. 이젠 무엇 하나 간단한 게 없다. 메탄 때문에 겨울 고기잡이가 힘들어졌다고 미샤가 말한다. 거품 때문에 얼음이 약해졌으니 조심하라고 당부한다.

"위험해지고 있어요!"

1970년대에는 카라해, 랍테프해, 동시베리아해에 얼음이 없는 시기가 8월과 9월 두 달간에 불과했다. 2020년에는 4월에 해빙이 시작되었으며 해가 다 가도록 바다가 완전히 얼지 않았다. 2020년 5월 18일 러시아 기업 솝콤플로트의 선박이 타이미르반도 맞은편 야말반도의 사베타항에서 출발하여 중국을 향해 오른쪽으로 항로를 틀어 6월 10일 중국 진탕항에 접안했다. 이것은 북부 항로를 통틀어 가장 수월한 뱃길이었으며 최근까지도 7월부터 11월까지만 항해할 수 있었다.

타이미르 앞바다의 해저를 이루는 시베리아 대륙붕에서 보듯 북극 방향의 바다는 깊이가 얕다. 이곳은 마지막 빙기 말에 툰드라였다. 빙하는 녹으면서 땅에 범람하여 반半분해 토양과 식물 잔해를 모조리 연중 얼어 있는 차가운 바다 밑에 가뒀는데, 이 때문에 메탄가스를 머금은 얼음 구조인 메탄 수화물이 형성된다. 하지만 햇빛을 반사하던 바다얼음이 사라지다시피 한 지금 어두운 해저의 태양복사 흡수량이 80퍼센트 증가했으며 얕은 바닷물이 빠르게 가열되어 1년 내내 따뜻한 상태를 유지한다. 해저의 영구동토대가 녹아 메탄 수화물을 방출하면서 석유 회사와 가스 회사는 환호하고 기후과학자들은 경악하고 있다. 몇 해 전 신다스코만에 시추선이 등장했다. 물러진 해저를 탐사하기 위해서였다.

호수를 보니 시베리아에 오기 전 코 판하위스테던 박사와 나눈 대화가 떠오른다. 온화하고 신중한 네덜란드인 과학자인 코는 세계적인 영구동토대 권위자다. 메탄 방출량은 측정하기 힘들다고 코는 내게 말했다. 과학자들이 메탄을 포집할 수 있게 된 것은 최근 들어서다. 유럽연합의 위성 센티넬은 대기 중 메탄 농도를 측정할 수 있지만 어디서 발생하는지는 알아내기 힘들다. 일부 연구에서는 불안정한 해저에서 방출되는 메탄 "트림burp"이 500~5000기가톤에 이른다고 추산했다. 이는 수십 년에 걸친 온실가스 배출량과 맞먹으며 이로 인한 급작스러운 기온 상승은 인간의 힘으로 막기엔 역부족일 것이다.[12] 코는 확실하진 않다면서도 그것이 요점이라고 강조한다.

시베리아에는 영구동토대의 메탄과 이산화탄소 방출 데이터를 수집하는 지상 측정소가 네 곳뿐이다. 해저 해빙에 대한 상시 감시는 전혀 이루어지지 않고 있다.

"뭐라도 검출하려면 적어도 10년간의 데이터가 필요합니다! 기준치를 어떻게 잡고 계신가요?"

대부분의 유럽 연구자는 스발바르에 모여 있는데, 이것은 시베리아에 가기 힘들기 때문이다. 코는 관료제가 원흉이라고 말한다.

"무슨 일이 벌어지고 있는지 아무도 모른다고요!" 영구동토대에는 이산화탄소, 메탄, 아산화질소 같은 온실가스가 대기의 두 배나 저장되어 있다. 이 온실가스가 한꺼번에 방출되면 지구온난화를 기하급수적으로 가속화하고 지구상의 생명을 사실상 끝장

내기에 충분하다. 그럼에도 대부분의 기후 모델에서는 영구동토대를 과소평가한다. 21세기 말까지 영구동토대의 40퍼센트가 사라질 것으로 전망되는데도 데이터 부족 타령만 한다.

이 모든 현실이 코에게는 마뜩잖다. 정부가 데이터에 투자하지 않는 것도 불만이다. "여기에 배정되는 돈이 얼마나 적은지 어처구니가 없습니다." 미디어도 문제다. "일반 대중은 여전히 기후변화가 점진적으로 일어날 거라 생각합니다. 기후변화가 갑작스럽게 일어나리라는 사실, 이것이 기후 재앙과 자기 자녀들의 고통과 어떤 관계인지 알지 못합니다." 다른 과학자들은 영구동토대에 얼어 있는 온실가스를 '숨어 있는 괴물'이라고 일컬었다. 코는 시베리아를 '잠자는 곰'이라고 부른다.

발로크 안에서는 아름다운—하지만 문득 으스스해진—호수의 큼지막하고 반짝거리는 조각들이 주전자에서 빼꼼 보인다. 불 위에 걸린 양동이에서는 더 많은 수정 덩어리가 녹고 있다. 미샤가 스튜를 먹고 알렉세이가 신문을 읽는 동안 모녀는 방전된 휴대폰 대신 도미노 놀이를 하고 나직이 노래하며 잠시나마 옛 방식으로 여유를 즐긴다. 내일 아침이면 우리는 얼어붙은 툰드라 위를 날아 인류 문명 최후의 전초기지 신다스코로 돌아갈 것이다. 바깥의 무無를 거닐고 나서 우주정거장으로 돌아가는 우주비행사처럼.

넉 달 뒤인 2020년 6월 기록적 고온이 신다스코의 수은주를 사상 처음 30도 이상으로 밀어 올렸다. 과거 6월 평균기온은 10~12도였다. 산불의 규모는 기록적이었던 전해보다 열 배 커졌다. 영구동토대의 붕괴는 노릴스크의 기름 탱크들이 터져 2만

1000톤의 경유가 피야시나호와 타이미르반도 아랫부분의 수계에 흘러든 탓도 있다. 우주에서 내려다보면 이 기름 줄기는 땅을 가로지르는 혈관처럼 붉게 보인다. 〈시베리아 타임스〉에서는 타이미르 기온이 "기후 기록을 모조리 갈아치웠으며 노인들을 놀라게 했다"고 보도했다. 기사에서 한 관료는 눈이 평소에는 7월에 녹지만 이미 "툰드라에는 눈송이 하나 남지 않았으며 고산토끼들이 어리둥절한 모습으로 푸른 들판을 뛰어다닌다"고 말했다.[13] 전 세계 과학자들은 북극의 극단적 온난화에 경악했다. 네덜란드에 있는 코에게 전화해 유럽이 40도를 기록하고 시베리아에서도 비슷한 기온이 관측된 2020년의 이례적 여름에 무슨 일이 일어나고 있는 건지 의견을 청하자 코는 이 현상을 재난이라고 부르면서 이렇게 말했다. "잠자는 곰이 꿈틀거리고 있습니다."

러시아 아리마스

북위 72도 28분 07초

이번에 강으로 돌아와 노보리브나야를 찾았을 때는 응가나산인 가족이 집에 있다. 여러 시간이 걸렸다. 신다스코를 출발하여 점점 좁아지는 강어귀를 따라 상류로 엉금엉금 올라가느라 하루가 다 갔다. 휘어진 파란 하늘 아래 하얀 광야가 펼쳐지고 여기저기 얼음 한복판에 네모난 회색 캔버스 발로크가 세워져 있다. 돌간인의 얼음낚시 야영지다. 흑발 콜랴는 보드카 제리캔을 냉동 생선과 바꿔보려고 번번이 멈추지만 발로크는 비어 있다. 구멍은 얼어서 막혔고 그물과 잡힌 물고기는 얼어붙은 수면 아래 프레이질*에 고스란히 갇혀 있다. 노보리브나야의 나무들을 다시 보기 전에 날이 어두워진다. 잎갈나무의 짧고 뾰족뾰족한 그림자가 세상의 가장자리를 감싼다. 밤하늘의 짙은 파랑색 배경에 그은 검은 선.

얼어붙은 나무문을 또 하나 두드리고 안에 들어선다. 눈 녹은 물이 바닥에 흥건하다. 벨루어 드레싱가운과 슬리퍼 차림의 나이 지긋한 여인이 아주 두꺼운 안경 너머로 우리를 어리둥절하게 쳐다보더니 부엌으로 안내한다. 우리가 왜 여기 왔는지 디마가 설명하지만 못 알아듣는 눈치다. 여인이 우리를 쳐다보는 많은 아이들 중 하나를 밤거리로 내보내 이웃을 데려오게 한다.

내 허리만큼 굵은 육중한 파란색 파이프가 벽 안쪽을 따라 이어진다. 냄비에 든 스튜가 뒤쪽 고체 연료 레인지에서 뭉근히 끓는다. 여인이 나무 탁자 앞에 앉아 바늘꽃과 박하로 만든 타이가 차를 따른다.

"그랑드 브르타뉴(영국)?" 여인이 더듬거리는 프랑스어로 디마를 거쳐 내게 소리치더니 러시아어로 말한다. "부시가 당신네 대통령이에요? 아니면 그 여자예요? 모스크바에서 푸틴 봤어요?"

여인의 이름은 마리야다. 마리야가 자신을 가리킨다. 우리가 이웃을 기다리는 동안 마리야의 남편이 들어온다.

마리야가 손짓한다. "옙스타피. 자스타!"

자스타는 키가 훤칠하다. 격자무늬 셔츠 아래로 억센 어깨가

* frazil. 불규칙한 결정으로 이루어진 얼음과 물의 중간 상태.

두드러진다. 짧은 백발은 바짝 깎았으며 밝은색 눈은 툰드라의 눈과 얼음처럼 반짝인다. 마리야와 자스타가 노보리브나야의 목조 주택에 산 지는 10년밖에 안 된다. 첫 60년은 툰드라에 친 천막이나 아리마스 숲에서 지냈다. 노보리브나야는 내게 오지에 가깝게 여겨지지만 마리야와 자스타에게는 언제나 학교, 진료소, 정부 사무소가 있는 문명의 상징이었다. 두 사람은 문명을 최대한 멀리했다.

제2차 세계대전이 벌어지기 전 옛날에는 대부분의 응가나산인이 반도의 남쪽 경계인 하탄가강을 한 번도 건너지 않았다. 그들은 북위 72도 이북의 세계 꼭대기에서 대륙 나머지 지역의 사건들로부터 고립된 채 세대를 거듭하며 나고 죽으면서 차르, 카자크, 소련, 그 누구의 영향으로부터도 자유로이 전통 생활양식을 영위했다. 타이미르에 넘쳐나는 야생 순록 떼를 쫓아 철마다 잎갈나무 썰매를 타고 내키는 대로 툰드라로 이동했다. 순록은 소련의 인류학자 포포프가 묘사한 것처럼 반도를 오르락내리락하며 해마다 대규모 이주를 반복했다. 응가나산인에게 필요한 것은 모두 하탄가강이 바다와 만나는 만 북쪽에 있었다. 그리고 남쪽에는 무척 두려운 것들이 있었다.

하지만 현대적 조건들 때문에 과거의 지리적 분포가 역전됐다. 통치와 소통의 관점에서 보면 하탄가만은 경계선이 아니라 주요 항행 가능 고속도로다. 모피 상인, 세금 징수원, 그리고 스탈린에 의해 굴라크에 보내진 죄수들이 이 길을 따라 이동했다. 유목민이 철따라 거주하는 어촌 노보리브나야와 신다스코를 국가가 정비할 때 돌간인은 협조했다. 하지만 타이미르의 응가나산인은 협조하지 않았다. '근시안적' 마을을 응징하는 조치가 잇따라 많은 사람이 강제로 이주당했으며 옛 생활 방식은 사실상 소멸했다.

자스타의 부모는 골칫거리 유목민에 속했으며 하탄가 남쪽에 있는 마을로 보내졌다. 하지만 두 사람은 달아났다가 타이미르 야생 들판에 최대한 가까운 곳으로 돌아왔다. 포포프의 인상적인 방문 당시 두 사람이 나고 자란 곳이었다. 두 사람이 찾을 수 있던 가장 가까운 공식 정착지는 돌간인 어촌 노보리브나야였다.

자스타가 부엌의 리놀륨 바닥을 힘차게 가리키며 말한다. "난 여기서 태어났소." 목소리가 도발하듯 울려 퍼진다. "내가 받은 신분증을 보면 1951년에 태어났다고 나와 있소."

자스타가 돌간인 혼혈 마리야에게 응가나산어로 말하면 마리야가 돌간어로 통역한다. 돌간인 이웃 안나가 찾아와 디마에게 러시아어로 통역하면 디마가 내게 영어로 전한다. 자스타는 처음에는 우리와 이야기하길 꺼렸다.

"나는 야만인에 불과하오. 아는 게 별로 없소. 학교도 안 갔으니까!" 하지만 툰드라에 대해 운만 띄워도 그의 기억이 되살아나는 듯하다.

"소련 이전에는 이 모든 게"—자스타가 창밖 세상을 가리킨다—"우리 터전이었소. 타이미르 말이오!" 자스타가 격정을 담아 발음한다.

"탁 트인 곳이오! 누구나 사냥할 수 있지!" 이에 반해 나무는 생존을 위해 어쩔 수 없이 이용하는 애물단지였다. 자스타는 나무를 좋아하지 않았다. 숲은 어두컴컴하고 답답했다. 매해 겨울 아리마스에 간 것은 순록이 그곳을 좋아하기 때문이었다. 숲은 피난처로 제격이었으며 땔나무와 순록의 먹이인 지의류가 있었다. 응가나산인은 음력을 따랐으며 한 해를 여름해와 겨울해 두 '해'로 나눴다. 이것은 다양한 짐승의 계절이주와 나무의 순환에 맞춘 것이었다. '와피티사슴 달, 뿔 없는 사슴 달, 털갈이하는 기러기 달, 새끼 기러기 달'처럼 달마다 이 짐승들의 이름을 붙였다. '서리 맞은 나무 달'인 '스제수세나 키테다'는 2월의 후반과 3월의 전반이며 '나무가 검어지는 달'인 '페닙티디 키테다'는 3월 후반과 4월 전반에 가지가 눈을 벗는 시기다. 이것은 머지않아 숲 피난처를 떠날 때가 된다는 신호다. 이제 여름이 되면 고원으로 간다! 그곳에는 물고기, 새, 토끼, 와피티사슴, 순록이 있다. 10년 전 뇌졸중을 일으키지만 않았어도 자스타는 여전히 그곳에 남아 사미인의 라보와 매우 비슷하게 생긴 천막 '춤'에서 살았을 것이다. 열 명의 자녀는 자스타와 마찬가지로 춤에서 태어났다. 마리야가 진지하게 고개를 끄덕인다.

1917년 10월 혁명 이후 소련 식민주의의 성격은 서유럽 식민주의와 달랐다. 소련은 북부의 토착민을 착취하지 않았다. 어차피 땅은 충분했기에 땅을 차지하려 들지 않았다. 그들이 원한 것은 토착민을 '생산적'으로 바꾸는 것, 토착민을 공산주의 경제에 편입하는 동시에 과거의 미개한 관습과 봉건적 관계로부터 건져내는 해방자를 자임하는 것이었다. 자스타의 아버지는 북쪽으로 돌아와 노보리브나야 솝호스에 참여했는데, 소련 제국의 이 지역 솝호스에서는 순록을 사육했다. 시베리아 전역에서 순록치기들이 소련 경제에 편입되었다. 그들은 전통 관습과 이동 경로를 바탕으로 지도자, 경로, 영역을 갖춘 '여단'을 구성했지만 옛 방식의 융통성과 가족 구조는 대부분 사라졌다. 소련 체제의 여느 부분과 마찬가지로 여단은 목표와 할당량이 있었으며 할당량을 초과 달성한 순록치기는 보상을 받았다. 솝호스는 마을에 본부 사무실을 두었다. 이곳은 재구성된 유목 생활과 20세기의 산업 기반이 만나는 접점이었다. 노보리브나야는 자스타의 아버지가 이끈 여단의 본부였으며 자스타가 뒤를 이어 지도자가 되었다.

자스타 가족은 마을에서 유명했다. 1년에 한 번 솝호스 사무실에 나타날 뿐 나머지 시간은 툰드라와 숲에서 보냈다. 자스타는 아버지처럼 힘이 장사였다. 50킬로그램짜리 순록 사체의 발굽을 잡고는 혼자서 들어올릴 수 있었다. 어머니는 완고한 전통주의자로, 베옷을 입지 않는 응가나산인 터부를 지키고 응가나산어만 말했다. 노브리브나야 사람들은 자스타의 어머니를 이해할 수 없었다. 평생 순록 가죽옷을 입었으며 1990년 마을 묘지에 묻혔는데, 무덤 옆에서 희생시킨 우두머리 순록 세 마리와 썰매를 껴묻었다. 자스타는 이 마을에서 마지막 응가나산어 구사자이지만, 자신의 문화가 소멸을 앞두고 있음에도 신기하리만치 무덤덤하다.

"툰드라와 숲에는 성스러운 장소가 많소. 그곳을 지나게 되면 걸음을 멈추고 제물을 바쳐야 하지. 하지만 우리 아이들은 이동하지 않기 때문에 그 장소들을 모른다오. 더는 아무도 몰라. 순록치기를 그만뒀으니 앞으로도 누구 하나 알지 못할 거요."

응가나산인의 무속 세계는 세 차원으로 나뉜다. 모든 시베리아 토착 샤머니즘에 공통되는 '세계수'인 잎갈나무는 '어머니 나무'로 불리는 여신으로, 상위 세계, 중위 세계, 하위 세계의 세 세계를 연결한다. 북쪽 땅과 두꺼운 얼음의 아래는 망자의 영역으로, 질병과 정령이 깃들어 있다. 남쪽에는 우레의 신이 사는 따뜻한 보금자리가 있다. 영웅들은 상위 세계에서 살며 개울, 나무, 숲, 구덩이, 타이미르의 바위 같은 지형은 세 세계를 잇는 통로다. 인간은 이 통로에 사는 존재들의 기분을 상하게 하지 않도록 매우 조심해야 한다. 하지만 지금은 이 성스러운 장소를 찾는 사람이 아무도 없다.

잎갈나무는 세 차원을 연결한다. 포포프의 민족지학은 잎갈나무의 중심성을 이렇게 설명한다.

> 이레째 샤먼 듀크하데가 하늘의 가장 높은 층에 도달했다. 천막 한가운데에 기다란 장대가 세워져 있었다. 듀크하데가 올라가 연기 구멍으로 고개를 내밀었다. 장대는 나무를 상징했으며 중심에서 솟아 있었다. 나무 꼭대기에는 얼굴이 얼룩덜룩한 신이 살고 있었다…… 듀크하데는 아홉 호수의 호안으로 안내되었다. 그중 한 호수의 한가운데에 섬이 있었다. 섬에는 나무가 있었다. 하늘 꼭대기까지 솟아오른 잎갈나무였다. 땅의 여제 나무였다…… 그때 목소리가 들렸다. "그대는 이 나무의 가지로 북을 만들도록 점지되었다."[14]

샤먼의 임무는 차원과 차원을 매개하고 균형과 존중이 유지되도록 하는 것이다. 그들은 뭇 생명을 지탱하는 유정有情 세계와 교류하며 그 수단은 북소리와 노랫소리다. 인간을 비롯한 모든 생명체는 자신을 창조하거나 제의에서 부르기 위해 꼭 필요한 저마다의 자전적 노래가 있다. 자스타는 아리마스의 샤먼들을 기억한다. 그들의 집은 나머지 천막과 떨어져 있었으며 잎갈나무 통나무와 흙으로 만들어졌다. 어릴 적 자스타는 샤먼 근처에서 고함지르거나 시끄럽게 하지 말고 그 앞을 지나갈 때 몸을 비스듬히 돌리고 샤먼과 그들의 보금자리를 절대 똑바로 쳐다보지 말라고 교육받았다.

내가 묻는다. "코스테르킨을 알았나요?" 코스테르킨은 이름난 샤먼이었다. 응가나산인의 마지막 샤먼으로, 1980년대에 세상을 떠났다. 한번은 일주일간의 교령회*와 응가나산인 애니미즘 신앙의 가르침을 에스토니아 텔레비전 방송국에서 촬영하도록 허락하기도 했다.[15] 이 영상은 응가나산인 전통 샤먼 풍습에 대한 유일한 기록으로 알려져 있다. 응가나산인의 무속 세계는 매우 정교하다. 정령과 물리적 세계는 전혀 구별되지 않으며 각각의 식물, 바위, 사람, 동물 안에 깃든 생기生氣는 해당 육체에 매이지 않은 정령이다. 정령의 종류마다 여덟 가지 규칙, 관습, 언어, 복식이 있다. 이것 이외에 냄새도 중요하다. 무언가의 냄새를 너무 오래 쐬면 그것의 성질을 흡수할 우려가 있다. 따라서 나무 옆에 사람이 너무 오래 앉아 있으면 나무가 사람이 될 수 있다. 하지만 내가 샤먼을 언급하자 자스타는 역정을 낸다.

"코스테르킨을 들어보긴 했지만 만난 적은 한 번도 없소. 그런 것들은 이젠 사라졌소. 러시아인들 덕분에 말이오!"

전통 치료법에 대해 물어도 똑같이 경멸적인 반응이 돌아온다.

* 죽은 사람들의 영혼과 통교하려는 사람을 중심으로 한 모임.

"우리에겐 최고의 수의사와 의사가 있는데, 소련이 헬리콥터에 실어 툰드라에 데려온 사람들이오!"

이 연장자들의 몸속에서는 일종의 전쟁이 벌어지고 있는 듯하다. 그들은 빙기 이후로 달라지지 않은 초창기 생활 방식을 기억하지만 성인이 된 뒤에는 번개 같은 발전을 경험했다. 덕분에 삶이 수월해졌지만 많은 것이 파괴되었다. 그들은 탄화수소 사고방식에 점령당했으며 파우스트적 거래와 후손의 처지를 비록 고통스러울지언정 받아들여야 한다. 알렉세이는 잃어버린 것에 대한 아쉬움과 비용에 대한 수용 사이를 오락가락하며 자신의 혼란을 솔직히 드러냈다. 하지만 자스타는 더 완고하다. 자신의 유산이 파괴되는 것에도 아랑곳없이 소련 정부가 들려주는 진보 이야기에 집착한다.

열세 명의 손자녀와 세 명의 증손자녀가 결코 응가나산어로 말하지 않는 것에 대해 묻자 자스타는 "그게 뭐 어때서?"라고 말하듯 어깨를 으쓱한다. 침실 문틈으로 언뜻 보니 러시아어로 주절대는 텔레비전의 파란빛이 아리마스의 자랑스러운 숲지기가 낳은 후손들의 작은 얼굴을 비춘다.

자스타의 태도를 보니 응가나산인 문화에 대한 연구 하나가 떠오른다. 함부르크의 헬림스키 교수는 "응가나산인의 냉동된 문화"를 영구동토대에 보존된 유물이라고 부른다. 수많은 긴 겨울을 거치며 발전한 응가나산인의 정교한 구전 문화는 이야기, 정확한 문법, 은유 기법을 중시한다. 헬림스키는 변화의 물결에 맞서기를 꺼리는 연장자들의 말을 인용한다. "아이들이 우리 언어를 망치는 것보다는 아예 말하지 않도록 하는 것이 낫소."[16]

언뜻 보기에는 기이한 입장 같지만, 타협을 거부하는 자신감에는 고귀한 무언가가 있다. 그뿐 아니라 필멸성을 대하는 남다른 태도도 있다. 자연의 광활하고 예측 불가능한 힘을 접하며 사는 토착민에게 죽음은 일상이다. 죽음의 수용은 정신이 한 개체의 수명이나 하나의 종이라는 좁은 범위를 넘어서도록 해주며 그곳에 자유가 있다. 이를 통해 자아는 장엄하고 모든 것을 아우르는 전체와 온전히 하나가 될 수 있다. 우리는 아무것도 아니지만 모든 것이다. 이 관점을 취하는 것은 두렵고도 까다로운 일이다. 자스타의 시간 감각도 비슷한 관점에서 비롯한다. 그것은 지질학적 감각이며 조만간 우리에게도 유익할지 모른다.

"나무들이 북쪽으로 오고 있단 말이오? 그나저나 예전에 이곳에 숲이 있었다고 과학자들이 말한단 말이오?"

그것은 사실이다. 시간 척도를 놓고 논란이 있긴 하지만. 자스타의 구술사를 지질 기록과 접목하는 일은 진정한 과학적 성취일 것이나 그런 대화가 이루어질 전망은 희박해 보인다. 인간은 지질 기록에서 한 번의 삑 소리에 불과하다. 자스타는 향수에 사로잡혀 있지 않다. 자연의 냉혹한 압제를 고스란히 받아들인다. 이로 인한 겸손은 난관을 예견하기에 용감하고 감상주의를 거부하기에 단호하다.

"지구온난화 말이오? 우리 손주에게나 물어보시오. 그때쯤 난 죽고 없을 테니까."

인터뷰가 끝난 뒤 콜랴와 콜랴는 아리마스를 낮에 보려면 "일찍" 출발해야 한다고 말한다.

"새벽 4시요? 아니면 3시?" 내가 희망을 곁들여 묻는다.

"아니요, 자정에 출발해야 해요."

그래서 냉동 생선에 겨자와 고춧가루를 곁들인 식사를 다시 한번 안나와 콘스탄틴과 함께 마치고는 밤을 뚫고 길을 떠난다. 이번에는 하탄가강의 지류로, 또 다른 언 강인 노바야를 따라 북쪽으로 반도의 심장부를 향한다. 아무것도 보이지 않는다. 트레콜이 나를 딸랑이 속 완두콩처럼 뒤흔들어 몸이 욱신거리는 것 말고는 아무것도 느껴지지 않는다.

아홉 시간 뒤인 달넘이에 도착한다. 쪽빛 하늘에 떠 있는 희멀건 둥근달의 색조는 아래쪽 눈 덮인 툰드라 광야와 별반 다르지 않다. 풀의 짙은 색 반점과 이따금 외로이 서 있는 나무가 지표물이 되어 규모를 짐작게 한다. 지표물이 없는 곳에서는 물결치는 흰 파도가 방향감각을 잃게 한다. 사방이 순백의 사하라사막처럼 펼쳐져 있다. 우리는 이 드넓고 끝없는 풍경 속에서 숲을 찾고 있다. 나무는 어디 있지? 여기 있어야 하는데, 라고 콜랴가 말한다.

금발 콜랴가 테이프로 감은 소형 GPS 기기를 한 손에 쥔 채 들여다본다. 다른 손으로는 우리가 타고 있는 요상한 트럭의 운전대를 잡고 있다. 트럭이 낑낑거리며 강줄기를 따라가는 동안 달이 으스스한 빛을 던진다. 우리는 뿌연 창문 밖으로 강기슭에 쌓인 눈의 이랑과 고랑을 내다본다. 그때 불쑥 숲이 시야에 들어온다. 툰드라 위로 솟아올라 아래쪽 산간분지의 우묵땅과 도랑에 넘쳐흐른다. 언 강 위를 차로 달리는 우리가 숲 위쪽에 있다니 기분이 묘하다. 하지만 2020년 2월 11일 일출 직전 영하 44도의 이 극북에서는 이치에 맞는 것이 별로 없어 보인다. 나는 밤새 트럭 뒤칸에서 엎치락뒤치락하며 경유 탱크, 연장 일습, 예비 부품, 5리터들이 제리캔 보드카 통에 부딪히느라 한숨도 자지 못했다. 하지만 지금은 말똥말똥 깨어 미소 띤 얼굴로 여명을 바라보고 있다. 여독은 까맣게 잊었다. 마침내 이곳에 왔다.

나무들이 한동안 시야에서 사라졌다가 다음번 강굽이에서 능선 위로 솟아오른다. 겹겹이 늘어선 호리호리한 줄기들이 동틀 녘 실안개의 누르스름한 빛을 역광 삼은 채 우리 위로 우뚝하다. 온통 잎갈나무뿐이다. 서리 덮인 라릭스 그멜리니(다우르잎갈나무)는 가느다란 가지와 여린 바늘잎만 보면 연약해 보이지만 실상은 딴판이다. 사실 잎갈나무는 타이가를 통틀어, 따라서 전 세계를 통틀어 가장 억센 나무다. 이 극북에서, 이 혹한에서 살아남도록 진화한 유일한 수종이기 때문이다. 이곳은 영구동토대가 200미터 넘는 두께로 쌓여 있으며 기온이 언제나 1년 중 9개월간 영하로 유지되었다.

숲이 푸르스름한 여명에서 나타나는 광경을 보고 싶어서 트럭 앞칸으로 뛰쳐나간다. 나는 수목한계선의 이 클라이맥스에 대해 몇 달간 읽고 꿈꾸었다. 러시아 팝 음악이 계속 웅얼거리는 가운데, 목적지가 가까워짐에 따라 트레콜의 진동은 거의 승리의 함성처럼 느껴진다. 콜랴는 뭐 하러 숲을 찾아가는지 납득하지 못했으며 이쪽으로 우회하지 말자고 나를 여러 번 만류했다. 하지만 지금은 미소를 짓고 있다.

숲은 여전히 우리 왼편으로 강의 봉긋한 남쪽 기슭에서 길동무를 해주고 있다. 계속해서 서쪽으로 나아가자 북쪽 강둑에 나무가 나타나기 시작한다. 눈 덮인 오두막과 빨랫줄도 보인다. 기상관측소에는 안테나가 달려 있고 서리 앉은 채 땅에 내려진 금속제 표지판에는 러시아어로 "아리마스: 세계 최북단 숲"이라고 쓰여 있다.

금발 콜랴가 기어봉으로 쓰이는 스패너에 손을 뻗어 기어를 중립에 놓지만 엔진은 계속 돌아가게 놔둔다. 나흘간 한 번도 쉬지 않고 돌아가는 중이다. 콜랴가 밤새도록 휴대폰에서 빽빽거리던 음악을 끄고 운전석에 등을 기대고는 숨을 크게 내쉰다. 불평하진 않았지만, 눈을 거의 붙이지 못한 채 길도 없고 얼어붙은 툰드라를 부실한 전조등 하나로 누비는 일은 잔뼈 굵은 그에게도 고역이었으리라. 콜랴가 운전대에 이마를 댄 채 열쇠, 절연테이프, 안전핀, 성냥, 라이터, USB 메모리, 총알 다섯 개, 병따개가 들어 있는 대시보드의 얕은 함몰부를 뒤지다 운전자 도어 포켓에서 낡아빠진 담뱃갑을 꺼낸다. 담배에 불을 붙이고 문을 열어 싸늘한 돌풍을 불러들이고는 조수석에 앉은 내게 짓궂은 표정으로 멋쩍은 미소를 보낸다.

"아리마스! 오케이? 오케이 아리마스!" 콜랴는 영어를 못하고 나는 러시아어를 못하지만, 우리는 서로를 완벽히 이해한다. 콜랴의 말뜻은 이것이다. "이제 행복하슈?"

우리는 눈신, 모자, 장갑 두 켤레, 발라클라바, 보온 재킷을 차려입고 트럭 밖으로 나선다. 하차는 복잡한 절차로 이루어진다. 문을 붙잡은 채 트레콜의 거대한 구형 고무바퀴에 먼저 발을 올린 뒤 얼어붙은 강물 표면에 네 발로 뛰어내려야 한다.

강둑은 기상관측소를 향해 가파르게 솟아 있다. 하늘이 밝아짐에 따라 눈의 색깔이 희끄무레한 주황색으로 바뀐다. 눈 껍질과 얼음 결정에 감싸인 풀과 옅은 공기 중에 매달린 이삭이 눈 밖으로 고개를 내민다. 얼어붙은 강은 북쪽 기슭의 이 작은 나무 섬을 홀로 내버려둔 채 서쪽으로 휘돌아 간다. 숲의 섬(툰드라) 안에 있는 또 하나의 섬. 1만 5611헥타르의 나무들이 사방으로 툰드라에 둘러싸였다. 어떻게 여기서 숲이 살아남았는지는 아무도 모른다. 가장 인기 있는 학설은 마지막 빙기가 유난히 저돌적이어서 다량의 물을 얼려 뭍에 잡아둔 탓에 해수면이 하도 낮아져 북극해 해안이 수백 킬로미터 북상했다는 것이다. 이로 인해 타이미르반도의 평지가 들쭉날쭉하게 빙하에 덮였으며 아리마스는 이전 빙기의 잔여물로 남았다. 또 어떤 사람들은 나무가 비교적 신참으로서 유리한 토양구조의 덕을 보았으며 지금도 느릿느릿 북쪽으로 올라가고 있다고 생각한다. 하지만 나무는 생장과 사멸이 매우 느리기 때문에 어느 학설도 인간의 시간 척도 안에서는 입증하기가 쉽지 않다.

디마와 내가 반짝거리는 눈 표면을 뽀드득뽀드득 밟으며 나아간다. 오두막은 빈집이다. 겨우내 아무도 살지 않았다. 바람의 기미조차 없어 나무들은 꼼짝하지 않는다. 빨랫줄은 늘어진 채 걸려 있다. 달이 지평선 아래로 지고 해가 막 올라왔다. 눈은 분홍색으로 반짝이고 나무의 바늘잎은 불타는 듯 붉다. 잎갈나무는 겨울에 바늘잎을 떨구지만, 첫서리는 나무가 준비를 갖추기 전에 내린 것이 틀림없어서 말라 죽은 바늘잎이 얼어붙은 채 가지에 달려 있다. 잎갈나무 하나를 손으로 쓸자 바늘잎이 내 손길에 딸랑거리며 땅에 떨어진다. 호리호리한 가지는 솜털자작나무처럼 좁쌀 같은 매우 고운 털로 덮여 있다. 이 모피는 열을 잡아두어 추위를 막아준다. 잔가지 안에 수분이 하나도 없어서 발사나무처럼 딱 하고 부러진다. 잎갈나무가 겨울에 땔감으로 안성맞춤인 것은 이 때문이다. 이 기온에서 살아남을 수 있는 것 또한 이 때문이다. 잎갈나무는 살아 있는 세포 안에 치명적 얼음 결정이 생기지 않도록 방지하는 메커니즘을 진화시켰다.

나데즈다의 친구이며 아리마스 잎갈나무의 최고 전문가인 알렉산드르 본다레프는 우리가 겨울에 숲에 간다니 부러워했다. 알렉산드르는 여느 과학자처럼 여름에만 연구를 진행한다. "내 나무들! 나를 기억할 거예요! 안부 전해줘요!" 알렉산드르가 전화로 간청했다. 다우르잎갈나무에 대한 남다른 애정은 20년간 만났다 헤어지기를 반복하면서 생겨났다. "매우 똑똑한 나무입니다. 당신보다 똑똑할걸요!"

라릭스 그멜리니는 자연의 경이다. 겨울이 다가오면 잎갈나무는 줄기 속 모세관인 물관부에서 물을 끌어내 껍질에, 또한 살아 있는 세포 바깥의 모든 공간에 저장한다. 이렇게 하면 세포의 원형질막이 쪼그라들기 때문에 얼음이 세포 바깥에 형성되어 세포를 손상시키지 않는다. 나무는 냉각되는 속도가 매우 느리기 때문에, 기온이 영하 5~6도로 내려가더라도 줄기 속 기온은 0도에 머무른다. 세포 속 액체와 세포 밖 얼음의 온도 차이 덕분에 유리화vitrification(물이 얼지 않고 고체화되는 현상)가 가능해진다. 나무를 액체질소에 넣으면 이 현상이 일어난다. 과냉각으로 인해 물은 얼음이라기보다는 유리 비슷한 형태로 바뀐다. 얼음은 결정으로 이루어져서 세포를 자르고 저며 동해凍害를 일으키는 데 반해 유리화된 물은 매끄럽고 단단하다. 냉각이 느리게 이루어지는 덕에 물은 살아 있는 세포에서 빠져나올 수 있다. 그 밖에도 많은 변화가 일어난다. 나무는 세포에 낙엽산을 채워 세포막의 투수성을 높임으로써 '누수'가 일어나도록 한다. 당과 단백질은 낮은 온도에서 단당류로 변해 언 물에 결합함으로써 나무가 쉽게 탈수되지 않도록 한다. 기온이 더 내려가면 잎갈나무는 엽록체 지질을 생산해 지방을 저장함으로써 세포벽을 말랑말랑하게 만들어 물 함량을 더 줄인다. 한겨울에 겨울잠을 자는 잎갈나무 안에는 수분이 거의 없어서 살았는지 죽었는지 분간이 되지 않는다.

잎갈나무가 사막 같은 시베리아에서 번성할 수 있는 것은 수분을 물과 얼음의 형태로 다스리는 능력 덕분이다. 겨울에는 뿌리가 딱딱하게 얼지 모르지만, 가지 끝에 겨울 햇빛이 잠깐이라도 비치면 뿌리가 깨어나 쇠처럼 단단한 땅에서 수분을 뽑아내 가지와 바늘잎에 올려보낸다. 온도가 낮으면 수분이 귀하지만 (영구동토대의 형태로 저장된) 얼음은 풍부하다. 다우르잎갈나무가 추위를 어찌나 좋아하던지 연구자들은 이 나무가 영구동토대의 확산과 공진화했다고 믿을 정도다. 북부 타이가의 얼어붙은 숲인 이 동토림을 지배하는 수종이 얼음을 가장 사랑하는 법을 배운 다우르잎갈나무라는 것은 놀랄 일이 아니다.

콜랴가 짓이겨진 기상관측소 출입문의 발톱 자국을 들여다보고 있다. 울버린 짓이 분명하다. 드문드문한 건물 너머에서는 무릎 높이의 눈에 둘러싸인 채 나무들이 비실비실 자라다 점점 드물어지더니 완전히 사라진다. 떠오르는 해에서 시선을 돌려 여명으로부터 나타나는 툰드라를 바라본다. 숲에 덮인 세상의 아름답고 잊을 수 없는 상쾌한 가장자리다. 이곳은 느닷없는 수목한계선이다. 긴 새벽 그림자 속에서 나무들은 두셋씩 짝지어 배회하다 붙들린 형체들처럼 보인다. 마침내 몇백 미터 바깥에서 몇몇 외톨이가 툰드라에서 홀로 북극을 향해 비틀비틀 나아간다. 그러다 해가 숲지붕 위로 스멀스멀 기어오르자 성긴 잎갈나무의 짧은 가지에 불이 붙는 것처럼 보인다. 연하디연한 분홍색과 파란색 하늘을 배경으로 연보랏빛 눈 위에서 주황색과 붉은색의 불꽃이 불쑥 피어오른다.

이른 아침 햇빛에 드러난 나무의 패턴은 북극해를 향해 진격하는 타이가의 개척자들이 척후병을 보내 지형을 염탐하게 하는 것처럼 보인다. 하지만 알렉산드르와 대화를 나누고서 수목한계선의 이 지대와 아리마스 숲을 새로운 시각에서 바라보게 되었다.

알렉산드르는 1995년 아리마스의 나무들을 연구하기 시작했지만 5~6년 뒤 시베리아의 또 다른 지역에 파견되어 알타이산맥에서 자연보전 활동을 이끌었다. 20년 가까이 떨어져 지내다 2019년에 돌아왔을 때 사랑하는 잎갈나무들은 이동하지도 자라지도 않았다.

알렉산드르가 말했다. "매우 기이하게 느껴졌습니다."

지름의 최대 증가량은 2밀리미터였으며 나이테를 세기 위해 구멍을 뚫어 목심 표본을 추출한 대부분의 나무는 그만큼조차 자라지 않았다. 나무들은 키가 같았으며 그 오래전과 똑같은 모습이었다.

알렉산드르가 관찰한 현상은 수목한계선의 전진에 대한 모든 모델과 어긋났다. 나는 연구를 시작할 때 숲이 북쪽으로 풀쩍풀

쩍 올라간다고 생각했으며 기온만을 토대로 삼은 단순한 모델들에서도 이렇게 예측했지만 실상은 딴판이었다. 케임브리지대학교를 주축으로 한 연구진이 지난 20년에 걸친 수목한계선 연구를 취합하여 그 결과를 2020년에 발표했는데,[17] 이에 따르면 수종은 생태계에 따라 다르게 반응했다. 알렉산드르의 관찰 결과는 시베리아 서부와 알래스카 동부에서 진행된 두 건의 연구와 일치했는데, 그곳에서는 수목한계선이 안정적이거나 심지어 후퇴하는 것처럼 보였다. 수목한계선은 기온이 올라간다는 이유만으로 광합성을 통해 이산화탄소를 더 많이 흡수하고 더 활발히 생장하는 단순한 기계가 아니다. 환경에 적응하는 잎갈나무의 DNA는 또 다른 반응에 관여할지도 모른다. 이런 극단적 환경에서 생존을 좌우하는 것은 생장이나 크기나 씨앗의 영양소 함량이 아니라 전략적 사고다. 잎갈나무는 매우 똑똑한 나무라고 알렉산드르는 말한다.

아리마스 잎갈나무의 촘촘한 나이테에는 아직 온난화의 징후가 조금도 눈에 띄지 않는다. 겨울이 점점 따뜻해졌고 여름 평균 기온이 천천히 높아지기는 했지만 바다얼음 위로 부는 바람은 최근까지도 여름 기온을 늘 낮게 유지했다. 하지만 빈약한 토질, 가용 영양소 부족, 나무 개체수 증가를 뒷받침하기에 미흡한 균근 개수 같은 요인으로 수목한계선 부동不動을 설명할 수 있더라도 알렉산드르는 숲이 더 메워지고 더 많은 천이가 일어나리라 기대했다. 하지만 이런 일은 일어나지 않았다. 하층식생은 20년 전과 똑같았다. 죽은 나무도 거의 없었다. 알렉산드르는 이것이 자스타의 유목 여단과 관계가 있다고 말했다. 1979년 숲이 국립 자연보호구역으로 지정된 뒤 입산과 벌목이 금지되었기 때문이라는 것이었다.

"그들은 훌륭한 산림 관리인이었어요!"

하지만 하층식생은 여전히 몹시 희박했다.

알렉산드르가 말했다. "어리둥절했습니다. 아리마스는 매우 흥미로운 숲입니다."

이곳의 숲은 트여 있다. 눈이 무릎을 잡아끌지 않았다면 키 작은 크룸홀츠 나무들을 헤치고 휘적휘적 지나갈 수 있었을 것이다. 이곳은 숲지붕이 닫힌 전통적 의미에서의 숲이 아니다. 나뭇가지들은 서로 닿아 있지 않다. 하지만 또 다른 의미에서는 닫혀 있는데, 그것은 땅속을 말한다. 나무 사이의 거리를 결정하는 것은 뿌리로, 영구동토대 위의 매우 얕은 활동층*에 뻗어 있다. 이 토층은 두께가 30센티미터이며 여름마다 100일가량 녹아 있다. 식물이 이용할 수 있는 흙은 이게 전부이며, 잎갈나무는 다른 떨기나무들이 사이사이에 터를 잡지 못하도록 방해하는 듯하다. 알렉산드르는 이 전략을 조사하다가 아리마스의 독특한 성질을 또 하나 발견했다.

타이가의 남쪽으로 내려가면 다른 잎갈나무 종들은 근계**가 비교적 소박하며 땅 위 식물량phytoma(살아 있는 세포)이 더 많다. 하지만 아리마스에서는 식물량의 절반 가까이가 땅 밑에 있다.

* 상부의 영구동토층 가운데에서, 겨울에는 얼고 여름에는 녹으면서 부피가 변하는 부분.

** 식물의 땅속기관 전체를 하나의 계系로 보는 것으로, 고착기관인 동시에 수분 및 영양 염류를 흡수한다.

눈 덮인 땅은 겨울에 바람으로부터 보온과 보호를 제공하므로 나무는 땅속에 더 많은 부분을 간직한다. 땅속은 영양소와 수분의 공급원인 영구동토대와도 더 가깝다. 알렉산드르가 이 신기한 땅속 나무와 이웃들의 관계를 탐구했더니 분해되지 않은 바늘잎과 지의류의 텁수룩한 층 아래에서 아리마스의 잎갈나무들은 꽃가루받이 없이 영양생식*으로 번식하고 있었다. 뿌리에서 포기나누기**가 일어나면 땅 위의 새싹들이 기존 나무의 뿌리와 둥치에 연결된다. 모든 나무들이 힘을 합쳐 일하는 듯하다.

게다가 알렉산드르는 성숙한 나무의 키가 나이와 상관없이 모두 5미터를 넘지 않는다는 사실을 발견했다. 이보다 큰 표본은 하나도 없었다. 남쪽의 잎갈나무 숲에서는 키와 간격이 대체로 들쭉날쭉하다. 잎갈나무를 공중에서 내려다보면 마치 코르크스크루처럼 가지들이 줄기 아래쪽으로 내려갈수록 나선으로 뻗어나간다. 이렇게 하면 가지들이 다른 가지에 그늘을 드리우지 않고서도 햇빛을 최대한 많이 받을 수 있다. 확실히 알 순 없지만, 아리마스에서 나무들의 키와 간격이 일정한 것은 숲에 스며들어 각각의 나무에 도달하는 빛의 양을 (낮은 입사각에서조차) 극대화하기 위해서인 듯하다. 나무 끄트머리가 얼음에 싸인 바늘잎으로 분홍색 여명의 조각을 붙잡는 것에서 보듯 이 나무 경관의 패턴은 집단지성의 작용을 암시한다. 이곳의 숲은 매우 오랜 시간에

* 특별한 생식기관을 만들지 않고 영양체의 일부에서 다음 대의 종족을 유지해 가는 무성생식.

** 초목의 영양번식의 하나로, 뿌리에서 난 여러 개의 움을 뿌리와 함께 갈라 나누어 따로 옮겨 심는 방법이다.

걸쳐 형성되었고 독특하게 적응했으며 극단적 환경에 맞춰 계를 진화시켰다. 이렇듯 지능적으로 분산된 유기체가 급작스러운 이동을 꺼리는 것은 지극히 합리적으로 보인다.

2020년 시베리아의 이상 기온은 오싹할 정도다. 지구 평균을 네 배 웃돌며 세계 최고를 기록했으니 말이다. 2020년에 북위 75도 이북의 북극권 전체가 지구 평균의 여섯 배로 훨씬 빠르게 온난화했다.[18] 하지만 온난화의 출발점이 너무 낮아서 눈에 잘 띄지 않는다. 오늘은 영하 44도로, 2월의 정상 범위인 영하 40~60도에 해당하지만, 돌간인을 비롯해 매일 실외에서 지내는 사람들이 잘 알듯 요즘은 영하 40도 이하로 내려가는 일이 드물다. 커다란 땅덩어리와 물덩어리를 가열하는 데는 매우 오랜 시간이 걸린다. 기후 붕괴의 첫 조짐은 노르웨이나 (다음 장에서 보듯) 알래스카처럼 변동성 기후 패턴에 매우 민감한 해양 지대에서 감지되고 있는 반면에 시베리아의 꽁꽁 얼어붙은 벌판에서는 모든 일이 훨씬 천천히 벌어진다.

그러니 나의 통역자 디마 말마따나 지구온난화가 사기극이라고 믿기 쉽다. 탄화수소가 풍부한 러시아를 경제적으로 옥죄려는 수작이라는 것이다. 러시아에는 이런 말이 회자된다. "석유는 우리의 아버지이고 가스는 우리의 어머니다!"

"그레타 [툰베리]는 꼭두각시에 불과하다. 누군가의 지령을 받는 게 틀림없다."

이날 아침의 태곳적 풍경에는 위험을 암시하는 어떤 징후도 없다. 새벽은 적막하다. 연한 눈 껍질 표면이 바큇자국의 고운 레이스 무늬로 덮였다. 이곳의 바람은 밤마다 무대를 말끔히 쓸어낸다. 눈에 쓰인 것은 하루아침에 상연되는 참신한 연극이다. 북극토끼 한 마리가 얼어붙은 베리를 찾아 눈을 파헤치며 선홍색 핏방울처럼 보이는 얼룩을 눈밭에 뿌려놓았다. 북극여우 여러 마리, 뇌조, 늑대 한 마리 등 다른 짐승들이 나타나자 녀석은 강 쪽으로 깡총깡총 달아났다. 늑대 발자국은 크고 일정하다. 거의 내 손바닥만큼 기다란 발가락이 눈을 2~3센티미터 깊이로 다졌다. 서두른 흔적은 없었다. 조금 전까지만 해도 동물 등장인물들이 총출동한 숲 생명의 극단 전체가 이곳에 있었다. 나무에 몸을 숨긴 채 가까이서 지켜보고 있었을 것이다. 잎갈나무의 뭉툭한 줄기들은 수동적이지 않다. 이곳은 눈眼의 숲이다. 사적인 세계에 침입한 불청객이 된 기분이다. 분홍색 눈, 미동도 없는 나무, 인간이 지은 안쓰러운 오두막은 우연의 산물처럼 보인다.

체호프는 이렇게 썼다. "타이가는 막강하고 무적이다. 이곳에서는 '인간은 자연의 지배자다'라는 문구가 너무도 못 미덥고 거짓되게 들린다."[19]

몇 시간 뒤 트레콜이 하류로 향할 즈음 하늘이 주황색으로 물들며 이 짧은 겨울 하루가 저문다. 하탄가가 다시 가까워지니 발전소에서 솟아오르는 연기 기둥이 하늘 높은 곳에서 빛을 받는다. 황금색과 보라색 줄무늬가 기온역전의 높이를 짐작게 한다. 800미터 위에 하늘의 선이 그려져 있다. 금발 콜랴는 이 친숙한 오염의 풍경을 보자마자 얼굴에 화색이 돌며 창문을 열고 담배에 불을 붙인다.

"나의 아름다운 현대식 도시에 오신 것을 환영합니다!" 콜랴가 웃느라 컥컥거리며 말한다.

디마는 아리마스의 나무들이 이동하고 있지 않다는 사실에 나의 기후변화 주장이 음모론으로 입증되기라도 한 듯 기세가 등등하다.

"봤죠?"

지금껏 디마를 설득하려다 지쳐서 그저 미소로 답한다. 하지만 이튿날 마지막 일정으로 본다레프의 친구를 만나러 하탄가의 타이미르국립공원 사무실에 가는 동안 디마는 평소와 달리 조용하다. 나무들은 느릴지 몰라도 온난화의 다른 징후들이 보인다. 다리나 날개가 있어서 더 빨리 움직일 수 있는 종들이 있으니까.

자연사 표본으로 가득한 전시실 위층에 난방이 부실한 목조 사무실이 있다. 그곳에서 아나톨리 가브릴로프를 만난다. 정부에서 비용 '최적화'의 일환으로 타이미르국립공원 과학자 수를 예순일곱 명에서 열세 명으로, 다시 열한 명으로, 다시 한 명으로 줄인 뒤 마지막으로 남은 상주 과학자다. 조류학자인 아나톨리가 선택되었다는 사실은 의미심장하다.

대륙에 속한 땅덩어리 중에서 가장 북쪽에 있는 타이미르는 지구상의 주요 비행로—새들의 이주 경로—다섯 곳의 꼭대기다. 오스트레일리아, 아프리카 서부와 남부, 영국, 지중해 연안, 인도, 중국, 중앙아시아에서 겨울을 나는 새들은 모두 세계 꼭대기에 와서 번식한다. 북부한대수림은 50억 마리 새들의 보금자리이며 타이미르의 조류 밀집도는 전 세계에서 가장 높다. 여름마다 아나톨리는 우리가 아리마스에서 방문한 나무 오두막을 근거지 삼아—그곳에서 본다레프를 알게 되었다고 한다—60일간 툰드라를 누비며 새를 찾는다. 해마다 전에 한 번도 보지 못한 신종 수십 종이 발견된다. 아나톨리의 책상에는 도래까마귀 깃털이 놓여 있다. 타이미르반도의 새 손님이다. 하지만 도래까마귀가 찾아온 것은 이미 오래된 뉴스다. 지난 몇 년간 아나톨리는 이보다 놀라운 광경을 여럿 목격했다. 아리마스 북쪽의 숲과 툰드라에서 점점 많은 남방 숲 서식종이 발견되고 있다.

"숲이 붐비고 있습니다!" 새로운 종의 풀을 따라 새로운 종의 곤충이 찾아오고 새로운 종의 새들이 뒤따른다. 이를테면 중국의 열대 종이나 대서양의 새로운 갈매기가 눈에 띈다. 아나톨리가 목격한 가장 충격적인 종은 후투티로, 본디 지중해와 흑해 연안의 온대림에 서식하는 종이다.

"믿을 수가 없었습니다! 전혀 예상치 못했거든요."

나무들은 가만히 있을지 몰라도 숲의 나머지 구성원들은 북쪽으로 이동하고 있다. 아나톨리가 지도를 꺼내 새들의 영어 명칭을 찾는 동안 디마가 비행기 시간이 다 됐다며 재촉한다. 아나톨리는 우리가 떠나는 것이 진심으로 아쉬운 눈치다. 이젠 전문가 방문객들이 많지 않은가보다. 아나톨리가 새들의 경고를 전해도 들을 사람이 거의 없다.

"아무리 떠들어봐야 소귀에 경 읽기입니다! 신기하게도 러시아 사람들은 자신이 행동해봐야 세상이 바뀔 리 없다고 생각합니다."

디마가 이 마지막 문장을 통역하면서 멋쩍게 고개를 돌린다. 공항에서 디마가 묻는다. "그래서 얼마나 잘못된 거죠?" 나는 우리가 정확히 모른다고 대답한다.

"저는 어디로 가야 할까요?"

"새들이 가는 곳과 같은 방향으로요. 북쪽으로 가야죠."

비행기가 연착되어 공항 건물의 냉골 양철 상자에 갇힌다. 개 한 마리가 얼어붙은 똥을 똥구멍에 붙인 채 우리를 끝없이 맴돈다. 구역질이 나지만, 냄새 때문만은 아니다. 공항은 세계와 세계를 연결하는 응가나산인의 관문 같다. 우리의 연약한 생명이 얼마나 아슬아슬하고 위태로운지 똑똑히 보인다. 가능성의 미래가 수많은 가지를 뻗는다. 드미트리의 질문과 나의 대답은 우리가 목격한 사실들의 무게를 개인적 차원에서 조명하게 한다. 이 과정은 우리가 멀찍이서 관찰하는 대상이 아니다. 우리는 집에 돌아가더라도 안전하지 못할 것이다. 예전에 분쟁 지역에서 일하던 때와 비슷하게 팔다리에서 무게가 느껴지지 않고 가슴이 죄어든다. 머리 위로 로켓이 휘파람 소리를 내며 날아다니거나 지척에서 총격이 벌어질 때, 검문소에서 민병대원이 손을 들어올릴 때도 같은 느낌이었다. 본능은 내게 달아나라고 말한다. 하지만 어디로?

러시아 체르스키

북위 68도 44분 23초

2018년 여름 세르게이 지모프라는 지구과학자가 과학계에 파란을 일으켰다. 베레모를 쓰고 수염을 기르고 시가를 문 모습은 물리학자라기보다는 좌안*의 철학자처럼 보인다. 〈내셔널 지오그래픽〉에 실린 사진들에서 세르게이는 웃음 띤 얼굴로 공기착암기 손잡이를 쥐고 있다. 시베리아 북동부 끝 체르스키에 있는 자신의 연구기지에서 영구동토대에 구멍을 뚫는 중이다.[20] 체르스키는 수목한계선에 있다. 타이미르 동쪽으로 시간대를 네 개 건너 도착한 이 지대에는 영구동토대가 끊임없이 이어져 있다. 유명한 사금터이자 굴라크 요새이자 시베리아에서 가장 동쪽 끝에 있는 큰 강인 콜리마강이 바다와 만나는 이 넓고 평평한 삼각주는 툰드라, 영구동토대, 드문드문한 나무들로 이루어졌다. 같은 경도에 캄차카반도와 뉴질랜드가 있으며 동쪽으로 시간대를 하나 더 건너면 베링해협에 닿는다.

파란을 일으킨 것은 땅에 구멍을 뚫은 행위가 아니라—세르게이는 독특한 연구 방법으로 유명하다—이를 통해 발견한 사실이었다. 단단한 땅을 1미터가량 파고들어가자 세르게이가 예측한 대로 진창이 나타났다. 영구동토대는 위에서뿐 아니라 아래에서도 녹고 있었다. 거의 모든 사람들은 기온이 따뜻해져 맨 위 해동된 토양의 활동층이 깊어지면서 영구동토대가 위에서부터 점차 녹을 거라고 예상했다. 하지만 세르게이의 발견은 다른 미래를 가리켰다. 그것은 영구동토대가 빠르게 무너지리라는 예견이었다. 이 말은 영구동토대에 기대는 결빙 생태계가 긴박한 말썽에 휘말렸다는 뜻이었다. 메탄과 탄소의 측정 불가능한 방출은 말할 것도 없었다.

다우르잎갈나무는 발이 젖는 것을 좋아하지 않는다. 뿌리를 수평으로 영구동토대 맨 위 얕은 토양에 뻗어 아래로부터 물기를

* Left Bank. 파리 센강의 좌안으로, 화가들이 많이 살았기에 비유적으로 자유분방한 사람들이 사는 고장을 뜻한다.

빨아들인다. 맨 위 30~100센티미터의 활동층은 여름에 80일가량 녹는데, 이 짧은 시기 동안은 다우르잎갈나무가 물을 감당할 수 있지만 뿌리 활동에는 산소가 필요하기 때문에 장기간 침수는 나무에게 사형선고나 마찬가지다. 이에 반해 얼음은 토양구조 안에 동결로 인한 공기주머니를 만들어 생명을 가져다준다. 땅이 깊숙이 어는 타이미르에서는 영구동토대가 고스란히 유지되어 잎갈나무가 안정적으로 자랄 수 있지만, 태평양의 온난한 해류가 북극 해저분지에 침투하여 온난화 순환 패턴을 일으키는 시베리아 동쪽 끝에서는 타이미르에서 랍테프해를 지나 레나강, 야나강, 콜리마강, 인디기르카강의 드넓은 유역에 걸친 수목한계선이 오히려 후퇴하고 있다.

영구동토대가 녹는 지대 중 일부에서는 물이 빠져나가고 땅이 무너져 내려 커다란 싱크홀이 생긴다. 이 모습은 시베리아 전역에서 흔히 볼 수 있으며 큰 것들은 거대 운석의 충돌구를 닮았다. 하지만 저지대에서는 물이 갈 데가 없어 지하수위가 상승한다. 수카초프연구소의 과학자들에 따르면 지하수위가 1.5미터 이상 상승하면 잎갈나무에 치명적이라고 한다. 흙이 물에 잠기면 나무는 '익사'한다. 영구동토대가 없으면 잎갈나무는 취약해지고 경쟁에서 밀려난다. 영구동토대 해빙이 가장 두드러지는 콜리마강 기슭을 따라 버드나무, 포플러, 자작나무가 득세하고 있다.

세르게이 지모프의 아들 니키타는 현재 북동부과학기지를 운영한다. 니키타는 나를 여름에 배로 데려가 해빙의 실상을 직접 보게 해주겠다고 약속했다. 과학자들이 영구동토대의 메탄과 탄소 배출량, 강에서 바다로 흘러드는 유기탄소의 양을 측정하는 광경도 보여주겠다고 했다. 지모프의 시설은 메탄 방출량을 정량화하려고 애쓰는 네덜란드의 영구동토대 전문가 코 박사가 언급한 네 곳 중 하나다. 하지만 코로나 대유행으로 러시아의 항공이 전면 중단되었다. 게다가 체르스키 공항은 어차피 개점휴업 상태다. 산불로 이 일대가 연기에 뒤덮였기 때문이다. 그래서 니키타와의 마지막 만남은 화면상에서 이루어졌다.

"잎갈나무라고요? 저는 잎갈나무를 싫어합니다! 사람을 잘못 찾으셨네요." 니키타가 이렇게 말하며 웃음을 터뜨린다. "땔감으로는 아주 훌륭하지만요."

니키타와 세르게이는 숲을 구하는 일에는 전혀 관심이 없다. 그들이 염려하는 것은 오로지 영구동토대다. 이상하게 들리겠지만, 해빙을 늦춰 어쩌면 타이가 일부를 보전할 수도 있을 최선의 방안은 나무를 베는 것인 듯하다.

니키타는 1970년대에 세르게이와 동료들이 지은 연구 시설의 나무 벽 사무실에서 커다란 가죽 등받이의자에 앉아 몸을 빙빙 돌린다. 뒤쪽 벽에는 뿔이 고스란히 달린 들소 두개골이 걸려 있으며 문틀에는 니키타보다 큰 매머드 엄니가 통째로 기대여 있다. 암갈색 바가지 머리에 '플로리다 주립대학교' 야구 모자를 썼으며 빨간색 나이키 티셔츠를 걸쳤다. 지금은 2020년 6월이다. 시베리아 산불이 전 세계에서 헤드라인을 장식하고 있으며 니키타가 인근 언덕에서 찍은 영상에서는 불이 지평선 위로 휘몰아치며 길게 이어진 연기 띠를 도시 위로 내보내 북극 백야의 태양을 가린다. 니키타는 연구기지에 혼자 격리되어 있다. 아내와 딸들은 시베리아 남부 노보시비르스크의 '본토'에 있다. 아버지는 모스크바 인근에 있다. 하지만 누군가는 대기질을 측정하고 장기간에 걸친 실험을 관리해야 한다. 연구기지는 소련 해체 이후 러시아에서 그들이 경영하는 가족 사업이다. 평상시 이 시기에는 객원 과학자가 수십 명에 이른다.

니키타는 1982년에 태어나 연구기지에서 전 세계 과학자들과 함께 자랐다. 니키타가 어릴 적에는 겨울이 더 추웠으며 늘 6월 1일과 10일 사이에 얼음이 부서져 바다로 떠내려갔다. 2020년은 5월 24일에 부서져 신기록을 세웠다. 소련 시절에는 과학자들이 엘리트였다. 체르스키 근무는 인기가 많고 보상이 두둑했으며 읍내 학교는 훌륭했다. 하지만 페레스트로이카*와 소련 붕괴 이후 모든 것이 내리막을 걸었다. 니키타는 아버지 동료의 아내에게서 화학을 배우며 기지에서 학업을 마쳤다. 노보시비르스크대학교에서 장학금을 받아 수학을 공부했지만 맘에 들지 않았다. "대학에는 수학 분야가 스물일곱 개 있습니다. 스물여섯 개만 해도 너무 많은데 말이죠."

니키타는 수학모델을 이용해 생태계와 환경 변화를 들여다보기 시작했는데, 아버지에게서 가족 사업으로 돌아오라는 요청을 받았다. 20년 뒤 니키타는 여전히 이곳에서 세르게이의 이상과 과학적 포부를 이어가고 있다. 딸들이 전통을 이어받고 싶어할지는 의문이지만.

세르게이 지모프는 블라디보스토크 극동대학교에서 학위를

* 1986년 이후 고르바초프 정권이 추진한 소련의 개혁 정책.

받은 뒤 1977년 체르스키에 북동부과학기지를 설립했다. 니키타에 따르면 세르게이가 북쪽으로 와서 자연에 몸담은 것은 소련 관료제를 벗어나 자신이 좋아하는 사냥을 실컷 하기 위해서였다. "체르스키가 사냥하기에 좋은 장소가 아니라는 걸 깨달았을 땐 너무 늦어버렸죠."

2006년 〈사이언스〉 기고문에서 세르게이 지모프는 시베리아 예도마 영구동토대가 온난화에 민감하며 이곳에 막대한 양의 탄소와 메탄이 매장되어 있음을 세계 최초로 경고했다.[21] 예도마 영구동토대의 토양은 불완전하게 분해되어 있다. 온도가 낮고 흙을 분쇄할 균류가 없어 숲의 낙엽이 매우 느리게 썩거나 아예 썩지 않는다. 예도마에 저장된 탄소는 우림 숲바닥의 다섯 배에 이른다. 게다가 영구동토대는 우림보다 훨씬 넓은 면적을 차지한다. 붕괴가 시작되기 전까지만 해도 영구동토대는 지구 육지 표면의 4분의 1을 차지했으며 그중 절반 이상이 시베리아에 있었다. 하지만 해빙은 모델에서 예측한 것보다 훨씬 빠르게 진행되고 있다.[22] 이곳에서 나무의 중요성은 산소를 생산하고 배출가스를 격리하는 데만 있는 것이 아니다. 나무는 영구동토대의 해빙을 늦출 수도 있고 앞당길 수도 있다.

세르게이는 불도저로 1에이커(0.4헥타르)의 영구동토대에서 활동층을 제거한 뒤 붕괴가 어떻게 일어나는지 관찰하는 등 대담하고 실용적인 실험으로 명성을 얻었다. 10년이 지난 오늘날 그 땅은 구덩이가 되었다. 물과 흙이 녹아 빠져나간 자리에 거대한 진흙 기둥들만 남았다. 세르게이가 북부한대수림의 잎갈나무에 대해 내놓은 급진적 발상들은 처음에는 한낱 논란거리로 치부되었으나 이제는 대세가 되었다.

세르게이는 거의 100년을 거슬러 올라가는 수카초프의 통찰을 주춧돌 삼아 2000만 년 전 생태 혁명이 일어났다고 주장했다. 현생 나무의 조상인 키 큰 식물은 독소를 만들어 초식동물로부터 스스로를 보호하는 법을 알아냈다. 반면에 풀은 초식동물과 손잡았다. 모든 초식동물은 풀을 먹고 살며 풀은 초식동물에게 거름과 번식—씨앗의 확산과 발아—을 의존한다. 숲, 풀, 초식동물의 삼각 생태계는 생산적이었으며 수백만 년간 든든히 이어져 내려왔다. 지질학적 증거로 보건대 1만 5000년 전 시베리아에는 나무가 지금의 10분의 1에 불과했다. 아프리카의 세렝게티 사례와 유럽의 생물 다양성 실험(이를테면 네덜란드의 오스트바르데르플라선이나 영국의 넵 에스테이트에서 실시된 실험)에서 보듯 생태계의 정점은 숲지붕이 닫힌 숲이 아니라 코끼리, 매머드, 와피티사슴, 말코손바닥사슴, 오록스 같은 거대 초식동물에 의해 소림과 초원이 뒤섞인 모자이크다. 지모프는 타이가가 실은 사바나였다고 주장했다. 그러다 호모 사피엔스라는 최상위 포식자가 나타나 매머드, 들소, 와피티사슴, 말 같은 먹이사슬 내 초식동물의 씨를 말렸으며 초식동물이 사라지자 영구동토대에서 번성하도록 진화한 떨기나무와 큰키나무, 무엇보다 잎갈나무가 풀을 물리치고 경쟁에서 승리했다. 이것은 흥미로운 학설이다. 시간을 초월한 것처럼 보이는 잎갈나무 타이가가 지질학적 새내기—인간의 활동으로 인해 들어온 잡초—라니 말이다.

니키타가 말한다. "사람들은 타이가를 야생 생태계로 여기지만, 최초의 인류가 나타나기 전에는 이곳에 나무가 매우 드물었습니다. 잎갈나무는 아무짝에도 쓸모없는 생태계입니다. 무엇도 잎갈나무를 먹지 않아요. 설치류만 잎갈나무 씨앗을 먹지요."

후속 연구에서는 타이가가 젊은 지형이라는 수카초프의 통찰과 과거 생태계 변화에 대한 세르게이의 포괄적 이론이 확증되었다. 마지막 간빙기 말 이후 동토 잎갈나무 숲은 영구동토대와 대화를 나누면서 진화했다. 아래쪽 얼어붙은 땅덩이 위 활동층에 뿌리를 수평으로 뻗었으며 북쪽으로 꾸준히 올라와 3000킬로미터 남쪽의 중국 국경 지대에서 북부 수목한계선에 이르는 단일종 숲을 형성했다. 세르게이와 니키타에 따르면 이것은 위태롭고 연약하며 인공적인 상황이다.

잎갈나무로 덮인 영구동토대는 온난화에 훨씬 취약하다. 잎갈나무가 눈을 잡아두기 때문이다. 니키타는 연구기지의 기온을 매일 기록하고 있다. 자신이 어릴 적 세르게이가 시작한 작업을 이어가는 것이다. 니키타의 생전에 영구동토대 온도가 영하 6도에서 영하 3도로 올라갔다. 평균기온도 영하 11도에서 영하 8도로 상승했다.

니키타가 설명한다. "토양 온도가 3도 상승한 것은 눈 때문입니다." 땅이 눈에 덮여 있어서 겨울 추위가 흙속으로 파고들지 못하는 것이다.

세르게이는 사바나 동물들이 사라지지 않았다면 풀을 먹으려고 눈을 뭉개거나 완전히 쓸어내어 단열 효과를 감소시키고 그 덕에 찬 공기가 흙을 식힐 수 있었으리라 생각했다. 내가 노르웨이 핀마르크에서 보았듯 바람도 같은 일을 한다. 나무가 하나도 없다면 말이다. 세르게이는 숲 아래의 영구동토대가 사바나 아래의 영구동토대보다 몇 도 따뜻하다고 가정했다. 필요한 것은 가설을 검증할 방법뿐이었다. 그리하여 1988년 러시아 정부로부터 숲-툰드라 수목한계선 관목 지대 1만 6000헥타르를 얻어 체르스키 외곽에 홍적세공원이라는 실험적 사파리 공원을 지었다.

공원에는 여섯 종의 대형 초식동물(말, 말코손바닥사슴, 순록, 사향소, 와피티사슴, 들소)을 들였다. 이것은 홍적세 사바나 초식동물의 먹이 활동을 재현하고 타이가를 툰드라-스텝으로 바꾸는 조치가 영구동토대 해빙을 늦춰 인류가 재앙적 지구온난화를 돌이킬 시간을 버는 최선의 방법임을 입증하기 위한 것이었다. 예상대로 짐승들은 떨기나무, 이끼, 어린나무를 짓이기고 풀의 생장을 촉진했으며 데이터에서 보듯 공원의 토양은 실제로 숲보다 최대 2도 낮았다. 2도는 어마어마한 변화를 일으킬 수 있다.

공기착암기 실험이 실시된 2018년에는 활동층이 전혀 얼지 않았다. 2019년에는 얼긴 했지만 아슬아슬했다.

"이것이 우리 지역에서 내포하는 의미는 어마어마합니다. 거대하고 갑작스러운 영구동토대 붕괴가 조만간 일어날 겁니다. 그 결과는 누가 알겠습니까? 썩 달갑진 않겠죠." 니키타가 킥킥댄다.

시베리아의 도시, 도로, 관로는 모두 영구동토대 위에 건설되었으며 이미 붕괴하고 있다. 시베리아에서 현재 누리는 삶은 불가능해질 것이며 완전히 새로운 기반 시설이 필요해질 것이다. 진흙 사태로 집과 땅이 강에 휩쓸려 들어가고 있다. 녹은 흙이 섞여 들면서 강물의 성질이 달라져 수생생물에 영향을 미치고 있다. 물고기는 이주를 중단했다. 칼리마강에서는 토종 흰살 어류가 모조리 사라지다시피 했으며 물범이 떼로 나타났다. 달라지고 있는 것은 강의 생물만이 아니다. 시베리아의 강들은 10년 전보다 15퍼센트 많은 물을 바다에 흘려보내고 있으며 해마다 양이 증가하고 있다. 이 때문에 북극해의 염도가 달라지고 있는 듯하며, 이는 북극해의 생물펌프에 영향을 미칠지도 모른다. 생물펌프란 짠물이 밑바닥에 가라앉아 심층수가 해저의 영양물질과 섞인 다음 다시 해수면으로 올라와 식물성 플랑크톤의 먹이가 되는 과정을 일컫는다. 영양물질이 식물질과 동물질로 전환되는 이 일차생산 과정은 해양 먹이사슬의 토대다. 이러한 플랑크톤 생장의 촉진 덕에 북극해의 입구인 베링해협과 바렌츠해는 해양 동물과 해양 조류의 먹이가 지구상에서 가장 풍부한 곳으로 손꼽힌다.

니키타는 아버지와 마찬가지로 연구에서 도출된 결과를 씁쓸히 받아들인다. "개인적으론 현대적 삶이 끝장난다고 해서 통곡하지는 않겠지만, 물고기가 사라지면 유감스러울 겁니다."

연구기지는 옛 채석장에 건설되었는데, 이것은 아버지의 선견지명 덕이다. 니키타는 무사할 것이다.

"하지만 읍내가 창밖으로 쓸려 내려간다면 서글플 겁니다."

세르게이는 인류 문명이 조만간 붕괴하리라 예측한다. 온난화를 멈출 방법이 보이지 않기 때문이다.

니키타가 말한다. "하지만 그 때문에 상심하신 것 같진 않습니다. 아버지는 파국이 최대한 일찍 일어나길 바라십니다. 그래야 당신의 가설이 입증될 테니까요. 과학자이니 그럴 수밖에요!"

하지만 지모프 부자는 겉으로는 인간 혐오를 표출하지만 아직 포기하지 않았다. 니키타는 올해 프랑스의 텔레비전 방송사와 함께 배를 전세 내어 베링해협의 외딴 야생동물 피난처 브란겔섬에

갈 계획이다. 홍적세공원에 데려갈 사향소를 얻기 위해서다. 세르게이는 현재 모스크바에 있는데, 대중을 교육하고 태도를 변화시키기 위해 디코예 폴레라는 또 다른 관광지를 조성하는 중이다. 지모프 부자가 학문적으로 성공을 거두긴 했지만, 공원의 본보기는 비슷한 냉각 효과를 거두기 위한 대규모 비상조치로 이어지지 않았다. 니키타는 무덤덤하다. "모든 것이 정부 소유인 러시아에서도 힘든 일이라면 다른 나라에서는 어림도 없을 겁니다!"

수백만 헥타르의 숲을 벌목하여 초원으로 바꾸는 것은 지구온난화의 해법으로는 선뜻 납득이 되지 않기에, 숲 파괴를 저지하고 나무를 더 많이 심으려고 애쓰는 세상에서 채택될 가능성은 희박하다.

그럼에도 지금 순간의 위험을 파악하고 가능성을 움켜쥐려면 이런 대담한 발상의 도전이 절실히 필요하다. 우리는 현재 상황을 만드는 데 일조했으며 그렇기에 원상으로 되돌리거나 새로 만들 수도 있다. 지모프 부자의 작업에서 보듯 인류는 타이가의 생태 천이를 추동한 핵심종으로서 잎갈나무보다 더했으면 더했지 결코 덜하지 않았다. 스코틀랜드인이나 응가나산인의 기억에서와 마찬가지로 우리는 옛 눈으로 보는 법을 배워야 한다. 우리는 지금의 경관과 더불어 자랐으며 몇 세대라는 짧은 기간 동안 이 경관을 당연한 것으로 여겼다. 하지만 현재의 경관은 결코 시간을 초월한 것이 아니다. 파란 바다, 하얀 얼음, 푸른 숲으로 색깔을 바꿔가며 끊임없이 이어지는 역동적 과정 속에서 인간이 빚어낸 찰나다. 이 과정이 이루어지는 무대인 암석 공은 기체로 둘러싸인 채 우주에서 회전한다.

4

국경

흰가문비나무
Picea glauca

검은가문비나무
Picea mariana

알래스카 페어뱅크스

북위 64도 50분 37초

러시아와 알래스카를 가르는 것은 고작 80킬로미터의 얕은 물이다. 2만 년 전 최후빙하극성기*에는 지구의 물이 대부분 빙하에 갇혀 있었기에 해수면이 지금보다 100미터 낮았으며 베링해협은 육지였다. 지질학에서는 알래스카와 유콘준주를 동東베링육교라고 부르며 사실상 시베리아 동부의 연장으로 여긴다. 육교가 건재할 때는 동물, 식물, 인간이 툰드라-스텝 생태계를 자유롭게 누볐다. 그곳은 풀과 세이지브러시**가 무성했으며 포플러 숲이 여기저기 흩어져 있었다. 그러다 유라시아 전역으로 얼음이 내려오자 초기 인류를 비롯한 수백 종이 이 저지대를 건너 서쪽에서 동쪽으로, 알래스카와 유콘준주의 막다른 골목으로 이주했다. 마침내 알래스카 남부와 캐나다 로키산맥으로 이어지는 브룩스산맥의 빙하들이 내륙으로의 이동을 멈추자 알래스카와 오늘날의 유콘준주는 북극 툰드라 지대를 통틀어 생물 다양성이 가장 풍부한 지역 중 하나가 되었으며 600여 종의 동식물이 서식한다(타이

* 거대한 빙하가 북미와 유럽 및 남미의 절반과 아시아의 많은 부분을 덮고 있던 매우 추운 시기.

** sagebrush. 국화과 쑥속에 속하는 식물 중 관목처럼 자라는 종류.

미르는 118종에 불과하다).

지구가 더워지자 바다가 육교를 끊어 태평양과 북극해를 연결했는데, 이로써 지구의 생태 역사가 영영 달라졌다. 수십 종이 베링해협의 양편으로 나뉘었다. 이렇게 나뉜 두 생태계는 쌍둥이처럼 여러 특징을 공유하지만, 기후가 온난화되는 상황에서는 한두 종만 달라져도 생태계가 완전히 다른 방향으로 진화한다. 시베리아 북동부에는 없는 핵심종 두 종이 알래스카에 있는데, 그것이 가문비나무와 비버다.

알래스카는 지모프 부자의 이론을 입증하는 듯하다. 타이가 잎갈나무 숲이 젊은 지질계통이며 아마도 인간이 거대동물을 몰아내자 그에 대응하여 형성되었으리라는 두 사람의 이론은 강 맞은편에 잎갈나무가 없다는 사실로 뒷받침된다. 젊은 지질계통이 아니라면 베링해협으로 바닷길이 뚫렸을 시점에 잎갈나무가 이미 남쪽에서 올라와 있었어야 하기 때문이다. 알래스카 쪽 숲에는 잎갈나무가 하나도 없고 가문비나무*Picea glauca/mariana*가 우세하다. 가문비나무도 남쪽에서 온 것으로 보이는데, 이는 내륙과 관계가 있음을 시사한다.

가문비나무는 내한성耐寒性 구과수로, 바늘잎이 질기고 매끈매끈하며, 전체적으로 원뿔 모양이고 짧은 가지가 옆으로 뻗었으며, 얕은 근계는 가장 척박한 지형에서도 수분을 뽑아낼 수 있고 질척질척한 환경에서도 살아갈 수 있으며, 지구의 위대한 생존자들 중 하나다. 가문비나무를 보면 땅딸막한 로마 병사들이 떠오른다. 가문비나무속은 백악기로 거슬러 올라가는데, 극심한 더위와 추위를 이겨냈으며 산소가 희박한 대기에서 이산화탄소가 풍부한 대기에 이르기까지 넓게 분포한다. 로키산맥 절멸면제지역에서 마지막 빙기를 보내다 지구가 더워지면서 북쪽으로 전파된 것으로 보인다.

시베리아에서든 알래스카에서든 가문비나무와 잎갈나무 둘 다 북극해까지는 도달하지 못했다. 엄청난 바다얼음이 땅과 기후를 지금껏 차갑게 유지한 탓이다. 7월 10도(여름 평균기온) 등온선은 베링해협 너머에서는 남쪽으로 풀썩 내려앉는데, 한때 겨울 바다얼음의 한계선이던 태평양 북부를 부채모양으로 넓게 에두른다. 얼음은 해안평야를 춥게 유지하고 나무의 생장을 억제한다. 특히 러시아 쪽 해안에서는 오야시오해류가 북극해에서 흘러내려와 해안을 냉각하기 때문에 블라디보스토크는 겨울에 쇄빙선이 필요한 최남단 항구다. 이런 까닭에 화살표처럼 알래스카를 가리키는 러시아의 동쪽 끝 축치반도의 심장부에서 수목한계선은 90도 남쪽으로 방향을 틀어 캄차카반도의 손가락 안쪽을 따라 오호츠크해 가장자리를 에두른다. 기후 붕괴가 일어났어도 러시아 쪽 해안에서는 툰드라의 틈새가 막히고 있지 않다. 오히려 앞에서 보았듯 토양이 물에 잠기는 바람에 잎갈나무가 후퇴하는 형편이다. 하지만 베링해를 건너면 상황이 달라진다.

알래스카 수목한계선은 흰가문비나무와 검은가문비나무가 섞여 있는데, 전자는 물이 잘 빠지는 마른 토양을 좋아하고 후자는 계곡 아래쪽의 습지를 찾는다. 이렇듯 생태적 틈새가 넓기에 가문비나무는 적응력이 놀랄 만큼 뛰어나다. 가문비나무 듀오는 유콘삼각주를 기어오르고 늘 해안으로부터 멀찍이 떨어진 채 수어드반도를 가로지르며 알래스카 서부의 후미, 반도, 강어귀를 밟아가다 코북강과 노아턱강에서 브룩스산맥의 철옹성을 맞닥뜨리고서야 내륙으로 휘어진다. 코북강 유역에서 수목한계선은 산맥 남면을 따라 캐나다 국경까지 쭉 이어진다.

이 선을 처음부터 끝까지 가장 잘 아는 사람은 켄 테이프다. 켄은 여러 해 동안 수어드반도 위쪽 숲-툰드라 이행대에서 눈과 씨름하며 겨울을 보냈다. 코체부 위쪽 노아턱강 기슭의 브룩스산맥 가장자리를 따라 노스슬로프군의 포인트호프, 배로, 데드호스까지 다니며 설괴의 절편을 떠서 성질을 조사했다.

당시 켄은 알래스카대학교 페어뱅크스 캠퍼스에서 대학원생으로 있으면서 매슈 스텀 박사의 지도하에 눈의 단열 성질을 연구했다. 켄은 스텀이 가설을 입증하도록 도왔는데, 스텀의 가설은 기온이 올라가면 툰드라의 떨기나무들이 눈을 더 많이 품어 단열 효과를 높임으로써 결빙을 늦추고 토양 속의 생물 활동을 촉진한다는 것이었다. 이렇게 되면 식물이 영양물질을 얻을 수 있게 되어 떨기나무 등이 더 활발히 생장할 수 있다. 이 식물 되먹임 고리는 기후변화 모델링 방식을 변화시킬 잠재력이 있었다.[1] 이것은 논란의 여지가 있는 발상이며 입증하려면 시간이 필요했다. 그러다 1999년 두 사람은 과학의 보물 상자라 할 만한 것을 우연히 발견했다. 위성 시대 이전에 수집된 빅데이터였는데, 그 덕에 기준점을 과거로 훌쩍 끌어올릴 수 있었다. 그것은 1940년대 미국 지질조사국에서 촬영한 사진 자료였다.

알래스카 노스슬로프 전역을 대상으로 꼼꼼한 측량이 이루어진 것은 석유탐사용 지도를 제작하기 위해서였다. 매슈와 켄은 공중에서 이 지역을 재촬영하여 두 사진을 비교하고 차이를 측정할 수 있었다. 툰드라에 떨기나무가 무성해진 것은 고작 50년 만이었다. 두 사람이 2001년 〈네이처〉에 발표한 논문은 전 세계 언론에 보도되었다. 이누이트 연장자들이 수십 년간 말한 과정이 과학적으로 유의미하게 입증된 첫 사례였다. 북극권이 녹화綠化되고 있었다.

획기적 돌파구를 연 지 오래되었는데도 20년 뒤 나와의 통화에서 켄의 목소리는 여전히 젊은 대학원생처럼 들린다. 이제 켄은 겨울에 현장 연구를 하지 않으며 페어뱅크스에서 자녀들과 함께 살지만, 여전히 발견의 갈망과 흥분을 간직하고 있다. 내가 전화를 건 때는 중요한 순간이다. 켄은 또 다른 획기적 연구 결과를 발표하여 생애 두 번째로 전 세계 헤드라인을 장식할 참이다.

켄은 자신의 발견이 여전히 스스로도 놀라운 듯 사연을 들려준다. 수화기 너머로 목소리만 듣고 있는데도 만면에 웃음을 띤 모습이 보이는 듯하다. 최초의 획기적 발견 이후 수십 년이 지난 뒤에도 켄은 여전히 떨기나무의 생태적 역동성을 연구하고 툰드라의 변화를 관찰했다. 하지만 하도 오랫동안 "풀밭에 고개를 처박은" 탓에 처음에는 큰 그림을 놓쳤다고 말한다. "버려진 들판에 남아 있는 기이한 것 말입니다. 그런 것을 보려면 항상 눈을 뜨고 있어야 합니다."

알래스카는 북극권에서 연구가 가장 많이 이루어진 지역이다. 미국은 다른 나라에 없는 자원과 과학적 역량을 갖췄다. 시베리아와도 큰 차이가 있다. 시베리아는 대륙에 속한 땅덩어리여서 온도가 일정하게 유지되며, 아리마스에서 보았듯 온난화되는 데 여러 해가 걸린다. 이에 반해 알래스카는 태평양의 온난한 해류에 노출된 탓에 베링해협의 바다얼음을 잃고 기온이 급변했으며 더 뚜렷한 효과가 나타났다. 게다가 알래스카주는 장비를 잘 갖춘 현장 기지와 정규 항공편을 자랑한다. 알래스카에서는 기후변화의 영향이 지구상 어디에서보다 더 오래전부터 관측되었고 더 꼼꼼히 기록되었다. 미국의 최북단 주 알래스카는 현재 벌어지고 있는 현상을 과학적 관점뿐 아니라 지리적 관점에서 이해하기 위한 최전선이다. 북부한대수림의 변화를 연구하는 학술 프로그램 중에서 가장 규모가 큰 것은 미국 항공우주국에서 진행하는 북극한대수림취약도실험Arctic Boreal Vulnerability Experiment(ABoVE)이다. 목표는 지구 시스템에 대한 모든 차원에서의 연구를 아울러 현재 진행 중인 변화를 모델링하는 것이다.

켄이 말한다. "하지만 우리가 아는 것은 여전히 너무 적습니다." 원격탐사는 원격탐사일 뿐이다. 반드시 '실측 자료'로 보완해야 한다. 하지만 지상에서 관찰하는 것보다 우주에서 데이터를 얻는 것이 더 수월할 때가 있다. 우리에게 보이는 것은 시점에 따라 전혀 달라질 수 있다.

"현장 기지를 벗어나지 않아도 되도록 연구 프로젝트를 설계하기란 여간 힘든 일이 아닙니다." 툴릭호 기지는 브룩스산맥의 노스슬로프 권역에 위치하며, 놈에 있는 또 다른 시설과 더불어 대부분의 북극권 연구가 진행되고 켄이 오랜 시간을 보낸 곳이다. 툴릭에서 켄은 온난화로 떨기나무가 증가하고 여름이 길어지면서 숲에서 툰드라로 이주한 야생동물들도 연구했다. 눈덧신토끼를 관찰하고 뇌조 개체수 변화를 조사했다. 그러고 나자 다음번에 무엇이 찾아올지 궁금해지기 시작했다. 말코손바닥사슴,

곰…… 비버까지.

“그때 이 변화를 위성에서 탐지할 수도 있겠다는 생각이 번득 들었습니다.” 생태학 연구에서 동물을 찾아 개체수를 헤아리는 일은 대체로 무척 힘들다. 하지만 비버는 땅에 거대한 흔적을 남기므로 우주에서도 볼 수 있다. “이 녀석들을 추적할 수 있겠다는 생각이 들었습니다. 대단한 연구가 되리라 직감했죠! 하지만 저는 비버 전문가가 아닙니다.” 꼭 전문가가 될 필요는 없었다. 켄은 동료를 통해 전문가를 소개받았으며 이내 그들은 구글 어스를 검색하며 툰드라의 비버 웅덩이 개수를 셌다.

켄은 제2차 세계대전 때 찍은 오래된 항공사진을 다시 꺼내 살펴보았다. 비버 웅덩이는 한 곳도 없었다. 변화는 뚜렷하고 놀라웠다. 환북극 열카르스트* 호수—메탄이 녹아 있어 얼지 않는 호수—에 일어난 변화를 조사하던 독일의 동료들은 호수 면적의 증가를 관찰했으나 이 웅덩이들이 어떻게 만들어지는지는 들여다보지 않았다. 그저 얼음이 녹았겠거니 생각했다. 단 한 종에 의해 이렇게 거대한 규모의 지형 변화가 일어나리라고는 아무도 상상하지 못했다.

“그들은 어안이 벙벙해서 스스로에게 이렇게 물었습니다. 어떻게 이걸 놓칠 수 있었담?”

툴릭호 연구기지로 가는 길은 알래스카 북부 유일의 포장도로이자 ‘나름길’**로 불리는 돌턴 고속도로다. 프러도만에서 브룩스산맥을 거쳐 알래스카주 한가운데 페어뱅크스를 지나 남쪽 발데

* thermokarst. 영구동토 지역의 땅얼음이 녹아서 생긴 우묵한 지형.

** haul road. 물건을 운반하는 길.

즈항까지 알래스카 횡단 송유관이 고속도로와 나란히 뻗어 있다. 산악 도로를 따라 툰드라에서 숲으로 바뀌는 전이지대는 매우 좁아 몇 킬로미터가 아니라 몇 미터에 불과하다. 나무는 계곡 한쪽 면에서 멈춘 뒤 다시 나타나지 않는다. 급격한 변화다. 시베리아나 캐나다, 또는 베링해협 전역에서 러시아를 마주보는 알래스카 서부의 툰드라 평원에서 볼 수 있는 숲과 툰드라 사이의 넓고 다양한 상호작용은 찾아볼 수 없다. 노스슬로프 도로변의 한 나무에 누군가 "마지막 가문비나무"라는 표지판을 달아놓았지만, 이 나무는 아마도 씨앗 시절 유조차를 얻어 타고 여기까지 온 외톨이일 것이다.

"나름길에서는 비버 효과가 관찰되지 않았습니다. 그래서 알아차리지 못한 거죠."

하지만 한번 눈에 띄기 시작하자 사방에서 보였다. 켄은 볼드윈반도에서 비버 웅덩이 아흔 개를 헤아렸다. 20년 전에는 댐이 두 개뿐이었다. 툰드라에 생겨난 1만 2000~1만 3000개의 비버 댐은 1950년대에는 없던 것들이었다. 켄은 모델링을 통해 가설을 세우고 학술 논문을 썼는데, 우리가 대화를 나눌 당시 동료 검토를 받고 있었으며 몇 달 뒤 발표되어 전 세계 신문에 보도됐다. 비버는 알래스카의 지표수에 기후보다 큰 영향을 미치는 것으로 드러났다. 툰드라의 지표수 중 최대 66퍼센트를 치수治水하여 나무가 들어설 길을 닦았다.[2]

비버는 숲이 온전히 갖춰지지 않아도 번성할 수 있다. 지난 30~40년간 툰드라에 들어찬 떨기나무에다 난쟁이 버드나무와 오리나무만으로도 비버가 댐을 쌓아 웅덩이를 만들기에 충분했다. 물은 열전도율이 땅보다 높기 때문에, 물이 많고 깊어지면 온도가 올라가며 이것은 토양에, 영구동토대에 온기를 쬐이는 셈이다. 비버 웅덩이는 더 많은 나무가 들어설 발판이 되며, 양서류, 곤충, 어류, 조류 등 나무에 의존하는 다른 종들을 불러들인다. 그들은 일차 지구토목기술자다.

그리하여 알래스카의 숲-툰드라 이행대에는 새로운 핵심종 카스토르 카나덴시스*Castor canadensis*, 즉 북아메리카비버가 등장했다. 북아메리카비버는 개체수가 유라시아비버 카스토르 피베르*Castor fiber*보다 훨씬 많다. 유라시아비버는 유럽과 아시아에서 멸종하다시피 했다. 1922년 소련 정부에서 보호 조치를 도입했으나 현재 재도입된 개체들조차 시베리아 남부와 우랄산맥 동부에 소수만 살아남았다. 이에 반해 북아메리카비버는 반등해 이제 줄잡아 500만 마리를 웃돌며 계속 증가하고 있다.

나는 '비버 효과'를 직접 보려면 어디 가서 어떻게 해야 하는지 알려달라고 켄에게 조른다. 켄은 수목한계선 너머 브룩스산맥 서부의 툰드라를 살펴보라고 조언한다. 노스슬로프에서는 아직 비버가 관찰되지 않았지만, 브룩스산맥에 서식하고 있고 반대편으로 이어지는 통로의 일부에도 있다고 말한다. "오래 걸리지 않을 겁니다." 알래스카 서부의 툰드라는 비버가 노스슬로프에 찾아왔을 때 경관이 어떻게 바뀔 것인지 보여주는 예고편이다.

켄은 2020년 여름에 연구를 시작할 계획이다. 이 프로젝트를 온전히 현장에서 진행하는 것은 이번이 처음이다. 켄이 거느린 연구진은 카메라를 설치하고 어류, 수은, 수생 먹이사슬에 대한 데이터를 수집하고 토착민의 생계형 사냥과 덫사냥에 미치는 영향을 평가할 준비를 끝냈다. 이 획기적 여정에 동참할 수 있다고 생각하자 마음이 들떴지만 켄은 무덤덤하다. 내게 코북강을 둘러보라고 조언하고는 강가에서 자란 코체부 토박이 작가 세스 캔트너를 언급한다. 우리는 그곳에 가는 길, 가는 방법, 오지 비행의 어려움(과 비용)에 대해 한동안 담소를 나눈다. 알래스카 북부는 돌턴 고속도로와 떨어져 있어서 도로로 가닿을 수 없는 지역이다. 우리는 내가 페어뱅크스에 들르면 다시 만나기로 약속한다. 하지만 몇 달 뒤 코로나 대유행이 발발한다.

알래스카 코체부

북위 66도 53분 53초

세스 캔트너에게 전화를 걸어 코체부에 갈 방법이 있느냐고 묻는다.

세스가 말한다. "어, 모르겠어요. 당신 어떤 종류의 사람인가요? 그러니까, 당신 백인인가요?" 숨죽여 웃는 소리가 들린다. 나도 웃음을 터뜨린다.

"아, 그렇다면, 까다로울 수도 있겠네요."

지구적 전염병 대유행이 마지막으로 알래스카를 휩쓴 1919년에는 이누이트, 이뉴피아트, 아타바스키 토착민 인구가 절멸하다시피 했다. 세스가 회고록 『가시도치를 위한 장보기』에서 옛이야기를 들려준다. "기근과 독감이 창궐했다. 개썰매 여행자들은 얼어 죽은 사람으로 가득한 이글루에서 굶주린 아이들을 발견했다."[3] 국경의 역사는 여전히 현재를 빚어내고 있다. 지방정부 당국인 무시무시한 토착 의회는 더 엄격한 자체 봉쇄를 실시했으며 과학자와 언론인을 비롯한 방문객의 출입을 제한했다. 그런 탓에 나는 원격탐사의 딜레마와 씨름해야 한다. 우주에서 보는 광경만 가지고서 땅에서 일어나는 일을 어떻게 이해할 것인가.

세스는 백인이긴 하지만 자신이 말하듯, 또한 누구나 알듯 말하자면 그렇다는 것이다. 세스에게는 규칙이 적용되지 않는다. 세스는 어느 정착지로부터도 수 킬로미터 떨어진 코북강의 웅장한 굽이에 부모가 지은 뗏장 이글루에서 자신의 말마따나 "여느 토박이 아이들보다 더 토박이스럽게" 자랐다. 남쪽으로 숲 가장자리가 펼쳐졌는데, 그곳은 좌우로 뻗고 호리호리하고 주접든 가문비나무들이 눈밭에 줄무늬를 그린 수목한계선이었다. 1965년 대학을 갓 졸업했으나 정규직만은 피하고 싶던 부모 하워드 캔트너와 어나 캔트너는 통상적인 현대 생활의 따분함 대신 황무지와 자급자족을 선택했다.

캔트너 가족은 소박한 삶을 추구하는 '아래 48개 주'* 사람들의 운동에 동참하고 있었다. 이 운동은 〈뉴요커〉 기자 존 맥피가 1976년 출간한 『전원에 들어가다』에서 출발했다. 세스는 형제와 함께 통신교육을 받았다. 교재는 앰블러의 우체국에서 개썰매로 이글루까지 가져다주었는데, 여러 날이 걸렸다. 하지만 진짜 교육은 땅의 계절 순환에 순응하는 생존 투쟁에 있었다. 여름에는 고기를 잡고 겨울에는 덫사냥을 했다. 가문비나무 뿌리와 버

* lower 48. 알래스카와 하와이를 제외한 미국 본토.

드나무 껍질로 그물과 덫을 만들고 자작나무로 썰매와 눈신 만드는 법을 배웠다. 가을에 베리를 찾을 수 있는 곳을 알았으며 순록, 말코손바닥사슴, 곰, 여우, 사향쥐, 늑대를 추적하고 사살하고 가죽을 벗겨 그 털가죽, 살가죽, 힘줄로 옷을 만드는 법을 배웠다. 세스는 야영지를 찾는 최선의 방법은 여우 자취를 따라 버드나무로 가는 것임을 발견했다. 이제는 버드나무를 향해 이동할 수 없다. 개울가에서만 그런 것이 아니다.

세스가 코북강 유역에서 자라던 1975년 존 맥피가 카누를 타고 새먼강을 내려왔다. 새먼강은 세스 가족이 사는 곳에서 하류로 조금 내려온 지점에서 코북강과 합류한다. 맥피는 국립공원관리청, 토지관리국, 시에라클럽을 대동하여 알래스카원주민청구합의법Alaska Native Claims Settlement Act에 따른 토지측량을 실시했다. 국립공원 후보로 적합한지 판단할 수 있도록 보전 잠재력을 평가하기 위해서였다. 맥피에 따르면 그들은 '다른 세계에서 온 군대요 알프스 너머 갈리아를 조사하는 로마인'이었다. 그들과 맥피의 의문은 이것이었다. '이 모든 땅의 운명은 어떻게 될까?'

50년 뒤 우리는 답을 알아가고 있다. 알래스카원주민청구합의법은 알래스카 원주민이 향후 모든 토지 청구를 포기하는 대가로 10억 달러와 1800만 헥타르의 토지를 지급했다. 알래스카 횡단 송유관이 놓일 길을 닦았으며 3200만 헥타르를 "국가적으로 보전 가치가 있는" 토지로 지정했다. 보전 잠재력을 조사한 결과 최종적으로 1300만 헥타르가 신규 국립공원으로 결정되었다. 뉴욕주만 한 면적이며 미국의 국립공원을 모두 합친 것보다 넓다. 리처드 닉슨 대통령이 법안에 서명한 1971년 알래스카원주민청구합의법은 토착민 대상 합의를 통틀어 (논란의 여지가 있지만) 역사상 가장 규모가 크고 가장 진보적이었다. 이것은 석유, 보전, 식민주의 시대의 종언 같은 20세기의 상충하는 요구들을 해결하려는 시도였다. 따라서 알래스카는 현대 산업사회의 비극을 보여주는 축소판이다. 지구상에서 가장 부유한 나라가 자연보전과 토착민 권리를 위해 최선의 노력을 기울였지만, 세 번째 요구인 탄화수소에 대한 집착을 버리지 못한 탓에 나머지 두 요구의 실현 가능성이 낮아지고 있다.

맥피는 기후변화를 언급하지 않지만, 이제 우리가 알게 되었듯 기후변화는 당시에도 이미 진행되고 있었다. 세스는 이제 쉰 살이며 지구온난화는 평생 그의 배경이었다.

세스가 전화로 말한다. "옛 에스키모들은 우리 집보다 북쪽으로 훌쩍 올라간 곳에서는 야영할 수 없다고 말합니다." 야영하려면 구부려 뼈대를 만들 버드나무 두 그루와 태울 나무가 필요했다. 세스 가족이 사는 강굽이 파웅가크타우그룩 북쪽에는 버드나무가 많지 않았으며 가문비나무도 찾아보기 힘들었다. 『가시도치를 위한 장보기』에서 세스가 부모의 옛집을 찾아가는데, 길이 60센티미터 내려앉았고 언덕 앞쪽 기슭이 영구동토대 해빙으로 완전히 꺼진 것을 본다. 툰드라 풍경에 어리둥절해진 세스는 서랍을 뒤져 옛 사진을 꺼내 과거와 현재의 모습을 비교한다. 사진은 세스의 책에 실려 있다. 1965년 찍은 이 사진에서는 불그스름한 얼굴의 이상주의자 개척민인 세스의 부모와 친구들이 포즈를 취하고 있으며 끝없이 평평한 툰드라가 멀리 우울한 잿빛 산까지 펼쳐져 있다. 뒤쪽에 사진이 한 장 더 있다. 40년 뒤 같은 풍경을 찍었는데, 초록색 손가락이 삐죽삐죽 하늘로 뻗었다. 세스는 이것을 "행복한 가문비나무" 들판이라고 부른다. 기후변화는 세스만큼 오래되었다. 아니, 더 오래되었다.

"흰가문비나무가 풀처럼 올라오고 있어요…… 고개를 돌린 사이에 움직인다고요!"

식생이 불쑥 들어찬 탓에 늘 다니던 지형을 누비기도 쉽지 않다. 세스처럼 이곳에서 잔뼈가 굵은 사냥꾼과 덫사냥꾼조차 당황한다.

세스가 말한다. "강을 따라 운전하면 어디가 어디인지 감을 못 잡겠습니다."

"다들 어안이 벙벙합니다. 언제나 여기가 수목한계선이라고 여겼거든요." 희미하게 낄낄거리는 소리가 터져 나온다. "이른바 수목한계선이었죠."

나무는 다른 종을 불러들인다. 새, 말코손바닥사슴, 곰, 그리고 엄청나게 많은 물고기가 다른 곳에서 점점 따뜻해지는 물을 피해 찾아온다. 연어는 걷잡을 수 없이 밀려든다. 세스는 아홉 살 때부터 돈벌이로 고기잡이를 했다. 일이 꼬인 것은 오래전이다. 3년 전 코북강에서는 연어가 10만 마리 잡혔는데 2년 전에는 20만 마리, 작년에는 50만 마리가 잡혔다. 연어는 난민이 되었다. 하지만 이 강이 대체로 서늘하다고 해도 피난처를 찾는 연어가 산란할 만큼 차갑지는 않다. 2014년과 2019년 강에는 산 고기보다 죽은 고기가 많았다. 수온은 한 달 내내 21도를 웃돌았다. 알래스카어업수렵과 소속 항공기가 강을 따라 300킬로미터를 날며 촬영한 사진에서는 부풀어 오른 연어 사체들이 여울에 유목流木처럼 모여 있었으며 곰들이 잔치를 벌이고 있었다. 강둑에는 사체가 두둑이 쌓였으며 알과 피가 주황색과 붉은색 페인트 줄무늬처럼 자갈밭에 흩뿌려져 있었다. 갈색곰 개체수가 빠르게 증가하고 있으며 곰이 다른 포식자를 몰아내면서 먹이사슬도 달라지고 있다.

생태계 전체가 50년 넘도록 슬로모션 변화를 겪고 있었으나 이 생태계에 기대 살던 사람들은 거리에서 폭동을 벌이지 않는다. 그들은 적응한다.

세스는 더는 상류에 살지 않는다. 좁은 곶에 자리잡은 코체부항으로 이사했다. 곶은 코체부 사운드라는 넓은 만 한가운데에서 해수면 위로 1~2미터 솟아 있다. 마을은 침식되는 곶 해안선을 따라 늘어서 있다. 작은 판잣집, 부두, 해안선 위로 끌어올려진 선박으로 조약돌 해변이 빽빽하다. 그 뒤로 쇼어가[街]를 떠받치는 3400만 달러짜리 방파제가 보인다. 쇼어가에서 북서쪽으로 보이는 바다는 베링해협의 황금 어장이다. 원래는 토착민 이뉴피아트족이 늘 식량을 조달하던 곳이었다. 흰돌고래는 수천 년간 물범과 더불어 그들의 주식이었으나 코체부만에 넘쳐나던 흰돌고래 떼는 이제 사람들의 기억 속에만 남아 있다. 지능이 높은 동물인 흰돌고래가 왜 돌아오지 않는지는 아무도 모른다.

세스가 말한다. "20년 전에는 지구온난화에 대해 이야기하는 게 정치적으로 위험한 일이었습니다. 하지만 요즘은 다들 엄연한 사실로 받아들입니다." 변화가 너무 뚜렷하기에 부정해봐야 의미가 없다. 이제 코체부만의 얼음은 가을과 봄에는 안심할 수 없다. 10여 년 전, 예전엔 바다얼음이 단단하던 계절에 스노모빌로 바다를 건너다 몇 가족이 사랑하는 이를 잃은 뒤 옛 겨울 이동로는 버려졌다. 이것은 다가오는 기후 정치 시대에 다른 곳에서 무슨 일이 벌어질지 엿보게 해준다. 우리의 진화적 성공은 전략적 약점이기도 하다.

인류가 살아오면서 환경을 황폐화한 역사가 얼마나 오래인지 생각하면 코체부의 일은 더는 놀랍지 않다. 나는 방문 허가를 받지 못해 그 대신 기후를 다룬 20년 치 코체부 언론 기사를 읽다가 압도적인 체념의 감정에 충격을 받는다. 이뉴피아트족이 생활 방식의 소멸을 애도하면서 자신들의 무력감을 기품 있게 받아들이는 것을 보니 가슴이 미어진다. 고래가 떠나자 사람들은 물범을 사냥한다. 물범이 떠나자 사람들은 어깨를 으쓱하고는 정부에 손을 벌린다. 정부의 눈먼 오일 머니는 문제의 원인이자 직접적 해결책이다.

석유탐사 임차료에는 토착민 협회에 대한 배당금이 포함되었으며 알래스카에서 이어져 내려온 옛 삶의 구조는 영구동토대처럼 치명적 타격을 입었다. 세스의 부모가 코북강 유역으로 이주하며 품은 이상인 자급자족은 더는 현실적 방안이 아니다. 그것은 자연이 내어주기를 그만둬서가 아니라—아직은 그렇다—사람들이 거두기를 그만둬서다. 세스의 부모는 가게에서 파는 가공식품을 금지했지만 이 생활 방식은 다음 세대로 이어지지 못했다. 석유와 수입 소비재 때문에 생계비가 치솟았으며 사람들은 복지 지원금, 무료 주거, 산탄총 탄약, 그리고 이제는 경기 부양자금에 의지하게 되었다. 이를 비롯해 소셜미디어라는 (코체부의 한 연장자 말마따나) "질병"이 옛 방식을 집어삼켰다. 탄화수소 문화는 굶주림에 이끌리는 생존의 처절한 아름다움을 질식시켰다.

굶주림을 그리워하는 사람은 아무도 없으며 이젠 돌아갈 방법도 없다. 생존하는 방법에 대한 지식은 여전히 남아 있고 여전히 살아서 사람들에 의해 근근이 전수되지만, 그 사람들의 삶은 어느 생애보다 커다란 변화를 겪었다. 그 지식마저 사라지고 있다.

"이젠 거의 모든 것이 비행기에 실려 옵니다." 세스가 실망감이 깃든 목소리로 말한다. 세스의 일생 동안 툰드라를 훑으며 순록, 기러기, 늑대, 개썰매의 흔적을 찾던 눈과 귀는 이제 식량과 소식을 가져다주는 프로펠러 회전음과 전화벨 소리를 기다린다.

알래스카 아가샤쇼크강(노아턱 국립자연보호구역)

북위 67도 34분 92초

우주에서 보낸 위성사진은 알래스카가 점점 녹화되고 있다는 켄 테이프의 가설을 입증했다. 이에 따라 지난 20여 년간 수목한계선의 북상에 대한 모델과 예측이 제시되었다. 하지만 상황은 예상대로 전개되지 않고 있다.

세스는 지난날 알게 된 과학자 두 명을 내게 소개해준다. 두 사람은 여름마다 흰가문비나무의 생장을 조사하려고 내륙의 현장 연구 장소에 가는 길에 코체부를 통과한다. 내가 전화했을 때 로먼 다이얼과 동료 패디 설리번은 심기가 불편하다. 두 사람은 열다섯 번의 여름 동안 수목한계선의 같은 지점에 돌아왔다. 노아턱 국립자연보호구역 내에 있는 아가샤쇼크강—노아턱강 지류—유역의 외딴 산간분지다. 1979년 로먼은 수목한계선에서 야영하며 아리게치연봉連峯으로 암벽 등반을 하려고 떠났다. 그곳에서 데이비드 쿠퍼라는 콜로라도 주립대학교 식물학자를 만났다. 쿠퍼는 원래 서식지보다 수백 미터 올라간 지점에서 흰가문비나무를 찾고 있었다. 로먼은 동행했다가 코가 꿰였다. 수목한계선에 대한 평생의 집착은 이렇게 시작되었다.

패디와 로먼의 미국국립과학재단 연구 프로젝트는 북극권에서 가장 장기간 진행되는 생태학 실험 중 하나로, 식생 변화의 역학, 특히 알래스카 가문비나무의 운명에 대해 귀중한 데이터를 도출했다. 하지만 올여름에는 가지 않을 것이다. 두 사람은 1년치 데이터를 고스란히 날리고 연구도 지장을 받을 것이다.

패디가 가장 염려하는 문제는 거름이다. 패디는 해마다 아가샤쇼크에서 한 구역의 흰가문비나무에는 영양소가 들어 있는 거름을 주고 대조군 구역에는 주지 않는다. 실험의 목적은 극단적 고위도와 고고도에서 나무의 생장을 제약하는 요인을 알아내는 것이다. 수목한계선에서 일어나는 변화 중에서 아직 남은 수수께끼는 왜 어떤 지역에서는 숲이 북쪽으로 질주하고(스칸디나비아에서는 1년에 100미터씩 북상한다) 다른 지역에서는 시간이 많이 걸리는가이다(캐나다 중부에서는 1년에 10미터도 못 나아간다). 기온만 고려한 컴퓨터 모델에서는 대부분의 지역에서 숲이 빠르게 전진할 것이라고 예측하지만 실상은 더 미묘하다. 종마다 온난화에 반응하는 방식이 다르기 때문이다. 알래스카에서는 한 종이 전진하기도 하고 정체하기도 하는데, 이것이 패디와 로먼의 연구 대상이다.

나름길 동쪽에서는 흰가문비나무가 아무데도 안 가는 것처럼 보이지만, 서쪽으로 바다에 가까운 저지대에서는 나무들이 마치 남쪽의 불과 가뭄으로부터 목숨을 건지려고 달아나는 듯 툰드라로 맹렬히 돌진하고 있다. 패디 연구진이 이 핵심종 흰가문비나무를 제약하는 요인을 이해할 수 있다면 미래의 경관이 어떻게 달라질지, 숲이 탄소를 얼마나 많이 격리하거나 얼마나 많은 복사열을 흡수할지 더 정확히 예측할 수 있다. 1년간 거름을 주지 못하면 연구를 망치게 될 것이다.

나는 아가샤쇼크강 유역의 원격 촬영 사진들을 끼워 맞춰 마치 옛 샤먼이 꿈속에서 지형을 이동하듯 코체부에서 강 상류로 '비행'한다. 코체부가 자리한 곳 뒤로 코북강과 노아턱강이 평평한 미로 같은 삼각주에서 코체부만으로 흘러든다. 이곳에서 수목한계선이 짠물을 만난다. 노란 모래가 깔린 으스스한 경관은 북극권보다는 사하라사막을 닮았다. 코북삼각주의 남쪽 기슭은 8만 헥타르의 모래밭으로 이루어졌다. 안전한 계곡으로 불어든 빙퇴석* 부스러기다. 멀리 북쪽으로는 포슬포슬한 금빛 풍적토**를 흔히 볼 수 있다. 이곳은 마지막 빙기 이후로 작용하고 있는 두 지질 영력***이 만난 곳이다. 그것은 빙하의 후퇴와 나무의 전진이다. 이 땅이 나무에 유리하다는 것은 바람이 들판 전역에서 생긴 모래를 퇴적하는 곳이라는 뜻이기도 하다. 모래언덕 지형은 으스스하다. 노란색과 자주색으로 물결치는 거대한 그림자는 추위

* 빙하에 의해 운반돼 하류에 쌓인 돌무더기.

** 암석의 가루 따위가 바람에 의해 옮겨져 쌓여서 생긴 토양.

*** 지형을 변화시키는 힘. 물·바다·바람·빙하 등의 작용에 의한 외적 영력과 지진·화산 활동·습곡 작용 등의 지구 내부 작용에 의한 내적 영력이 있다.

가 아니라 더위를, 모래에서 고개를 내미는 분홍바늘꽃이나 모래언덕을 바로 뒤에 두고서 놀란 모습으로 서 있는 왜소한 가문비나무가 아니라 사막 다육식물과 낙타를 떠오르게 한다. 마치 그들은 자신들이 저기 있어서는 안 된다는 것을 아는 듯하다.

노아턱강 삼각주 위쪽으로 만 주변에서는 진흙판과 모래판에서 물줄기들이 나타나 본류로 합쳐져 구불구불 바다로 들어가는데, 이것이 숲의 율동적 천이를 이끄는 원동력이다. 공중에서는 초록색 줄무늬가 강굽이를 따라 물결이 바깥쪽으로 퍼지듯 이어진다. 숲은 들판 표면에 'S' 모양을 그리고 또 그린 모습이다. 낮은 쪽에서는 나무의 키와 밀도가 다양하다는 것을 뚜렷이 알 수 있는데, 줄무늬와 선이 제각각이어서 마치 실을 겹겹이 늘어놓고 팽팽하게 당긴 직물 같은 효과를 나타낸다.

물살은 강굽이의 바깥쪽 기슭을 깎아내 흰가문비나무와 검은가문비나무가 섞인 숲의 아래쪽 땅을 파헤친다. 이 오래된 숲은 수령이 150~200년에 이르는 극상림이다. 강물의 안쪽 기슭을 따라서는 조약돌이 줄지어 쌓인 채 버드나무, 풀, 이끼에 서서히 잠식당하고 있다. 그 너머에는 키 큰 버드나무, 오리나무, 자작나무가 강물과 나란히 굴곡져 있으며 이 젊은 숲의 띠 뒤쪽으로 더 개방된 숲에서는 검은가문비나무들의 좁은 원뿔이 서 있고 이따금 키 큰 흰가문비나무가 보인다. 검은가문비나무는 강 언저리의 축축한 습토를 좋아하는 반면에 흰가문비나무는 계곡 옆면의 기반암을 좋아한다.

곡류曲流가 계곡 위로 올라감에 따라 숲의 천이가 나란히 뒤따른다. 이것은 강물이 정교한 붓질로 수천 년에 걸쳐 매우 느리게 그린 그림이다.

배수가 잘되는 계곡 밑자락 토양이 나무에 좋긴 하지만 계곡면 위쪽 가문비나무 숲 언저리 뒤편의 가장자리에서는 영구동토층 때문에 물이 빠지지 않아 저지대 툰드라가 번성한다. 지의류, 이끼, 베리, 그리고 호수와 연못의 괸 물이 풀숲 모자이크를 이룬다. 더 위로 올라가면 기반암이 얇은 토층을 뚫고 비어져나온 곳에서 가문비나무가 다시 자란다. 이것을 역행 수목한계선inverted treeline이라고 한다. 위쪽의 빽빽한 숲, 아래쪽의 고산 툰드라, 그리고 숲의 띠는 강물의 길을 따른다. 최근에는 포플러 군락이 나타나기 시작했다. 덤불에서 출발해 가을이면 불줄기처럼 계곡 위로 치고 올라간다.

로먼이 말한다. "와, 포플러가 발광하고 있군요!" 하지만 해마다 같은 장소에 오는 것만으로는 충분하지 않다. 이것은 나무의 시간에, 또는 지구의 시간에 맞추려는 사람의 고충이다. "아이가 자라는 걸 지켜보는 것 같습니다. 어느새 자라 있으니까요." 곧 할아버지가 될 로먼이 말한다.

두 사람은 옛 사진을 들여다보았다. 1950년대 항공사진과 비교했더니 숲은 모델의 예측과 달리 조금밖에 확장되지 않았다. 진짜 놀랄 일은 과거에 주변부에 머물러 있던 생태계—키 큰 떨기나무가 자라고 포플러 같은 큰키나무가 이따금 눈에 띄는 식생—가 400퍼센트 증가했다는 것이다. 온난화는 수목한계선의 생태계 균형을 깨뜨리고 있다. 전이지대는 큰키나무 숲이 아니라 떨기나무 숲에 유리하도록 팽창하고 있는 듯하다.[4]

녹화는 알래스카에서 수목한계선의 전진으로 이어지는 것이 아니라 전혀 새로운 경관의 진화를 낳는다. 게다가 툰드라 전체가 식생으로 끓어오르고 있다. 단순히 수목한계선이나 종 한계선의 전진 속도가 빨라지는 문제가 아니다. 종이에 성냥으로 불을 붙이면 붉은 문화*가 서서히 종이를 그을리지만, 종잇장을 용광로에 넣으면 단번에 송두리째 살라진다. 알래스카에서 '툰드라'는 조만간 역사학 용어가 될 것이다. 노스슬로프 북극권국립야생동물보호구역에 북부한대수림 조류 종과 떨기나무 종이 이미 서식하고 있다고 로먼은 말한다.

연구 중에 던지는 질문 하나하나는 또 다른 질문으로 이어진다. 패디와 로먼은 떨기나무에 어떤 차이점이 있는지 알고 싶었다. 버드나무와 오리나무에는 가문비나무에 없는 무엇이 있는 것일까? 답을 얻으면 브룩스산맥 동쪽 가문비나무와 서쪽 가문비나무의 차이점을 설명할 수 있을까?

"우리는 측정점이 일흔여덟 개밖에 안 됩니다." 패디가 이렇게 말하며, 왜 온난화의 결과로 어떤 나무들은 번성하고 다른 나무들은 죽는지 우리가 거의 알지 못한다고 설명한다. "우리는 아는 게 전혀 없습니다."

두 사람은 숲 땅속 전문가 리베카 휴잇의 도움을 받아 가문비나무가 균류와 어떤 관계를 맺고 있는지 들여다보기 시작했다.

가문비나무는 질소와 무기물을 공급받기 위해 균근망과 지의류에 의존하는데, 대부분의 식물도 마찬가지다. 식물종의 90퍼센트 이상이 균류가 있어야만 살 수 있다. 균류 섬유의 한쪽 끝

* 文火. 약하지만 끊이지 않고 꾸준히 타는 불.

은 나무뿌리의 속이나 둘레에 결합된다. 균사菌絲라고 불리는 실의 반대쪽 끝은 굵기가 무척 가늘어서 가장 가는 뿌리의 50분의 1에 불과하고 길이는 수백 배에 이르기도 한다. 사실상 나무뿌리가 늘어난 셈이다. 지구 전체로 보자면 균근 균류의 실絲은 토양 생물량의 3분의 1 내지 2분의 1을 차지한다.[5] 토양은 서로 연결된 가느다란 실이 거대하고 연약하게 얽힌 구조물이다.

패디와 로먼은 브룩스산맥 동부에서, 더 건조하고 한랭한 대륙 기후에서 균류 활동이 활발하게 일어난다는 사실을 발견했다. 심지어 영구동토대가 지속되는 매우 차가운 토양에서도 그랬다. 나무는 자라지 않았고 돌턴 고속도로 동쪽으로 진출하지도 않는 반면에 생존을 위해 균류 동반자들에게 많은 것을 투자했다. 하지만 베링해협의 영향으로 온난하고 습한 해양성기후인 브룩스산맥 서쪽에서는 균류 연결이 적은 반면에 생장과 진출이 더 두드러졌다. 두 사람이 세운 가설은 서쪽의 나무들이 자신에게 필요한 영양소를 얻기 위해 균근 관계에 투자해야 할 필요성이 동쪽의 나무들보다 작다는 것이었다.

리베카 휴잇은 붉은 머리카락이 인상적이며 파란 눈은 무언가를 찾는 사람처럼 늘 반짝거린다. 끈기 있는 소통가인 리베카는 나와의 화상 통화에서 식물이 광합성 체제를 만드는 데 어떤 식으로 질소가 필요한지, 툰드라와 북부한대수림이 어떻게 해서 질소가 부족한지, 이 필수 원소가 공급되면 툰드라가 어떻게 식생에 짓눌릴지 찬찬히 분명하게 설명한다. 리베카는 툰드라의 식물이 땅속 깊이 저장된 질소를 뽑아올린 다음 균류에 의해 매개되는 복잡한 공생 관계를 통해 질소와 여러 무기물을 다른 종과 공유하는 과정을 관찰했다. (질소를 스스로 구할 수 있는) 질소고정식물은 생장이 활발해진 징후를 나타내지 않는 반면에 버드나무를 비롯해 그렇지 않은 식물은 무럭무럭 자란다. 질소는 어디서 오고 있을까? 녹고 있는 영구동토대에서 식물이 질소를 채굴할 수 있을까? 토양 표면 아래의 복잡한 교환 그물망에서 누가 누구와 무엇을 공유하는 것일까? 자원의 균형, 권력의 균형은 누가 결정할까?

우리는 균류망이 나무와 그 밖의 식물, 심지어 종을 뛰어넘어 탄소, 물, 무기물을 운반할 수 있음을 안다. 생태학자 수잰 시마르는 북아메리카 퍼시픽노스웨스트 지역에서 자작나무와 미송의 탄소 공유에 대한 선구적 연구를 통해 "우드 와이드 웹wood wide web"이라는 개념을 제시했다가 비판에 시달렸다.[6] 그러나 이후 연구에서는 나무들이 균류망을 통해 주고받는 탄소의 양이 1헥타르당 수백 킬로그램에 이른다는 사실이 밝혀졌다. 하지만 균류망을 물질과 정보의 수동적 도관導管으로 보는 관념은 균류학자 멀린 셸드레이크에 따르면 매우 '식물 중심적인 견해'다. 균류에도 나름의 이해관계가 있다는 것이다. 셸드레이크는 균사체가 흙에서 하는 역할이 중개인에 더 가깝다고 주장한다. 하지만 떨기나무가 온난화에 폭발적으로 반응하면서 큰키나무를 몰아낸다는 로먼과 패디의 이야기에 귀를 기울이다보니 또 다른 비유가 머릿속에 떠오른다. 균류가 불확실한 기후에 대처하기 위해 작물을 다양화하는 농민에 더 가깝다면 어떻게 될까? 탄소와 당을 생산하는 농민 말이다.

분해, 토양 형성, 균류 이주의 과정은 현재 지표면을 변화시키는 대규모 식생 변화의 원동력으로서 기온 상승 못지않게 중요할

지도 모른다. 이것은 생물학적 의미에서뿐 아니라 영적 의미에서도 딱 맞아떨어진다. 생명의 패턴을 빚어내는 것은 그 전에 왔다 간 생명의 패턴이니 말이다.

우리는 이제야 숲바닥 표면 아래를 들여다보기 시작했다. 무슨 일이 벌어지고 있는지는 여전히 거의 모른다. 우리가 아는 것이라고는 숲이 여느 생명과 마찬가지로 공생계이자 역동적 과정이며 사물이나 별개 존재들의 집합이 아니라는 것이다. 꼼꼼히 살펴볼수록 수수께끼는 커져만 간다. 저 아래 균사, 근단, 영구동토대의 그물망 어딘가에 숲의 국경이 있을 것이다. 수목한계선이 무엇이고 어디에 있으며 온난화와 해빙에 어떻게 대응할 것인지 이해하는 핵심은 땅 위에서 열심히 퍼지는 가문비나무의 초록 원뿔에서가 아니라 땅 아래 축축하고 시커먼 유기물 층에서 찾아야 할 것 같다.

하지만 툰드라의 녹화는 위성사진의 절반에 불과하다. 남쪽으로 내려가면 숲은 갈변하고 있다.[7] 리베카의 친구이자 동료 브렌던 로저스는 매사추세츠 우즈홀연구소의 기상 모델링 연구자이며 여러 ABoVE 프로젝트, 특히 토양과 숲의 탄소 저장량 측정에 관여한다. 나와의 전화 통화에서 브렌던은 처음 소규모 위성사진에서는 건강한 숲의 입목들 가운데서 개별 나무들이 갈변하는 현상을 포착하지 못했지만 2010년 즈음 사진이 달라지기 시작했고 2020년 즈음 폭넓은 산림쇠퇴* 과정이 진행되고 있는 듯하다고 말했다. 오늘날 북아메리카 북부한대수림 상공에서 촬영한 위성사진을 보면 초록색 산간분지, 검게 그을린 상흔, 그리고 온통 갈색인 구역이 드러난다. 열 스트레스나 충해를 입은 가문비나무다. 땅은 시푸르게 고동치는 균일한 양탄자가 아니라 피부병을 앓는 것처럼 보인다.

녹화와 갈변은 어떤 면에서 연결되어 있다고 브렌던이 말한다. "온난화는 숲의 생산성을 증가시킬 것으로 예상되었습니다." 생장철이 길어지고 식물 광합성이 증가하니 말이다. 하지만 이른바 이산화탄소 비료 효과는 오래가지 않았다.[8] 미국 항공우주국 과학자들은 온도뿐 아니라 습도와 양분도 광합성을 제한한다는 사실을 발견했다. 따뜻해진 공기는 수증기를 더 많이 함유할 수 있게 되어 증기압 차이를 증가시키는데, 이 메커니즘은 식물의 증산과 대기 중 수증기 방출을 촉진한다. 한마디로, 공기가 따뜻해지면 잎으로부터 수분을 더 많이 빨아들이는 셈이다. 나무는 따뜻해진 기온에서 수분을 잃지 않기 위해 기공**을 닫고 광합성을 그친다. 설령 땅에 물이 풍부하더라도, 물을 잃는 속도가 물을 빨아들이는 속도보다 빠르면 나무는 합리적으로 생장을 중단할 것이다. 그러면 잎을 내어 탄소를 격리하는 능력이 약해진다.[9]

가문비나무 바늘잎은 돌돌 말린 잎에 매끈한 각피가 덮여 과도한 수분 상실을 방지하며 각각의 기공도 물을 보유하도록 변형된다. 북부 숲의 강인한 구과수인 가문비나무는 수분이 매우 적은 곳에서도 살아남을 수 있도록 진화했지만, 물이 아예 없으면

* 산림 생태계에서 다양한 요인의 상호작용 결과로 숲 및 나무가 죽어서 없어지는 것을 말한다.

** 식물의 잎이나 줄기의 겉껍질에서 숨쉬기와 증산작용을 하는 구멍으로, 빛과 습도에 따라 여닫는다.

도리가 없다.[10] 나무가 어떻게 죽는지에 대한 우리의 무지는 놀라울 정도다. 가문비나무 가지 끝의 가느다란 바늘잎이 갈변해 떨어지면—매해 여름마다 이 현상이 증가하고 있다—검시관은 사인을 밝히느라 골머리를 썩일 것이다. 수분 결핍 때문일까, 관다발 손상 때문일까, 탄소 기아 때문일까?[11]

가문비나무는 억세며 물관부는 물 스트레스에 저항력이 커서 펄프로 각광받는다. 생장하는 나무에 물과 양분을 공급하는 헛물관*은 튼튼하고 벽이 두껍다. 이 부위가 종이의 섬유가 된다. 하지만 극도의 고온은 흰가문비나무와 검은가문비나무 둘 다에 스트레스를 가한다. 겨울 가뭄이나 여름 가뭄도 마찬가지다. 나무에 물이 부족해지면 기둥의 압력이 커진다. 이 압력은 61기압까지 증가할 수 있으며(자동차 타이어의 공기압은 최대 2.7기압이다) 가문비나무는 여기에 대처할 독특한 메커니즘을 진화시켰다. 세포와 세포 사이에는 서로 연결된 작은 방이 있는데, 이를 통해 세포 전체의 응집력을 유지하는 한편 각 세포 내의 수분 구성에 융통성을 부여한다. 결빙에는 하한선이 없어 보이지만, 온난한 기후에서는 가문비나무조차 부러지는 경우가 생긴다. 뿌리에 물이 없어지면 수압이 나무 안에서 서서히 소진되어 압력이 발생하며 이 압력은 뿌리에서 물관부 위쪽으로 물을 끌어올린다. 결국 물관부는 기포를 세포벽 속으로 빨아들여 물관부 공동화**를 일으킨다.

* 겉씨식물이나 양치식물 관다발의 물관부에 있는 주된 요소로, 조직을 지탱하고 수분의 통로가 되는 세포벽의 두꺼운 조직.

** 물관 내에서 물기둥에 걸려 있는 장력이 응집력을 초과함에 따라 공동이나 기포가 생기는 것.

기포들이 뭉치면 사람의 혈관에서 일어나는 색전증*과 비슷한 현상이 일어난다. 잠수부가 잠수병에 걸리는 것도 같은 원리다.

여느 북부 수종과 마찬가지로 가문비나무는 한 해의 대부분을 휴면 상태로 지내다 짧은 생장철에 양분을 비축해 혹독한 겨울을 대비하도록 진화했다. 하지만 열 스트레스나 가뭄 스트레스를 버티기 위해 여름에도 휴면해야 한다면 조금이라도 생장할 기회가 거의 사라진다. 여름 생장은 사치가 되어가고 있다.

그와 동시에, 이렇듯 물 순환이 빨라지면 모든 식생에서 증산이 증가하는데, 그러면 계 내의 대류 에너지도 증가한다. 이 때문에 폭풍우, 천둥, 번개가 잦아지고 점화와 산불이 늘어 해마다 불탄 면적이 배가되고 온실가스 배출이 기하급수적으로 증가한다. 2019년 알래스카 산불로 70테라그램의 이산화탄소가 방출되었는데, 이것은 플로리다주에서 인간 활동으로 인해 발생한 양과 맞먹는다고 브렌든이 말한다.

가문비나무는 산 채로도 잘 탄다. 검은가문비나무는 가연성 고무진 때문에 소방관들 사이에서 '휘발유를 묻힌 막대기'로 불린다. 가문비나무의 낙엽에는 불꽃놀이에 쓰이는 장뇌가 함유되어 있다. 이것은 검은가문비나무가 산불이 난 뒤에만 재생하기 때문이다. 끈적끈적한 검은색 폐성구과**는 휴면 상태에 있다가 고무진이 녹으면 비로소 씨앗을 내보낸다. 하지만 러시아에서 보듯 불탄 면적이 해마다 넓어지면 천이 패턴이 교란되고 검은가문비

* 혈관 및 림프관 속으로 운반되어 온 떠다니는 물질이 혈관 안으로 들어가 혈관의 협착이나 폐색을 일으키는 증상.

** 나뭇진의 영향으로 완전히 열리지 않는 구과.

나무가 재생하지 못한다.[12]

알래스카의 한 연구자는 일찍이 2016년에 이렇게 말했다. "북부한대수림이 부서지고 있습니다. 가문비나무가 사라지면 가문비나무에 사는 모든 생물이 사라집니다. 북부한대수림 자체가 사라지는 겁니다."[13] 이것은 숲의 주민들에게뿐 아니라 우리 모두에게 문제가 된다. 숲 체계, 물 순환, 대기 순환, 탄소 저장, 영구동토대 해빙 사이의 되먹임과 상호관계는 복잡하고 폭넓다. 어찌나 복잡한지 컴퓨터 모델 하나만으로는 역부족이다.

브렌든이 말한다. "확실히 말할 수 있는 것은 기후 교란이 훨씬 많이 일어나리라는 것뿐입니다." 우리가 숲을 잃었을 때 무슨 일이 일어날지 엿보려면 우선 숲이 현상태의 유지에 어떤 역할을 하는지 이해해야 한다.

온전한 가문비나무 숲의 주요 관심사는 여느 숲과 마찬가지로 자신의 서식지를 만들고 유지하는 것이다. 우리는 나무가 비를 만들어낸다는 것을 안다. 가문비나무는 이 일에 유난히 뛰어나다. 강력한 휘발성 유기화합물이 수증기 분자에 달라붙어 물로 응결시키면 무거워진 물이 비가 되어 내린다. 게다가 애초에 수증기를 공기 중에 뿜은 것도 나무다. 각각의 나무는 독자적인 소규모 비 제조 공장이다. 나무는 광합성에 쓰는 것보다 훨씬 많은 물을 흡수하고 증산한다. 나무가 빨아들이는 물의 최대 90퍼센트는 쓰이지 않는다. 왜 그러는 것일까? 과학 언론인 프레드 피어스 말마따나 "나무가 수분을 내뿜는 것은 세상을 더 많은 나무에 알맞도록 만들기 위해서다."[14] 우리를 위해서도.

땅에 떨어지는 빗물의 50퍼센트는 나무의 증발산에서 비롯한다. 나무는 물을 계속해서 흡수하고 방출하여 자신이 만드는 비를 재활용하므로, 쭉 이어진 숲은 비와 바람이 지나갈 중요한 고속도로인 셈이다. 숲에 내리는 비는 증산했다가 대륙 어디에선가 비가 되어 내리기 때문이다. 이것은 일종의 펌프로, "하늘을 나는 강flying river"이라 불린다.[15] 이 현상이 아마존 우림과 서아프리카 몬순처럼 서로 다른 대륙의 숲 사이에 벌어지면 "원격연결teleconnection"이라고 불린다. 알래스카와 캐나다 북부의 가문비나무 숲은 아메리카 중서부의 대평원 곡창 지대에 내리는 비와 직접적인 관계가 있는 듯하다.[16] 원격연결에 대한 연구는 이제 막 시작되었을 뿐이지만 러시아 타이가와 우크라이나 밀밭도 같은 관계로 보인다.[17]

숲은 바람의 형성에도 일조한다(어떻게 일조하는지에 대해서는 아직 논란이 벌어지고 있지만). 극전선은 북극 상공의 차가운 공기 덩어리와 중위도 온대 지역의 따뜻한 공기 덩어리가 만나는 예리한 접경선이다. 극전선은 철따라 이동한다. 겨울에는 종종 저위도로 내려와 얼음과 눈을 가져다주지만 여름에는 수목한계선과 얼추 비슷한 위치를 차지한 채 대체로 안정되어 있다. 1990년대 이전에는 나무의 위치가 바람의 영향을 받는다는 것이 통설이었지만, 영국 과학자 로저 펠키와 피에르 비달레의 연구에 따르면 정반대로 나무가 전선의 위치를 정하는지도 모른다.

가문비나무가 암녹색인 이유는 복사광을 흡수하는 잎살* 조직이 바늘잎에 농축되어 있기 때문이다. 스코틀랜드의 키 큰 소나

* 잎의 겉가죽 안쪽에 있는 녹색의 두꺼운 부분으로 잎에서 표피와 잎맥을 제외한 나머지 부분을 이른다.

무와 마찬가지로 이 색깔이 하도 짙고 바늘잎의 매끄러운 각피가 하도 두꺼워서 바늘잎은 파랗거나 거의 검어 보인다. 햇빛이 가문비나무 바늘잎을 때리면 나무의 미세 구조—줄기와 바늘잎—가 복사광을 서로 튕겨내면서 짧은 파장의 복사광을 흡수하고 파장을 늘이는데, 이것은 광자를 최대한 많이 거둬들이기 위해서다. 나무는 빛을 흡수하기 때문에, 받아들인 것보다 적은 양의 적외선 복사를 대기 중으로 다시 방출한다(적외선 복사는 이산화탄소 담요에 흡수되고 열로 전환되어 지구온난화를 일으킨다). 북아메리카의 넓은 가문비나무 숲은 막대한 양의 산소를 발생시키고 탄소를 흡수할 뿐 아니라 그 과정에서 지구를 식힌다. 여름에 나무 한 그루가 물 100리터를 증산할 때마다 70킬로와트의 냉각 효과를 발생시킨다. 이것은 일반 에어컨 두 대에 해당한다.[18]

겨울에는 복사열을 흡수하는 능력 덕분에 가문비나무 줄기 둘레의 눈이 녹는다. 가문비나무는 주변 토양을 데워 설하 세계의 곤충, 설치류, 균류에 아늑한 서식지가 되어준다. 가문비나무 가지와 땅 사이의 온도는 위쪽보다 꽤 높을 수 있는데, 이는 나무가 햇빛에서 흡수한 에너지를 아래쪽 설괴에 재방사하기 때문이다. 북부 숲에 사는 사람들이 종종 가문비나무 아래에서 야영하고 큰 가문비나무를 피난처로 신성시하는 것은 이 때문이다.

하지만 여름에는 나무의 짙은 색 때문에 툰드라의 알베도(반사능력)와 숲의 알베도 사이에 차이가 커진다. 북부한대수림은 복사광을 아주 많이 흡수하기 때문에 양지의 검은색 도로 표면처럼 달궈진다. 이에 비해 주변의 툰드라는 대부분의 복사를 공기 중으로 곧장 반사한다. 둘의 차이가 하도 커 툰드라와 숲 사이에는 온도 기울기*가 가파르다. 이 기울기가 바람을 움직이게 하고 극전선의 위치를 좌우한다는 것이 펠키와 비달레의 주장이었다.[19]

하지만 뒤이은 연구에서는 온도 기울기만으론 전모를 알 수 없다는 의견이 제기되었다. 10여 년 전 러시아의 물리학자 아나스타샤 마카리예바가 새로운 이론을 내놓았는데, 2020년 ABoVE 학술대회 즈음 더 많은 관심을 얻기 시작했다.

마카리예바의 관심사는 나무의 증산에 의해 방출된 수증기가 식어 물방울로 응결할 때 생기는 진공이었다. 마카리예바는 물리학자였기에 액체인 물이 기체인 수증기보다 공간을 훨씬 덜 차지한다는 원리에서 출발했다. 기체가 액체로 변하면 압력이 낮아져 부분적 진공이 발생하는데, 이 진공은 습도가 높은 아래쪽 공기를 빨아들인다. 이렇게 상승한 습한 공기는 숲지붕 위를 수평으로 이동하는 공기에 의해 다른 곳으로 옮겨져 하강한다. 마카리예바와 동료 빅토르 고르시코프는 자신들의 이론을 "생물펌프biotic pump"라고 불렀다. 비를 만드는 과정은 그와 동시에 공기를 숲 위쪽으로 펌프질하여 비를 이동시킨다. 이 바람은 수증기가 응결하는 한, 나무가 증산하는 한 계속 움직인다.[20]

극전선과 수목한계선의 위치가 (나무가 증산하는) 여름에는 일치하고 (나무가 휴면하는) 겨울에는 어긋나는 이유를 생물펌프 개념으로 설명할 수 있을 듯하다. 그리스 신화에서 북풍을 관장하는 신(보레아스boreas)은 북부한대수림(보레알boreal)에 살고 있는지도 모르겠다. 마카리예바는 프레드 피어스에게 이렇게 말했다.

* 한 지점에서 다른 지점까지 온도가 변화하는 비율.

"숲은 대기의 허파일 뿐 아니라 고동치는 심장이기도 해요. 생물 펌프는 지구 대기 순환의 주된 요인이에요."[21]

마카리예바가 옳다면 숲은 더없이 중요한 자연 자산으로 간주되어야 한다. 숲은 인간이 거주하는 장소의 환경을 유지하는 데 필수적일 뿐 아니라 국경과 대륙을 가로질러 지정학적 영향을 미치는 생물학적 엔진이기도 하다. 우리의 기후가 어떻게 달라지는지를 설명하는 과학에 더 많은 관심이 쏠린다면, 우리가 당연하게 여기던 '생태계 서비스'가 휘청거려 더 많은 질문이 제기된다면, 각국 정부가 타국의 숲 파괴에 관심을 기울이기 시작할까? 석유 공급을 확보하기 위해 군을 파병하는 게 아니라 비를 만들고 보내는 숲을 보호하기 위해 타국을 침공하려나?

바로 지금 알래스카의 숲에서 벌어지는 변화도 생물펌프 이론으로 설명할 수 있을 듯하다. 증산량이 감소하면 숲은 비와 바람을 적게 만들며 이로 인해 더워지고 건조해진 환경은 가뭄과 산불에 더 취약해진다. 알래스카의 여름 바람은 이미 약해지고 있는 것처럼 보이며, 이로 인해 고기압계가 더 건조해지고 더 오래 머물면서 가뭄을 악화시킨다.[22] 북부한대수림은 지난 수백만 년간 기후 시스템의 토대였으나, 나무가 북쪽으로 행군하거나 말라 죽거나 툰드라의 초록 떨기나무 군락 속에서 자취를 감춤에 따라 세계 꼭대기에서 살랑거리며 조용히 북반구 기후를 조절하던 안정된 바람이 미쳐 날뛸 것이다. 아니, 이미 미쳐 날뛰고 있다.

알래스카 카이어컥 허슬리아

북위 65도 42분 07초

솔러스탤지어solastalgia라는 신조어가 유행어가 되어가고 있다. 이 낱말은 고향에 있으면서도 고향을 그리워하는 감정을 일컫는다. 상실감이되 혼란스러움의 감정이기도 하다. 우리가 삶의 터전으로 여기는 지구가 더는 존재하지 않을 때의 혼란 말이다. 온난화되는 세계에서는 낱말이 의미로부터 떨어져 나간다. 기표(소리)와 기의(의미)의 인류학적 간극이 위험천만한 크레바스처럼 벌어져 있다. '툰드라'는 달라진 툰드라를 정확히 표현하지 못한다. '봄' '겨울' '가을'은 세계 여러 곳에서 논란거리 개념이 될 것이다. 조만간 대부분의 사람들이 이런 감정을 느끼겠지만, 땅과 가까이 사는 사람들은 이미 한 세기 가까이 느끼고 있었다.

향후 알래스카 석유의 역사는 끔찍한 역설로 기억될지도 모른다. 존 맥피와 동료들이 1975년 새먼강을 내려간 것은 결국 석유 때문이었다. 석유가 발견되면서 알래스카원주민청구합의법이 제정되었으니 말이다. 송유관에 대해 공분이 일자 "국가적으로 보전 가치가 있는" 토지에 대한 조항이 법안에 포함되었으며 국립공원관리청은 레인저*와 스카우트를 파견하여 북극해에서 태평양에 이르는 모든 토지와 그 사이에 있는 모든 큰 강과 산을 측량하고 평가하도록 했다.

국립공원관리청 사업의 주요 부서로 알래스카대학교 페어뱅

* 국립공원에서 자연을 보전하고 사람들의 안전과 질서를 지키기 위해 순찰하고 구조하며 국립공원 내의 일을 도맡는 사람.

크스 캠퍼스에 설립된 협력공원연구부가 있었는데, 수장은 인류학자 조로 브래들리였다. 브래들리는 연구진을 모집하여 국가적 보전 가치를 인정받는 지역에 사는 원주민의 '생활 방식'을 꼼꼼히 기록했다. 국립공원관리청은 향후 지정되는 모든 국립공원을 관리할 때 그곳을 터전으로 삼는 사람들의 문화적·사회경제적 이익에 부합하도록 해야 할 책임이 있었다. 이 사업은 선구자적 시도였다. 40년 뒤 사적 소유 및 탄소 기반 소비와의 대타협(대표적으로 알래스카원주민청구합의법)으로 인해 꾸준히 상실되고 있는 것들이 이 사업을 통해 폭넓게 기록되었다. 이 사업이 중요했던 이유는 또 있다. 석유 발견을 계기로 토착민의 지혜와 세계관이 기록되면서 석유가 만들어낸 혼란과 부정의 미로에서 벗어날 전망이 열린 것이다.

코북강 상류로 올라가면 대륙 분수령에서 물줄기가 끊기는데, 이곳에서 파란 언덕의 낮은 산등성이가 북쪽으로 뻗어 브룩스산맥의 벽 속으로 들어간다. 산등성이 한쪽 비탈면에 내리는 비는 코북강을 따라 코체부와 축치해에 흘러드는 반면에 반대쪽 비탈면에 내리는 비는 얼래트나강, 카이어컥강, 마지막으로 유콘강이 되어 남쪽으로 수천 킬로미터 떨어진 태평양에 도달한다. 코북강 기슭의 이글루에서 자란 작가 세스의 어린 시절에는 대륙 분수령이 본격적인 숲의 시작이었다. 카이어컥강 주민들은 코유콘족이라고 불리며, 바다에 눈길을 주는 이뉴피아트족과 달리 전적으로 숲에 의존한다. 맥피가 강 아래로 내려간 1975년, 35세의 인류학자가 개썰매를 타고 코유콘족 영토에 들어와 새로 쌓인 봄눈을 건넜다. 이로 인한 조우는 인류학자와 코유콘족 둘 다에게 지대한 영향을 미쳤다.

리처드 K. 넬슨이 알래스카를 처음 맛본 것은 스물두 살에 웨인라이트에서 미 공군을 위해 일할 때였다. 넬슨은 그 뒤 인류학을 공부해 하와이에서 북극권의 삶을 가르치는 강사가 되었다. 그러다 1974년 조로 브래들리의 신설 부서 협력공원연구부에서 일할 기회를 놓치지 않고 알래스카로 돌아왔다. 브래들리는 코북강 유역에 있는 세스의 오랜 텃밭 앰블러와 슝그나크로 넬슨을 파견했다. 넬슨은 얼마 뒤 동쪽 내륙을 향해 카이어컥강으로 이동하여 허슬리아에서 1년을 보냈다. 그 1년은 이윽고 전후戰後 민족지학 연구를 통틀어 가장 중요한 연구로 탈바꿈한다. 텔레비전 시리즈의 모태가 되었으며 절판되지 않고 여전히 간행되는 고전 『도래까마귀에게 기도하다: 코유콘족이 북부 숲을 바라보는 관점』(1983)이 바로 그것이다.

넬슨의 핵심적인 통찰과 업적은 코유콘족의 '생활 방식'과 세계관을 그들의 관점에서 이해하여 자신의 관점에서 묘사한 것이다. 『도래까마귀에게 기도하다』는 넬슨에 따르면 '서구 학문의 영역 바깥에 있는 토착 자연사'다. 이 책에는 생물종과 개념에 대한 코유콘족 낱말을 망라한 부록이 실려 있는데, 이것은 그 자체로 중요한 자료일 뿐 아니라 코유콘족이 자연을 (설령 우리의 정서적 이해 범위를 벗어나더라도) 실체를 가진 것으로, 무엇보다 실제로 존재하는 것으로 여기고 있음을 보여준다. 넬슨은 이렇게 썼다. "코유콘족은 만물이 보는 세상에서, 눈들의 숲에서 살아간다. 아무리 야생적이고 외지고 심지어 황량할지언정 자연 속을 이동하는 사람은 결코 혼자가 아니다. 주위 만물은 인식하고 감지하고 인격화된다. 느낀다. 기분이 상할 수도 있다. 매 순간 온당한 존경심으로 대해야 한다."[23]

이 세계관은 코유콘족이 땅에서 살아가고 생존하는 방법을 결정한다. 또한 생태계의 참된 일원으로 살아간다는 것이 무슨 의미인지 엿보게 해준다. "이념은 먹고사는 일의 근본적 일부다…… 어떤 면에서 자연의 존재들과 나누는 대부분의 상호작용을 다스리는 것은 인간과 인간 아닌 존재 사이의 올바른 영적 균형을 유지하는 도덕 규칙이다." 여느 토착민 공동체와 마찬가지로 코유콘족에게 인간, 자연, 초자연은 '도래까마귀가 만든 세상'에서 하나의 도덕적 질서하에 서로 연결된다.

이것은 탄화수소에 붙들려 있는 우리에게 영감을 주는 관점이다. 넬슨의 책은 경관을 새로운 눈으로 보게 했다. 책을 다 읽고 나서 질문 한 움큼으로 무장한 채 리처드 K. 넬슨을 찾아 나섰다. 허슬리아에서의 체류 이후에 저명 작가가 된 넬슨은 알래스카 계관 작가로 임명되었으며 미국 NPR 라디오에서 (제목에 걸맞게) 소리 풍경과 자연에 대한 장수 시리즈인 〈만남Encounters〉에서 친숙한 목소리를 들려준다. 애석하게도 몇 주 전 내가 책을 읽고 있는 동안 넬슨이 세상을 떠났음을 알게 되었다. 연명장치가 꺼진 뒤 넬슨은 녹음된 도래까마귀 울음소리와 함께 혼자 있게 해달라고 부탁했다.

그래서 넬슨에게 코유콘어를 가르친 캐서린 아틀라를 수소문했는데, 역시 몇 해 전 타계했다는 소식을 접했다. 캐서린은 알래스카공영라디오의 유명 방송인으로, 토박이 이야기와 지식을 수집하고 들려주는 프로그램 〈도래까마귀의 시간Raven Time〉을 진행했다. 알래스카대학교 페어뱅크스 캠퍼스에 보관된 녹음들은 지구온난화 구술사라는 새로운 역사 분야의 풍성한 자료다.[24]

키티탈카니(캐서린의 코유콘어 이름)가 화면에 나타난다. 검은 머리카락의 여인이 늑대털 깃이 달린 따뜻한 파카를 입고서 야외에 앉아 있다. 위쪽으로 가느다란 자작나무 가지들이 희푸른 하늘을 둘러싼다. 캐서린의 매끈한 얼굴에 햇빛이 내려와 쇠테 안경다리에서 반짝거린다. 캐서린이 자신의 이야기에 웃음을 터뜨리듯 미소를 짓는다.

캐서린이 킥킥거리며 말한다. "쉿! 그들은 이렇게 말했어요. '얼음이 있는 곳에서는 침묵해야 합니다. 존경심을 보여야 하니까요.'"

때는 봄이다. 얼음이 강물에 떠내려오고 있다. 들썩거리는 잿빛 조각으로 이루어진 넓은 판이 밀치고 깨지고 부딪히며 물살의 속도로 허슬리아 마을을 지난다. 가느다란 자작나무, 청록색 가문비나무의 원뿔, 가문비나무 통나무 지붕을 낮게 드리운 네모난 집들 위로 햇빛이 비친다. 모자, 선글라스, 털을 덧댄 파카 차림의 사람들이 강기슭에 모여 기독교 기도를 올리고 민요를 부르며 얼음에 감사한다. "강의 얼음이여, 다음번에도 우리가 한 사람도 빠짐없이 당신이 움직이는 것을 볼 수 있길 기원합니다."

캐서린은 자매와 함께 언 강에 작대기를 던지다 노인들에게 혼난 이야기를 들려준다. 얼음에는 정령이 있다. 게다가 힘이 세다. 캐서린은 떠들지 말고 "네가 이해하지 못하는 커다란 것들"을 입에 올리지 말라는 말을 늘상 들었다. "큰 것에 대해 말하면 안 돼. 네 입은 작잖니!" 해, 달, 하늘, 짐승에 대해 이야기하는 것은 금지되었다. 세상은 살아 있다. 들을 수 있다. 짐승은 자신에 대한 입방아가 맘에 들지 않으면 불운을 내릴 것이다.

캐서린의 자매가 일삼던 말이 있다. "나도 얼른 커졌으면 좋겠어. 그러면 그들처럼 말할 수 있을 테니까!"

캐서린은 자유분방하게 말하고 웃음을 터뜨리고 연장자들과 자신이 혼란을 겪은 이야기를 들려준다. 1950년 캐서린이 사제를 찾아가 말했다. "신부님, 괴로워요. 조상님들의 가르침과 예수님의 가르침 중에서 어느 쪽이 옳은지 모르겠어요."

사제가 캐서린에게 말했다. "둘 다 옳단다. 둘 다 따라야 해."

"그 말을 듣고서 기분이 아주아주 좋아졌어요. 안심이 됐죠!" 캐서린이 이렇게 말하고는 다시 웃음을 터뜨린다.

때는 1986년이다. 카메라 앞에서 이야기하는 캐서린은 지금 넬슨의 책을 소재로 한 텔레비전 다큐멘터리에 출연하는 중이다.[25] 캐서린이 1975년 봄 넬슨을 집에 들인 것은 자신이 물려받은 연장자들의 지혜를 나눠줘야겠다고 생각했고 영어를 구사할 줄 알았기 때문이다. 캐서린은 1927년 커토프(홍수 이후 이름이 허슬리아로 바뀌었다)에서 태어나 십 대 시절 통조림을 비롯한 정착민 보급품의 라벨을 읽으며 영어를 배워 식민주의 권력인 미국 연방정부와 자신의 민족 코유콘족 사이에서 유능한 중재자가 되었다.

넬슨이 떠난 뒤에도 캐서린은 처음의 마음가짐을 간직한 채 자신이 아는 것과 기억하는 것을 라디오에서 이야기하고 나눴다. 한 방송분에서는 열 살 때인 1937년 산탄총을 가지고 "기러기 잡기 좋은 곳" 윌로호에 간 이야기를 들려준다. 그곳은 밤낮으로 24시간 내내 하늘이 새 떼로 "시커맸다". "새들이 그렇게 많았어요. 하지만 지금[1990년대]은 그때와 비교하면 없는 거나 마찬가지예요." 넬슨에 따르면 심지어 1970년대에도 연장자들은 새벽이 너무 조용하고 새의 노래가 부쩍 줄었고 들새로 가득하던 호수의 물이 말라버렸다고 푸념했다.

또 다른 방송분에서는 1930년대에 할머니와 고기잡이하러 간 이야기를 들려준다. 할머니는 물고기 콧잔등의 점을 보고 날씨를 알아맞히는 법을 가르쳐주었다. 흰 점이 있으면 날이 추워진다는 뜻이다. 외톨이 갈매기가 내륙 깊숙이 들어오는 것은 그해 흉어가 든다는 징조이고 무리 전체가 날아드는 것은 풍어의 징조다. "어느 짐승이든 너보다 훨씬 많은 것을 알고 있단다."

당시는 생선을 거의 먹지 못했다. 그물을 직접 만들어야 했는데, 면사綿絲는 오래가지 못했고 나무껍질 노끈이나 힘줄로 그물을 만들려면 시간이 오래 걸렸기 때문이다. 캐서린은 나직한 목소리로 제의, 금기, 관습의 복잡한 그물에 대해 조곤조곤 설명한다. 고기잡이 야영장의 절차, 비버를 도살하거나 기러기 털을 뽑는 올바른 방법, 짐승을 죽이면 사체에서 혼이 빠져나가도록 밤새 내버려두어야 한다는 것, 곰을 잡으면 혼이 헤매 다니지 않도록 발을 잘라야 한다는 것 등을 이야기한다. 짐승마다 먹을 수 있는 사람이 정해져 있다. 짐승의 성질에는 전염성이 있기 때문이다. 이를테면 아비(물새의 일종으로, 유럽에서는 머리호의 큰회색머리아비black-throated diver에서 보듯 잠수하는 새diver라고 부른다)는 연장자만 먹을 수 있다. 아비 고기를 먹으면 아비처럼 어기적어기적 기어다닐 우려가 있는데 연장자들은 이미 그렇게 다니니 말이다. 다른 존재도 마찬가지다. 물을 아껴 마셔야 하는 이유는 벌컥벌컥 마셨다가는 물처럼 부풀 것이기 때문이다.

자연 세계의 형태와 패턴은 그 안에서 살아가는 인간의 상상 속 경관과 사회적 관계를 빚어낸다. 자연 세계를 거스르는 것은 상상할 수 없는 일이고 이단으로 취급받으며, 코유콘족 전통에 따르면 대가가 따른다. 텔레비전 다큐멘터리에 스스로 목숨을 끊은 소년의 장례식이 소개된다. 어머니들이 불타는 제물 주위에서 흐느낀다. 친구들이 커다란 흰가문비나무 십자가를 새 무덤에 세운다. 캐서린은 고개를 내두르고 있다.

캐서린이 말한다. "사고가 너무 많이 일어나요. 그건 우리가 후틀라니를 존중하지 않기 때문이에요. 숲의 전통 제의와 금기 말이에요." 캐서린은 텔레비전 시청자를 위해 이렇게 덧붙인다. "대법원에서는 사람들이 땅에 다가갈 때 사람에게 다가가듯 해야 하는 법을 제정해야 해요."

캐서린에 대해 찾을 수 있는 마지막 기록은 허슬리아 지미헌팅턴고등학교 학생들이 세계자연기금과 공동으로 제작한 라디오 프로그램이다. 때는 2005년이다. 캐서린은 머리카락이 하얗고 안경과 카디건 차림이며 더 느릿느릿 말한다.[26]

"있잖아요, 달을 들쑤시면 안 돼요. 우리 연장자들은 달에 사람을 보내면 뭔가 변화가 일어날 거라고 말했어요. 달은 날씨와 연결되어 있어요. 무슨 일이 일어났는지 보라고요!"

나머지 연장자들이 둘러앉아 고개를 끄덕이며 거든다. 학생들이 가문비나무가 열 스트레스로 어떤 고통을 받는지 설명하자 로즈 앰브로즈가 말한다. "날씨는 스스로를 다스리기엔 너무 늙어가고 있습니다. 카이어컥강의 물은 기슭보다 높습니다. 끔찍해요. 끔찍하다고요."

버지니아 매카시가 맞장구친다. "여긴 우리가 자랄 때와 같은 땅이 아니에요."

마리 야스카가 말한다. "모든 새들은 우리를 위해 저마다 다른 노래를 불러줘요. 노래가 정말로 달라진 새가 하나 있는데, 그건 울새예요. 노래를 중간까지만 부르고는 '하 하 하' 소리를 내요. 왜 그러는지 모르겠어요."

코유콘족이 어떻게 대처하고 있는지 알고 싶다. 그래서 허슬리아 시장 칼 버짓에게 전화한다. 6월의 어느 화창한 여름날 이야기를 나누는데, 넬슨과 캐서린이 묘사한 세계가 내 머릿속에 생생히 떠오른다.

수화기 저편에서 친근한 웃음소리와 함께 목소리가 들린다. "우리 부족은 사람들과 접촉이 별로 없습니다. 상류로 300킬로미터, 하류로 300킬로미터까지 마을이 하나도 없어요. 더 북쪽에는 에스키모만 삽니다."

칼은 자신이 가문비나무 통나무로 짓고 있는 오두막 바깥에서 있다고 말한다. 허슬리아 사진을 본 적이 있는데, 단단한 나무 오두막이 불규칙하게 모여 있고 집들 뒤로는 여기저기 서 있는 자작나무들 사이에 별채와 돈운 헛간이 놓여 있다. 그 뒤로는 서쪽으로 뻗은 카이어컥강이 넓게 굽이돈다. 멀리서 들판이 머스케

그*와 숲의 불규칙한 패턴으로 부서지다 평지가 북쪽으로 브룩스산맥의 시커먼 선을 만난다. 반짝거리는 강물이 웅장하게 흐르며 풍경을 통째로 가른다. 이곳의 이름은 코유콘어로 '차티디나다콘 딘', 즉 '숲이 언덕을 불살라 강으로 만든 곳'이다. 허슬리아는 강의 토착어 이름 후슬리의 변화형이다.

6월의 이날 아침 눈이 거의 다 녹았으며 마지막 얼음이 강에서 사라졌다고 칼이 말한다. 나무에 싹이 돋는 '녹화'와 얼음의 '해빙'이 끝났다. 적어도 8월까지는 밤을 보지 못할 것이다. 칼은 기분이 좋다.

"전화하기 좋은 때입니다. 그래요, 좋은 때죠." 칼이 다시 웃음을 터뜨린다. 여느 코유콘족처럼 칼도 시계에 맞춰 살지 않는다. 배고프면 먹고 피곤하면 잔다. 극지방의 여름 동안에는 시간에 맞춰 살기 힘들다. 아이들은 새벽 3시에 밖에서 뛰놀고 사람들은 모여서 이야기를 나누다 대화가 끝나면 집에 돌아가 잠자리에 든다. 허슬리아는 지금 정오 직전이다. 칼은 나무를 베러 마을 언저리로 나갈 작정이다. 한 방향으로 60킬로미터를 가면 치바 탈(검은가문비나무)이 있고 반대 방향으로 60킬로미터를 가면 치바(흰가문비나무)가 있다. 여름은 나무를 베고 겨울에 대비하는 시기다. 지독히 추운 곳에서는 식량보다 열이 인간 생존에 더 중요하다. 든든히 쌓아둔 땔나무는 명망의 징표다.

이제 나는 허슬리아를 보는 것을 넘어서 '들을' 수 있다. 넬슨의 책은 칼과 같은 목소리로 가득하다. 소박하고 개방적이고 음악적

* muskeg. 풀이나 이끼로 된 이탄으로, 북극에서 볼 수 있는 산성토양의 한 종류.

인 말투는 가문비나무를 스치며 노래하거나 자작나무를 달그락거리는 바람, 노래하는 새, 강에서 물보라를 일으키는 연어, 호수에서 첨벙거리는 노가 빚어내는 땅의 자연적 소리 풍경과 어우러진다. 넬슨이 한 여인의 말을 인용하는데, 아마도 캐서린 아틀라일 것이다. "어떤 사람들은 아비를 사냥하지만 저는 아비를 죽이는 게 싫어요. 아비의 노래에 늘 귀기울이고 아비가 아는 낱말을 찾아내고 싶어요."

물론 사슬톱, 스노모빌, 선외기*, 프로펠러의 굉음은 요즘 허슬리아에서 삶의 엄연한 일부다. 칼은 내게 마을이 성장하고 있다고 뿌듯하게 말한다. 350명이 그곳을 보금자리라고 부르고 학생 100명이 학교에 다닌다. 하지만 도로가 없고 상업적 벌목이 금지된 게이츠오브더아크틱 국립공원의 보호구역 안에 있는 탓에 세상은 코유콘족에게 관심을 거의 기울이지 않았다. 공동 빨래방(영구동토대여서 수돗물이 안 나온다)에 무선 인터넷이 설치된 것은 최근 일이다.

칼이 말한다. "이곳은 비행기로만 접근할 수 있습니다. 이 말은 고립, 전통적 삶, 야생 식량을 뜻합니다." 코로나 대유행으로 비행이 중단되었지만 이 지역의 식량 중 절반 이상이 땅에서 난다. 그러니 비행기가 오지 않아도 버틸 수 있다. "우리의 지식, 우리의 문화는 여전히 튼튼합니다."

나는 칼에게 넬슨의 책이 저자가 바란 목적에 부합했느냐고, 코유콘족에게 문화의 명맥을 이어가기 위한 참고 자료가 되었느

* 선박 외부에 붙일 수 있는 추진 기관.

냐고 묻는다.

칼이 말한다. "무슨 책이요?" 내가 넬슨과 아틀라를 거명한다.

"아, 그 친구요." 칼이 킬킬거린다. "주민들은 외부인에게 대체로 마음을 열지 않지만, 그 친구는 잘 어울리더군요."

칼은 기후변화에 대한 내 질문을 회피하며 대단한 폭우가 내렸다는 말을 꺼낸다. 알래스카 북단은 평상시 한 해 강수량이 380밀리미터 미만이었지만 올해는 큰비가 내렸다고 한다. 꽃가루도 천지였다. 빗물은 몇 달 내리 산에서 내려와 허슬리아를 휩쓸었다. 예년보다 세 배 많은 강수량이었다. 나무는 비를 좋아한다. 우리가 이야기하는 동안 태양이 흰가문비나무의 황갈색 구과를 덮은 고무진을 데우고 있다. 고무진이 떨어져 나가면 용수철이 달린 구과 비늘이 일제히 딱 하고 열린다. 구과가 열리는 시기에 가문비나무 계곡을 내려다보는 것은 멀리서 벌어지는 전투 장면을 바라보는 것과 같다. 숲에서는 총성 같은 딱딱 소리가 울려 퍼지고 노란 먼지구름이 우듬지 위로 열상승기류를 타고 떠다닌다. 괸 물, 허슬리아 전역의 호수, 강물 표면에서는 어디나 꽃가루가 길고 노란 띠를 그린다.

사람들은 행복하다고 칼이 말한다. 10년간 호수는 말라갔고 산불은 걷잡을 수 없었다. "베리를 거두기 좋은 해가 될 겁니다. 올해는 숲이 무성할 거라고요."

물이 남으면 또 다른 변화가 생긴다. 힘차게 굽이도는 강물은 강둑을 여느 때보다 훨씬 많이 깎아낼 테고 더 많은 집이 이주해야 할 것이다. 봄마다 네댓 집이 이주하지만 가끔 때를 놓치기도 한다.

칼이 말한다. "그래요, 요즘은 그게 일상입니다."

어쩌면 마지막에는 우리 모두가 이렇게 적응해야 할지도 모르겠다. 10년 전 라디오 인터뷰에서 버지니아 매카시와 로즈 앰브로즈는 부자연스러운 홍수에 대해 불평했지만 허슬리아 연장자들은 더는 그러지 않는다. 부자연스러운 것은 자연스러운 것이 되었으며 종말은 일상이 되고 매년 반복되는 사건이 되어 한낱 배경으로 전락했다. 이것은 새로 모습을 드러내는 기후 붕괴의 현실 중 하나인지도 모르겠다. 애도는 사치라는 것. 일상생활의 시급한 요구 사항은 그런 쉼이나 초연함을 허락하지 않는다. 해야 할 일이 언제나 있다.

"기후변화의 부정적 영향은 사람이 아니라 자연에 미칩니다. 우리는 적응하니까요. 한 종이 쇠퇴하면 다른 종이 번성합니다." 칼이 무덤덤하게 말한다.

칼이 우려하는 것은 석유로 인한 점진적 생태 변화보다는—칼은 15년간 노스슬로프에서 일하면서 석유 채굴에 도움을 주었다—인간이 계획한 갑작스러운 변화다. 알래스카원주민청구합의법 규정에 따르면 모든 토지와 채굴권은 여남은 곳의 토착민 협회 소유다. 코유콘족은 석유 채굴권을 전혀 소유하지 않았지만, 알래스카의 여느 토착민 집단과 마찬가지로 지난 40년의 물질적 개선은 석유 때문이므로 그들은 석유산업을 비판하길 꺼린다.

로먼 말마따나 "변화가 있는 건 사실입니다. 페어뱅크스에 체리나무가 자랍니다. 하지만 다달이 500달러가 모두의 주머니에 꽂힙니다. 우리는 30년간 주 소득세를 부과받지 않았고 실업자도 전무합니다. 상황은 여전히 아주 좋아 보입니다." 모든 현대 사회가 같은 족쇄를 차고 있지만, 알래스카 경제에서는 화석연료의 역할이 더 뚜렷하다. 알래스카인들은 기후변화에 대해 조치를 취하면 자신들이 누리는 안락한 삶에도 큰 변화가 일어날 것임을 누구보다 잘 안다. 많은 이들에게는 받아들일 수 없는 결과다. (로먼의 말을 빌리자면) 탄화수소 타협은 여전히 건재하다.

지난가을인 2019년 10월 십 대 소녀 나니지 피터(15세)와 콰나 체이싱 호스 포츠(17세)가 알래스카원주민연맹대회에서 기후변화에 대해 비상사태를 선포하는 결의안을 통과시키라고 연장자들에게 촉구했다.[27] 하지만 대부분의 토착민 협회는 여전히 석유 찬성파다. 두 주 뒤 토지관리국은 여전히 160만 헥타르의 노스슬로프 채굴권 경매를 진행했으며 코노코필립스는 윌로*라는 50억 달러 규모의 사업을 발표했다. 더위와 비버에 이어 윌로는 녹아가는 툰드라를 조만간 장악할 것이다. 이 기업은 얼음 위에 지은 기반 시설이 무너지지 않도록 영구동토대를 재냉각하고 있다.

칼이 우려하는 것은 대기 중 이산화탄소 농도의 상승이라기보다는 더 가시적이고 덜 은밀한 적, 바로 미국 정부다. 칼은 연방정부가 코로나 봉쇄를 틈타 게이츠오브더아크틱 국립공원을 관통하는 350킬로미터 도로의 건설 계획을 반대에도 불구하고 통과시킬까봐 걱정한다. 앰블러 인근 코북강 유역에는 논란에 휩싸인 채굴장이 있는데, 도로는 돌턴 고속도로와 이 채굴장을 연결한다. 도로가 완공되면 코유콘족이 방문객을 통제하기가 힘들어질 것이다. 하지만 더 큰 문제는 계획 중인 도로가 집수구역의 물

* Willow. 알래스카 국립석유보호구역을 개발해 대량의 석유·가스를 생산한다는 대규모 유전 개발 사업. 2023년 3월 미국 바이든 행정부는 결국 이 사업을 승인했다.

흐름을 교란하여 배수 형태를 바꾸고 숲의 구조와 그 안의 생태계를 변화시키리라는 것이다. 지난 2년에 걸쳐 세스, 로먼, 패디, 칼을 비롯한 수십만 명이 앰블러 도로 반대 청원에 서명했다. 앵커리지에서 열린 대중 집회에 운집한 사람들은 분노의 함성을 지르며 도로 건설 계획에 반대했지만, 2020년 당시 트럼프 행정부는 승인 절차를 서둘러 추진하고 있었다.

칼이 말한다. "도로 건설업자들이 여기 내려와 자기들이 무엇을 파괴하게 될지 봤으면 좋겠습니다." 칼의 얼굴에선 어느새 웃음기가 사라졌다.

건설업자들은 코유콘족 세계의 토대 자체를 파괴할 것이다. 넬슨은 코유콘족 기원 설화 하나를 녹음했다.

> 먼 옛날 도래까마귀가 호수에서 고래를 죽여 내장을 호안에 널브렀다. 그 뒤로 호안에서 자라는 가문비나무의 뿌리가 길고 가늘어졌다. 밍크 남자가 나무 여자들을 찾아가 그들의 남편 도래까마귀가 살해당했다고 말했다. 한 여자가 이야기를 듣고서 울며 살갗을 쥐어뜯었다. 여자는 살갗이 질기고 우툴두툴한 가문비나무로 변했다. 또 다른 여자는 이야기를 듣고서 흐느끼며 칼로 살갗을 베었다. 여자는 껍질이 깊이 갈라진 포플러가 되었다. 세 번째 여자는 이야기를 듣고서 울부짖으며 피가 날 때까지 살갗을 쥐어뜯었다. 여자는 오리나무가 되었는데, 그 껍질은 붉은색 염료를 만드는 데 쓰인다.

땅은 코유콘족 세계관의 바탕이다. 단순한 식량 공급원이 아니라 사전이자 경전이자 이야기, 역사, 문화의 보고다. 너무 성스러워서 무엇으로도 대체할 수 없다. 도래까마귀가 만든 세계의 이야기에서는 장소마다 종마다 역할이 있다. 채굴장은 이야기에 속하지 않는다.

채굴 사업은 지금껏 세 번 명칭이 변경되었으며 마치 히드라처럼 형태를 바꿔가며 여전히 살아 있다. 도로가 건설된 뒤 채굴장에서 발생할 조세수입은 구리, 아연, 금을 얻기 위한 도로 건설비 5억 달러에 비하면 새 발의 피이지만. 이와 대조적으로 이날 오전 가문비나무를 베기 전 칼은 나무의 이름을 부르고 감사한 뒤 자신이 왜 나무를 베는지 설명할 것이다. 코유콘족 전통에서는 결코 이유 없이 나무를 베면 안 된다. 나무는 많은 것을 선사하기 때문이다.

온기와 보금자리라는 현실적 선물 말고도 나무는 약효로도 존경받는다. 숲의 위대한 가문비나무 노목은 단골 야영장이며 코유콘족은 가문비나무가 그 아래서 자는 사람을 지켜준다고 믿는다. 꼭대기에서 활발히 분열하는 세포(분열조직)는 가문비나무의 힘과 약효가 모이는 곳이다. 가문비나무 꼭두머리는 샤먼의 빗자루이며 병을 몰아내는 데 쓰인다. 허슬리아 인근 후도딘호와 후누딘호의 무시무시한 힘을 억누르려면 호수를 건널 때 어린 가문비나무 꼭두머리를 지니면 된다.

서구 과학도 동의한다. 21~25가지 약용 생화학물질이 가문비나무에서 발견된다. 이 물질들은 가문비나무의 생장점과 나뭇진에 농축된다. 고무진은 돋아나는 잎을 보호하는 덮개가 된다. 이 고무진은 강심제로, 혈액 내 산소 공급을 원활하게 하고 혈압을 낮추며 심장 부정맥 조절에 일조한다. 이 생화학물질을 대기 중으로 발사하는 분산제에는 항생 및 방부 효과가 있다. 우리가 집에서 쓰는 소나무 추출 소독제에도 같은 화학물질이 들어 있다. 북부 가문비나무는 분열조직이 수십억 개에 이르며 우리가 숨쉬는 공기를 실제로 멸균한다.[28]

가문비나무는 가지에 붙어 자라는 지의류에게도 똑같은 행동을 하라고 부추겨 항생 효과를 배가한다. 이것은 경이로운 공생이다. 가문비나무의 바늘잎은 에탄올아민이라는 알칼로이드*를 방출하는데, 에탄올아민은 우듬지를 에워싸 지의류의 항생물질 생산을 촉발한다. 그런 다음 가문비나무의 다른 에어로졸에 올라타서는 숲이 펌프질하는 바람에 실려 다니면서 북반구의 기류를 소독한다.[29] 방출되는 에어로졸 칵테일에는 베타펠란드린이라는 끈적끈적한 화합물이 들어 있는데, 이것은 접착제처럼 작용한다. 가문비나무가 방출하는 항생물질에는 나름의 접착력이 있어서 노출된 피부에 달라붙어 혈류에 흡수된다. 이 모든 물질은 나무의 향기에 실려 전달된다. 구과수로 가득한 일본의 숲이 건강과 호흡에 긍정적 영향을 미친다는 사실이 밝혀진 것은 놀랄 일이 아니다.[30]

가문비나무가 이 일을 하는 것은 인간을 위해서만이 아니다. 가문비나무의 생화학물질은 곤충을 끌어들이는데, 곤충은 고무진을 이용하여 보금자리를 짓고 소독하며 꽃가루의 단백질을 이

* 식물체 속에 들어 있는 질소를 포함한 염기성 유기화합물을 통틀어 이르는 말로, 중요한 생리작용과 약리작용을 나타내는 것이 많다. 니코틴, 모르핀, 카페인 등이 있다.

용하여 몸을 만든다. 꽃가루는 곤충에게 필요한 필수아미노산이 풍부하며 곤충이 나무에 상처를 입혔을 때 만들어지는 감로甘露는 곤충이 쉽게 구할 수 있는 가용성可溶性 당의 공급원이다. 곤충은 먹이사슬 위쪽의 동물, 특히 번식을 위해 북부한대수림을 찾는 철새 떼의 먹이가 된다. 이런 식으로 새들은 나무에 곤충이 너무 많이 들끓지 않도록 한다.

코유콘족은 이 같은 도덕적 질서에 속해 있다. 살아 있는 만물은 제 나름의 자리, 목소리, 영혼이 있으며 인간은 그들과 개별적 관계를 맺고 있다. 이 질서는 앰블러 도로와 상충한다. 넬슨이 연장자의 말을 인용한다.

"알래스카 전체가 가시도치 손바닥 안에 들어 있는 것처럼 아슬아슬합니다."

2020년 7월 23일 코로나 대유행이 아메리카를 휩쓸고 알래스카 전역이 봉쇄된 동안 미국 토지관리국은 도로 노선이 연방정부의 관할하에 있는 토지를 통과할 수 있도록 통행 허가를 발효했다. 환경 단체 아홉 곳이 알래스카 지방법원에 소송을 제기했다. 토지관리국의 사업 추진이 청정수법, 국가환경정책법, 알래스카 국토보전법을 위반했다는 것이었다.[31]

바이든 행정부가 알래스카 석유 채굴을 재검토하는 와중에도 토지관리국은 앰블러 채굴 사업과 논란거리인 도로 건설을 밀어붙였다. 그리하여 코유콘족과 도로 건설에 반대하는 사람들의 마지막 희망은 자연의 개입으로 영구동토대가 무너져 채굴의 사업성이 사라지는 것이다. 미국 정부는 마침내 탄소 배출 문제를 인정하는 방향으로 나아가고 있지만, 자연의 위기가 지구 가열에 국한된 것이 아님을 여전히 천명하지 않고 있다. 석유, 채굴, 금융 경영진의 목소리에 귀기울일 뿐 리처드 넬슨이 받아 적은 목소리는 듣지 않는다. 추운 북부 숲 머나먼 가장자리에서 메아리치는 목소리는 또 다른 세계의 문법을 구사한다. "자연은 안다. 당신이 자연에 잘못을 저지르면 자연은 무슨 일이 벌어지는지 느낀다. 짐작건대 땅속에서는 모든 것이 서로 연결되어 있을 것이다."

5

바다의 숲

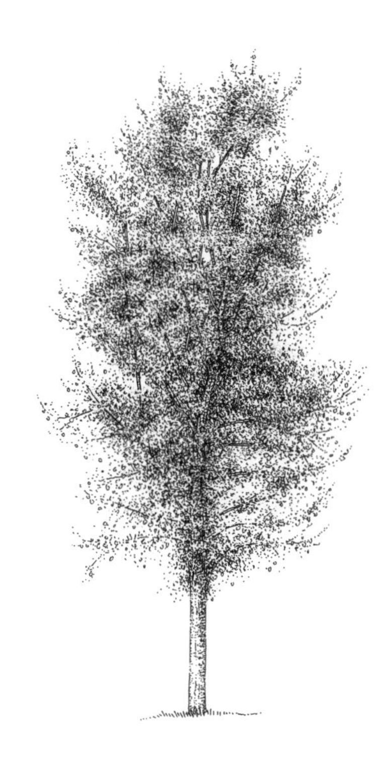

발삼포플러

Populus balsamifera

캐나다 온타리오 메릭빌

북위 44도 55분 06초

알래스카 브룩스산맥에서 출발한 수목한계선은 캐나다 노스웨스트준주의 최북단 경계선을 따라 흰가문비나무의 최전방인 유콘준주로 곧장 파고든다. 배킨섬과 캐나다 북극 제도에 속한 누나부트준주로 향하는 것처럼 보이지만 그곳엔 결코 가닿지 않는다. 그 대신 나무들은 거대한 초록 폭포처럼 남쪽으로 와르르 쏟아져 내려 앨버타와 매니토바를 지나 처칠이라는 마을에서 허드슨만의 바다와 만난다.

처칠은 스코틀랜드 북단 존오그로츠와 같은 북위 59도에 위치하지만, 연평균 기온은 훨씬 낮다. 1월 일평균 최저기온은 영하 34도다. 겨울이 되면 허드슨만은 2미터 두께로 완전히 얼어붙다시피 하며 8월까지 바다얼음이 남아 있다가 11월에 다시 결빙이 시작된다. 허드슨만은 세계 최대의 만으로, 태평양과 북극해의 물을 캐나다에서 방류되는 민물의 3분의 1과 섞어 다시 허드슨해협을 지나 래브라도와 그린란드 해안을 따라 대서양으로 보내는 순환 작용을 한다. 북극해에서 북아메리카대륙 심장부로 흘러드는 이 길고 차가운 물길 덕분에 이곳은 기온이 낮고 수목한계선도 내려와 있다.

처칠에서는 바다, 툰드라, 나무의 세 생태계가 어우러진다. 이 삼각 이행대는 세계 북극곰의 수도라는 명성을 마을에 안겨주었다. 북극곰은 여름에 약해지는 바다얼음을 떠나 땅에서 먹이를 찾고 툰드라와 숲에서 굴을 파며 가을에 새끼를 낳은 다음 결빙이 시작되면 얼음으로 돌아간다.

이곳에 수목한계선의 핵심이 있다는 것이 나의 추론이다. 이곳이야말로 변화의 실상을 관찰하기에 이상적인 지점이다.

"아니, 아니, 아니에요." 수화기 너머에서 나긋나긋한 아일랜드어 억양이 말한다. "한쪽에서만 보면 안 돼요. 수계 전체를 고려하지 않고서는 나무와 바다의 관계를 이해할 수 없어요. 상류로 올라가야 해요."

코로나 대유행이 몰아치기 6개월 전인 2019년 여름 나는 캐나다로 순례를 떠났다. 손꼽히는 북부한대수림 연구자를 만나기 위해서였다. 마침내 만난 다이애나 베레스퍼드크루거는 수심에 잠겨 있다. 여름이 너무 덥다. 온타리오에서는 몇 달째 비가 내리지 않았다. 정원의 나무들이 허덕이고 있다. 적어도 채소에는 물을 줄 수 있지만, 공항에서 출발했을 때 차창 밖을 보니 반듯반듯 늘어선 옥수숫대가 시든 초록색 재킷을 입고서 차렷 자세로 선 채 시야 끝까지 펼쳐져 있다. 다이애나가 40년 전 이곳에 처음 이주했을 땐 이 연안 평야의 대부분이 숲이었다.

도로 맞은편에서 거대한 산업용 농작물 분무기가 집채만 한 바퀴에 얹힌 채 우리를 향해 덜커덩거리며 다가온다. 뒤로 접은 긴 팔을 흔들며 유독성 농약을 아스팔트에 흩뿌린다. 다이애나가

하도 심하게 경기를 일으키는 바람에 몸이 창밖으로 튕겨져 나갈 듯 보일 정도다.

다이애나가 내뱉듯 말한다. "젠장! 농약이에요. 온 지구가 바로 지금 필요로 하는 것, 그건 더 많은 암이에요. 식물, 동물, 우리를 고의로 죽이는 셈이죠."

메릭빌에 도착했을 땐 해가 뉘엿뉘엿 떨어지고 있다. 이곳은 석조 건물 상점과 불룩한 통나무집이 늘어선 예스러운 식민지 시대 마을로, 리도운하 옆으로 나른한 십자형 가로가 뻗어 있다. 오래된 제재소, 제융소*, 제분소가 있으며, 강을 따라 떠내려온 통나무를 실어 나르는 도로의 끝에 자리하여 퀘벡과 몬트리올로 목재를 운반하는 경로로 이어진다.

캐나다는 절반이 숲이다. 나머지 절반도 대부분 숲이었으나, 수백 킬로미터 북쪽으로 허드슨만과 맞닿은 북부한대수림 남부는 캐나다 동부의 농업, 공업, 도시와 교외에 조금씩 갉아먹혔다. 현재는 해마다 1퍼센트씩 숲이 파괴되고 있다. 다이애나와 남편 크리스천이 1970년대 이후 관리한 65헥타르는 몇 남지 않은 개잎갈나무 노숙림 중 하나다.

진입로에 들어서면서 보니 도로 한쪽에 늘어선 소나무와 가문비나무의 높은 우듬지에 태양이 걸려 있다. 도로 반대편에는 블랙체리와 미국참나무가 줄지어 섰다. 해넘이는 아름다운 심홍색 실안개가 되어 나무의 윤곽을 뭉개지만 다이애나는 좋아하지 않는다.

* 모직물을 만드는 곳.

"올해 미립자 오염이 100퍼센트 증가했어요. 100퍼센트라고요! 알고 계셨나요? 이건 나무가 사라지기 때문이에요." 다이애나의 설명에 따르면 모든 나무, 특히 단풍나무 같은 낙엽수는 잎 아랫면에 모용이 있어서 공기 중의 입자를 걸러낸다. 이 입자는 비가 내릴 때 땅으로 쓸려 내려간다.

다이애나 베레스퍼드크루거는 당신의 관점을 바꿀 수 있는 드문 사람들 중 하나다. 전 세계 임업 전문가와 저명 학자를 비롯해 얼마나 많은 사람들이 다이애나 덕분에 숲을 다르게 보게 되었는지 모른다. 리처드 파워스의 소설 『오버스토리』에 등장하는 인물 퍼트리샤 웨스터퍼드는 다이애나의 삶과 연구를 바탕으로 삼았다. 소설에서 퍼트리샤는 나무들이 에어로졸—작은 연처럼 허공을 떠다니는 유기화합물—을 이용하고 뿌리 그물망과 내부의 균근 관계를 통해 어떻게 화학적으로 소통하는지에 대해 획기적 연구를 진행한다. 허구 인물 퍼트리샤는 세계적 유명 학자로, 이후 모든 세대의 연구에 영감을 선사했으며 그가 쓴 책들은 베스트셀러가 되었다. 실존 인물 다이애나의 연구는 나무를 바라보고 조사하는 방식을 실제로 변화시켰지만, 그에 걸맞은 인정과 성공은 누리지 못했다. 그 이유는 다이애나의 독특한 학문적 관점의 토대와 얽혀 있다. 다이애나는 대학 교수직을 거부했는데, 기후변화에 대한 인식을 제고하고 해법을 제시하려면 제도권 바깥에서 더 많은 성과를 거둘 수 있다고 생각했기 때문이다. 다이애나는 자신을 '배교자' 과학자라고 부른다. 통념을 벗어난 생각을 하고 남들이 간과한 점들을 잇는 사람 말이다.

다이애나는 전후戰後 아일랜드에서 남다른 성장 과정을 겪었다.

여덟 살에 부모가 둘 다 사망하자 다이애나는 코크 선데이스웰에 있는 악명 높은 막달레나 세탁소*에 보내질 뻔했다. 하지만 아일랜드와 잉글랜드에 다이애나의 귀족 친척이 있는 것을 알게 된 판사가 다이애나에게 패트릭 삼촌과 함께 살 것을 제안했다. 끼니를 잊을 정도로 주의가 산만한 박식가 패트릭은 빽빽한 서재로 다이애나에게 마음의 양식을 제공했다. 난롯가에서 나눈 토론 하나는 다이애나의 기억에 남았다. 온도에 대한 것이었다. 전 세계 평균기온이 1도 상승하면 기근이 일어난다. 작물은 좁은 기온 범위 안에서 익도록 진화했기에 기온이 너무 높거나 낮으면 시든다. 너무 추우면 열대작물은 얼어 죽는다.

다이애나는 여름마다 밴트리만 인근 리신스의 작은 산간분지에 있는 웨스트코크에서 지냈는데, 그곳에서는 고대 켈트 세계의 지식이 전수되고 있었다. 브리혼법(아일랜드의 토착 고대법)에서는 "고아는 모두의 아이다"라고 천명한다. 다이애나는 브리혼 피후견인이 되어 몸, 마음, 영혼의 켈트 삼체三體에 대한 성스러운 지식을 교육받았다. 마지막 가르침은 나무의 법이었다. 다이애나는 때가 되면 이것을 세상에 전파할 임무를 받았다. 자신이 옛 법을 교육받은 최후의 피후견인이 될 거라는 말도 들었다. 다이애나 이후에는 아무도 없을 것이었다. 다이애나는 성스러운 신탁으로서의 책임을 떠안았다.

다이애나는 토끼풀에 맺힌 첫 이슬이 리신스의 젊은 여인들에게 성스러운 물질임을 배웠다. 그 밖에도 많은 제의에 대해 배웠

* 불우한 여성을 수용해 세탁 등의 노동을 시키던 곳.

는데, 그 이면의 생화학 원리를 훗날 실험실에서 입증했다. 다이애나는 자유롭고 자신감 있게 원대한 질문을 던졌다. 광합성 반응을 처음 접했을 때 이것이 호흡의 반대임을 알아차렸다. 같은 원소와 화학물질이 식물과 동물을 거울상처럼 연결했다. 그것은 이산화탄소와 산소였다. 다이애나는 아일랜드의 나무와 숲이 거의 모두 파괴되었다는 사실도 알게 되었다.

다이애나는 궁금했다. '식물이, 이를테면 숲이 지구에서 사라지면 무슨 일이 일어날까? 답은 자명해. 생명이 소멸할 거야.' 유명한 유리종 실험*을 뒤집어 생각해본 것이었다.

1965년 다이애나는 유니버시티 칼리지 코크 캠퍼스에서 석사 논문을 쓰기 위해 식물이 지구온난화에 어떻게 반응할지 연구했다. 오타와 칼턴대학교에서 박사 논문을 쓸 때는 식물과 인간의 호르몬 작용을 비교했다. 인체에서는 트립토판-트립타민 경로가 뇌의 모든 신경전달물질을 생산한다. 다이애나는 나무에도 이 경로가 있으며 이를 이용하여 우리 뇌에 있는 것과 똑같은 화학물질—이를테면 자당**으로 이루어진 세로토닌—을 생산한다는 것을 입증했다. 다이애나의 연구 덕에 나무가 듣고 생각하고 계획하고 판단할 신경 능력을 가졌을 가능성이 제기되었다. 이 과정은 아마도 껍질 내층內層인 부름켜에서 이루어질 것이다. 이후 다이애나는 심장박동으로 인한 산소 공급을 주제로 또 다른 박사

* 프리스틀리는 유리종 안에 생쥐를 넣고 공기를 빼면 죽지만 식물과 함께 넣으면 죽지 않는다는 사실을 발견했다.

** 사탕수수, 사탕무 등 식물에 들어 있는 이당류의 하나. 캐러멜, 흡착제 따위를 만드는 데 쓴다.

연구를 진행했다. 산소 농도가 너무 낮으면 심장 손상이 일어난다. 다이애나는 혈액희석법이라는 시술을 이용하여 이 문제를 해결하기 위해 기존 혈액형에 속하지 않는 새 혈액을 제조했다. 오늘날 이 인공 혈액은 이식 시술을 할 때나 암을 억제하기 위해 인체 내에 의료용 생화학물질을 투입할 때 이용된다.[1] 잎과 심장은 지구상에서 인간이 살아가는 데 가장 중요한 두 기관이며 다이애나는 둘의 관계를 이해하고 보호하는 일에 삶을 바쳤다.

다이애나의 발상은 논란거리였으며 1960년대 학계에서 이단시되다시피 했다. 다음 단계로 자신이 개조한 전자현미경으로 식물세포를 관찰하여 생물발광—이 현상은 25년 뒤 양자물리학 분야에서 세 명의 과학자에게 노벨상을 안겨주게 된다—을 발견했을 때 다이애나가 속한 대학의 실력자들은 연구 자금의 계속 지원을 거부했다.[2] 양복 차림의 세 남자가 수수한 나무 탁자 뒤에서 다이애나를 향해 정중하게 말했다. "집에 돌아가 결혼하고 자식을 낳으시죠."

다이애나는 주류 과학에 등을 돌리고는 남편 크리스천과 함께 농장을 매입하여 마이크로파를 반사하는 패시브 솔라 하우스*를 지었다. 숲속에 연구용 정원을 만들어 현미경을 설치하고는 연구에 푹 빠졌다. 생물 다양성이 풍부한 온타리오의 숲은 다이애나에게 위로이자 구원이었다. 캐나다의 경이로운 태곳적 식물상은 아일랜드 출신의 젊은 여성에게 벅찬 감동이었다. 영국이 아일랜드의 숲을 철저히 파괴하는 바람에 많은 아일랜드인은 자기네 땅

* 간접적인 방법으로 태양열을 이용하는 주택.

의 생태 역사에 무지했으며, 이런 탓에 다이애나는 원시 노숙림의 구성과 엄청난 규모를 한 번도 본 적이 없었다. 다이애나는 실험을 진행하고 북아메리카 전역의 희귀종과 멸종위기종을 수집했으며 수목원을 조성했다. 캐나다의 퍼스트네이션* 토착 부족들과 관계를 맺었으며 식물에 대한 그들의 지식과 지혜를 무척 존경했다. 다이애나는 식물학, 유기화학, 핵물리학에 대한 자신의 지식에 원주민의 지식을 결합하고 켈트족의 지혜를 접목했으며 연구 결과를 (동료 검토를 거친) 기념비적 참고서 『아르보레툼 아메리카Arboretum America』와 『아르보레툼 보레알리스Arboretum Borealis』로 발표했다. 두 책은 물, 공기, 토양, 기후, 그리고 바다의 먹이 공급토대를 조절하는 북부 숲의 필수 역할을 자세히 설명하며 현대 세계에 식량과 의약품을 공급하는 나무의 어마어마한 잠재력을 나열한다. 다이애나는 모호크족과 크리족 사이에서 약초의 수호자로 통한다. 북부한대수림에 대해 누구보다 뛰어난 권위자이며 우리 시대의 예언자다.

우리는 다이애나와 크리스천이 지은 스트로브잣나무 주택에서 방금 아침을 먹은 참이다.

다이애나는 반바지를 입고 "서프 순찰대"라고 적힌 노란색 오스트레일리아 티셔츠를 걸친 채 얼굴을 가린 어수선한 은발을 성마르게 빗어 넘긴다. 물이 끓는 주전자가 서까래 쪽으로 모락모락 김을 내뿜는다. 다이애나가 급히 주전자를 가리키며 외친다.

* First Nations. 북극보다 남쪽 지역에 사는 캐나다 원주민.

"저거요. 저것 좀 봐요!" 내가 고개를 끄덕인다. "지구온난화의 간단한 물리학이 바로 저기 있다고요! 이건 기초적인 과학 원리예요. 온도가 높을수록 반응속도가 빨라지죠."

다이애나는 왜 모든 숲이, 특히 북부한대수림이 위협받고 있는지 설명하려 한다. 기온이 높아지면 증발이 많아지고, 그러면 강수량이 증가한다. 하지만 비는 땅에 머무르지 않는다. 열이 증발과 응결의 순환을 가속화하면 더 많은 물이 대기 중 수증기로 바뀐다. 이것이야말로 온난화가 그토록 위험한 이유다. 지구가 오늘날 인간이 거주하기에 너무 뜨거워져서 인간을 죽이리라는 것이 아니다. 물 순환이 가속화되면 가뭄이 일어나고 토양의 수분이 과도해지며, 이는 대기에 산소를 공급하는 데 필요한 숲과 나무와 모든 식물의 근계를 압박할 것이다.

다이애나는 1963년부터 기후변화에 매달렸다. "사람들과 아이들이 고통받는 걸 원하지 않을 뿐이에요. 특히 아이들이요."

내가 다이애나를 방문했을 즈음 인류는 대기 중 이산화탄소 농도를 415ppm까지 끌어올렸다. 인간은 1000ppm에서도 거뜬히 생존할 수 있긴 하지만, 이렇게 두꺼운 담요가 복사열을 잡아둘 때 지구에 미치는 가열 효과가 다이애나의 근심거리다. 열 스트레스가 육상과 해양 식물계의 산소 공급 능력에 영향을 미치리라는 것이다. 플랑크톤이나 나무가 대량으로 사멸하고 우림이 소멸하고 열대가 사막화하면 이미 감소하고 있는 대기 중 산소의 감소 속도가 더 빨라질 것이다. 나무는 대기 중 산소의 절반가량을 순환시키며 바다의 광합성 조류藻類가 나머지 절반을 맡는다. 지구가 더워지면 둘 다 제대로 작동하지 않을 것으로 전망된다.

다이애나가 말한다. "환자, 어린아이, 엄마 배 속의 태아들이 먼저 숨질 거예요." 산소 농도가 조금이라도 낮아지면 그들의 심장이 멈출 것이다. 아기는 생후 몇 년간 성장을 위해 산소가 많이 필요하며 태아는 과산화된 혈액을 태반을 통해 공급받아야 한다.

"여성은 40주나 42주가 아니라 38주간 임신하도록 진화했어요. 태아는 일정한 양의 산소가 필요한데, 38주 안에 필요량을 얻지 못할 거예요. 불임, 유산 같은 생식 관련 문제가 발생할 거예요. 어쩌면 꽤 일찍 보게 될지도 몰라요. 제 생전이 아니더라도 당신 생전에는 틀림없이 보게 될 거예요."

다이애나가 부엌을 달그락달그락 뒤지더니 책을 가져와 종잇조각에 도표를 그리며 자신이 이야기하는 화학반응과 생태 과정을 설명한다.

"사람들은 나무가 근본적으로 중요하다는 걸 이해해야 해요. 벌목의 광기를 멈춰야 해요."

"포풀루스 발사미페라(발삼포플러), 그게 당신을 위한 거예요. 반드시 꼭 찾아보세요."

북부한대수림은 다이애나에 따르면 '마지막 숲'이다. 다이애나는 아마존이 이미 끝장났을 거라고 말한다. 설사 고의적 숲 파괴가 지금 중단되더라도 산불과 건조 때문에 50년 안에 사멸하리라는 것이다. 다른 열대림, 특히 아프리카 서부, 말레이시아, 인도네시아의 숲은 심각하게 훼손되었다. 다만 전체적으로 보면 전 세계 숲 파괴가 최근 들어 느려졌으며 러시아와 유럽의 경작지가 폐경지廢耕地로 바뀌면서 다른 곳의 숲 파괴를 메우고 있다. 북부한대수림은 가장 크고 가장 중요한 천연 생물군계로, 드넓은 기온 범위에 걸쳐 뻗어 있어서 적응 여지가 크다.

캐나다 북부한대수림 내의 핵심종은, 생태계를 지탱하고 다른 생태계와 관계를 맺는 나무는 발삼포플러라고 다이애나가 말한다. 발삼포플러는 퍼스트네이션 부족들에게 성스러운 나무이며 북부 수종을 통틀어 가장 강력한 약효를 낸다. 북부의 약재들이 가장 강력한 이유는 가뭄과 추위의 극단적 조건으로 인해 나무가 스스로를 보호하려 이런 화학물질을 생산하기 때문이다. 크리족은 발삼포플러를 못생긴 나무라고 부르는데, 이것은 울퉁불퉁한 껍질과 두툼한 잎 때문이지만 이것이야말로 발삼포플러를 귀한 몸—약재의 보물 상자—으로 만든 생리적 특징이다. 껍질의 깊은 균열은 빗물을 붙잡아 뿌리로 전달한다. 커다란 접시 모양 잎은 끄트머리가 심장을 닮았고 매끈한 표면은 초록색인데, 그 안에는 기름과 나뭇진이 가득하다. 겉보기에 마구잡이로 뻗어 나가는 큼지막한 가지는 북부한대수림 하층식생의 복잡한 생명들에게 안락한 그늘이 되어준다. 비록 꼴사납게 생겼을지는 몰라도 발삼포플러는 숲의 든든한 보모다.

화학물질은 나무 안에, 잎과 껍질에 농축돼 저장되어 있다. 다이애나는 이 사실에 대한 이해가 얼마나 일천한지, 우리가 아는 게 얼마나 적은지 설명하면서 손을 쳐든다. 수십 곳의 실험실과 연구진이 이 나무 하나를 연구해도 모자란다. 하지만 다이애나가 첫발을 뗐다. 지난가을 발삼포플러 암나무는 주위를 꽁꽁 얼리는 겨울이 오기 전에 나무눈을 만들었다. 다이애나는 봄 햇볕이 나무눈을 데우는 광경을 관찰했다. 겨우내 그 속에 꼭꼭 간직된 나뭇진이 녹기 시작하자 잎을 보호하는 눈껍질*이 벌어진다. 날씨가 따뜻해지면서 햇볕이 나뭇진 분자를 데우고 이 분자들은 에스테르와 테르페노이드로 공기 중에 퍼진다. 이것들은 에어로졸로서, 봄마다 북부한대수림의 포플러 수백만 그루가 대기 중에 내뿜는 수 톤의 올레오레진**은 지구상의 모든 생명을 위해 건강 방패 역할을 한다. 다이애나는 에어로졸에 거담, 항염, 항균, 항진균 효과가 있음을 발견했다. 하지만 이것은 시작에 불과하다. 올레오레진에는 디하이드로칼콘, 플라본, 산도 함유되어 있는데, 이것은 인간의 뇌, 간, 샘 발달에 필수적이다. 뇌의 구성 요소이자 인간이 몸을 떨어 추위를 이겨내는 데 꼭 필요한 체내 갈색지방을 형성하기도 한다. 떨림 반사는 지방을 연료로 대사한다. 추위를 이겨내는 법을 배운 나무는 우리로 하여금 같은 조건에서 살아남도록 도와줄 수 있다.

프로스타글란딘 군도 함유되어 있는데, 이것은 학계에 최근 소개된 물질로 그중에서 프로스타시클린은 심장의 주요 기능을 보조하고 동맥을 확장 및 정화하는 혈관확장제다. 또한 여성 임신을 돕고 혈압을 낮추는 옥시토신도 들어 있다. 크리족은 포플러 수액을 당뇨병 치료에 썼는데, 아니나 다를까 다이애나는 포플러에서 글루코사이드와 더불어 포풀린을 발견했다. 포풀린은 위와 소화관의 위액 분비를 늦추며 지방 분해 대사를 조절한다.

* 나무의 겨울눈을 싸고 있으면서 나중에 꽃이나 잎이 될 연한 부분을 보호하고 있는 단단한 비늘 조각.

** oleoresin. 각종 식물에서 나오는 방향성芳香性의 끈끈한 액체로, 약을 만드는 재료로 쓰인다.

북부 나무가 다이애나에게 유난히 흥미로운 이유는 가장 혹독한 조건에서 진화했기 때문이다. 이 나무들은 교훈을 배웠고 호르몬을 함유하고 있으며 다른 식물들이 기후변화에 대해 배워야 할 생존 전략을 습득했다. 또한 인체에 필수적인 화학물질을 함유하고 있는데, 학계가 충분한 관심을 기울일 시간과 자원을 할애할 수만 있다면 이 물질들을 발견할 수 있을 것이다. 그렇다면 우리는 나무를 수확하는 방식에 대해 다르게 생각해야 할 것이라고 다이애나는 말한다. 목재는 숲의 쓰임새 중에서 가장 하찮은 것인지도 모른다.

발삼포플러가 이 화학물질을 만드는 재료는 땅속 깊은 곳에서 캐낸 무기물이다. 뿌리를 얕게 내리는 구과수와 달리 발삼포플러의 깊은 곧은뿌리는 저층과 토양의 영구동토층을 잇는 도관 역할을 한다. 이를 통해 무기물을 뽑아올려 잎에 농축한다. 또한 발삼포플러는 구과수와 달리 겨울이면 넓은 잎을 떨어뜨린다. 나무 한 그루에서 떨어진 잎을 고르게 펴면 2헥타르를 덮을 수 있다. 이 엄청난 양의 낙엽 덕분에 발삼포플러는 북부한대수림과 그 밖의 지역에서 핵심종으로 자리잡았다. 발삼포플러의 주변 토양은 색깔이 매우 짙은데, 그 이유는 풀브산과 부식산이 풍부하기 때문이다. 두 물질은 인체에서 피부색을 결정하는 화학물질인 멜라닌 및 멜라토닌과 관계가 있는 거대 분자다. 두 색소 분자는 흙속의 미량 무기물을 운반한다. 썩어가는 잎에서 금속, 특히 유기체의 성장에 필수적인 촉매인 철을 끌어당겨 가둘 수 있다. 이 산들은 토양과 지하수에 침출되어 결국 바다로 흘러든다. 짠물에서는 바다 먹이사슬의 토대를 자극하는 촉매가 된다.

발삼포플러 안에서 무기물이 농축되는 것은 추위 때문이다. 발삼포플러는 낙엽수로서는 예외적으로 고위도에서 잘 자라도록 진화했는데, 아마도 환경의 압박이나 잇따른 기후변화—빙기와 그 이후—에 대응하여 따뜻한 시기에 북쪽으로 이동했다가 수천 년 뒤 기온이 내려가자 발이 묶였을 것이다.

발삼포플러의 적응력으로 인한 결과 중 하나는 무성생식 능력이다. 암나무와 수나무 둘 다 덩이뿌리를 땅속에서 수평으로—종종 멀리까지—뻗을 수 있는데, 여기서 돋는 새 나무는 원래 나무의 체세포 복제다. 발삼포플러는 혼자서 숲을 이룰 수 있다. 나무들을 연결하는 뿌리 그물망은 영양소를 저장하고 모든 나무 사이에 메시지, 양분, 탄소를 전달한다. 최근 연구에서 밝혀지고 있듯 이 끊임없는 교환은 대규모 연산을 빼닮았다. 어린나무처럼 보이는 것이 실은 훨씬 크고 늙은 나무의 잔가지에 불과할 때도 많다. 개수가 많을 때는 그럴 가능성이 더 크다. 발삼포플러는 종종 가냘픈 사촌 북미사시나무*Populus tremuloides*와 더불어 북반구 전역 고대 산림의 지표다. 지금껏 발견된 가장 오래된 현생 유기체는 유타주에 있는 아스펜으로, 30여 헥타르에 걸쳐 모두가 연결되어 있으며 모든 클론이 한 조상의 DNA를 공유하고 있는데, 이 조상은 160만 년 전 홍적세 빙상 해빙과 연대가 일치한다.[3]

하지만 발삼포플러가 지탱하는 숲은 이것 말고도 두 개가 더 있다. 두 번째 숲은 하층식생인 덤불이다. 대부분 베리 열매가 달리는 떨기나무로, 북부한대수림의 새, 포유류, 인간에게 필수적이다. 이 식생이 생존하려면 포플러가 뽑아내는 무기물 못지않게 포플러가 드리우는 그늘이 필요하다. 세 번째는 바다의 숲이다.

몇 해 전 다이애나는 코크의 호안에서 바닷말 표본을 채집하다 이런 의문이 들었다. 왜 강어귀에는 바닷새, 고래, 물범 같은 다양한 생물이 풍부하게 서식할까?* 단지 민물에 바닷물보다 산소가 많기 때문일까? 아니면 다른 원인이 있을까? 다이애나는 그 뒤 홋카이도섬 출신의 일본인 과학자 마쓰나가 가쓰히코 교수를 우연히 만났다. 마쓰나가는 예전에 다이애나와 같은 의문을 품었다가 답을 찾았다.

마쓰나가를 매료한 것은 경작을 위한 홋카이도 숲 개벌皆伐과 (그와 동시에 일어난) 앞바다 해양 먹이사슬의 붕괴 사이에 나타난 뚜렷한 연관성이었다. 해양 먹이사슬의 토대는 식물성 플랑크톤이라는 작은 단세포 생물의 커다란 기둥이다. 식물성 플랑크톤이 생장하려면 물속에 인, 질소, 철 같은 영양소와 무기물이 이용 가능한 형태로 있어야 한다.[4] 마쓰나가의 연구는 뜻밖의 결론으로 이어졌는데, 숲의 나무가 자연적으로 분해되는 과정이 이 분자 중 하나인 철의 생물 이용도를 높인다는 사실이다. 이 현상은 어떻게 일어날까? 철은 모든 세포가 생장과 증식을 위한 단백질을 만들기 위해 이용하는 많은 생화학 반응에서 촉매작용을 한다. 식물과 식물성 플랑크톤에서 철은 가장 중요한 과정인 광합성의 필수 촉매이기도 하다. 광합성에서 햇빛을 포획하는 것은 엽록소 같은 색소다. 광자는 복잡한 연쇄반응을 거쳐 에너지 저장고로 전환되며 이를 통해 이산화탄소를 당으로 고정하는 과정이 일어

* 코크와 맞닿은 마혼호는 바다와 연결되어 있다.

난다. 포획된 빛은 물을 전자와 (에너지 생산에 쓰이는) 수소, 산소로 바꾸는 데도 쓰인다. 핵심 자원인 철은 일반적으로 물속에 미량으로만 존재하므로, 식물성 플랑크톤이 효율적으로 접근할 수 있으려면 부식산 같은 대형 운반체 분자에 의해 결합되고 농축되어야 한다. 이 일은 숲에서 분해되는 낙엽에 의해 진행되며 철은 부식산에 결합된 채 강을 따라 바다로 흘러든다.

식물성 플랑크톤은 동물성 플랑크톤의 먹이가 된다. 동물성 플랑크톤은 갑각류, 피라미, 연체동물, 물진드기의 먹이가 된다. 이 동물들은 물고기의 먹이가 되며 물고기는 더 큰 물고기의…… 이런 식으로 계속된다. 이렇듯 나무가 내어준 철은 해양 먹이사슬의 토대 중 하나다.

뭍에서 기근이 일어나면 바다에서도 기근이 일어난다. 산소도 대규모로 감소한다. 남세균은 전체 지구 광합성의 50퍼센트 이상을 차지하며 필수적인 산소 공급원이다. 가뭄만 문제가 아니다. 범람도 치명적일 수 있다. 뭍에서 영양물질—농업용수에 섞여 흘러나온 과도한 질산염과 인산염—이 쏟아져 들어오면 바다에는 무산소 수역이 생길 수 있다. 녹조 현상—식물성 플랑크톤이 상위 먹이사슬의 소비 용량을 초과해 과잉 증식하는 것—이 일어나면 조류를 먹는 세균의 발생이 촉진되지만 그 과정에서 바다의 산소를 모조리 소모해 죽음의 수역이 조성된다. 죽음의 수역을 통과하는 물고기는 죽는다.

'물고기를 잡고 싶으면 나무를 심으라'라는 일본 옛 속담에는 진실이 담겨 있었다. 나무는 스스로의 활동을 통해, 또한 바닷속 일차 생산자에 대한 조력을 통해 대기를 조절한다. 다이애나가 어이없다는 듯 말한다. "그런데도 지금껏 부식산 분자의 특징을 규명한 사람이 아무도 없다니 믿어지나요?"

발삼포플러는 빼어난 무기물 채굴업자이자 북부한대수림을 통틀어 단연 최대의 낙엽수다. 수목한계선의 전형적 수종은 아니지만 영하 67도에서 생존할 수 있으며 혹서도 이겨낼 수 있다. 다이애나가 말한다. "생육 가능한 기후 범위와 유기물 생산으로 따지면 어떤 상록수도 발삼포플러의 상대가 되지 못해요."

나무, 툰드라, 숲이 만나는 처칠 바닷속에서 무슨 일이 일어나는지 알고 싶으면 포플러강이라는 곳에 가보라고 다이애나가 권한다. 그곳은 퍼스트네이션 거류지*로, 넬슨강과 처칠강으로 흘러드는 허드슨만 집수구역의 일부다. 최후의 천연 수계 중 하나이며 자연의 원래 작용을 고스란히 관찰할 수 있는 곳이다.

"그곳 사람들은 그 성스러운 의미, 약으로의 쓰임새, 그 밖에 많은 것을 이야기해줄 수 있을 거예요. 제가 아는 것보다 더 많이요. 하지만 다른 사고방식을 받아들일 준비가 되어 있어야 해요. 그들은 당신에게 익숙한 것과 다른 방식으로 세상을 봐요. 제 말 무슨 뜻인지 아시겠죠?"

나는 아프리카에서 여러 해 동안 토착민과 함께 살면서 스와힐리어를 공부하고 영적 세계를—이것이 다이애나가 뜻하는 것이라면—체험했다고 설명한다. 다이애나가 웃으며 이야기 보따리를 풀어놓으라고 조른다. "와, 좋아요. 잘됐네요. 이제 진짜 이야기를 들을 수 있겠네요."

* 영어 'reservation'은 주로 '보호구역'으로 번역하나 이 책에서는 '자연보호구역'을 뜻하는 'protected area'와 구별하기 위해 '거류지'로 번역한다.

캐나다 매니토바 포플러강

북위 53도 00분 07초

목적지로 가는 길은 언제나 터미널에서 시작된다. 철도나 항로의 끝에 위치한 세상에 대해 감을 얻는 것은 줄지어 선 사람들, 정류장 이름, 대화 내용에서다. 위니펙에서 거류지로 가는 여정은 세인트앤드루스 공항행 셔틀버스에서 시작된다. 나는 캐나다 퍼스트네이션의 험난한 역사와 광범위한 식민주의적 침탈에 대해 알고 있었지만, 그 투쟁이 얼마나 현재적이고 상처가 얼마나 새롭고 감정이 얼마나 격앙되어 있는지 맞닥뜨릴 준비는 되어 있지 않았다.

운전사는 머독이라는 친구인데, 스코틀랜드식 이름이다. 머리를 밀었고 안경을 썼다. 자신이 자수성가한 인물임을 자랑스러워하며 이것을 어릴 적부터 지닌 자립심 덕으로 돌린다. 열 살 때 어머니와 헤어졌다고 한다. "지금껏 제게 일어난 최고의 사건이었어요…… 제 돈은 전부 제가 번 겁니다. 그 인디언들과는 다르다고요." 나는 느리게 숨을 내뱉는다. 내가 이 설교를 듣고 있는 건 세인트앤드루스에서 출발하는 유일한 목적지가 북쪽의 퍼스트네이션 거류지뿐이기 때문인 듯하다. 머독은 하고 싶은 말이 있는 것 같지만, 뭔지 잘 모르겠다.

머독이 읊조린다. "그 인디언들은 말이죠, 원하는 게 더 많은 돈, 더 많은 돈, 더 많은 돈뿐이에요. 대체 언제까지 그들에게 돈을 줘야 하죠? 그래요, 오래전 우리가 그들의 땅을 빼앗았어요. 하지만 얼마나 오랫동안 보상해야 하나요? 단언컨대 지금 여기서 그만둬야 해요." 어안이 벙벙하다. 머독의 표현에 담긴 완고함이 낯설다. 머독은 이름이 스코틀랜드식이지만 알고 보니 '조약번호'가 있다. 이 말은 원주민 4세대이며 따라서 원주민 지도자들이 식민 정부 및 정착민 정부와 체결한 조약에 따라 캐나다 퍼스트네이션 부족들에게 약속된 주택, 세금 감면, 기타 복지 혜택을 받을 자격이 있다는 뜻이다.

"말도 안 돼요. 새 차를 샀는데 세금을 한 푼도 안 냈다고요! 뭐라고 말만 하면 인종주의자로 몰리죠."

머독의 말뜻이 분명해진다. 머독은 동냥아치가 아니라 자립적인 사람으로 보이고 싶어한다. 하지만 발판이 불안정하다. 역사는 해결되지 않았고 머독은 자신이 역사와 어떤 관계인지 확신하지 못한다. 그래서 머독은 스스로를 우스꽝스럽게 만들 위험을 감수한다. 혼혈인이 자신의 혈통과 관계를 끊는 셈이니 말이다.

창밖으로 살균된 듯한 노란색, 초록색, 갈색 네모들이 지나간다. 도로, 교외, 드라이브스루, 프레리 위 하늘, 플라스틱 외벽을 댄 헛간으로 이루어진 네모반듯한 경공업 풍경이 보인다. 한때 느릅나무 도시라고 불렸건만 나무 한 그루 보기 힘들다. 이것은 백인이 자기네가 빼앗은 땅에 저지른 일이다(머독의 조상들도 마찬가지였다). 머독은 거류지나 (불과 한 세기 전만 해도 이곳에 펼쳐진) 드넓은 사바나가 아니라 바로 이 '문명'과 자신을 동일시해달라고 요청하고 있다.

머독은 내가 이른바 '버림받은' 거류지에 왜 가는지 궁금해하고 알고 싶어한다. "휴가를 보내러 가는 건가요?" 대화는 기후변화로, 농업 관련 오염으로 인한 위니펙호의 죽음으로 이어진다.

머독은 비관적이다. "우리가 할 수 있는 일은 아무것도 없어요. 핵전쟁이 일어날 거예요. 세계 인구의 절반이 싹쓸이되고 다시 시작하는 거죠. 이게 제 생각이에요. 제가 너무 부정적이라고 생각하시는 건 아니죠?" 나는 좌석에서 거북하게 몸을 움찍거린다.

승객 두 명이 미니버스에 올라탄다. 풍채 좋은 커플로, 캐나다 북부 전역에서 슈퍼마켓을 운영한다고 한다. 허드슨베이 컴퍼니로 불리던 모회사 노던 컴퍼니는 옛 식민지 조직망의 유산이다.

머독은 신참들에 대해서는 더 자신 있는 눈치다. 그들은 공유된 편견을 편안하게 받아들이며 내게 앞일에 대해 설교한다.

"가방 속에 위스키는 절대 없길 바라요. 감옥 가게 될 테니까!"

두 승객은 거류지에서 자발적 규정에 따라 주류를 금지하는데도 실제로는 과음과 약물 남용이 만연한 현실에 대해 머독과 농담을 주고받는다. 그러고는 그곳 음식의 질에 대해 불평하는데, 식료품 가게를 운영하는 자신들이 상황을 개선할 수 있는 입장에 있다는 아이러니를 알아차리지 못하는 듯하다. 두 사람은 울며 겨자 먹기로 자기네 식료품을 살 수밖에 없는 사람들에게서 폭리를 취하는 것에 가책을 느끼지 않는다. 게다가 외딴 거류지에 사는 퍼스트네이션 사람들은 도로가 깔려 있지 않아 어디라도 가려면 값비싼 항공편을 이용해야 한다. 두 사람의 논리는 주민들이 연방 복지 예산을 축낸다는 것이다. 어쨌거나 세금을 내지 않으니까. 어떤 의미에서, 토박이 지식의 탈을 쓴 무신경한 인종주의는 그들에게 필요한 근시안이다. 그래야 자신의 일을 정당화하고 (기본적으로는 여전히 건재한) 식민주의적 착취 체제에서 자신이 맡은 역할을 정당화할 수 있을 테니 말이다.

공항은 착취와 학대라는 같은 이야기를 다른 측면에서 들려주는 것처럼 보인다. 그 이야기는 정당화와 비합리성의 언어로서가 아니라 사람들 내면에 쓰여 있다. 한때 긍지의 원천이던 문화는 이제 낯선 소비주의의 무게에 휘청인다. 가공식품 때문에 살찐 몸은 합성섬유 의복에 터질 듯 둘러싸였고 머리에는 외국 야구팀을 응원하는 모자가 얹혔으며 그들의 언어는 영어의 아우성에 포위되고 침식되었다. 께느른하고 못 미더워하는 눈빛에는 예전에 식민지였던 수많은 지역에서 익히 보아온 쪼그라든 기대감, 지켜지지 않은 약속에 대한 실망감, 냉소적 적의가 서려 있다.

포플러강행 쌍발 세스나기에 탑승할 무렵에는 식민주의 사고방식에 나 자신의 눈빛이 채색될 지경이다. 나 이외에 승객이라고는 초췌한 몰골의 원주민 남녀 둘뿐이다. 얼룩진 옷차림으로 좌석에 퍼더앉더니 비행기가 이륙하기도 전부터 코를 골며 술내를 내뿜는다. 백인의 세계에서 주체성을 빼앗긴 탓에 그들은 쉽사리 유럽인이 북아메리카에서 저지른 오랜 폭력의 희생자로, (정치적 관점에 따라) 동정받거나 조롱받아야 마땅한 사람으로 독해된다. 하지만 한 시간 뒤 그들은 술에서 깨어 비행기에서 내리고는 거류지에서 부모나 형제자매, 공동체 구성원, 연장자의 역할을 재개할 것이다. 그들은 모든 캐나다인에게 유익을 베푸는 생태계의 관리인이요, 우리 모두가 조만간 귀담아들어야 할 옛 지혜의 전달자다.

20분 뒤 작은 비행기는 아득히 내려다보이는 주 경계선을 건넌다. 자연을 개조하고 깎아내고 억누르고 약을 치고 물을 주어 만든 넓고 네모반듯한 농지들이 홀연 사라진다. 동쪽으로, 세계에서 열 번째로 넓은 담수호인 위니펙호의 흙탕물이 조류藻類로 푸르게 물든 호안에 찰싹거린다. 아래로 다가온 숲은 신선한 공기를 공급하는 거대한 들숨 같다. 그 뒤로 한 시간 동안 갖가지 색깔이 땅에 무늬를 그린다. 피트모스*의 주황색 반점, 노란색 아스펜과 검은색 가문비나무의 들쭉날쭉한 줄무늬, 물풀의 무수한 초록 다각형, 숲의 소용돌이, 머스케그 위로 연한 진줏빛 물이 점점이 박힌 개울 줄기가 보인다. 이곳이 바로 넓이 3000만 헥타르로 세계 최대의 습지인 허드슨만 저지대다. 이 지역은 캐나다의 전설적인, 하지만 종종 간과되는 북부의 시작점을 나타낸다. 국가 정체성의 막대한 부분을 차지하지만 방문이나 조사는 거의 이루어지지 않았다.

눈과 정신을 압도하는 광막한 수평선에 정처 없이 몸을 내맡기고 싶어진다. 이곳은 인간의 흔적을 하나도 찾아볼 수 없는 원시 서식지다. 하지만 이것은 또 다른 식민주의적 관념이다. '미답의 황무지'는 미답지도 아니고 그곳을 보금자리로 부르는 존재들에게는 황무지도 아니다. 자연 속의 퍼스트네이션 부족민은 결코 정처 없이 헤매지 않으며 늘 자신의 거처에 있는 것처럼 느낀다. 아래쪽 땅은 수천 년의 인간 수호자들에 의해 빚어졌다. 가장 최근의 수호자들이 지금 내 옆에서 코를 골고 있다.

이곳은 겸손, 경배, 섬김을 불러일으키는 경관이다. 이곳이 무한하다고 상상하기란 얼마나 쉬운가. 이곳이 철옹성인 척하기란

* 수생식물이나 습지식물의 잔재가 연못 등에 퇴적돼 나온 흑갈색의 단립성 토양.

얼마나 쉬운가. 황무지라는 개념, 그것이 불러일으키는 흥분, 그 잠재력은 인간 거주자를 삭제하는 것에 달렸다. 초기 식민지 개척자들이 찬미한 사바나와 숲은 대부분 이전에 관리되던 경관이었다. 원주민에게 버려지고 거듭되는 침략으로 황폐화했을 뿐이었다.[5] 삭제는 여전히 진행되고 있다. 사람들은—또한 법을 이용하는 그들의 능력은—숲을 차지하려는 자본주의의 끝없는 탐욕을 가로막는 주된 장애물이기 때문이다. 이 전투에서 자본주의의 무기는 타락한 원주민, 태곳적 황무지 같은 고정관념이다. 둘 다 이성적으로 번영하는 나라라는 캐나다의 자아상을 떠받치는 필수적 거짓말이다.

캐나다 천연자원부 웹사이트에서는 자국의 숲 파괴율이 0.4퍼센트라고 주장하지만 북부한대수림에서 개벌된 나무들이 언젠가는 다시 자랄 것이므로 이것이 숲 파괴에 해당하지 않는다고 편의적으로 간주한다. 실상은 정반대다. 비행기 아래로 보이는 저 귀중한 생태계는 3만 년에 걸쳐 진화했으며 여전히 진화하고 있다. 하지만 한번 교란되면 다시는 복원되지 못한다. 1990년 이후 캐나다 북부한대수림의 7분의 1이 개벌되었는데, 놀랍도록 많은 양이 화장지 펄프 제조에 쓰인다.[6] 우리는 지구상에서 인류의 생사를 좌우하는 마지막 남은 나무들로 똥구멍을 닦고 있는 셈이다. 캐나다의 숲 교란율(더 나은 기준)은 3.6퍼센트로, 세계에서 가장 높다. 심지어 브라질보다도 위다. 펄프, 종이, 목재 수요를 충족하고 앨버타 땅 밑의 짭짤한 타르샌드*를 얻기 위해 드넓은 지

* 4~10퍼센트의 중질 타르의 원유가 섞인 모래나 바위로, 열수 처리 등의 방법으로 원유를 뽑아내어 예비 정제를 하면 원유에 가까운 것을 얻을 수 있다.

대를 벌목하느라 캐나다는 숲 파괴의 선두에 섰다. 퍼스트네이션 부족의 지역에서 벌목과 채굴을 하려면 그들의 승인을 얻어야 하는데, 이 때문에 엄청난 압박과 유인책이 제시된다.

하지만 마지막 30분간 우리 비행기가 가로지른 땅은 영리기업의 손아귀가 미치지 않은 곳이었다. 이윤을 위한 환경 파괴는 거침없는 과정처럼 보이지만 이 지역은 그 과정이 기적적으로 멈춘 곳이다. 포플러강 퍼스트네이션이 이끄는 4개 토착민 공동체는 힘을 합쳐 어마어마한 위업을 달성했다. 2018년 자신들의 전통적 영토를 유네스코 세계유산으로 지정받은 것이다. 30만 헥타르 가까운 면적이 토착민의 보호와 관리하에 있는데, 이곳은 북아메리카 최대의 보호림으로, 덴마크 면적과 맞먹는다.

유네스코의 조치는 땅의 환경적 중요성만 감안한 것이 아니었다. 아니시나베족이 땅과 맺은 문화적 관계에 대해서도 중요한 선례를 제시한 것이었다. 이유는 이렇다. 유럽의 석기시대에 해당하는 약 8000년 전 그들의 창조 설화에서 땅이 물 위로 솟아오른 이래 이곳에 살았던 토착민은 인간을 땅과 분리된 것으로서가 아니라 전체 체제의 일부로, 하나의 유기체로 여긴다. 북부 숲의 모든 토착 거주민과 마찬가지로 그들은 바위, 물, 나무, 짐승, 식물, 바람, 비, 우레에 모두 정령이 깃들어 있다고 믿는다. 그 존재들과 땅을 공유하며 유한한 자원을 놓고 협상해야 한다고 믿는다. 그들이 인식하고 보호한 것은 이 관계였다.

마침내 아래쪽에 보트, 방송탑, 번득이는 철제 지붕, 오염된 위니펙호에 맑은 물을 밀어내는 강어귀를 따라 서 있는 건물 무리, 숲을 개간해 만든 비행장의 생채기가 나타난다. 이곳에는 아니시나베족의 한 무리가 여름 고기잡이용 임시 야영지로 쓰던 곳이 있다. 1806년 허드슨베이 컴퍼니에 의해 영국의 지도에 표시된 이 지역은 자연항과 교역소 덕분에 1400명이 거주하는 영구 정착지가 되었다.

활주로 울타리와 맞닿은 곳에는 띄엄띄엄한 목조 주택들이 거친 풀밭에 둘러싸인 채 공터에 자리잡고 있다. 흙투성이 자갈길이 구불구불 나무들 속으로 들어간다. 출입구에는 흰 먼지를 뒤집어쓴 닳아빠진 픽업트럭 여남은 대가 줄지어 서서 우편물을 기다리고 있다. 차량들 뒤로 오래전 쓰임새를 잃은 낡은 건물 하나가 서 있고 초록색으로 이런 문구가 칠해져 있다. "포플러강, 해발 230미터." 나의 동료 승객들이 가방을 챙기고 마중 나온 사람들과 포옹하고는 차를 타고 떠난다. 허슬리아와 마찬가지로 포플러강은 비행기로만 접근할 수 있는 지역이다. 머스케그를 가로지르는 도로는 겨울에 물이 얼어야만 통행할 수 있는데, 그마저도 점점 불확실해지고 있다.

그럼에도 이 작고 궁핍한 장소는 미래로 향하는 길을 알려주는 이정표다. 불가피한 기후변화의 막다른 골목에서 벗어나는 유일한 현실적 방안을 우리에게 보여준다. 북아메리카 최대의 경관보전지역에 사는 4000명의 주민은 인간과 어머니 자연의 조화로운 관계를 새로 빚어내는 본보기를 보이고 있다. 그들은 우리에게 몇 가지 기본적 진실을 상기시키려 애쓴다. 그들은 자신의 전통적 영토를 피마치오윈 아키라고 부른다. '생명을 주는 땅'이라는 뜻이다.

다이애나의 친구로 이번에 안내역을 맡은 소피아가 말한다.

"땅이 병에 걸리면 우리도 병에 걸려요." 너무나 명백해 보인다. 너무나 간단해 보인다. 어떻게 우리가 잊을 수 있었을까?

비행장에 서 있는 먼지투성이 픽업은 레이 라블리아우스카스와 소피아 라블리아우스카스의 소유다. 둘은 공동체 지도자이자 운동가이며 나를 마중하러 나왔다. 우리는 비행장을 출발하여 자갈길을 덜커덩덜커덩 부르릉부르릉 달리며 읍내를 통과한다. 포플러강 유역의 주요 건물들은 색색의 육면체로 이루어졌으며 외장은 흰색 플라스틱이다. 가장 큰 건물은 노던 컴퍼니에서 운영하는 슈퍼마켓이고 그다음으로 학교, 복지관, 소방서 순이다. 복지관을 뒤로했을 때 나무들이 바싹 다가온다. 15미터 높이의 북미사시나무 숲이 길가에 늘어섰다. 아니시나베족은 북미사시나무를 가리킬 때 영어로는 포플러라고 부르고 자기네 언어로는 아우수다이라고 부른다. 이따금 나무 틈새 공터에 집이 보인다. 잎들 사이로 강물이 은빛 살갗을 반짝거리며 빛을 흩뿌린다. 읍내는, 위압적인 나무들의 그림자 속 집들은 자연의 힘 앞에서 무력하다. 마당에 놓인 자동차, 보트, 바비큐 시설은 계절이 두어 번 지나면 숲에 집어삼켜질지도 모른다.

음악을 요란하게 튼 거대한 트럭이 포효하듯 지나가자 우리 차의 열린 창문 틈으로 먼지가 훅 밀려든다. 우리는 말끔하게 울타리 쳐진 왕립 캐나다 기마경찰대 구역을 지나친다. 옆에는 가족과 분리된 위탁 양육 아동들이 머무는 '그룹홈'*과 무시무시한 아동보호국이 있다. 거류지 경계의 끝에 다다르자 도로가 갑자기

* 어려운 환경에 처한 노숙자, 장애인, 가출 청소년 등이 자활의 꿈을 키워나갈 수 있도록 도와주고, 가족 같은 분위기에서 공동체 생활을 할 수 있게 만든 시설.

끝나고 강굽이에 아스펜, 발삼포플러, 자작나무, 버드나무가 뒤섞인 숲이 나온다. 이곳에 소피아와 레이의 통나무 오두막이 있다. 토속 미술품으로 장식된 아름다운 집 안에서는 두 사람의 손자가 거실 바닥에서 자동차경주를 벌이고 있다. 창밖으로 강 아래쪽에 줄풀과 물풀이 자라고 햇빛이 물 위에서 반짝거리는 마법 같은 풍경이 펼쳐진다.

우리는 아동보호국에 대해 이야기를 나눈다. 이상하게 들릴지도 모르겠지만 피마치오윈 아키로 이어진 토지 보호 운동의 뿌리가 거기에, 이 정부 부서에 있다. 아동보호국에서는 이전 세대에게 저질러진 폭력의 메아리가 여전히 울려 퍼진다. 이전에 국가는 땅을 빼앗은 다음 원주민 가족의 자녀들을 데려다 '문명'이라는 미명하에 기숙학교로 보냈다. 지금도 국가는 아이들을 가족에게서 데려가고 있지만 이번에는 '보호'를 명분으로 내건다. 캐나다 토착민 공동체에 만연하는 실업, 알코올중독, 약물중독, 사회적 박탈은 북아메리카를 통틀어 가장 높은 수준이다. 거류지가 그런 타격을 고스란히 입는 것은 국가에서 약속한 무료 주거를 이곳에서만 이용할 수 있기 때문이다. 주택이 충분치 않아서 많은 가족이 아직도 집을 기다리고 있다. 한편 거류지에서는 일자리가 가물에 콩 나듯 한다. 직업훈련 기회는 거의 없다시피 하며 고등학교에 가려면 아이들은 위니펙으로 나가야 한다. 배관공과 전기공조차 비행기로 모셔 와야 한다. 자존감과 버젓한 일자리의 부재는 뼈아프다.

거류지에는 아동보호국으로부터 무사한 가족이 하나도 없다. 소피아가 눈을 내리깐 채 고개를 내두른다. 긴 머리가 흑발이어서 할머니 나이로는 보이지 않는다. 소피아와 레이는 (캐나다 정부에 의해 양육에 소홀하거나 자녀를 학대한다고 지목된) 부모 밑에서 고생하는 조카들을 자기 집에서 돌보려고 몇 년째 애썼다. 하지만 번번이 허가를 받지 못했다. 아이가 시설에 입소하면 꺼내기란 불가능에 가깝다.

레이와 소피아는 무슨 일이 벌어지는지 궁리하다 연관성을 찾아냈다. 식민 지배 초기에는 아이들은 학교에 가라고 권고받았다. 그러다 미션스쿨이 확대되고 정부의 권한이 증대하면서 권고는 요구로 바뀌었다. 하지만 땅을 여기저기 돌아다니거나 정부 지정 거주지에서 멀리 떨어져 사는 가족이 많았기에 아이들은 기숙학교에 입학해야 했으며 본인의 의사는 종종 무시당했다. 레이와 소피아가 보니 기숙학교에 보내진 아이들은 매맞고 삭발당하고 학대당하고 '더러운 인디언 말'을 했다는 이유로 입을 비눗물로 헹굼당하고 그 밖에도 끔찍한 일을 겪었으며 결국 부모가 되고도 문제를 일으켰다. 공동체는 이 문제를 논의했으며 두 사람을 비롯한 연장자들은 치유의 길을 제안했다. 기숙학교 피해자와 그로 인한 고통을 겪은 후대들이 땅에 돌아와 전통 제의를 기억하고 토착어를 다시 배워야 한다는 것이었다. 언어와 문화가 땅에서 비롯했다면 치유의 길은 땅에 돌아가는 것이어야 한다.

교회, 정부, 학교는 하나같이 소피아의 부모에게 옛 방식이 범죄적이고 이교적이고 잘못됐다고 말했지만 소피아의 아버지는 저녁마다 딸에게 이야기를 들려주었다. 아버지는 지혜로웠으며 더 중요하게는 고집이 있었다. 아버지는 딸의 대학 진학을 허락하면서도 이렇게 당부했다. "자신이 누구인지, 어디서 왔는지 알지 못하면 그 지식이 쓸모없을 거란다." 다행히도 소피아는 그 말을 기억했다.

"우리는 정령을 존중하는 법을 잊었어요." 소피아가 내게 말했다. "우리는 땅과 떨어져 있지 않아요. 땅의 일부죠. 조물주께서 그렇게 말씀하셨어요. 강가에 앉아 있기만 해도 치유가 돼요. 땅에 가슴을, 마음을 열면 말이에요."

공동체는 치유 캠프 사업을 시작했다. 가족들이 가을과 봄에 사냥 가던 상류 160킬로미터 지점에 부지를 정했다. 장기간 숙박에 필요한 티피*와 보급품을 비행기로 옮기기 위해 기금을 모금했다. 그곳은 성스러운 장소로, 도로나 길에서 몇 킬로미터나 떨어져 있었고 예전에는 카누로만 접근할 수 있었다. 인접한 호수를 백인들은 위버호라고 불렀지만 아니시나베족은 조상들이 준 이름으로 부르는 법을 다시 한번 배우기 시작했다. '피네시와피쿵 사가이군', 우레의 호수라는 뜻이다.

그곳엔 사람이 많이 살고 있지 않았다. 소피아는 어릴 때 아버지와 찾아간 뒤로는 한 번도 가본 적이 없었다. 젊은이들은 옛 제의와 언어를 몰랐으며 자신의 전통 방식 이름조차 몰랐다.

소피아가 뿌듯하게 말한다. "우리는 '잃었다'라는 낱말을 쓰지 않아요. 지식은 그곳에, 땅에 있어요. 우리가 귀기울이고 전통 제의를 행하면 우리에게 드러나죠." 땅은 기억이자 자료 보관소다. 오랫동안 앉아서 짐승을 관찰하면 그들이 아는 것을 알아낼 수 있다. 이를테면 말이 배앓이를 치료하려고 발삼포플러 잎을 먹는

* 그레이트플레인스대평원에 사는 원주민들이 쓰던 높은 거주용 천막.

다는 것을 알 수 있다. 비버가 털을 반짝거리게 하려고 아스펜을 먹는다는 것도 알 수 있다. 소피아는 정부에서 발행한 영양 지침서 『캐나다 식품 안내서』에 대해 코웃음 친다. "전혀 안 맞아요." 아니시나베족은 예부터 탄수화물과 유제품을 먹지 않았다. 상당수가 유당을 소화하지 못한다. 하지만 그들은 "이걸 먹어야 건강해요"라는 말을 들었다. 실제로는 자신들의 야생 식량을 먹고서 훨씬 건강하게 살고 있는데 말이다.

"비버를 잡아먹는 건 아스펜, 버드나무, 자작나무, 수련 등 비버가 먹은 모든 약재를 섭취하는 셈이에요."

치유 캠프는 대성공을 거뒀다. 여러 해 동안 운영되었는데, 행동 문제가 있는 아이들, 당뇨병을 앓는 사람들을 위한 전문 캠프가 있는가 하면—만성적인 정서적 고통은 식단에 영향을 미친다—기숙학교에서 학대당한 연장자들을 위한 캠프도 있었다. 공동체는 자신들의 전통 제의, 음식, 언어로 돌아가자 자신감을 되찾아 자신들의 문화를 깎아내리는 정부의 논리를 비판하고 땅에 대한 권리와 책임을 주장했다. 이 과정에서 새로운 기회가 찾아왔다. 피마치오윈 아키를 보호구역으로 지정하라는 운동이 벌어졌으며 소피아는 골드먼 환경상을 받았다.

이제 학교에서는 아이들을 위한 숲 캠프를 운영하며 소피아는 초등학교에서 토박이말 아니시나베어를 가르친다. 소피아는 수업을 시작할 때 학생들에게 물었다. "여기 아니시나베족 있나요?" 두 명만이 손을 들었는데, 실은 전부가 아니시나베족이었다. 이제는 소피아가 같은 질문을 하면 모든 학생이 손을 든다.

문화를 현대 생활과 조화시키는 일이 언제나 간단하지만은 않다. 맏손자 에이든이 우리가 이야기를 나누는 방에 들어와 아이패드를 들고 소파에 드러눕더니 이내 폭력적인 컴퓨터 게임을 시작한다.

"피만이라도 안 보이게 해줄 수 없겠니?" 소피아가 간청한다.

하지만 포플러강의 공동체는 살아갈 방법을 찾았다. 그들에게는 길잡이가 있다. 그것은 땅이다. 레이와 소피아를 비롯한 주민들은 될 수 있는 한 자주 연장자들을 땅으로 데려가 기억과 어휘를 되살리고 이야기를 끌어낸다.

이튿날 그들이 배를 타고 강을 따라 위니펙호까지 갈 거라며 내게 같이 가자고 권한다.

배가 섬에 도착하자 나는 에이블이 주황색 유리섬유 쾌속정에서 내려 매끈한 바위 돔에 발을 디딜 때 발을 헛디디지 않도록 손을 잡아준다. 에이블은 검은 신발을 찰랑거리는 수면 가까이 댄 채 잠시 머뭇거리다 내게서 지팡이를 다시 받아들더니 몸을 비탈 위로 끌어올렸다가 지의류 바닥에 올라선다. 작은 섬은 주니퍼, 바늘꽃, 래브라도차나무, 부들 같은 북부한대수림의 흔한 떨기나무와 풀로 덮여 있다. 주접든 뱅크스소나무*Pinus banksiana*들이 바위에서 이따금 보이는 틈새에 매달려 있다. 토양은 옛 경관의 덕을 보고 있다. 젊은 캐나다순상지* 지층은 초목이 자란 지 수천 년밖에 안 됐다.

에이블의 검은 눈이 잠시 나를 바라보다 포플러강 어귀에서 위

* 楯狀地. 선캄브리아대의 암석이 방패 모양으로 지표에 넓게 분포하는 지역.

니펙호 호안을 이루는 자잘한 섬들에 고정된다. 마치 땅이 조각조각 쪼개져 물 위에 흩뿌려진 것 같다. 에이블의 주름 없는 갈색 피부가 따스한 오후 햇빛에 빛나며 짧고 듬성듬성한 회색 털을 드러낸다. 에이블의 옆에는 사촌이 앉아 있다. 앨버트는 나이가 조금 많지만 에이블 못지않게 머리카락이 검고 정신도 예리하다. 항공 재킷을 입었으며 야구 모자를 안경 바로 위까지 눌러썼다.

앨버트가 느릿느릿 말한다. "마니투. 조물주의 이름이오…… 마니투파, '조물주가 앉아 계시는 곳'이라는 뜻이지." 앨버트가 넓은 턱을 위쪽으로 까딱거려 주위 사방의 호수를 가리킨다. 만물에서 신을 보는 것은 아니시나베족만의 사상이 아니다. 최근까지도 대부분의 인간 사회에서 이것이 공리였다. 숲이나 들판에 신이 산다고 믿는다면 나무를 베거나 노천 채굴을 벌이기 힘들다.

아니시나베족을 포함하는 오지브와 네이션은 태초에 땅이 물속에서 솟아올라 인간에게 생존을 위한 선물로 주어졌다고 믿는다. 그 대가로 인간은 자신에게 맡겨진 땅을 보살필 의무를 졌다. 1만 1000년 전 로렌시아 빙상이 물러가자 애거시호라는 빙하호가 생겼는데, 지금의 위니펙호보다 훨씬 넓었다. 약 1만 년 전에도 피마치오윈 아키의 모든 땅은 애거시호 바닥에 잠겨 있었으나 2000년쯤 뒤 더는 쌓인 눈의 어마어마한 무게에 짓눌리지 않은 땅이 솟아올랐으며 지금 우리가 앉아 있는 바위가 물 위로 떠올랐다. 바위를 맨 처음 장악한 것은 지의류, 이끼, 뱅크스소나무, 가문비나무였다. 그러다 약 5000년 전 이 초기 개척자 무리에 자작나무와 포플러가 합류했다. 피마치오윈 아키의 '마시키크'(습지)는 그 뒤로 지금까지 비교적 안정된 환경으로 유지되었다.

"말코손바닥사슴이 떠나고 있소. 새들이 떠나고 있소. 토끼들이 떠나고 있소. 순록은 거의 다 떠났소." 에이블이 침울하게 말한다. "사냥하고 덫을 놓고 고기잡이를 하러 나가는 젊은이가 보이지 않소." 에이블은 조물주에게 선물받은 짐승을 잡지 않는 게 문제라고 믿는다. 짐승을 잡는 것은 짐승과 그 안에 깃든 정령을 존중하는 것이다. "짐승은 잡으면 돌아온다오."

이것은 논란의 여지가 있는 개념이고 자연보전론자들에게는 인기가 없지만, 개암나무가 저림 작업*에 반응하여 더 왕성하게 자라고 향모가 뜯었을 때 더 많이 난다면 짐승이라고 그러지 말란 법이 있나? 식물학자이자 가르치는 사람 로빈 월 키머러의 책에 나오는 덫사냥꾼은 담비 수컷을 골라 잡아 자신의 지역 내 개체 수를 오히려 늘렸다. 이런 실천은 생태학을 정교하게 이해한 결과다. 앨버트와 에이블은 생태학이라는 낱말을 쓰려 하지 않았지만. 그 대신 두 사람은 성스러운 제의와 정령에 대해 이야기한다.

"우리는 무언가를 죽이거나 먹거나 채집하기 전에 감사를 드린다오. 그리고 조물주께 담뱃잎을 바치지." 에이블이 지팡이를 들어올려 넓은 호를 그리며 흔든다. "보이는 모든 것이 약이라오. 나는 스물네 가지 약초를 알지." 에이블은 포플러강 아니시나베 공동체의 약초 관리자 중 하나다. 에이블이 물려받은 나무 중 하나가 무누수다이, 즉 발삼포플러다. 아니시나베족이 쓰는 영어로는 검은포플러라고 부른다. 발삼포플러는 성스러운 나무다. 꼭 필요한 선물을 주는 모든 나무는, 즉 대부분의 나무는 성스러운

* 큰 나무를 잘라내고 움을 키워서 새로운 숲을 만드는 작업법.

나무다.

에이블이 말한다. “난 어릴 적에 이앓이를 한 적이 한 번도 없소. 우리 아버지가 검은포플러 잔가지를 꺾어다주셨는데, 그러면 이가 저절로 빠졌지. 하나도 아프지 않았다오.” 에이블이 뿌듯하게 미소 짓는다.

다이애나는 발삼포플러에 심장을 치유하는 성질이 있다고 언급했는데, 아니시나베 연장자들도 이 사실을 알고 있었다. 심장 높이의 껍질을 사람의 심장 크기로 잘라내 물에 넣고 끓이면 강심제가 된다. 연장자들은 발삼포플러가 암에도 효과가 있다는 사실을 발견했으며 다이애나도 이 주장을 지지한다. 내가 포플러강을 떠날 때 레이가 극구 건넨 많은 작별 선물 중에 항아리가 하나 있는데, 안에는 발삼포플러 싹으로 만든 연고가 들어 있다. 레이 말로는 모든 피부 질환을 치료하는 만능 연고라고 한다.

흰가문비나무는 티피 장대와 겨울 이부자리를 만드는 데 쓰인다고 에이블이 설명한다. 층층나무는 바구니 재료와 약재로 쓰이고 아스펜은 올가미로 쓰이며 버드나무로는 한증막을 짓는다. 쓰임새에는 끝이 없다.

“낮이 다 가고 밤이 다 가도록 여기서 내가 아는 것들을 말해줄 수 있소.” 에이블이 이렇게 말하더니 잠시 뜸을 들인다. 그러다 갑자기 주제를 돌린다.

“기숙학교 말이오, 거기 4년 있었소. 궂은일이 무척 많이 일어났소. 선생에게 성적으로 학대를 받았소. 그래요. 강간당했소. 매일 두드려 맞았소. 우리 어머니는 내 기다란 머리카락을 땋아주시면서 절대 자르지 말라고 하셨지만 학교에 갔더니 선생들이 잘라버렸소. 학교는 크로스호에 있었소. 종종 그때 일을 생각한다오. 지금도 자다가 악몽을 꿀 때가 있소. 벽에 주먹질을 하기도 하지. 집에 돌아왔을 때 누가 엄마인지 몰랐소. 아빠도 몰라봤소. 내 앞에 있는 사람들이 누군지 몰랐소. 웃는 법도, 미소 짓는 법도 몰랐소. 예전엔 간지럼을 타는 체질이었는데 지금은 그렇지 않소. 누가 아무리 간질여도 간지럽지 않소. 어머니는 결코 나를 지켜주지 않았소. 내게 이렇게 말했지. '내 집에 아무것도 들이지 마라. 네가 있던 곳으로 도로 가져가라.'"

우리는 호수를 바라본다. 사다새가 멀리 바위 돔 위를 순찰한다. 흰머리수리가 다른 섬에서 소나무 주위를 맴돈다. 캐나다기러기가 세상의 모든 시간을 가진 듯 평온하게 물 위에 떠 있다.

에이블은 크로스호 기숙학교에서 일어난 일에 대해 60년 동안 누구에게도 이야기하지 않았다. 에이블은 여덟아홉 살에 선교사들에게 사실상 납치당했다. 하지만 치유 캠프에서의 경험 이후로는 사람들을 만나면 이 이야기를 맨 먼저 꺼낸다.

레이가 말한다. "그럼요, 정말이에요. 에이블은 이젠 이야기하는 걸 좋아해요. 그것을 '끄집어내고' 싶어하는 것 같아요."

에이블처럼 고통을 겪은 사람들은 치유 캠프 덕에 말할 수 있게 되었다. 말하기는 과거에 일어난 일과 상실하고 폄하된 것의 무게를 이해하는 출발점이었다. 지금까지 그들은 동화되려고, 부정하려고, 제대로 대우받으려고, 백인들의 동네와 그들이 정해놓은 조건에서 성공하려고 애쓰느라 진이 빠졌다. 말하기는 정의의 가능성을 엿보는 법을 배우는 출발점이었다. 설령 아직은 길이 뚜렷하지 않을지라도.

1만 명의 토착민 아동이 기숙학교에서 사망했다. 캐나다 정부는 에이블과 앨버트를 비롯한 아이들을 역사, 문화, 언어로부터 분리하려고, 사실상 그들을 딴사람으로 바꾸려고 시도했다. 당신이 수많은 생물과 더불어 어떤 생태계에 속한 생물이라면 치유란 그 물려받은 역할을 복원하는 것, 당신과 땅의 관계를 복원하는 것이다. 하지만 '땅'이라는 낱말로는 충분하지 않다. 피마치오윈은 모든 것의, 세상의 체계다. '자연'조차 오해의 소지가 있다. 인간 영역과 분리된 무언가를 뜻하게 되었기 때문이다. 피마치오윈은 인류학자 에두아르도 콘이 말한 '인류를 넘어선 인류학'을 보여주는 완벽한 예다. 그것은 인간의 의식 영역보다 큰 기호, 상징, 관계, 의미를 뜻하며 인류는 그중 한 부분에 불과하다.

우리는 말코손바닥사슴을 찾고 '지속 가능한 도살' 숫자에 도달할 수 있도록 개체수를 추산해야 한다. 말코손바닥사슴은 한때 포플러강의 터줏대감이었으나 점점 희귀해지고 있다. 아무도 이유를 모르지만, 산불과 온난화로 숲이 빽빽해지는 등 숲의 구조가 달라져 말코손바닥사슴이 접근하기 힘들어진 것이 개체수 감소와 관계가 있는 듯하다. 말코손바닥사슴은 북쪽으로 이동하고 있다.

흰색 인조가죽 좌석이 달린 낡은 유리섬유 쾌속정을 모는 사람은 피마치오윈아키협회의 지방의회 의원이자 위원회 구성원인 에디 허드슨이다. 에디는 격자무늬 셔츠 소매를 말아 올리고 좌석에서 몸을 젖힌 채 팔꿈치를 뱃전에 대고 카우보이 부츠를 쭉 뻗었다. 그을린 얼굴에 햇볕이 내리쬐고 세어가는 V 자 머리선 꼭대기를 바람이 흩트린다. 에디는 고운 모래사장을 주황색과 분홍색으로 밝히는 어스름을 감상하고 있다.

"저는 예전에 나무에서 부富를 봤습니다." 에디는 경제학을 공부했다. 하지만 연장자들은 에디에게 전통적 보금자리를 다르게 보는 법을 가르쳤다.

모든 눈이 본토 숲의 두꺼운 벽을 훑는다. 물풀이 자라고 돌멩이로 뒤죽박죽인 얕은 만 안쪽에 에디가 보트를 대고는 마지막으로 여기 온 이후에 새로 생긴 비버 댐이 있는지 꼼꼼히 살펴본다. 말코손바닥사슴은 한 마리도 없다.

바람이 갈색 호수 수면을 잘라 점점 높은 파도를 일으킨다. 파도 위는 설탕을 뿌린 듯 하얗다. 우리는 보트를 또 다른 바위 조각에 묶고는 찻물 끓이게 불을 피울 주니퍼 가지를 모은다. 맞은편에서 먹이를 먹던 캐나다두루미 두 마리가 분홍빛 하늘로 푸드덕 날아오르며 '우치추그'라는 아니시나베어 이름에 걸맞은 소리를 낸다. 우리가 차를 마시려고 바위에 앉기 무섭게 흑곰(아메리카검은곰) 암컷과 새끼가 물에서 헤엄치려는 듯 본토의 숲에서 재주넘기하며 빠져나온다. 우리는 놈들이 호안을 뛰어다니는 광경을 바라본다.

"하마터면 잃어버릴 뻔했지요!" 에디가 마치 자신의 영토를 흡족하게 둘러보는 국왕처럼 앉은 채 말한다. "지금도 잃어버릴지 몰라요! 우리 땅을 왕실에 팔았으니까요!" 다들 웃음을 터뜨리며 앨버트를 쳐다본다. 1875년 빅토리아 여왕에게 이 땅을 양도한 조약 5호에서 이곳 공동체를 대표한 서명 'X'*의 주인이 앨버트의 종증조부였기 때문이다.

"하지만 'X'는 다 똑같이 보인다고." 앨버트가 변명조로 말한다. 하지만 웃음소리는 더 커진다.

에디가 말한다. "적어도 이젠 발언권이 생겼어요. 땅을 보호할 수 있다고요." 보호구역 지정의 조건 중 하나는 공동체가 '토지 관리 계획'을 내놓아야 한다는 것이었는데, 공동체에서는 이것을 '토지 이용 계획'으로 바꿨다. "그들은 땅이 관리되어야 한다고 말해요. 개소리죠. 숲이 스스로를 관리하고 짐승이 스스로를 관리하게 내버려둬야 해요." 어느새 에디의 얼굴에서 웃음기가 사라졌다. "우리는 백인이 알아들을 수 있게 백인의 언어로 설명해야 해요." 관리와 이용의 차이는 중요하다. 전자는 지배를 함축하는 반면에 후자는 존중, 허락, 감사를 암시한다.

말코손바닥사슴 개체수 측정과 더불어 이탄 습지가 얼마나 마르는지 측정하는 다년간 연구도 진행 중이다. 마시키크 습지에서 영어 낱말 '머스케그muskeg'가 나왔다. 공동체에서 의뢰한 탄소 연구에 따르면 머스케그 1헥타르에는 숲 1헥타르의 열여덟 배에 이르는 탄소가 들어 있으며 피마치오윈 아키를 통틀어 4억 4400만 톤의 탄소가 저장되어 있다. 탄소 회계는 포플러강의 새로운 경제적 방편이 될 수 있다.

'토지 이용 계획'이라는 용어와 '아니시나베족이 조물주에게 진 빚'이라는 용어는 동의어다. 땅은 이용되어야 한다. 정령은 존중받아야 한다. 성스러운 지점은 방문되어야 하며 조물주에게 길을 인도해달라고 청해야 한다. 담뱃잎을 태우고 물고기를 잡아야 한

* 글을 쓸 수 없는 사람이 서명 대신 쓰는 표시.

다. 주말에 선더호를 탐사하기로 일정이 잡힌다. 어린 세대를 휴대폰과 떼어놓는 기회도 될 것이다.

날이 저물고 있다. 해는 위니펙호의 굴곡진 갈색 수면을 만질락 말락 하고 바람은 어수선한 바위들 사이로 돌아오는 우리를 집까지 추격하지만, 에이블과 앨버트는 이제야 말문이 터졌다. 앨버트는 철갑상어 씨족 출신이고 에이블은 늑대 씨족 출신이라고 설명한다.

"짐승은 당신의 조상이요, 수호자라오. 그 정령의, 그 짐승의 이야기를 배우고 존중해야 하지."

앨버트는 산토끼가 어떻게 기다란 귀를 갖게 되었는지, 여인으로 둔갑한 여우가 어떻게 사냥꾼을 홀렸는지 이야기하다 호안의 성스러운 지점을 가리킨다.

"저기가 우리의 흔들리는 천막이 있던 자리라오. 우리의 전화였소. 애들은 아무도 들어올 수 없었소. 우리는 밤새 잔치를 벌이고 멀리 브리티시컬럼비아, 심지어 누나부트의 부족들과 소통했소. 교회가 불법으로 규정하기 전까진 말이오."

우리가 보트를 잔교에 매고 레이의 트럭에 올라타 귀가하는 동안에도 앨버트는 자신의 지식에 여러 목숨이 달린 듯 이야기한다. 물론 그것은 사실이다. 무엇보다 그의 목숨이 달렸다.

"세상의 모든 나무는 한 그루 개잎갈나무의 후손이라오. 그 나무는 아직도 살아 있소. 개잎갈나무는 성스러운 나무요. 포플러도 마찬가지고. 포플러는 강을 떠받치기 때문이지."

말코손바닥사슴은 한 마리도 보지 못했다.

이튿날 아침 소피아, 에이든, 나는 도로가 완만하게 경사진 채 물속으로 내려가다 끊기는 곳에서 햇살을 받으며 서 있다. 이곳은 거류지를 통과하는 짧은 도로의 끝이자 야생의 시작이다. 수천 년간 상류로 향하는 카누들이 출발한 곳이기도 하다. 강 양편에서 줄풀 줄기가 물살에 하늘거린다. 햇빛이 나무 표면에서 부서져 맞은편 호안을 황금빛으로 물들인다. 반짝이는 수면에 수백만 장의 작은 아스펜 잎들이 서로 맞닿은 채 떠 있다. 오리가 얕은 물에서 홱 몸을 틀고 흰머리수리가 비명을 지르며 호안의 그루터기에서 날아올라 맞은편 숲 위를 비스듬히 선회한다. 수면에서는 재바른 벌레 떼가 연기처럼 빙빙 돈다. 그 너머로 북동쪽에서 숲을 가르며 넓게 거울처럼 뻗은 강이 우리가 갈 길을 나타낸다. 근원을 향한 우리의 순례길이다.

냄새는 최면적이다. 주니퍼, 박하, 용담, 아스펜, 가문비나무의 내음이 섞여 있다. 공기에는 (다이애나에게 배워서 이젠 알게 되었듯) 피넨을 비롯한 에어로졸이 진하게 배어 있다. 대기를 정화하고 숨쉴 때마다 방부 효과와 치유 효과를 발휘한다.

카누 두 척이 물에 띄워지고 선외기가 고정된다. 우리는 한 척이 더 오길 기다리고 있다. 가방을 던져 넣는다. 노, 연료, 아이스박스, 낚싯대, 도끼, 사슬톱, 소총도 챙긴다.

덥다. 어느 때보다 덥다고 소피아가 말한다. 여름 기온은 지금껏 한 번도 25도를 넘은 적이 없었지만 이제는 해마다 열파가 몰려온다. 캐나다 전역이 세계 평균의 두 배로 온난화되고 있으며 북부는 속도가 더욱 빠르다. 소피아가 무릎을 꿇고 기도드린 뒤 흰머리수리가 앉은 나무 밑동에 담뱃잎을 바친다.

"이제 흰머리수리가 상류 끝까지 우리를 따라올 거예요. 좋은 징조예요."

마지막 카누가 도착하자 출발한다. 나는 새것처럼 보이는 매끈한 회색 카누를 배정받는다. 카누를 맡은 로저가 능숙하게 키를 잡는다.

"페인트 조심해, 로저!" 호안에서 외치는 소리가 들린다. "6000달러짜리 카누라고!" 옛날에는 발삼포플러 통나무의 속을 파내 배를 만들었다. 지름이 적당하고 연기를 쬐여도 갈라지지 않기 때문이다. 요즘은 신형 단풍나무 카누가 위니펙에서 비행기에 실려 들어온다.

나는 가운데 판자에 앉는다. 협회에서 토지 관리인으로 임명된—공원 관리인과 비슷하다—클린트가 뱃머리에 있다. 160킬로미터를 가는 동안 클린트의 뒤통수를 바라보게 생겼다. 카누 세 척이 갈색 물에 넓은 고랑을 낸다. 우리는 대형을 이룬 채 모터에 시동을 건다. 말은 거의 하지 않는다. 선외기의 끽끽 소리 때문에 어차피 잘 들리지 않는다. 힘세고 고요한 숲이 휙휙 지나가며 사람들을 들이마신다. 발삼포플러가 북미사시나무, 가문비나무, 뱅크스소나무와 섞여 있다. 하지만 압도적인 수종은 아스펜으로, 하나의 거대한 덤불을 이룬다. 비버 댐이 호안과 강어귀, 그리고 포플러강으로 흘러드는 개울을 막는다.

강의 넓은 물길이 끝없는 불변의 풍경을 연출하는 가운데 우리는 으스스하게 불탄 구역에 들어선다. 가문비나무의 파삭파삭한 주황색 바늘잎이 여전히 가지에 달려 있는데 줄기는 시커멓다. 아스펜의 가느다란 장대가 여기저기 서 있지만 대부분 쓰러졌다. 하층식생은 이미 맹렬히 복원되고 있다. 바늘꽃, 분홍바늘꽃, 버드나무, 포플러가 자라고 숲은 전보다 더 빽빽해져 돌아오고 있다. 이따금 숯의 무기질 내음이 바람결에 떠다닌다. 북미사시나무의 뿌리와 대아*는 불에 격렬히 반응한다. 발삼포플러와 마찬가지로 대아를 통해 스스로를 복제해 번식할 수 있다. 피마치오윈 아키 전체가 하나의 나무라고 해도 놀랄 일이 아니리라. 포플러강에서 줄기 하나를 건드리면 1000킬로미터 떨어진 거류지 반대편의 줄기가 감지할지도 모른다.

에디는 어릴 적 숲속에서 나무 사이로 말코손바닥사슴을 볼 수 있었다고 기억한다. 아스펜은 말코손바닥사슴의 영역 북쪽 가장자리에 있었으며 하층식생을 가득 메우지 않았다. 하지만 지금은 숲의 구성이 달라지고 있다. 하층식생이 빽빽해져 말코손바닥사슴이 통과하기 힘들다. 아스펜과 뱅크스소나무의 얼룩덜룩한 그늘은 간데없고 어둑한 떨기나무 덤불이 자리잡았다.

한 시간 뒤 첫 번째 급류에 도달한다. 카누를 비운 다음 곧은 가문비나무 장대로 만든 사다리 위로 끌어 폭포 옆 바위 둔덕에 올려야 한다.

중노동이다.

"영차!" 두 사람이 살짝 다른 템포로 소리친다.

"사공이 너무 많아!" 클린트가 외치자 다들 웃다 자지러진다.

아이스박스, 가방, 낚싯대, 사슬톱, 도끼, 소총을 다시 보트에 싣고 우리도 올라탄다.

* 접을 붙일 때 그 바탕이 되는 나무에서 나오는 싹.

“급류 스무 개만 지나면 돼요!” 로저가 싱긋 웃으며 말한다. 긴 하루가 될 것 같다.

1794년 허드슨베이 컴퍼니에서 온 존 베스트가 피마치오윈 아키 영토를 탐사하라는 지시를 받고 허드슨만에 있는 요크 팩토리의 남쪽으로 파견되었다. 위니펙호에 도착하기까지 3주가 걸렸으며 쉰일곱 번 배를 짊어지고 날라야 했다. 이것은 동료들에게 충분한 경고였다. 아니시나베족 공동체들은 그 뒤로 100년간 모피 무역을 면했다.

선두 카누에는 조지, 에럴, 그리고 소피아의 손자 에이든이 타고 있다. 에이든은 어른들의 옥신각신과 흰소리를 좋아한다. 에럴은 문제 가정에서 자란 청년이지만 이곳에서는 지도자다. 급류를 만날 때마다 뛰어내려 두 사람 몫의 힘으로 카누를 끌며 한시도 쉬지 않고 모두를 웃게 한다. 조지는 무리 중에서 가장 잔뼈 굵은 강 사람이다. 유리섬유 카누를 우아한 솜씨로 몰며 여울을 요리조리 통과하고 작은 급류를 정면으로 공략하고 길을 막는 파도를 타 넘는다.

가운데 카누의 선장 가이는 조지의 사촌이다. 우직한 노인으로, 검은색 안경을 사흘 내내 한 번도 벗지 않았으며 남의 농담에 재치 있게 끼어들 때 말고는 통 입을 열지 않는다. 에디와 소피아가 승객으로 타고 있다. 그들은 무리의 연장자이며 급류를 만나 카누를 실어 나를 때 열외다.

세 번째 급류에서 나머지 사람들이 저수위로 드러난 강가 기반암 판 위에 우르르 내린다. 거의 유령 같은 연녹색 지의류에 덮인 얇은 토양이 3~4미터 위쪽에서 시작되는 순상지 지층 위로 껍질을 이룬다. 우리는 카누를 물에서 끌어내 들어올려 욕설을 내뱉고 땀을 흘리며 숲으로 통하는 길에 놓인 굴림대 통나무 위에서 끌어당긴다. 그러다 불쑥 또 다른 세계에 빠져든다.

강물의 눈부신 빛, 숲의 널따란 풍경은 온데간데없다. 산호처럼 창백하고 뾰족뾰족한 엽상체로 공기를 찌르는 지의류 바닥이 뱅크스소나무의 울퉁불퉁한 가지 너머로 보였다 안 보였다 한다. 아스펜 군락이 곧은 회색 줄기를 총열처럼 하늘로 뻗었다. 햇빛은 끈이나 점 모양으로 땅에 닿는다. 나무가 쓰러지면서 숲지붕에 구멍을 낸 곳에서는 마치 물속에 있는 듯 빛살이 내려온다. 무엇보다 이 산호 숲에는 공기가 있다. 그것도 보통 공기가 아니다! 향수처럼 향기롭고 묵직하다. 이 경험이 얼마나 드문 것인지, 7000년 묵은 숲의 내음을 맡고 촉감을 느껴본 사람이 얼마나 적은지 문득 깨닫는다. 그래, 이게 '노숙림'의 의미란 말이지.

시야가 열렸다 닫힌다. 뱅크스소나무 아래 숲바닥은 이끼와 지의류로 덮여 마치 촘촘하게 짠 양탄자의 실을 팽팽하게 당긴 것처럼 푹신푹신하다. 하층식생은 듬성듬성하다. 여기서는 말코손바닥사슴이 오는 것을 볼 수 있다. 곰도 볼 수 있다. 아스펜 아래 흙은 더 부드럽고 시커멓다. 포플러와 아스펜 아래의 흙은 (이를테면) 또 다른 주요 낙엽수 개척자인 자작나무 아래의 흙에 비해 균근 생명체가 훨씬 풍성한 것으로 밝혀졌다. 자작나무 아래의 흙은 상록수 이웃인 소나무와 가문비나무 아래의 흙과 더 비슷하다. 화학적 환경으로 인해 더 많은 무기물 교환이 이루어져 토양의 산성도와 수분 함량을 높인다. 잎이 넓으면 그늘이 많아져 베리에 유리하다.

올해의 잎은 벌써 지기 시작하여 빽빽한 하층식생을 파삭파삭한 회색 조각으로 덮는다. 블루베리, 초크체리, 나무딸기를 비롯한 많은 베리가 아스펜의 얼룩덜룩한 그늘에서 자리를 다툰다. 길의 끝에는 가장 근사한 별미가 있다. 새스커툰이라 불리는 포동포동하고 말랑말랑한 베리로, 밤눈을 밝게 해준다. 우리는 카누를 내려놓고, 마지막으로 힘을 쓰기 전에 베리를 한 움큼 낚아챈다. 그런 다음 가문비나무로 만든 사다리 비슷한 구조로 카누를 땅에 끌어올렸다가 첨벙하며 다시 물에 띄운다.

"다시는 밧줄을 놓지 말라고, 클린트!" 다들 웃음을 터뜨린다.

몇 시간 동안 숲이 끝없이 흘러간다. 선외기는 내내 끽끽거린다. 160킬로미터를 지나는 동안 다른 사람은 한 명도 안 보인다. 우리의 친구 흰머리수리가 강굽이에 나타나 물에 잠긴 나무에 앉은 채 우리의 진행을 주시하는 광경만이 주기적으로 보인다.

카누를 들고 날라야 하는 급류는 열세 개인데, 그중에는 유난히 높은 것들도 있다. 저물녘 마지막 급류를 지나자 강이 돌연 넓어지더니 너른 호수로 흘러든다. 호수는 숲에 둘러싸인 채 완벽한 자홍색 하늘 아래 뻗어 있다.

"자유로운 보금자리에 왔도다!" 로저가 외친다.

호안에서는 우람한 소나무 고목枯木이 호수 입구를 표시한다. 가장 높은 가지 위에 망꾼이 앉아 있다. 커다란 흰머리수리로, 우리가 통통거리며 지나가는 동안 흰 머리를 끄덕거린다. 소피아가 수면에 담뱃잎을 뿌린다.

선더호는 드넓다. 흡사 바다 같다. 바람이 잦아들고 우리는 마침내 맞은편 호안 가까운 섬에 도착해 카누를 기반암 돔 위로 부드럽게 밀어 올린다. 바위에는 수천 년 넘게 이곳에 정박한 용골 수백 개의 흔적이 줄무늬를 이룬다. 호숫가 얕은 웅덩이에서 작은 점박이 산개구리를 발견한다. 북부한대수림의 개구리는 몸무게의 75퍼센트가 딱딱하게 얼고 지방세포 안에 얼음이 형성된 채로 겨우내 생존할 수 있다. 놈은 모든 방어 수단을 끌어모아 심장 주위의 작은 방을 간수한다. 봄이 오면 극저온 상태에서 깨어난다. 놈이 향내 나는 물을 좋아하길 바란다. 물은 촉감과 겉모습이 미지근한 차 같다.

섬의 바위 돔에 가이의 오두막이 얹혀 있다. 말코손바닥사슴의 가지뿔이 문 위에 걸려 있다. 밖에는 소나무 사이로 발전기, 낡은 카누, 알루미늄판, 프로판가스 통, 예초기, 페인트 통, 심지어 냉장고까지 놓여 있다. 실내로 들어가니 침실에는 매트리스 여러 장을 높이 쌓았고 부엌에는 식탁, 주물 난로, 현대식 가스난로가 있다. 개수대 수챗구멍은 양동이로 연결된다. 천장은 1년 치 통조림 식품으로 가득하고 날붙이 서랍에는 실탄이 들어 있다. 벽에는 늑대 그림이 걸려 있으며 시계는 6시 44분에 멈춰 있다.

아니시나베 남자 다섯이 한 침실에서 잔다. 소피아와 손자 에디, 그리고 나는 작은 섬에 텐트를 친다. 제비뽑기에서 운이 없었다. 주접든 뱅크스소나무 사이에서 비교적 평평한 연녹색 지의류 바닥을 찾아낸다. 퀴퀴한 빵처럼 발밑에서 오도독 우지직 소리가 난다. 안에 들어가 잘 자라고 인사하고 나오니 공기에 한기가 깃들어 있다. 뱅크스소나무들 사이로 바람이 불어 든다. 맞은편 호안의 숲 위쪽 하늘은 다른 곳보다 더 어두워 보인다. 그때 의심할 여지 없는 우르릉 소리가 울려 퍼진다.

"천둥새예요!" 에디가 싱긋 웃으며 말한다. "우리가 여기 온 걸 아는 거예요."

북부한대수림에서 불은 생명의 원동력이다. 불이 없었다면 경관과 숲은 지금과 사뭇 달랐을 것이다. 실은 이곳의 종도 다르게 진화했을 것이다. 이곳의 세 활엽수—북미사시나무, 발삼포플러, 종이백자작나무—는 모두 불에 훌륭히 적응했다. 북미사시나무와 발삼포플러는 껍질이 연회색이고 싹이 채찍처럼 생겨 불에 취약해 보이지만, 불이 숲을 집어삼키고 심지어 흙까지 사르더라도 곧은뿌리가 살아남는다. 3~4주 뒤면 대아가 돋기 시작하는데, 아스펜은 회백색이고 발삼포플러는 연한 적록색이다. 이 싹들은 산불 뒤 무기물이 풍부한 토양에서 쑥쑥 자란다. 뱅크스소나무의 씨앗도 마찬가지여서, 불이 없으면 발아조차 하지 못한다.

뱅크스소나무 구과는 돌처럼 단단하고 비늘끼리 나뭇진으로 달라붙어 있는데, 강력 접착제 못지않은 힘으로 씨앗을 설치류로부터 보호한다. 나뭇진은 50도에서 녹아 실제로 땔감이 된다. 구과는 양초 심지 격으로 90초간 불타다 꽃처럼 벌어진다. 이렇듯 뱅크스소나무는 실제로 불을 조절해 자신의 씨앗이 꼭 알맞은 시기에 꼭 알맞은 열을 얻도록 한다. 그런 다음 구과는 주위가 다시 냉각되었을 때만 씨앗을 내는데, 이즈음 땅에서는 경쟁자가 일소되었기에 씨앗은 자신이 좋아하는 모래질의 무기질 흙에서 발아할 수 있다.

이 수종들이 불에 반응하는 방식은 아니시나베족이 의존하는 생명 순환에 필수적이다. 산불이 지나간 초창기에 뻥 뚫린 숲은 말코손바닥사슴과 산토끼의 피난처다. 놈들은 어린싹과 그을린 잎을 즐겨 먹는다. 약 20년간 이곳은 말코손바닥사슴이 정기적으로 먹이를 먹는 곳이자 산토끼를 찾아오는 담비와 스라소니에게 덫을 놓기에 좋은 곳이 된다. 50년이 지나면 산토끼가 줄기 시작한다. 뱅크스소나무가 훌쩍 자라 키가 닿지 않기 때문이다. 올빼미는 불탄 줄기에 둥지를 트는데, 이즈음 깃털이끼가 양탄자처럼 땅을 덮기 시작해 수분을 더 머금어서는 베리와 떨기나무에 유리한 환경을 조성한다. 약 60년 뒤 아스펜이 번식을 중단하면 말코손바닥사슴도 감소하기 시작한다. 75년 뒤엔 이끼가 지의류에게 자리를 내주고 순록이 지의류를 먹으러 찾아온다. 포플러의 낙엽이 쌓여 검은 흙이 두터워지면—아니시나베어로 '오카타이위카미크'라고 부른다—발삼전나무를 비롯한 구과수가 뿌리를 내린다. 이쯤 되면 숲은 인간이 식량을 구하기에 썩 알맞은 장소가 아니게 되며 사람들은 다시 산불이 나길 기도한다.[7]

불은 창조적 생명력이며 발삼포플러는 숲의 토박이들에게 언제나 불의 원천이었다. 마찰로 불꽃을 일으키는 활비비*의 구멍판으로 안성맞춤이며, 활을 당겨 일으킨 밑불을 살리는 데는 발삼포플러의 속껍질만 한 게 없다. 발삼포플러와 아스펜의 썩은 심재는 재질이 연하고 뭉근하게 타기 때문에 불씨로 쓰였다. 이따금 벼락이 내리지 않을 때나 특정한 지역의 재생을 촉진해야 할 때 사람들은 불을 놓았다. 하지만 이제는 일부러 불을 놓진 않는다. 무슨 일이 일어날지 아무도 모르기 때문이다.

* 활같이 굽은 나무에 시위를 메우고 그 시위에 송곳 자루를 건 다음 당기고 밀고 하여 구멍을 뚫는 송곳으로, 불을 피우는 데도 쓴다.

숲이 건조해지고 있다. 불은 더 뜨겁고 오래 탄다. 이탄과 유기질 토양이 더 깊이 타들어가고, 심하게 불탄 지역을 좋아하는 분홍바늘꽃과 버드나무 같은 수종은 베리와 차 같은 연약한 하층식생보다 더 빽빽하고 왕성하게 자란다. 뱅크스소나무가 잎말이나방의 습격을 받은 탓에 발삼포플러와 아스펜이 득세했다. 산토끼가 가장 좋아하는 것은 어린 뱅크스소나무다. 발삼포플러와 아스펜에는 미량 무기물이 있어서 아주 어린 나무의 잎은 산토끼에게 고약한 맛이 난다. 그러면 산토끼는 무엇을 먹을까? 그렇다면 육식동물은 무엇을 먹을까? 그렇다면……

천둥새를 본 사람은 아무도 없다. 놈들은 시커먼 구름 뒤에 숨지만, 그림에 묘사되기로는 눈에서 번개를 쏘고 날개에서 불을 내뿜는다. 산불의 85퍼센트가 벼락에 의해 발생하며 맞불이나 실화失火 같은 나머지는 인간에 의해 발생한다. 따라서 천둥새는 아니시나베 우주론에서 가장 중요한 존재다. 선더호Thunder Lake는 천둥새thunderbird에 빗대 지은 이름이다. 이곳은 천둥새가 둥지를 트는 곳이다.

오늘밤은 천둥새가 요란하다. 밤을 전율하게 하는 무시무시한 굉음이 울려 퍼져 한밤중에 깬다. 뱅크스소나무들이 서로에게 도리깨질을 하고 호수의 파도는 거품을 문 채 이빨을 번득이는 개처럼 들썩거린다. 번개에 온 하늘이 휙휙 지나가고 번득인다. 마치 세상에 대고 카메라 플래시를 터뜨린 것 같다. 섬에 발삼포플러가 한 그루도 없다는 것에 감사한다. 푸릇푸릇한 발삼포플러의 줄기는 수분 함량이 많아 피뢰침이 될 위험이 크다. 그 대신 우리 텐트의 금속 폴대가 걱정이다. 이곳은 호수 위로 6미터 솟아오른 바위 돔 풀숲이기 때문이다. 밤새 뒤척이며 쪽잠이라도 자려고 안간힘을 쓰는 내내 바람이 텐트를 쥐어뜯으며 무시무시한 우르릉 쿵쿵 소리가 천천히 북쪽으로 흩어진다.

아침은 구름 한 점 없이 잔잔하고 쾌청하다. 공기는 촉촉하고 신선하다. 빗물이 숲의 향을 깨웠다. 땅에서는 달콤한 내음이 나고, 간밤에만 해도 뻣뻣하고 바슬바슬하던 땅지의는 스펀지처럼 물을 모조리 빨아들였다. 죽은 듯 갈색이던 이끼는 느닷없이 초록을 내뿜는다. 천둥새는 숲에 꼭 필요한 음료를 부어주었다.

그날 오전 선더호 맞은편 호안에서 카누 세 척이 또 다른 강어귀에 들어선다. 늙은 소나무와 우람한 포플러가 강기슭에 줄지어 있다. 한쪽 강가를 따라 바위가 벽을 이룬다. 로저가 우리 카누를 늦춘다. 화강암에 황토 줄무늬가 나 있다. 카누들은 절벽 옆에 일렬로 놓였는데, 돌출한 절벽 위쪽이 위험해 보인다. 작은 구석에 양초 도막, 담배, 플라스틱 물건, 동전, 잔가지 따위가 놓여 있다. 로저가 일어서더니 담뱃갑에서 담배 두 개피를 꺼내 암붕*에 놓는다. 클린트도 같은 행동을 한다.

"할아버지 장소입니다." 로저가 설명을 겸해 엄숙하게 말한다. 오지브와 문화에서는 바위조차 유정물의 성격이 있다. 진흙 그림은 메메그웨시와그의 작품이다. 그들은 반인半人 혈거인으로, 아니시나베족에게 화살 만드는 법과 돌로 파이프 만드는 법을 가르쳐주었다. 로저와 클린트는 이 이야기를 하면서 웃음을 터뜨리지

* 바위에서 선반처럼 튀어나온 부분.

만, 나는 그들의 믿음을 의심하지 않는다.

더 나아가 급류 옆 넓은 웅덩이에 카누를 댄다. 조지와 에럴이 낚싯대를 쥐고 미끼를 물살에 던진다. 몇 분 지나지 않아 릴을 감아 흰색과 초록색 줄무늬에 등지느러미가 뾰족뾰족한 물고기를 낚는다. 월아이 아니면 파이크다.

"장 볼 시간이에요. 여기가 우리의 슈퍼마켓이죠." 조지의 동작은 통조림을 바구니에 던져 넣듯 수월해 보인다.

클린트와 에디가 죽은 통나무를 숲에서 끌고 와 마른 풀과 자작나무 껍질을 불쏘시개 삼아 불을 피운다. 아니시나베족은 불을 피울 때 죽은 나무만 쓴다. 살아 있는 나무는 결코 베지 않는다.

주전자가 끓자 에디와 나는 앙상한 소나무 밑에 앉는다. 에디가 고치 하나를 나무에서 떼더니 주머니칼을 꺼내 반으로 가른다. 안에는 찐득찐득한 주황색 진물 속에 길이가 개미만 한 크림색 애벌레가 대여섯 마리 들어 있다. 잎말이나방 애벌레다. 나는 나무를 유심히 살펴본다. 뒤틀리고 일그러졌다. 잎말이나방은 소나무 눈에 알을 낳는데, 애벌레는 수액을 빨아먹으며 커다란 고치를 만든다. 모든 나무가 충해를 입었다. 이후의 여정에서도 건강한 뱅크스소나무는 한 그루도 보지 못했다. 강을 따라 서 있는 나무 하나하나는 구부정한 노인처럼 구부러졌으며 바늘잎은 때아니게 일찍 떨어졌다.

내가 묻는다. "지구온난화가 걱정되시나요?"

에디가 카우보이 부츠를 뻗으며 한 연장자 이야기를 들려준다.

"그분은 이렇게 말씀하셨어요. 기후가 변화하고 있고 사람들이 적응해야 할 거라고요. 비가 더 오더라도, 물이 남는다고 해서 땅이 건조해지지 않는 것은 아니에요. 더워지면서 건조해지고 있죠. 요즘은 이탄이 불타고 있어요. 전에는 한 번도 이런 적이 없었어요. 종이 달라지고 새로운 종이 나타날 거예요. 물고기가 호수 속으로 더 깊이 들어가고 있어요. 서늘한 곳을 찾아서요. 하지만 결국은 죽을 거예요. 월아이 같은 종은 숨막혀 죽을 테고요. 그러면 새로운 어종이 찾아오겠죠……" 에디가 방금 한 말을 곱씹듯 잠시 뜸을 들인다. 그러다 어깨를 으쓱하며 다리를 꼰다.

"난 걱정하지 않아요. 사람들 말마따나 우리는 적응할 거예요. 여름이 길어져도 신경 안 씁니다." 그가 킥킥거린다.

난데없이 다들 변화에 대해 이야기한다. 눈이 더 무겁고 축축해진다고, 얼음 도로가 녹고 있다고, 호수 위 얼음의 질감과 색깔이 달라진다고, 까치와 독수리, 담비와 스컹크 같은 종이 나타난다고, 베리 맛이 달라진다고, 수확철이 점점 짧아진다고, 겨울에 덫을 놓기엔 눈이 부족하다고, 산불이 증가한다고, 호수의 수위가 낮아진다고, 카누에 바위가 긁힌 자국이 2미터 위로 올라갔다고 말한다.

조지가 말한다. "아스펜 잎을 좀 봐요. 말라비틀어졌어요." 과연 그렇다. 아직 초록색이고 건강해야 할 나뭇잎들이 거의 모두 두 달 일찍 주황색으로 물들었다. 살지 못할 잎에서 수액이 빠져나가면서 열 스트레스로 인해 변색된 것이다.

"가문비나무도 그런가요?" 숲의 나무들 사이에서 크리스마스트리의 우듬지가 전부 연갈색으로 바뀐 것을 처음으로 알아차리고서 묻는다. 저것들도 죽어가는 것처럼 보인다.

"그렇죠." 가이가 말한다.

나는 눈길을 다른 곳으로 돌린다. 산업화에 의해 훼손되지 않고 생명이 넘실대는 것처럼 보이던 태곳적 환경에 갑자기 죽음의 첫 기미가 스친 것처럼 보인다. 나무는 멀리서 진행되는 사건들의 무고한 피해자다. 잎말이나방 같은 병원체는 생태계 전체를 쓸어버릴 수 있다. 하지만 생태계 붕괴가 기록되는 것은 대부분 일이 벌어진 뒤다. 숲은 한동안 붕괴를 감출 수 있다. 핵심종과 자연적 과정의 쇠퇴는 오랫동안 겉으로 드러나지 않을 수 있기 때문이다. 자연보전 단체들은 벌써부터 캐나다 북부한대수림의 "전환"을 입에 올리고 있다. 숲의 전체 구조가 온난화에 의해 "재구성"되고 있다는 것이다. 하지만 "붕괴"가 더 알맞은 낱말인지도 모른다.[8]

숲의 '탈거대동물화'—말코손바닥사슴, 순록, 곰 같은 대형 유제류가 북쪽으로 이동하면서 사라지는 현상과 이것이 생물 다양성에 미치는 영향—에 대한 연구는 막 시작되었을 뿐이다. 뱅크스소나무와 아스펜이 더위에 주춤하면 발삼포플러가 나머지 모든 종을 물리칠 수 있다. 이미 일부 과학자는 북부 구과수 숲을 옛일로 치부한다.

"소나무는 약 2년마다 앓아요. 그게 주기예요. 다시 건강해질 겁니다." 에디가 활기찬 어투로 말한다. 나머지 사람들이 고개를 끄덕인다. 믿고 싶어하는 눈치가 역력하다.

내가 묻는다. "얼마나 오랫동안 이런 상태였나요?"

가이가 말한다. "지금으로부터 5년 전부터요."

에디가 말한다. "우리는 괜찮을 거예요. 적응할 거라고요."

미래는 마음이 머물기에 안전한 장소가 아니다.

조지가 어색한 침묵을 깨려고 일부러 요란한 쉿 소리를 내며 다이어트 콜라 캔을 연다.

"우리는 자급자족한다네!" 조지가 짓궂은 표정으로 캔을 들어 올리며 웃자 다들 덩달아 웃음을 터뜨린다.

그날 밤 우리 아홉 명은 월아이 열다섯 마리를 먹고 감사한 뒤 로저가 사슬톱을 가지고 벤 썩은 뱅크스소나무 둥치로 모닥불을 피운다. 불꽃이 은빛 호수 표면에 비쳐 춤을 추고 수면은 달빛 아래 잔잔하다. 모두가 잠자리에 들려는 참에 우리 정면에서 희미한 빛이 나타난다. 호수와 하늘 사이에서 빛의 묘기가 시작된다. 하늘 나는 수리처럼 생긴 구름 뒤로 빛살이 아련한 초록색으로 고동친다. 빛은 강해져 구름의 굴레에서 벗어나더니 북쪽 천구에 두루 퍼진다. 초록색은 물처럼 은하수 자갈 위를 흐르며 검은색 위로 물결을 일으킨다. 그 모든 것 뒤로 일종의 신성神性이 저절로 느껴진다.

아니시나베족은 북극광에서 덜거덕 소리가 나고 손뼉을 치면 사라진다고 말한다. 에디가 손뼉을 쳐보지만 효과가 없다. 소피아가 손자 에이든을 깨워 저것 좀 보라고 말한다. 우리 모두 변화하고 고동치는 빛의 묘기를 홀린 듯 바라본다. 빛과 그 순간의 무언가가 동료들을 움직여 자기네 토박이말로 말하게 한다. 웃음이 점점 잦아진다. 에이든은 할머니가 하는 말을 거의 알아듣지 못하지만 그건 중요하지 않다. 소피아가 원하는 건 손자에게 이것을 경험하게 해주는 것, 자신이 누구이고 어디서 왔는가에 대한 기억 속에 이것을 땋아 넣는 것이다. 생명을 가진 듯 움직이는 존재로부터 눈을 떼는 것은 불가능하다. 빛은 세져만 간다. 새벽 1시가 되자 오로라가 하늘의 절반을 덮었다. 규칙적 박동이 호수에 반사된다.

소피아가 말한다. "이곳에서는 우리 조상들의 영혼이 아직도 강해요. 우리의 후손들이 여기 앉아서 오늘 나처럼 이 장소를 즐겼으면 좋겠어요." 소피아는 기후변화가 다가오고 있음을 안다. 자신이 사랑하고 무엇보다 아끼는 것들에 영향을 미칠 것임을 안다. 하지만 땅은 소피아에게 위안이자 해결책이다.

소피아가 말한다. "그러면 우리에게 주어진 이 땅에서 살아남을 수 있을 거예요." 소피아의 말이 옳다는 생각이 든다. 피마치오윈 아키 주민은 전 세계에서 지구온난화를 가장 잘 대비한 사람들 중 하나다. 종이 달라지고 새로운 종이 나타나더라도 그들의 거류지는 외딸고 격리되어 있다. 그들은 자신들의 관할하에 있는 300만 헥타르의 땅에서 틀림없이 의식주를 해결할 수 있다. 예전과 같은 방식은 아닐지 모르지만. 숲은 구명보트다. 아니시나베족을 이끄는 조상의 지혜는 아직까지도 건재하다.

하지만 피마치오윈 아키는 아니시나베족의 자원으로서만 중요한 게 아니다. 소피아가 말한다. "우리가 온 세상에 뚜렷한 기여를 하고 있다고 믿어요." 대부분의 토착 가르침에서는 균형에 대해, 불과 물, 둘의 성스러운 관계에 대해 이야기한다. 이것이 피마치오윈 아키로 대표되는 지식, 메시지, 성스러운 의무다.

아니시나베족은 '일곱 번째 불의 예언'에 대해 이야기한다. 그들의 조상들은 아니시나베 문명의 각 시대를 불에 빗대 묘사했다. 첫 번째 불의 시대는 대서양 연안에서 부족이 출발한 때를, 두 번째 불의 시대는 서쪽으로 이동한 때를, 세 번째 불의 시대는 "식량(피마치오윈 아키의 줄풀)이 물에서 자라는" 곳으로 이주해야 한 시대를, 네 번째 불의 시대는 동쪽에서 이방인(유럽 식민지 개척자)이 온 때를, 다섯 번째 불의 시대는 검은 망토를 걸치고 검은 책을 든 자들(선교사)의 손에 부족이 절멸할 위기에 놓인 때를, 여섯 번째 불의 시대는 "생명의 잔이 비탄의 잔이 될 뻔한" 때를 가리킨다.[9] 여섯 번째 불의 시대는 직전에 지나갔다.

일곱 번째 불의 사람들은 선택의 기로에 섰다. 그들은 자신들에게 주어진 불 막대기를 창조의 힘으로 쓰고, 앞으로가 아니라 뒤로 이어지는 치유와 자연의 길을 따르고, 조상과 정령과 땅의 성스러운 가르침을 새로 배우는 쪽을 선택할 수 있다. 아니면 망각을 향해 밀고 나가는 쪽을 선택할 수도 있다. 올바른 선택을 해야만 일곱 번째 불의 사람들은 여덟 번째 불을 허락받을 것이다. 그것은 새로운 세상에서 타오를 재생의 불이다. 새 세상은 옛 세상과 다를 것이다. 피마치오윈 아키의 아니시나베족을 비롯한 온전한 토착 문화는 우리 지구를 위한 불의 수호자다. 그들은 자기네 전통과 가치를 지킬 뿐 아니라 생명 세계와 조화를 이뤄 존중하는 마음으로 보고 행하는 방식을 지킨다.

에이든은 바위 위에서 잠들었다. 잠자리에 들 시간이다. 선더호의 순동색 물 위로 다시 해가 떠오르면 피마치오윈 아키의 성스러운 과업이 어떤 결과를 낳았는지, 하류에 어떤 영향을 미쳤는지 보러 갈 것이다.

카누들이 파도를 따라 출렁이며 다시 서쪽으로 향한다. 다들 물병을 호수에 잠가 물을 채운다. 그들은 이 물이 동네에 있는 강물보다 순수하다고 믿지만, 어느 쪽이든 마시기에 적합할 만큼 맑다. 에디는 검은가문비나무에 공기와 물을 정화하는 화학물질이 들어 있으며 겨울에 수액이 땅으로 떨어지면 지하수에 신비한 작용을 일으켜 물고기가 얼음 밑에서 살아남게 해준다고 내게 말한다. 과학이 탐구해야 할 지혜의 조각이 하나 더 생겼다.

호수 끝에서 포플러강 어귀에 들어서자 클린트가 코를 쳐든다. "냄새 맡아져요? 집의 냄새예요!" 클린트가 외친다. 연어처럼 물의 독특한 화학 성질로 자기 동네의 강을 알아맞힐 수 있다고 주장한다. 나무가 베이거나 오염이 일어나면 강의 성질이 달라지거나 알아볼 수 없을 만큼 뒤죽박죽되어 연어가 돌아오지 않는다. 강이 바다에 도달하기까지 냄새를 유지하는 것은, 위니펙호처럼 산업적 재앙을 겪고도 옛 모습을 그럭저럭 간직하는 것은 대단한 위업이다. 저 기름진 검은 흙의 시큼한 내음은 오래오래 남아 있을 게 분명하다. 하류로 수백 킬로미터를 내려가면 허드슨만의 얼음장 같은 물이 나온다. 처칠 하구로 돌아오는 연어와 고래는 그곳에서 여전히 선더호 나무들의 내음을 맡을 수 있다.

캐나다 매니토바 처칠

북위 58도 46분 06초

캐나다의 외딴 북부 마을들은 비행기를 아주 값비싼 버스처럼 이용한다. 나를 위니펙에서 처칠로 실어 나르는 퍼스트에어 항공기는 우선 허드슨만 북서부 해안 랭킨 인렛의 황량한 거주지로 날아갔다가 방향을 틀어 다시 남쪽으로 항로를 되짚어 내려가야 한다. 비행기는 절반으로 나뉘어 있는데, 승객들은 뒤쪽에 앉아 있고 앞쪽 절반은 화물용이다. 둘러 가는 덕분에 처칠에서 북극해까지 쭉 뻗은 타이가-툰드라 이행대에 대해 속속들이 항공 측량을 할 기회가 생겼다. 그린란드 같은 지역에서는 극지 사막과 수목한계선이 거북할 만큼 가까운 반면에 이곳의 이행대는 너비가 650킬로미터나 된다. 떨기나무 한계선은 누나부트준주 북극 제도의 북단까지 쭉 이어져 있다.

이곳은 '수목한계선'의 정의에 딱 들어맞지 않는다. 한쪽에서는 수목한계선이란 키가 5미터 이상인 나무가 생장하는 북쪽 한계선이라고 주장한다. 하지만 그것은 이 외딴 크룸홀츠 지역을 덮은 강인하고 왜소한 가문비나무에게는 좀 섭섭한 말이다. 이 나무들은 건생식물이다. 물이 매우 부족하고 기온차가 크고 일조량이 적은 건조 경관에 적응했다. 가문비나무는 툰드라와 수목한계선 사이에 놓인 받침점이다. 또 다른 쪽에서는 수목한계선이 끊임없는 숲 너머 숲-툰드라 이행대의 북쪽 가장자리라고 주장한다. 그곳에서는 숲과 툰드라 면적의 균형이 깨져 툰드라가 숲보다 우세해진다. 이 선을 처칠과 랭킨 인렛 사이 어딘가의 지점으로 정하는 일은 위성사진을 면밀히 조사하지 않고서는 불가능할 것이다. 하지만 사이시-데네 네이션 출신의 토착민 순록 사냥꾼에게 물어보라. 그들은 본능적으로 안다.

(유럽인에게는 이웃 크리족이 알려준 이름인 치페위안족으로 알려

진) 사이시-데네족은 스스로를 '태양 아래 사람들'이라고 부르며 자신들의 전통적 영역인 타이가-툰드라 경계면의 크룸홀츠 평원을 '작은 막대기의 땅'이라고 칭한다. 그곳은 너른 땅이다. 북쪽 끝인 노스웨스트준주의 그레이트슬레이브호에서 그들의 영토가 이누이트족 영토와 겹친다. 허드슨베이 컴퍼니에 의해 모피 무역의 궤도에 끌려들기 전까지만 해도 그들은 여름이면 북부한대수림 가장자리에서 툰드라의 분만지分娩地까지 순록을 따라가고 겨울이면 돌아왔다. 서식지와 서식지를 나누는 선은 그들의 연간 일정과 삶의 방식을 결정했다.

사이시-데네족 민담에 따르면 오래전 인간과 순록이 함께 살았으나 몇몇 여자들이 순록을 소유하려고 사미인처럼 순록의 가죽과 귀에 칼로 표시를 했다고 한다. 그러자 순록은 성나서 달아났다. 설득하여 결국 돌아오게 만들었지만 순록들은 사람을 훨씬 많이 경계하게 되었다. 많은 연구에서 순록을 '선도자bellwether' 종*, 즉 교란에 가장 민감한 종으로 분류한다. 지금 캐나다 전역에서 순록은 심각한 멸종 위기에 처해 있다. 남은 무리 중에서 자생할 수 있다고 판단되는 것은 거의 없다. 다른 종들이 이행대에 나타나기 시작했다.

"요즘 타이가에서는 말코손바닥사슴이 소처럼 흔해졌어요." 처칠의 토박이 사냥꾼 데이브 데일리가 말한다. 피마치오윈 아키의 말코손바닥사슴들이 전부 어디로 갔나 했더니! 적어도 이곳 허드슨만 유역에서는 숲이 보전되어 말코손바닥사슴이 하나

* 본디 목에 방울을 매단 지도자 숫양을 일컫는다.

로 이어진 통로를 따라 이동할 수 있다. 이런 통로들은 중요성이 점차 커지고 있다. 온난화 때문에 남쪽의 서식지가 열악해지거나 온도가 너무 올라가는 탓에 짐승이 이동할 수 있는지 여부가 이미 생사를 가르는 문제가 되었기 때문이다.

데일리가 말한다. "흑곰도 여기 있어요, 맙소사." 흑곰의 정상적 나무 서식지가 아직 따라잡지 못했는데도 기후는 놈들에게 적합하다. 과학자들은 이곳 수목한계선이 해마다 1미터씩 북쪽으로 이동한다고 추산하지만, 지형이 이렇게 넓고 다채로운 탓에 확신하는 것은 거의 불가능하다. 비행기로부터 3000미터 아래에 펼쳐진 드넓은 들판에 가문비나무가 점점이 박혀 있고 물이 줄무늬를 그린다. 이곳에서 거대한 변화가 일어나고 있다. 땅의 살갗이 녹고 있다. 수천 년간, 어쩌면 수백만 년간 얼어 있던 미생물이 깨어나고 있다. 토양에서 증발 작용이 일어나고—흡수되는 수분보다 방출되는 수분이 많으므로 '발한'이라고 말할 수도 있겠다—동식물이 눈여겨보고 있다. 이것은 새로운 세계다. 지능을 가진 생물—똑똑한 유전자—은 냄새 맡고 대아와 씨앗과 정찰대를 내보내고 북쪽으로 이주하여 대비하고 있다.

"저것들은 여기 있어선 안 돼요."

"어떤 거요? 나무요?"

"발삼포플러 말이에요. 절대 여기 있어선 안 된다고요!" 처칠북부연구소의 과학자 리앤 피시백이 외친다.

우리는 리앤의 트럭을 타고 에스커esker—로렌시아 빙상이 물러나면서 만들어진 자갈 능선—를 따라 내려가고 있다. 녹은 물이 얼음 아래로 흘러 빙퇴석을 끈처럼 길게 깎았다. 이것이 처칠 전역의 대표적 풍경이다. 이 모습은 지구상에서 가장 젊은 경관 중 하나이며 지금도 형성되는 과정에 있다. 마지막 빙기는 꼬리가 길다. 얼음의 부피와 무게 때문에 지각이 약 270미터 깊이로 파였다. 빙상이 녹으면서 물은 곧장 바다로 흘러나가지 않고 허드슨만 저지대에 고여 내해인 애거시호가 되었다. 결국 약 8000년 전 녹은 물을 가두고 있던 얼음 마개가 녹자 8410만 헥타르에 이르는 애거시호 물의 대부분이 두 번의 잇따른 맥동으로 허드슨해협을 통해 바다로 밀려 나갔다. 과학자들의 추정에 따르면 15만 세제곱킬로미터의 이 물 때문에 전 세계 해수면이 1미터 상승하고 저지대에 기록적 범람이 일어났으며 땅이 물속에서 솟아올랐다는 오지브와 네이션 창조 설화가 탄생했다.[10]

모든 무게를 벗어버린 땅은 지금도 지각평형운동이라는 과정을 통해 100년마다 약 3미터씩 상승하고 있다. 그 영향은 해안선을 따라 가장 뚜렷이 나타난다. 멀찍이서 평평한 암석 해안을 따라 잿빛 파도가 자갈을 강타한다. 땅이 상승하고 물이 물러나면서 해변이 해마다 3~4미터씩 넓어지고 있다. 바람은 비의 줄무늬를 황량한 툰드라에 흩뿌린다. 자갈을 채취하는 트럭과 관광객을 북극곰 사파리에 실어 나르는 툰드라 버기카*의 바큇자국이 땅에 생채기를 냈다. 달 표면 같다. 영구동토대가 녹고 있지 않다면 이 여린 토양의 바큇자국은 달 표면의 발자국만큼 오래 남아 있을 것이다.

* 모래땅이나 고르지 못한 곳에서 달릴 수 있게 만든 자동차로, 보통 4륜구동이다.

에스커를 가로지르는 도로는 빙저강* 방향으로 곧장 내륙까지 연결된다. 빙상이 물러나는 경로를 거꾸로 밟는 셈이다. 바다에서 멀어지면 식생이 무성해진다. 버드나무가 대부분으로, 빙퇴석 자갈의 노출면에 빼곡히 들어섰다. 양쪽의 낮은 습지에는 가문비나무와 태머랙(아메리카잎갈나무)이 '팔사'라는 융기 둔덕에 옹기종기 모여 있다. 이 둥근 이탄 둔덕은 이탄이 팽창했다 수축했다, 녹았다 얼었다 하는 동안 서리가 쌓여 형성되었다. 둔덕 안에 얼음 고갱이가 들어 있어서 수분을 공급하지만 둘레의 마른 이탄은 물이 잘 빠지기 때문에 이곳은 나무가 좋아하는 덜 습한 환경이다. 그래서 습지 곳곳에 나무의 섬이 조성되어 있다. 이 나무들은 건강하다. 이에 반해 습지의 태머랙과 가문비나무는 전에만 해도 여름의 짧은 습기를 만끽하며 영구동토대 겨울의 건조함으로부터 한숨 돌렸지만 지금은 녹은 물에 푹 잠긴 채 죽어간다.

비가 내리고 쌀쌀하다. 남쪽으로 몇백 킬로미터밖에 떨어지지 않은 포플러강에 비해 기온이 20도 낮다. 다이애나 말마따나 북부한대수림의 놀라운 적응력은 이렇게 폭넓은 기온차 덕분이다. 극단적 기후는 과거에도 겪은 적이 있었다.

우리는 능선 시점에서 툰드라 이탄지에 점점이 박힌 수많은 연못을 관측한다. 마치 거무죽죽한 후드에 여우털을 댄 것처럼 원반 모양의 검은색 연못들 주위에 거품이 끼어 있다. 이곳은 리앤의 전문 분야다. 이탄지 이야기는 연못의 순환에서 읽을 수 있다. 스코틀랜드에서처럼 이탄은 4000년간 1년에 1밀리미터씩 기

* 남극과 같은 기온이 낮은 대륙에만 나타나는 지형으로, 강 위에 빙하가 뒤덮고 있는 것을 말한다.

반암 꼭대기에 쌓였다.

숲은 한두 번 이 땅에 찾아왔다가 떠나갔으며 그 모든 탄소가 이탄에 저장되어 있다. 저장된 탄소의 양은 1조 1000억 톤으로, 인류가 지금껏 화석연료를 태워 방출한 양보다 많다.[11] 비가 부슬부슬 내리는 평원에 가문비나무와 태머랙이 점무늬를 이루고 있다. 중단 없이 이어지며 사방으로 뻗은 이 평원은 한때 죽 이어진 숲이었다. 애거시호가 물러난 직후 나무들이 그 틈새로 비집고 들어와 300킬로미터 북쪽으로 랭킨 인렛까지 올라갔다. 그러다 5500년 전 기온이 내려가자 지금의 위도로 후퇴했다. 이제 나무들은 예전 영토를 공략하려고 병력을 동원하고 있다. 5000년간 죽어 있던 나무들이 썩기 시작한다. 이탄이 데워지면 무슨 일이 일어날까? 억제된 분해, 격리된 과거 배출가스가 한꺼번에 방출된다. 북부한대수림의 온난화가 무척이나 위험한 것은 이 때문이다. 우리가 두려워해야 하는 것은 숲의 탄소 격리 능력이 약해지는 것만이 아니다. 선사시대 숲에 격리되어 있던 탄소가 모조리 방출되는 것도 오싹한 일이다. 러시아의 나데즈다 말이 옳다면, 영구동토대가 녹아 방출되는 온실가스가 인간 활동과 무관하게 온난화를 부추긴다면 우리는 정말로 몹시나 우려해야 한다.

리앤이 운전대에서 한 손을 떼 가장자리에 풀이 자란 넓은 진흙 들판을 가리킨다. 연못들이 빠르게 말라가고 있다. 검은 진흙은 복사열을 더 많이 흡수해 땅을 더욱 데운다. 연못의 생물 활동이 증가하고 있다(거품은 이 때문에 생긴 것이다). 10월 말 몇 주간 연못이 얼면 얼음 위에 진주 목걸이가 뜬다. 수수께끼의 기체 이산화탄소가 마침내 모습을 드러내는 것이다. 진주알은 여름철에 일어난 최종 분해의 산물이다. 유기물이 분해되며 마지막 남은 산소를 써버린다. 그러면 물이 바닥까지 모조리 얼면서 얼음 구조의 아래쪽에 커다란 거품이 생긴다. 이 거품에 가느다란 관을 꽂아 가스에 불을 붙일 수도 있다. 이 가스는 시베리아 북부 랍테프해에서 본 것과 같은 메탄이다. 산소가 없는 퇴적층에서 혐기성 분해가 지속적으로 진행된 탓이다. 리앤의 학생들은 이 실험을 재밌어한다.

리앤이 차를 세운다. 바람이 빗물을 차창에 후려친다. 비가 억수같이 쏟아진다.

"저거 보여요?"

다섯 살이 채 되지 않은 발삼포플러 어린나무가 바람에 까딱거린다. 버드나무, 가문비나무, 잎갈나무 사이에서 유독 도드라져 보인다. 넓은 잎이 돌풍에 빙그르르 떨어진다. 나무는 잘 버티고 있는 듯하다. 줄기는 초록에 튼튼하고 잎은 건강한 색깔이다. 무기물이 풍부한 에스커의 자갈밭을 좋아하는 게 분명하다. 이 나무만 그런 게 아니다. 계속 나아가자 점점 많은 발삼포플러 어린나무들이 길가에 늘어선다. 캐나다순상지의 석회암이 침식되어 형성된 탄산염암을 놓고 버드나무와 경쟁하고 있다. 앞으로 100년이 지나면 이 길에는 프랑스 남부의 시골길처럼 수십 미터 높이의 포플러가 줄지어 서 있을 것이다.

에스커는 케임에서 끝난다. 케임은 두 에스커가 만나는 언덕으로, 얼음이 후퇴하고 홀로 남은 산이 녹아 고산 호수가 되었다. 이곳은 자갈이 물에 잠기고 물이 도로 양편으로 뻗어 있다. 주민들은 이곳을 쌍둥이 호수라고 부른다.

우리는 트럭에서 내려 강풍 속으로 발을 디딘다. 리앤이 산탄총에 탄약통 두 개를 밀어넣고는 밝은색 비옷의 어깨판에 둘러멘다. 지금 처칠은 북극곰 철이다. 얼음이 물러나면서 땅에 고립된 놈들이다. 암컷은 새끼를 낳으려고 툰드라에 굴을 판다. 영구동토대가 녹아 쉽게 파낼 수 있는 이 낮은 덤불밭은 북극곰에게 안성맞춤이다.

우리는 베리 덤불을 헤치며 나아간다. 덤불은 최근 산불로 타버린 가문비나무 그루터기를 덮다시피 했다. 우리의 목적지는 리앤 말마따나 여기 있어선 안 되는 나무들이다. 호수 위 작은 비탈에 우람한 발삼포플러 대여섯 그루가 서 있다. 내가 상상한 것보다 훨씬 크다. 키가 20미터에 이르고 내 머리 위로 넓게 펼쳐진 잎들이 바람에 달가닥달가닥 소리를 낸다. 가까이 다가가서 보니 껍질이 무척 거칠다. 갈라지고 깊이 골이 파여 있으며 색깔은 회색과 검은색이다. 이끼와 검은 지의류로 덮여 번들거린다. 두께가 10센티미터에 이르는 껍질은 타지 않고 얼지도 않는다. 속껍질은 투수성 막으로, 살아 있는 세포에서 물이 빠르게 빠져나가기 때문에 세포를 파괴하는 얼음 결정이 생기지 않는다. 가장 큰 줄기는 내 가슴보다 넓다. 낙엽층은 썩어가는 양탄자처럼 빽빽하며, 시커멓고 축축한 낙엽 속에 손을 밀어넣어보니 냄새도 비슷하다. 이 낙엽층이 하목림을 먹여 살린다. 그래서 이곳에는 주니퍼, 바늘꽃, 래브라도차나무, 블루베리, 장미, 까치밥나무, 라즈베리, 레드커런트가 무성하다. 리앤은 이곳을 안다. 잼 만들 과일을 따러 찾아오는 곳이다.

이렇게 북쪽에서 포플러를 보다니 충격적이다. 이곳의 포플러는 숲지붕이 닫힌 훨씬 남쪽의 숲에서와는 전혀 다른 이웃들과 함께 살고 있다. 종의 확산은 아직까지도 제대로 밝혀지지 않았다. 왜 어떤 나무는 여기 있고 다른 데는 없을까? 어떻게 여기 왔을까? 바람에 의해 꽃가루받이가 이루어져 쉽게 퍼지고 쉽게 발아하는 흰가문비나무는 수백 년, 수천 년에 걸쳐 이동한 수목한계선의 자연 최첨단이다. 발삼포플러는 유성생식에 애를 먹는다. 해마다 봄이 되면 암나무의 기름진 눈에서는 마치 애벌레의 동그란 대가리가 고치 밖으로 빠져나오듯 작고 노란 꽃이 돋는데, 이때는 잎이 채 펴지기도 전이다. 꽃은 봄의 첫 꽃꿀에 굶주린 북부한대수림의 새와 곤충을 유혹한다. 꽃이 떨어질 땐 꽃차례가 통째로 떨어져 나간다. 잎이 완전히 자라면 열매가 익어 둘로 갈라지고 작은 씨앗이 나오는데, 씨앗 하나하나에는 바람을 붙잡기 위해 길고 하얗고 부드러운 털이 한 다발 달려 있다. 포플러가 '목화나무'라는 별명으로 불리는 것은 이 '목화솜' 때문이다. 토착민들은 이것으로 실을 잣고 붕대를 만들고 아기 침대의 바닥을 짠다. 서양보리수 베리에 첨가하고 거품이 생길 때까지 치대 '인디언 아이스크림'을 만들기도 한다.

씨앗은 무기질 흙에 쉽게 접근할 수 있는 축축한 땅에 떨어져야 한다(최근에 불탄 곳이면 더할 나위 없다). 그런 다음 발아에 알맞은 온도가 될 때까지 몇 주간 축축한 채로 있어야 한다. 하지만 씨앗은 오래 살아남지는 못한다. 발삼포플러는 강을 좋아하기 때문에, 범람이 일어나면 강기슭의 연약한 어린나무는 종종 봉변을 당한다. 이렇게 먼 북쪽에서는 산불이 나는 간격이

400년을 넘는다. 수정된 채 떠도는 포플러 씨앗은 설령 이곳에 당도하더라도 몇 해 전처럼 산불을 만나야 기회를 잡을 수 있다. 그렇기에 포플러는 저 남쪽에 머무는 성향이 있다. 쌍둥이 호수 기슭의 수목한계선에서 발삼포플러를 보고서 리앤이 놀란 것은 이 때문이다.

리앤의 동료 스티브 매멧이 생장추*로 현지의 가문비나무, 태머랙, 자작나무의 나이를 조사했더니 가장 오래된 것은 약 400살이었다. 발삼포플러는 조사하지 않았다. 다음엔 조사해주길 바란다. 발삼포플러의 출현은 최근에 일어난 기이한 사건일까? 그들은 난민일까? 숲이 훨씬 북쪽에 있던 시절에 이곳에 있다가 미처 내려가지 못한 마지막 낙오자일까? 그것도 아니면 사람이 심은 걸까? 요즘처럼 따뜻한 시기가 찾아왔을 때 대아를 자갈길에 내보내려고 지금껏 기다린 걸까? 쌍둥이 호수의 에스커에서는 중세 이누이트 '도싯' 문화에 앞서 이누이트 관련 문명이 1000년 넘게 지속되었다는 고고학적 증거가 많이 발견되었다.

다이애나는 나중에 이렇게 말했다. "발삼포플러가 성스러운 나무였다는 걸 기억하세요. 그러니 이누이트족이 가져왔을 수도 있어요." 켈트인이 자신의 성스러운 구주소나무를 가져왔듯 말이다. 왜 안 그랬겠는가? 포플러는 물고기의 서식 환경을 개선했을 것이며 포플러 재의 염분은 생선을 보존하고 요리하는 데 쓰였다. 스코틀랜드, 러시아, 알래스카와 마찬가지로 이 지역에서도 나무와 사람은 나란히 얼음의 후퇴를 따라 이동했다. 어쩌면 우

* 나무의 나이테를 알기 위해서 나무 조각을 빼내는 기구.

리가 아는 것보다 서로를 더 필요로 했는지도 모르겠다.

처칠은 언제나 국경 같은 장소였다. 이 마을은 영국이 퍼스트 네이션과 교역하고 허드슨만 수역에서 자원을 채굴하기 위한 군항軍港으로 조성되었다. 잉글랜드 국왕 찰스 2세는 허드슨만으로 배수되는 모든 토지의 권리를 허드슨베이 컴퍼니에 하사했다. 이 토지는 '루퍼트 토지'로 불리며, 오늘날의 미네소타주와 노스다코타주까지 뻗어 있다. 처칠의 팔자는 먼 곳에 있는 사람들의 변덕에 늘 좌우되었다.

위니펙에서 처칠까지 철도를 운영한다는 결정으로 인해—잊을 수 없는 이름인 '머스케그 특급'이라는 열차편이 운행되었다—20세기 처칠의 역할은 프레리의 수확물을 바다로 나르는 곡물 수송 거점으로 정해졌다. 바로 그 순간 허드슨베이 컴퍼니의 별이 지고 있었다. 미군이 북극광과 지구 자기권을 탐사하기로 결정하자 1950년대와 1960년대 일군의 과학자들이 처칠로 이주했는데, 이들은 툰드라 한가운데에 세워진 콘크리트 발사대와 와퍼스크 국립공원 곳곳에 널브러진 발사 실패의 잔해를 유산으로 남겼다. 내가 찾아간 2019년, 옴니트랙스라는 기업이 자사가 소유한 항구를 폐쇄한다고 3년 전 결정한 탓에 마을은 여전히 몸살을 앓고 있다.

마을 회관은 처칠강 어귀를 마주보고 서 있는 생뚱맞은 건물로, 실내 농구장, 헬스장, 하키 링크, 셔터 내린 도서관, 수영장을 갖췄으며 일주일에 사흘 문을 연다. 회관에 들어서자 업무 시간을 빈둥거리며 보내던 직원 세 명이 내게 말하길 마을은 그 뒤로

'포탄 충격'*에 시달린다고 한다. 폐항廢港 결정은 최근 철회되었으며 조만간 몇 년 만에 처음으로 선박이 입항할 것으로 예상되지만, 옴니트랙스가 우왕좌왕하는 동안 많은 일자리가 날아갔고 적어도 하나의 교사직이 사라졌다. 사무실에 있는 사람들은 지구온난화에 대해 이야기할 때도 똑같은 체념과 억울함을 토로한다. 이 또한 먼 곳에서 가해진 고통이니까.

도로를 따라 내려가니, 쌍둥이 호수에서 벤 가문비나무 줄기로 직접 지은 오두막에서 데이비드 데일리가 나무 의자에 기대앉아 있다. 그가 쓴 가문비나무에는 잎말이나방이 들끓고 있었으며—그렇지 않았다면 데이비드가 살아 있는 나무를 베지는 않았을 것이다—새 오두막에서 보낸 첫해에는 나무좀들이 통나무에서 실내로 쏟아져 나왔다. 데이브는 처칠 인근에서 사냥과 덫사냥을 하면서 자랐는데, 그때 커다란 변화를 목격했다. 태머랙은 습지에서 껍질을 잃었으며 씨앗을 내지 못했다. 가문비나무는 잎말이나방에 떼죽음했다. 자작나무는 사방에 들어찼으며 발삼포플러는 강기슭을 따라 줄줄이 싹을 틔웠다.

데이브가 말한다. "포플러는 제가 어릴 적부터 저 크기였어요." 데이브는 처칠 인근의 나무들이 오랫동안 행복했지만 지금은 영구동토대가 녹으면서 습지에 밀려나고 있다고 말한다. "땅 위에서 일어나는 일을 보면 땅 밑에서 일어나는 일을 알 수 있죠."

하지만 쌍둥이 호수에 있는 포플러는 둔덕 위에서의 삶에 만족한다. 포플러는 그곳을 좋아한다고 데이브가 말한다. 자갈은

* shell shock. 전쟁으로 인한 무기력감을 가리키며 '외상 후 스트레스 장애'와 비슷한 예전 용어.

흙만큼 딱딱하게 얼지 않는다. 더 따뜻하며 이탄의 영향을 덜 받는다. 인간도 둔덕을 좋아했다. 정착민들은 언제나 그곳을 선택했다. 데이브는 포플러로부터 멀리 떨어지지 않은 에스커의 조개무지에서 조개껍데기, 고래 뼈, 천막 터를 발견했다. 그의 크리족 조상이나 그 이전 조상들이 이곳에 오면서 씨앗이나 어린나무를 가져온 탓에 원래는 수백 년이 걸리는 자연적 씨앗 퍼뜨리기가 순식간에 일어났다고 말하자 데이브가 고개를 끄덕인다. 과학에서 '자연적'이란 인간이 아니라 짐승이 씨앗을 퍼뜨려준다는 뜻이다.

우리는 발삼포플러가 강기슭을 침공한 덕분에 물고기 개체수가 회복되었을지 모른다고 생각하지만, 데이브는 고개를 젓는다.

"물고기 얘기 하지 말아요! 한 마리도 없으니까!"

이 경우엔 악당이 누구인지 분명하다. 먼 곳에 소재한 또 다른 도시공사公社 기업으로, 매니토바 하이드로라는 발전 회사다.

"그물을 치면 우리 개들에게 빨판고기를 며칠은 먹일 수 있었어요. 그런데 지금은 한 마리도 없어요. 매니토바 하이드로가 강을 죽였어요. 유속이 하도 느려져서 바닥까지 얼어붙기 때문에 아무것도 살아남지 못한다고요. 댐이 강의 퇴적물, 모든 영양물질을 붙잡아두고 있어요. 관광 가이드가 물이 맑아서 고래 보기에 좋다고 말할 만도 하죠! 좋은 것들은 모조리 물에서 빠져나갔으니까요.

강에는 새도 전혀 없어요. 해마다 캐나다 천연자원부 의뢰로 조사를 진행했는데, 지금은 볼 게 하나도 없어요. 매니토바 하이드로에 항의했지만 이렇게 말하더군요. '고작 당신이 고기잡이할 수 있게 해주려고 수백만 달러의 물을 낭비하진 않을 거요.'"

매니토바 하이드로는 종종 대규모 방류를 시행하지만, 이런 극단적 수량으로는 안정된 생태계를 유지할 수 없다. 강의 바닥층이 다시 쌓이고 발삼포플러 어린나무들이 강기슭에 자리잡을라치면 이내 전부 물살에 쓸려 내려간다. 지금은 댐이 방류할 때 일어나는 범람에 이름이 붙었다(처칠강과 넬슨강이 이어져 수량이 더 증가했다). 현지인들은 '하이드로 물살'이라고 부른다. 포플러강은 위니펙호로 흘러드는데, 한때는 넬슨강을 거쳐 바다에 도달했다. 피마치오윈 아키를 비롯한 하천 유역 숲들에는 무기물, 영양물질, 그리고 포플러에 독특한 화학적 특징을 부여하는 산酸이 있지만, 지금은 두 강이 합쳐지는 바람에 이 물질들이 터빈을 통과해 처칠강이나 넬슨강으로 흘러 나간다. 어느 강으로 흘러 나갈지는 그날 매니토바에서 얼마나 많은 사람들이 에어컨을 켜고 주전자를 끓이고 텔레비전을 보느냐에 따라 달라진다. 스위치를 누르는 매니토바 주민들이 자신의 안락에 동력을 공급하는 물에 대해, 하천 유역의 나무를 강의 물고기와 바다의 고래로 연결하는 흙의 성질에 대해 생각하고 있지는 않을 것이다.

처칠에서는 지구온난화의 이점이 여실히 드러난다. 북극곰 탐방, 북부 해역 관광, 북극곰 체험, 툰드라 주점, 오로라 호텔을 비롯한 수많은 북극 주제 관광업 광고가 북아메리카 국경 특유의 넓은 일차로 중심가를 따라 걸려 있다. 도로변에는 녹슨 컨테이너, 판자를 대어 폐쇄한 상점, 한 대짜리 주유기가 마맛자국처럼 늘어섰다. 유일하게 지나다니는 차량은 울퉁불퉁한 타이어를 장착해 몇 센티미터 깊이로 자국을 내는 SUV 몇 대, 아니면 거대한 '아고' 툰드라 버기카뿐이다. 버기카는 노천광 소속처럼 보이지만 실은 관광객을 습지에 실어 나르는 용도다.

항구가 열렸다 닫혔다 한 이후로 마을은 관광 명소로 재단장하려고 노력했다. 확실한 전략은 북극의 연약한 풍광이 영영 사라지기 전에 목격하고 싶어하는 사람들의 점차 커져가는 관심에 편승하는 것이었다. 처칠은 북극권 거대동물상에서 가장 상징적인 두 종인 북극곰과 흰돌고래의 번식처라는 이점이 있다.

폴라 호텔을 나서서 캘리포니아, 말레이시아, 중국, 아일랜드, 오스트레일리아 등 전 세계에서 온 백여 명의 관광객과 함께 버스에 올라탄다. 마을 동쪽으로 향하며 쓰레기 매립장과 곡물 저장고를 지나친다. 저장고는 물 밖으로 나온 유조선처럼 길고 높다. 산업 군벌처럼 마을 위로 우뚝 선 콘크리트 빌딩들을 보니 경제적 포로가 된 주민들이 떠오른다. 100~300미터 위로 솟은 공중 컨베이어 벨트는 고대하던 선박에 곡물을 붓기 위해 바다 쪽으로 삐죽 튀어나와 있다. 강어귀를 장악한 저장고들은 1930년대에 건설되어 철이 녹슬고 콘크리트가 바스러지고 있다. 거친 땅, 분홍바늘꽃, 버드나무, 낡은 철조망이 저장고 시설을 정박지와 분리한다. 정박지에 도착한 버스는 부잔교들이 설치된 광장 끄트머리에 우리를 내려준다. 구명조끼를 걸치고 안전 수칙을 듣고 나자 검은색 고무보트 조디악 선단이 젖빛 물 위로 부르릉 출항한다. 최근 바다얼음이 녹은 탓에 강어귀는 뿌옇고 어른어른하고 광석 같은 파란색이다.

밀물이 되어 물은 죽은 듯 잔잔하다. 멀리 강기슭에서 안개가 툰드라에 내리깔린다. 하늘은 마치 바다처럼 뿌연 잿빛 색조를 띠고 있다. 처칠강은 너비가 800미터이며 흐르는 듯 마는 듯 최소한의 노력으로 스스로를 더운 물로 밀어낸다. 조디악들이 연못 위 파리떼처럼 수면 위를 맴돈다. 나는 고래 관광이 고래를 실제로 본다는 보장이 전혀 없는 복불복 활동인 줄 알았는데, 동료 승객들은 본류에 접어들자마자 일어서서 이렇게 외친다. "저기다! 저기 있어! 저기도……" 사방에서 굴곡진 하얀 등이 크림 조각처럼 수면을 가른다. 강은 흰돌고래로 북적거린다. 델핀프테루스 레우카스*Delphinpterus leucas*라는 학명은 날개가 없는 흰색 돌고래라는 뜻이다.

우리 가이드는 먹이를 먹는 고래 주위로 고무보트를 빙글빙글 몬다. 고래 떼는 배마다 한 마리씩 차지하고도 남는다. 고래들은 우리 주위를, 배 밑을 누비며 자기네 점심 식사를 구경하는 이 낯선 존재들을 잘 보려고 몸을 모로 굴린다. 수염고래류를 통틀어 흰돌고래만이 목을 구부릴 수 있다. 사촌들과 달리 등뼈가 융합되지 않은 덕에 목을 마음대로 돌릴 수 있어 더욱 사람처럼 보인다. 구부러진 주둥이는 미소 짓는 모습으로 굳어져 있으며 이마의 '멜론'이라는 혹에 들어 있는 반향정위* 기관 때문에 눈썹을 닮은 주름이 져 호기심 많은 공부벌레처럼 보인다. 소형 고래이지만 4미터 넘게 자란다. 크고 지적인 존재이며, 보트보다 길고 우리보다 열 배 많다. 한동안 대여섯 마리가 조디악 뒤에 바싹 붙어 반류伴流를 음미한다. 가이드는 흰돌고래가 배기가스의 온기나 프로

* 동물이 소리나 초음파를 내 돌아오는 메아리 소리로 상대와 자기의 위치를 확인하는 방법.

펠러의 산소 발생 효과를 좋아하는 것인지, 90마력짜리 야마하 엔진의 진동수에 저항할 수 없는 매력이 있는 것인지 알지 못한다.

고래 관광의 절정은 방수 마이크라 할 수중청음기를 보트 뒤에 내리는 순간이다. 보트 바닥에 놓인 스피커에서 삑삑, 또르르, 휘휘, 그리고 길게 끼익하는 소리와 규칙적인 딱딱 소리가 난다. 흰돌고래들이 저 아래서 열띤 대화를 나누고 있다. 자기네 목소리가 들리자 수다에 더욱 열을 올린다. 흰돌고래는 1200가지 음향 신호를 낼 수 있는데, 이 알파벳은 호모 사피엔스보다 훨씬 정교하다. 사람과 마찬가지로 소음에 맞서 목소리를 높이는 것으로 알려져 있지만, 한계에 도달하면 포기한다. 흰돌고래의 스트레스 수준은 소음 공해 수준과 밀접한 상관관계가 있다. 바다얼음이 사라지면 북극권 해상 운송이 대규모로 확대될 전망인데, 이는 흰돌고래에게 가장 치명적인 위협일 것이다. 흰돌고래는 반향정위를 '시각'처럼 활용하며 거의 영구적인 소리 그물 속에서 살아가기 때문이다. 흰돌고래는 끊임없이 서로 이야기를 나눈다. 그들에게 산다는 것은 수다떠는 것과 같다. 세상에는 인간이 아직 이해하지 못한 언어들이 너무도 많다.

흰돌고래가 더 찾아와 조디악 후미에서 북적거린다. 물 위에 떠서 자신들의 논쟁을 흉내내는 인간들을 보려고 목을 길게 뺀다. 어미가 무리 가장자리에 합류한다. 어미의 등에 올라탄 새끼는 크기가 성인의 절반가량이며 주황색 배냇가죽이 여전히 너덜너덜 남아 있다. 흰돌고래는 강어귀의 얕은 물에서 새끼를 낳는다. 난바다보다 비교적 따뜻하고 산소가 풍부하기 때문이다. 암컷은 새끼를 20개월간 임신하고 3년간 키운다. 새끼는 젖을 먹고 자라면서 색깔이 하얘진다. 포획 상태에서 태어난 흰돌고래는 30년 이상 산 적이 없었기에, 연구자들은 흰돌고래의 수명이 유난히 짧은 줄 알았다. 하지만 지금은 100년 넘게 사는 것으로 추측된다. 이 새끼는 2년 전 이곳에서 잉태되었을 것이다. 흰돌고래는 연어처럼 늘 똑같은 강으로 돌아온다.

비교적 평화롭게 번식할 수 있고 먹이가 풍부한 안전한 장소에 돌아오기 위한 호르몬적·화학적 구명줄로서 귀소본능이 진화했으리라는 주장에는 일리가 있다. 하지만 이렇게 섬세하게 조정된 면밀한 계획이건만 기후대와 해류가 종잡을 수 없어지면서 오히려 골칫거리가 되어버렸다. 이에 반해 탐험가나 식민지 개척자는 유전적 귀소본능과는 다른 재주를, 다른 머릿속 지도를 활용한다. 흰돌고래를 비롯한 생물이 이토록 짧은 시간에 그런 재주를 배울 수 있을까? 수온이 3도, 4도, 5도 올라간 세상에서 기후 유사체climate analogue(현재의 서식지 및 서식 범위와 일치하는 장소를 가리키는 학술 용어)를 찾을 수나 있을까? 북부한대수림의 모든 종이 북쪽으로 이동하는 지금 흰돌고래와 북극곰처럼 이미 가장 높은 위도에 서식하는 종들은 갈 데가 없다.

내가 가이드에게 묻는다. "이곳에 특별한 게 뭐가 있나요? 왜 흰돌고래는 계속해서 이곳으로 돌아오죠?"

가이드가 말한다. "몇 가지 학설이 있어요. 강의 바위에 몸을 비벼 가죽 갈이를 하기 위해서일 수도 있고, 물이 얕아서일 수도 있고, 강어귀에는 범고래가 없기 때문일 수도 있고, 먹이가 많기 때문일 수도 있어요. 하지만 터놓고 말하자면 우리는 모릅니다."

내가 실마리를 잡았는지도 모른다는 생각이 든다. 우리를 따르는 흰돌고래 떼는 수중청음기를 치우면 해산한다. 그러고는 다시 무리 지어 물을 가르며 열빙어*Mallotus villosus*를 사냥한다. 이 시기에는 열빙어가 하도 많아서 빙하 해변에 무더기로 쓸려 올라오기도 한다. 주민들은 양동이를 채우고 어떤 사람들은 비린내가 난다고 불평한다. 우리 가이드가 이 말을 하진 않았지만, 열빙어가 이곳에 서식하는 것은 플랑크톤 때문이며 플랑크톤과 그 먹이가 되는 식물성 플랑크톤이 이곳에서 증식하는 것은 바다얼음 해빙이라는 선물이 하류로 내려온 나무의 선물과 만나는 명당이기 때문이다.

흰돌고래는 짧은 여름 해빙기에만 남쪽 강어귀로 내려가 새끼를 낳으며 나머지 시기에는 부빙浮氷 가장자리에서 살면서 해류로 인해 벌어진 얼음 틈새인 빙호와 개방수역에서 숨을 쉰다. 틈새를 찾지 못하면 단단한 머리 혹으로 얼음을 깨어 숨쉴 자리를 만든다. 흰돌고래가 '날개 없는 돌고래'라고 불리는 것은 등지느러미가 없기 때문인데, 이렇게 진화한 이유는 바다얼음 아래를 헤엄치면서 피라미, 스몰트*, 새우, 플랑크톤, 갑각류 같은 먹이사슬 영양 단계 아래쪽의 동물을 잡아먹기 때문이다. 한편 이 먹이동물들의 먹이는 모두 강을 따라 내려오거나 바다얼음에서 비처럼 천천히 떨어져 바다에 '씨앗을 뿌리는' 영양물질이다.

바다얼음이 먹이사슬 밑바닥 해양 생물의 근거지로 필수 역할을 하고 있음이 밝혀진 것은 1960년대이지만, 많은 사람들은 여전히 바다얼음의 급속한 해빙을 그저 그림 같은 풍경이 운 나쁘

* smolt. 바다로 나갈 준비가 된 2년생 연어.

게 사라진 것으로만, 더 어처구니없게는 새로운 수송로를 개척할 기회로 여긴다. 사실 이 현상은 바다 먹이사슬이 파국적으로 약해진다는 뜻이다. 뭍으로 따지면 겉흙이 대량으로 유실되는 것과 같다.

겨울이 되면 무거운 (액체) 짠물이 바다얼음에서 새어 나와 바다 밑바닥에 떨어져 해수 순환을 일으킴으로써 영양물질을 수면으로 보낸다. 바다얼음의 민물 결정 속에는 염분이 빠져나간 자리에 통로가 생기는데, 얼음 속에 떠 있는 미생물인 돌말이 여기서 증식할 수 있다. 극겨울이 지나고 햇볕이 부빙에 닿자마자 얼음 결정은 햇볕의 세기를 약화하고 플랑크톤은 (마쓰나가 교수와 다이애나가 발견한) 부식산에 결합된 철을 섭취하여 분열을 시작한다.

플랑크톤은 봄내 얼음 속에서 분열하다 붕괴 순간 절정에 도달하는데, 이때 마침내 결정結晶의 고치에서 벗어난 민물과 필수 성분인 철이 바닷물에 주입되면 플랑크톤이 맹렬히 분열하고 열빙어, 스몰트, 피라미, 치어는 잔치를 벌인다. 이 활동이 큰 강의 어귀에서 가장 활발히 벌어지는 것은 놀랄 일이 아니다. 어류의 필수지방산—알과 젖을 생산하는 데 쓰이는 올레산—은 식물성 플랑크톤에서 오는데, 식물성 플랑크톤은 민물에 녹아 있는 무기물에서 올레산을 얻으며 이 무기물의 기원은 분해되는 나뭇잎에서 새어 나온 삼출액이다. 바다얼음이 녹고 플랑크톤이 번성한지 한 달이 지나면 흰돌고래가 잔치를 벌이려고 찾아온다.

잔치의 토대는 아슬아슬하다. 하천 유역에 나무가 충분해야 하고, 농업 관련 오염이 너무 심하면 안 되며, 바다가 너무 따뜻해져도 안 된다. 보이지 않는 바닷속 숲—물속과 조간대*에 서식하는 조류藻類—이 증식하려면 인근 바다의 온도 기울기(찬물의 냉기와 식물에서 발생하는 열기의 온도 차이)가 필수적이다.

바다얼음이 사라지면 흰돌고래의 서식 환경이 달라질 것이다. 어쩌면 해수 순환 패턴도 달라질 것이다. 역사에서 보듯 해류는 전에도 바뀐 적이 있으며 이 과정은 조명 스위치를 켜듯 순식간에 일어날 수 있다. 다이애나는 온타리오주 워털루대학교의 지질학자 앨런 모건을 인용하며 이 과정이 두 주 만에도 일어날 수 있다고 말한다. 이를테면 어느 날 난데없이 멕시코만류의 방향이 뒤바뀔 수 있다는 것이다. 지금 바다는 혼란스럽기 그지없어서 수온과 해류와 수역이 어떻게 달라질지 누구도 예측할 수 없다. 변수가 너무 많아 컴퓨터로도 정확하게 모델링할 수 없다. 뭍에서의 식생 온난화와 해양 일차생산에서의 민물 유출수 화학조성 사이에 오가는 피드백은 거대한 수수께끼다.

흰돌고래는 노래 같은 울음소리 때문에 오랫동안 바다의 카나리아라는 별명으로 불렸다. 하지만 자신과 연결된 나무와 마찬가지로 지금은 또 다른 의미에서 카나리아이기도 하다. 뭍의 숲과 바다의 숲이 맺고 있는 필수적 생산 관계가 깨지면 그것을 가장 먼저 느끼는 존재는 흰돌고래일 것이다. 아직까지는 흰돌고래를 모니터링하는 과학자들은 만족해하고 있다. 허드슨만에는 5만 7000마리의 흰돌고래가 있으며 개체수가 안정적으로 유지된다. 흰돌고래가 가장 밀집한 곳은 피마치오윈 아키의 주된 유출수 통

* 만조 때의 해안선과 간조 때의 해안선 사이의 부분.

로인 넬슨강이다.

하지만 데이브 데일리는 안심하지 못한다. 벌레 먹은 가문비나무로 만든 통나무 오두막에서 데이브는 입술을 꽉 깨물고 고개를 젓는다. 데이브는 코체부에서 흰돌고래에게 무슨 일이 일어났는지 안다. 흰돌고래는 한 해가 넘어가는 동안 모조리 사라졌다. "흰돌고래가 거뜬히 버티고 있다고들 말하죠. 하지만…… 열빙어 개체수가 예전만 못해요. 이 고래들은 오래 산다고요. 모르겠어요. 기다려보면 알겠죠."

보트 주위를 휘도는 이 우아하고 장난스럽고 유쾌한 동물들은 저 아래에서 무슨 일이 벌어지고 있는지 우리보다 훨씬 잘 안다. 흰돌고래는 초저주파음을 이용해 수천 킬로미터에 걸쳐 의사소통할 수 있다. 앨버트가 흔들리는 천막에서 브리티시컬럼비아 사람들과 소통하듯 바다의 모든 흰돌고래도 늘 서로 대화하고 있는지도 모른다. 어느 날 가상의 화상회의를 열고 이튿날 사라질지도 모른다.

6

얼음과의 마지막 탱고

그린란드마가목

Sorbus groenlandica

그린란드 나르사르수악

북위 61도 09분 41초

케네스 회히는 열세 살에 첫 나무를 심었다. 토요일과 방과후엔 그린란드 남단 나르사크의 지역 도서관 어린이책 코너에서 아르바이트로 일했다. 케네스는 자칭 책벌레였다. 어느 날 어린이 과학 잡지를 넘기다가 북쪽의 격리 피오르*에 나무를 심는 실험에 대한 기사를 접했다.

케네스가 말한다. "그린란드에서 자랐기 때문에 나무는 이국적이고 신기한 생물이었지요."

겨울에 어는 자연항을 중심으로 초록 언덕에 파스텔톤 주택들이 그림처럼 옹기종기 모여 있는 작은 마을 나르사크에는 항구와 언덕과 주택 말고는 아무것도 없었다. 케네스는 13년을 사는 동안 나무를 본 적이 거의 없었다. 그래서 직접 실험을 해보고 싶어서 부모에게 어린나무를 사달라고 부탁했다. 아이슬란드에서 비행기에 실려 도착한 나무를 부모의 정원에 심었다. 수종은 시베리아잎갈나무*Larix sibirica*였다. 케네스 가족이 이사하는 바람에 정원은 이웃 소유가 되었지만, 잎갈나무는 여전히 그 자리에 있다. 지

* sheltered fjord. 산으로 둘러싸여 악천후로부터 보호받는 피오르.

금 그 잎갈나무는 5미터이고 케네스는 53세다.

케네스는 대학에서 농학을 공부한 뒤 그린란드 남부에서 농업 지도원으로 일하며 나무 심기에 대한 열정을 계속 추구했다. 20세기 말엽 그린란드의 임업인 지망생이 맞닥뜨린 난점은 나무가 거의 없다는 것이었다. 하지만 임학 전문가는 두 명 있었다. 1970년대 이래로 생태학자 포울 비예르게와 쇠렌 외둠 박사는 나르사르수악 산간분지에서 실험을 진행하며 어떤 수종이 그린란드에서 자랄 수 있는지 탐구했다. 케네스가 읽은 기사는 그들의 연구에 대한 것이었으며 케네스는 그들과 함께 일하기로 했다.

1980년대와 1990년대에 포울, 쇠렌, 케네스는 북극 수목한계선을 따라 여러 지역을 다니며 북부한대수림 수종의 강인한 표본을 채집해 그린란드에 가져왔다. 알래스카, 유콘강, 브리티시컬럼비아, 허드슨만, 퀘벡, 노르웨이, 그리고 우랄산맥에서 알타이강까지, 캄차카와 사할린까지 시베리아 전역을 누벼 세계 최대 규모의 북부한대수림 수목한계선 수목원 중 하나를 조성한 것이었다. 지금까지 채집한 110종은 크라스노야르스크의 수카초프연구소에 필적한다. 이 과학자들의 목표는 그린란드를 위한 기준을 세우는 것이었다. 지구 기온이 상승하면서 이 식물 자원의 중요성은 좁은 피오르 지대를 훌쩍 뛰어넘는다. 북부 숲의 '선도자'이자, 한계에 내몰린 종들의 향후 절멸면제지역이 될 수 있는 것이다.

케네스는 개별 종의 비교 연구와 장기간 연구를 선호했지만, 나무를 심는 것도 마냥 좋았기에 시베리아잎갈나무, 엥겔만가문비나무, 노르웨이가문비나무, 스트로브잣나무, 로지폴소나무, 미송, 발삼포플러를 비롯한 수많은 나무를 수만 그루 심었다. (지금은 국립 수목원이 된) 아르보레툼 그로엔란디쿰(그린란드어로는 '칼랄릿 누나타 오르피우테카르피아')은 나르사르수악 산간분지의 절반을 25만여 그루의 나무로 덮은 젊은 숲이다.

비행기가 피오르 어귀에서 급선회하자 눈부신 흰색과 파란색이 초록색과 노란색으로 빛나는 가느다란 쐐기 모양 숲에 의해 나뉜다. 숲에서는 특이한 핏빛 주황색이 터져 나온다. 때는 2019년 8월이다. 빙모*와 바다 사이에 낀 황량한 바위와 풀의 풍경 속에서 늦여름 잎들이 생명의 빛을 내뿜는다.

나르사르수악의 지형 조건은 나무를 심기에 유리하지만, 활주로 부지로도 이상적이다(이만큼 평평한 곳은 그린란드 남부를 통틀어 유일하다시피 하다). 이누이트족의 손에 맡겨뒀다면 나르사르수악은 정착지가 되지 않았을 것이다. 자연항이 없고 여름 바다얼음으로부터도 멀리 떨어진 넓고 탁 트인 산간분지는 바다를 생계 수단으로 삼는 사람들에게 별 매력이 없다. 하지만 활주로를 건설한 미 공군은 나르사르수악을 생계의 관점에서 보지 않았다. 1941년 독일이 덴마크를 침공하자 미국은 기착지를 물색했다. B-17 폭격기 편대가 조지아를 출발해 캐나다와 덴마크의 그린란드 식민지를 거쳐 스코틀랜드까지 날아가 유럽에서 참전할 수 있도록 재급유할 장소가 필요했다. 모든 보급품과 건설자재는 해상이나 항공으로 운반되었다. 블루이 웨스트 원으로 불리는 냉전 시기 기지의 건설 작업에 동원된 5000명의 군인도 그중 하나였다.

* 산 정상이나 고원을 덮은 돔 모양의 영구 빙설. 면적은 대체로 5만 제곱킬로미터 이하로 대륙빙하보다 규모가 작다.

덴마크 정부는 1958년 미국이 내버려두고 간 기반 시설을 마다할 이유가 없었다. 그래서 70년 가까이 지난 지금도 나르사르수악은 수도 누크 바깥에 있는 유일한 국제공항이자 (관광국 말마따나) "화창한 그린란드 남부"로 통하는 관문이다. 방문객은 스탠리 큐브릭의 영화 〈닥터 스트레인지러브〉의 마지막 장면과 비슷한 순간을 공중에서 맞닥뜨린다. 유럽을 출발해 이곳에 도착하는 비행기들은 뾰족뾰족한 검은색 봉우리들 사이의 눈부신 빙모 위를 스치듯 날아 빙산이 점점이 박힌 청록색 피오르 위로 90도 선회했다가 세계에서 가장 위험한 활주로라고 불리는 곳으로 급강하한다. 활주로의 한쪽 끝은 바다로 통하고 반대쪽 끝은 사나운 빙하강을 내려다보는 절벽을 마주하고 있다.

오싹한 착륙이 끝나고 비행기 계단을 내려와 사방이 웅장한 산으로 둘러싸인 주기장에 내려서자마자 휴대폰에서 문자메시지 알림이 뜬다. "호텔 레스토랑에서 기다리고 있을게요."

수화물 수취대가 부서진 낡아빠진 터미널 1층에서 화사한 색깔의 큼지막한 배낭을 메고 파카를 걸친 관광객 수십 명이 밀치락달치락한다. 황무지를 하이킹하고, 사라지기 전에 얼음을 봐두려고 안달이 나 있다. 지금은 코로나 대유행이 일어나기 직전 여름이고 관광업은 호황을 누리고 있다. 지난해 9만 2677명의 탑승객이 이곳을 거쳐갔다.

몇몇 방문객은 그린란드 남부의 다른 정착지로 데려다줄 헬리콥터를 기다리고 있고 나를 비롯한 사람들은 공항을 나서 읍내로 이어지는—이곳을 읍내라고 부를 수 있다면 말이지만—미국제 아스팔트 도로에 발을 디딘다. 주택 몇 채와 카페 두 곳이 보인다. 막사 단지는 정부 보조 주택으로 개조되었으며 그린란드 특유의 연파랑색과 진초록색으로 페인트칠되어 있다. 도로는 정착지를 향해 완만한 내리막을 이루며 앞쪽으로는 피오르의 파란색이 반짝거린다. 어린나무들이 점점이 박힌 울퉁불퉁한 능선 아래 건물들이 옹기종기 모여 있다. 능선이 끝나는 곳에는 작은 항구 위쪽으로 흰색 실린더들이 보초병처럼 쪼그려 앉았다. 진파랑 파도가 진흙탕 해변에 부딪혀 찰싹거린다. 실린더에는 "항공유 1" "항공유 2" "경유" "등유"라고 표시되어 있다. 미국이 남긴 또 다른 유산이다.

한 남자가 주택 계단에서 소총 총신을 닦고 있다. 나를 힐끗 쳐다보더니 작업을 계속한다. 나이 지긋한 그린란드 여자가 슬리퍼 차림으로 햇볕 아래 빨랫줄에 빨래를 넌다. 적막해 보이는 콘크리트 놀이터에서 아이 둘이 뛰논다. 위쪽으로 자갈 테라스에 얹힌 창문 없는 흰색 플라스틱 건물은 슈퍼마켓이다. 밖에서 파카 차림의 여자 두 명이 중국산 주방용품과 가스 바비큐 그릴에 구운 핫도그를 팔고 있다.

놀이터 옆에 내가 찾던 장소가 있다. 나르사르수악 호텔은 역시나 군사 시설을 개조해 지었다. 통짜로 된 접수 공간 너머에 미국 군인들의 유령이 어른거린다. 창문이 없는 스테인리스스틸 매점은 전 세계 모든 군 기지에서 볼 수 있는 광경이다.

여기서 만나기로 한 사람들이 점심 식사를 마치고 테이블 앞에 앉아 있다. 짧은 모래색 머리카락의 소유자가 케네스, 꿰뚫어 보는 듯한 파란색 눈과 주황빛 감도는 인상적인 수염의 소유자는 덴마크인 과학자 페테르다. 내가 도착하자마자 우리는 뒷문을 나서 눈부신 햇빛 속으로 발을 디딘다. 호텔 쓰레기통을 지나쳐 미군이 자갈 채굴장으로 쓰던 쓰레기장을 통과한다. 햇빛은 뜨겁고 유난히 밝다. 여남은 명의 사람들이 성긴 풀밭에 흩어져 로켓포 발사기처럼 생긴 것을 땅에 겨누느라 분주하다. 한쪽에 서 있는 픽업트럭은 골판지 상자 더미를 반쯤 부렸다. 포크파이 해트* 에 이국적 깃털을 꽂고 염소수염을 기르고 파란색 선글라스를 쓴 키 큰 남자가 트럭 뒤쪽에서 상자를 집어들어 무리 가운데로 걸어 들어간다.

"이봐요! 포플러가 왔어요! 포플러 가져가세요!" 남자가 미국식 억양으로 외친다.

사람들이 몰려들어 어린나무를 한 줌 집어서는 이리저리 다니며 위아래가 뚫린 '바주카포'의 원통에 집어넣는다. 나도 배낭을 내려놓고 묘목을 한 줌 받은 뒤 파트너를 찾는다. 돌아보니 케네스는 어디론가 사라졌다. 오래지 않아 나는 무릎을 꿇고 미겔이라는 스페인 남자와 발삼포플러 묘목을 심는다. 햇볕이 목덜미를 데운다. 사람들은 땀이 나서 코트와 점퍼를 벗는다. 땅은 단단하다. 산간분지 가장자리의 절벽이 우리 위로 희미하게 어른거린다. 뒤에서 포효하는 강물 소리는 언덕 위 고속도로 소음처럼 들릴락 말락 한다. 동쪽으로 나무들이 능선 초입에 모여 있다. 수목원이 시작되는 곳이다. 서쪽으로는 주택 단지가 시작된다.

"그렇게 멀찍이 심지 말아요!" 선글라스를 쓴 남자가 외친다. 이곳 책임자인 듯하다. 단지 주민들은 나무가 너무 많아서 경치

* 크라운이 평평하고 꼭대기가 움푹 들어간 모자로, 보통 펠트나 밀짚으로 만든다.

를 가리는 걸 달가워하지 않는 게 분명하다. 소총을 닦던 남자는 총신을 무릎 사이에 끼운 채 아직도 계단에 앉아 있다. 이따금 지나가는 행인들이 우리 쪽을 쳐다보다 제 갈 길을 간다. 마을 외곽의 쓰레기장에서 열광적으로 나무를 심는 외국인은 주민들에게 필시 일상적인 광경일 것이다. 하지만 현지 주민들은 동참하지 않는다. 나무는 한때 덤불과 유목流木의 형태로 이곳에 꼭 필요한 생존 수단이었으나 더는 인간의 삶을 좌우하지 않는다. 지금의 필수 요소는 덴마크에서 오는 비행기, 아이슬란드와 캐나다에서 식량, 술, 연료를 가져다주는 선박, 그리고 물고기와 사냥감이다. 소총을 닦는 일이 나무를 심는 일보다 더 요긴하다.

미겔과 내가 상자 하나에 담긴 쉰 그루를 심는 동안 미국인은 이리저리 행진하며 작업 광경을 아이폰에 담는다. 미겔은 영어를 거의 못하지만, 들어보니 관광객을 빙모에 데려가는 일을 하는 듯하다. 우리와 함께 묘목을 심는 사람 중에는 일본인처럼 보이는 남자, 중동 출신인 듯한 여자와 아이, 백인 몇 명, 이누이트족 한두 명이 있다. 무슨 일이 벌어지고 있는지 미겔에게서 알아보려 했지만 허사였다. 아이폰을 든 남자가 입은 티셔츠에는 "그린란드 나무들"이라고 인쇄되어 있다. 남자가 트럭 뒤로 사라졌다가 골판지 상자를 하나 더 가지고 불쑥 나타난다.

"자, 마셔요! 소다예요. 이봐요들, 겁나게 덥네요!"

미국인이 내게 소다를 건네며 자기소개를 한다. 제이슨 박스 교수. 덴마크 지질조사국에서 일하는 기후학자다. '그린란드 나무들'은 자신의 아이디어라고 말한다. 직접 심는 나무는 몇 그루 안 되어 보이긴 하지만. 제이슨은 말하기보다는 손을 흔들며 산, 피오르, 나무 심는 사람들을 가리킨다. 멈추지 않고 회전하는 에너지 덩어리 같다.

"어떤 사람들은 그냥 내버려두라고, 그건 자연의 몫이라고 말합니다. 침입종을 들여오는 꼴이라는 거죠. 생태학자들은 우리를 좋아하지 않습니다. 하지만 저는 개소리 말라고 대꾸합니다. 우리는 자연을 도와주고 있는 겁니다. 여기서는 묘목을 구하는 데 오랜 시간이 걸립니다. 씨앗을 자연에서 구할 수 없으니까요…… 페테르와 케네스가 묘목을 어디 심어야 할지 알려줄 겁니다."

제이슨이 사람들을 한 명씩 가리킨다. 디르크와 마우리서는 네덜란드인, 마사히토는 일본인, 크리스는 미국인, 파치아는 이란인이며 다들 숙련되고 존경받는 기후학자로, 유엔 기후변화에 관한 정부간 패널(IPCC)의 의뢰로 연구에 참여하고 있다. 지금은 무릎을 더럽히며 발삼포플러 묘목을 얕은 토양에 꽂는 것이 그들의 임무다.

이 사업은 죄책감에 사로잡힌 빙하학자가 자신의 연구로 인한 배출가스를 상쇄하기 위해 시작했다. 여름마다 연구 설비와 수톤의 장비를 빙모에 실어 나르려면 비행기, 보트, 헬리콥터가 많이 필요하다. 하지만 금세 다른 과학자들이 동참했다. 그들은 얼음이 극단적으로 녹고 있는 것에 하도 충격을 받아서 대기 중 이산화탄소를 제거하기 위해 무언가 실질적이고 시급한 일을 하고 싶어했다. 나무를 심을 장소를 물색하다가 자신들이 수십 년간 수목원 위를 날아다니고 있었음을 알아차렸다.

저녁이 되자 1300그루를 심은 자원봉사자 전원이 순록과 그린란드양羊 바비큐에 초대받는다. 계곡을 따라 올라가 옛 기지를 지나면 미국인들이 '병원 계곡'이라고 부르는 작은 계곡 초입에 케네스의 자그마한 오두막이 있다. 깃대에 달려 있던 성조기는 달아난 지 오래다. 케네스가 20년 전 오두막 주위에 심은 구과수들이 어스름의 희미한 파란색을 배경으로 이제 막 두드러져 보이기 시작한다. 해가 산 너머로 기울자 기온이 어는점 가까이 뚝 떨어진다. 낮에는 25도까지 올라가지만, 얼음 근처에 있다보니 여름에도 밤은 늘 쌀쌀하다.

과학자들이 모닥불 주위에서 손을 녹이며 맥주를 마신다. 그들이 입은 유니폼은 전문 탐사용 의복으로, 매혹적인 로고가 박혀 있다. "극지 얼음 조사, 네덜란드 북극 탐사." 네덜란드인들은 북극 탐사에 누구보다 열심이다. 국토 면적의 4분의 1이 해수면보다 낮기에 빙하 해빙은 가장 심각한 국가적 위협이다.

페테르 혼자만 로고가 없는 옷을 입고 있다. 페테르는 덴마크의 기후학자로, 식생의 역사적 패턴을 연구한다. 셔츠, 바지, 플리스, 초록색 명암이 대비되는 코트로 이루어진 복장은 숲 관리인을 방불케 한다. 페테르가 말없이 앉아 있는 동안 모닥불 맞은편의 젊은 과학자들은 기후를 걱정한다. 새벽녘에는 빙모 가장자리에서 보트와 헬리콥터와 접선해 지난여름 얼음에 꽂아둔 쇠막대기를 점검하러 BBC 촬영팀과 함께 가기로 예정되어 있다. 쇠막대기의 깊이를 보면 지난해에 빙모가 얼마나 녹았는지 알 수 있다. 지금은 8월 마지막 주로, 여느 때 같으면 해빙기의 끝자락이다. 하지만 폭우 예보가 있어서 그들은 군인만큼이나 치밀하게 방안을 모색한다.

'지상 실측ground truth'은 네덜란드인 빙하학자 디르크가 자신들의 과업을 일컫는 이름이다. 미 공군 비행기들은 빙모 위를 날며 레이더로 항공 측량을 실시하여 얼음의 부피와 해빙의 속도를 측정했지만, 직선으로만 측정할 수 있다는 한계가 있다. '그레이스'(GRACE: Gravity Recovery and Climate Experiment)라는 미국 항공우주국 사업에서는 레이저가 장착된 위성을 우주에 쏘아 올려 같은 임무를 수행했다. 미국 항공우주국은 지각과 빙모 표면의 차이를 계산하여 얼음 해빙 정도를 추정했다. 해마다 300세제곱킬로미터가 녹고 있으며 해빙 속도는 점차 빨라지고 있다.

이 중 어느 방법도 완벽하진 않기에, 얼음 표면을 실제로 측정한 값으로 추정치를 보완해야 한다. 이 사람들 중 몇몇은 20년 가까이 이곳을 찾고 있으며 이번이 처음 탐사인 사람들도 있다. 그린란드에서 실시되는 프로젝트(와 참여 과학자)의 수는 빠르게 늘고 있다. 나무의 나이테보다 더 중요한 것은 선사시대 얼음에 담긴 기후 기록으로, 이것은 지구 기후가 과거에 어떻게 달라졌는지 이해하는 데 꼭 필요하다. 또한 빙상 해빙 속도는 다음번에 일어날 사건에 결정적 영향을 미친다. 지구의 주요 빙상은 남극과 그린란드 두 곳인데, 그린란드가 접근하기에 훨씬 수월하고 저렴하다. 남극보다 훨씬 빠르게 녹고 있기도 하다. 그린란드는 빙하학과 해수면 상승의 최전선에 있으며 모닥불가의 연구자들은 사라지는 얼음이 우리 지구를 어떻게 바꿀 것인가에 대해 우리가 아는 대부분의 지식을 밝혀낸 사람들이다.

디르크는 남극 빙상 측정 기지의 네트워크를 건설했으며 제이슨은 그린란드에서 같은 네트워크를 설치했다. 데이터는 복잡한 기후 모델에 입력되는데, 마사히토 같은 과학자들이 이런 모델을 구축한다. 우리는 한동안 모델에 대해 이야기한다. 마사히토는 올해 들어 벌써 두 번째로 빙모를 찾았다. 일본에서 이곳까지는 먼 길이다. 마사히토의 연구실은 IPCC의 지원을 받아 세상에서 가장 정교한 모델 중 하나를 끊임없이 다듬고 있다. 마사히토는 모델이 기후 되먹임 고리로 인해 말썽을 겪고 있다고 말한다. 눈을 크게 뜨고 어깨를 웅크린 채 빠르게 말하는 것으로 보건대 이 문제를 해결하는 일에 푹 빠져 있는 게 분명하다. 지구 시스템이 하도 복잡해서 모델링이 불가능하다고 믿는 생태학자들이 있다고 말을 꺼냈더니 대화가 단번에 중단된다.

예전에는 시간 모델이 과학자들을 위한 도구였지만 요즘은 인간 모델이 도구가 된 것처럼 보인다. 슈퍼컴퓨터로 구축한 모델을 개량하기 위해 더 많은 데이터를 수집하도록 설계된 프로젝트에 연구 자금이 몰리고 있다. 하지만 모델은 위험하다. 어떤 이야기를 들려주고 싶은가에 따라 수정될 수 있기 때문이다. 2013년 제5차 IPCC 보고서는 지난 10년간의 모델을 이용했지만, 실제 얻을 수 있는 관찰 결과에 따르면 북극해 해빙에 대한 전망은 훨씬 암울했다.[1] 실제 데이터에는 이의를 제기할 수 없다.

실제 기후 데이터는 현재 지구상에서 가장 귀중한 자원이며 이 과학자들은 현대판 보물 사냥꾼이다. 헬리콥터와 밧줄, 썰매, 첨단 기술을 동원해 위험하고 화려한 과업을 수행하고, 크레바스와 눈보라를 무릅쓰고 귀중한 빙심*을 가져와 우리의 미래를 점

* 빙하에 구멍을 뚫어 추출한 얼음 조각 시료.

친다. 하지만 측정하고, 목격하고, 빙상이 무너질 객관적 확률과 이것이 지구상의 인간 삶에 무슨 의미인지 냉정하게 설명하려다 보면 감정적 모순을 겪게 된다. 과학 연구 프로젝트들은 한결같이 말미에서 후속 연구가 이루어진다면 지식의 총량에 이바지할 수 있는 분야들을 지목한다. 서구 과학은 스스로의 목적이 낳은 산물이다. 그것은 진보라는 이데올로기적 개념으로, 지금은 미래주의라는 무익한 사교邪教처럼 보인다. 그들은 언제나 시간이 더 있다고 자위한다.

마우리서 같은 젊은 과학자들은 확고한 팩트를 시급히 찾으려는 충동에 사로잡힌 듯하지만 나이든 과학자들은 냉소적이다. 해가 갈수록, 점점 위험해지는 해빙 수준을 기록해봐야 어떤 행동도 취해지지 않는 현실 앞에선 절망에 빠질 수밖에 없다. 디르크가 역시나 저명 빙하학자인 아내 파치아(10여 년 전 캉어를루수악 빙하의 해빙 가속화를 기록해 명성을 얻었다)와 함께 학계를 떠나 '그린란드 나무들'에 전념하기로 마음먹은 것은 이런 까닭이다.

두 사람은 요즘 그린란드를 다른 시각에서 바라본다. 이전의 나르사르수악은 헬리콥터가 얼음에 착륙하기를 기다리거나 나르사르수악 호텔 바에서 지나가는 동료 과학자들과 직업적 뒷담화를 주고받으며—현지인은 아무도 만나지 않고—술에 취하는 곳이었다. 하지만 내일 제이슨과 그의 팀이 출발하면 디르크와 파치아는 페테르와 함께 보트를 타고 남쪽으로 내려가 학생들에게 나무 심기 사업에 대해 이야기할 예정이다. 지금껏 두 사람은 섬의 흰 부분만 보았지만, 이젠 초록색으로 바뀔 가능성을 본다.

과학자들은 호텔로 돌아갔다. 모닥불은 불잉걸만 몇 개 남았다. 어스름에 윤곽이 도드라진 어두운 산 뒤로 잔광이 남아 있고 먼 비행기 소리 같은 강물의 희미한 굉음이 밤에 생기를 불어넣는다. 공기는 차고 상쾌하다. 그린란드는 시간으로도 장소로도 이례적이다. 북위 61도의 나르사르수악은 어지간히 남쪽에 있어서 셰틀랜드제도, 노르웨이와 스웨덴 중부, 알래스카주 앵커리지와 위도가 비슷한데, 이 지역들은 모두 아북극 북부한대수림 지대다. 하지만 그린란드에서는 북극해 해안에서 바다얼음을 실어오는 동그린란드해류와 냉각 효과를 낳는 빙모가 독특한 미기후를 형성한다.

페테르가 설명한다. "매우 흥미로운 현상이죠." 페테르가 말하는 현상은 그린란드 내륙 피오르가 북부한대수림 수종에 이상적인 기후인데도 나무가 거의 없다는 것이다.

연평균 기온은 어는점을 훌쩍 웃돌며 최근 여름 기온은 (나무 생장의 북방 한계선에 대한 전통적 정의인) 훔볼트의 7월 10도 등온선을 밀어 올렸다. 7월의 새 정상치는 11도 이상이라고 페테르가 말한다.

하지만 그린란드에 나무가 하나도 없는 이유는 너무 추웠기 때문이 아니다. 씨앗이 하나도 없었기 때문이다. 식생이 변화하기까지는 수천 년이 걸린다. 이것은 생태학자들이 '불균형 동학 disequilibrium dynamics'이라고 부르는 것으로, 생태계나 생물군계가 평형에서 벗어나는 과정에 있을 때를 일컫는다. 현재의 지구 가열로 인한 변화와 마찬가지로, 기온이나 해류의 변화를 종과 생태계가 따라잡기까지는 시차가 있으며 경우에 따라서는 수천 년이 걸리기도 한다. 그린란드는 아직도 마지막 빙기를 따라잡고 있는 중이다.

최후빙하극성기에는 그린란드 전체가 얼음으로 덮여 있었다. 지금은 약 80퍼센트의 면적에서 얼음이 물러났다. 생태학자들은 인간의 영향이 없다면 나무가 자리잡는 데 걸리는 '이주 시차'가 수천 년에 이를 수 있다고 추산한다. 설상가상으로 그린란드의 산악 피오르는 고도와 지형이 극단적으로 다양하다. 지금껏 도착한 종들은 공중으로 전파될 수 있는 것들이었다.

래브라도에 서식하는 자작나무와 오리나무의 꼬리꽃차례에서 떨어져 나온 매우 가벼운 씨앗은 바람을 타고 날아와 피오르에 내려앉았다. 한편 마가목과 주니퍼 베리에 들어 있던 씨앗은 새들에 의해 전파되었다. 현재 그린란드의 자생 수종은 이 넷뿐이다. 두송은 북부한대수림 전역에 서식한다. 자작나무와 오리나무는 북아메리카 변종으로, 데이비스해협 너머 이웃 대륙에서 왔다는 것을 쉽게 확인할 수 있다. 하지만 마가목의 일종인 그린란드 마가목*Sorbus groenlandica*은 마지막 간빙기에 그린란드에서 북아메리카로 넘어갔다고 여겨지는 독특한 아종이다. 그리고 이제 절멸면제 지역으로부터 바다를 건너 다시 돌아온 것이다.

그린란드마가목은 유럽의 소르부스 아우쿠파리아*Sorbus aucuparia*나 북아메리카 사촌 소르부스 아메리카나*Sorbus americana* 및 소르부스 데코라*Sorbus decora*에 비해 훨씬 왜소하다. 잎은 마가목의 갈라진 잎처럼 생겼지만 크기가 작으며 껍질은 똑같은 은색이다. 정단*

* 부착된 부분으로부터 가장 먼 지점으로, 뾰족한 끄트머리를 말한다.

에 '大' 자 모양 별이 새겨진 독특한 심홍색 베리가 달리는데, 새들과 이전 세대 사람들 둘 다 좋아했다. 그린란드마가목 이야기는 종 분화의 좋은 사례다. 종 분화란 지구적 궤도의 리듬, 빙기의 박동, 지질학적 시간의 미묘한 전개에 지배되는 신비로운 진화 과정을 말한다. 이 이야기는 북부한대수림 수종에게 다가올 난관을 예고하는 우화이기도 하다.

이전 빙기들 사이의 어느 땐가 한 종의 마가목이 그린란드에 자리잡고 번식하여 국지적 개체군을 형성했다. 마가목속은 스칸디나비아에서 시베리아에 이르는 북부한대수림 전역에서 발견되며, 어디서든 격렬한 교잡을 통해 적응하는 능력을 발휘했다. 교잡은 생존 전략이자 인류세*를 대비하는 요긴한 수법이며 마가목은 빼어난 생존 능력을 갖췄다.

껍질은 매끈하고 은색이어서 (과냉각된 수액을 녹일 수도 있는) 햇빛을 반사한다. 잎눈은 자주색의 어두운 상자로, 햇살을 끌어들였다가 봄에 첫 꽃들을 피워낸다. 마가목 꽃은 양성화다. 꽃잎이 다섯 장인 미백색 꽃에는 수술과 암술이 함께 들어 있다. 장미과답게 작은 꽃 무리는 장미의 미니어처 복제품 같다. 꽃 안에는 짙은 꽃가루와 그해 첫 꽃꿀 중 하나가 들어 있어 크고 작은 곤충을 불러들인다. 마가목은 방문객을 까탈스럽게 고를 형편이 못 된다. 가물에 콩 나듯 하기 때문이다. 꽃꿀의 소르브산은 벌과 나방을 비롯한 봄철 곤충에게 필수적이며 명금鳴禽은 가을에 맺히는 독특한 빨간색 베리의 달짝지근한 소르비톨을 탐낸다. 마가목은

* 인간의 활동이 지구 환경을 바꾸는 지질시대를 이르는 말.

붙박이 달력이요 북부한대수림의 시계와 같다. 하얀 꽃은 봄의 전령이고 붉어지는 베리는 가을의 깃발이며 열매가 떨어졌다는 것은 겨울이 찾아왔다는 신호다.

그린란드 개체군은 다른 개체군과 격리된 탓에—아마도 바다 때문에, 더 타당하게는 얼음 때문에—나름의 시간을 지키며 새로운 서식지에 맞게 진화해 잎의 크기를 줄였으며 키에 욕심을 내지 않았다. 그린란드의 지형적 특징은 씨앗 퍼뜨리기를 제약하지만 그와 동시에 이곳을 이상적인 국소적 절멸면제지역 후보로 만들기도 한다.

과거에는 산과 섬이 그 역할을 했다. 그린란드처럼 지형이 다양한 산악 지대는 서식지가 변화무쌍하며 대기가 역전되기도 한다. 따뜻한 공기가 차가운 바람에 의해 계곡에 갇혀 머물러 있는 것이다. 지질 기록에서 이런 피난처의 실마리를 얻을 수 있는데, 결빙을 모면한 산간분지에 종들이 특이한 조합으로 옹송그리면 뜻밖의 결과를 낳기도 한다.[2] 지질학자들이 빙기를 '종 펌프species pump'라고 부르는 것은 이렇듯 주기적으로 진화를 강제하기 때문이다.

얼음이 물러나고 새들이 다시 한번 바다를 건널 길을 찾자 그린란드마가목이 다시 이식되었는데, 이때 원래 개체군은 알아볼 수 없을 만큼 다르게 진화해 있었다. 그린란드마가목은 이제 나름의 아종을 거느리고 있다. 전 세계 나머지 지역에서는 종의 서식 범위가 갈라졌다가 다시 겹쳐진 사례가 전무하다. 미국 애팔래치아산맥에 남아 있는 북부한대수림 수종은 현재 캐나다 북단에서 발견되는 수종과 근연종이다. 탄자니아에는 우드중와나 우삼바라 같은 열대 산악 정상부에 고립된 운무림*들이 있는데, 이 곳의 고유종은 서식지와 연결되어 있던 숲이 물러나 사바나로 바뀌면서 발이 묶인 것이다. 히말라야산맥도 같은 사례다.

다가올 기후 혼란 이후 지구가 새로운 평형을 찾으면 어떤 종이 남게 될까? 이 물음에 대한 답은 절멸면제지역에 의해—충분히 오랫동안 피난처가 되어줄 수 있는지, 종이 접근할 수 있는지 여부에 따라—결정될 것이다.

더워지는 세계에서의 냉혹한 금언은 이것이다. "적응하거나 이동하지 못하면 죽는다." 하지만 남들보다 수월하게 이동할 수 있는 종도 있다. 기후변화 속도는 종이 자신에게 맞는 기후 틈새를 찾아 이동하는 데 작용하는 조건이다. 자연보전론자들은 노아의 방주 때처럼 까다로운 선택이 앞에 놓여 있다고 생각한다(모든 종을 실을 만큼 큰 방주는 어디에도 없겠지만). 이것은 전략생태학이라는 신생 분야다. 전략생태학에서는 현재 기후가 아니라 미래 예측을 토대로 파종과 식재가 이루어진다.

적도에서는 더워지는 지구가 결국에는 운무림의 고유종을 꼭대기까지 쫓아가 멸종으로 내몰 것이다. 북반구에서는 이미 종들이 북쪽으로 향하고 있다. 고위도 지역에서 이주하는 말코손바닥사슴, 순록, 곰, 또는 타이미르반도의 조류 같은 포유류에게는 이동이 문제가 되지 않는다. 이어진 서식지 통로와 먹이 공급원이 있다면 적어도 북극해까지는 올라갈 수 있다. 하지만 한곳에 뿌

* 지속적으로 구름이나 안개가 끼는 곳에 생기며, 습도가 높기 때문에 이끼류나 다른 물체에 붙어사는 유관속 식물이 두텁게 뒤덮은 숲.

리를 내렸다면? 나무는 어떻게 해야 할까?

이를테면 구주소나무의 어린나무는 부모 나무로부터 200미터 이내에 자리잡는 일이 드물며, 종종 방랑자 씨앗을 멀리 떠나보낸다. 소나무 숲은 무리 지어 움직이지만 느리게 움직인다. (자작나무처럼) 씨앗을 널리 퍼뜨릴 수 있고 기후 틈새를 따라 이동할 수 있는 종은 1년에 수 킬로미터의 기후 속도를 낼 수 있을지도 모른다.[3] 이것은 나무가 걸을 수 있다면 움직이는 것을 볼 수 있을 만한 속도다.

종이 제 힘으로 도달할 수 있는 '역내in situ' 절면면제지역이 있는가 하면, 폭풍우를 피하기에 알맞긴 하지만 인위적으로 이동되어야 하는 '역외ex situ' 절멸면제지역도 있다. 인위적 이동은 학술용어로 '인간보조이주assisted migration'라고 한다. 앞으로 더 많은 전문적 기후 용어들이 일반인의 어휘에 들어올 것이다. 이런 건조하고 임상적인 언어는 암묵적 항복을, 우리가 기후변화를 중단시키는 데 실패했다는 사실을 감춘다.

케네스는 나무를 심기 시작할 때 기후 붕괴를 염두에 두지 않았다. 케네스와 동료들은 매우 기본적인 가정에서 출발했다. 북아메리카산 그린란드마가목은 결코 수목한계선 수종이 아니므로 다른 수종 또한 그린란드에 자리잡을 여지가 분명히 있다는 것이다. 하지만 그들이 던진 물음은 현재 자연보전론자와 학계 전략생태학자들이 골머리를 썩이고 있는 물음이기도 하다. 그린란드의 기후 유사체는 어떤 것일까? 불가피한 상황이 되었을 때 이곳에서 자랄 수 있는 것으로 또 무엇이 있을까?

이 질문을 처음으로 던진 사람은 그들이 아니었다. 1892년 덴마크가 차지한 북극권 영토에서 어떤 자원을 얻을 수 있는지 알아보려는 식민주의적 탐구의 일환으로 덴마크의 식물학자 L. K. 로제빙거는 나르사르수악에서 피오르를 따라 더 나아간 곳에 시험 농장을 짓고 구주소나무 여섯 그루를 심었다.

농장은 킹구아라고 불리는 바다의 손가락(피오르) 끝에 있는데, 이 지역은 카나시아사트라고 불리며 그린란드 연안의 섬들을 통틀어 난바다에서 접근할 수 있는 최북단이다. 지아기라는 뱃사공이 아침 일찍 쾌속정으로 나를 그곳에 데려다준다. 간밤에 가을 첫눈이 내려 산을 덮었다. 산 아래 농장에서는 몇 안 되는 억센 사람들이 가파른 비탈에서 양을 치며 생계를 꾸려가고 있다. 구름이 넝마처럼 정상에 걸려 있고 피오르 표면은 더러운 우유색깔에 털가죽을 닮은 안개를 걸치고 있다. 나르사르수악 계곡을 따라 아래로 몰아치는 강물은 빙하가 녹아 생긴 퇴적물로 가득하다. 얼음이 녹은 물주머니가 빙하 아래에 쌓이고 있으며 주기적으로 넘쳐 뿌연 입자가 강물에 퍼진다고 지아기가 설명한다.

미국이 내버려두고 떠난 항구는 옛 모습 그대로다. 오리건소나무(미송)의 우람한 줄기들이 피치*를 바른 채 뭉쳐 있다. 먼 훗날 그린란드에서 이런 나무를 보게 될지도 모르겠다. 육중한 보트가 피오르의 완벽한 천을 갈라 새하얀 상처를 낸다. 해는 아직 언덕 뒤에 있지만 이 시간에도 하늘은 지평선 바로 너머의 얼음에서 반사되는 역광을 등지고 있다. 지아기는 프랑스인이다. 1976년 히피 무리의 일원으로 사제私製 보트를 타고 이곳에 와서 혼자만

* 석유를 정제할 때 잔류물로 얻어지는 고체나 반고체의 검은색 혹은 흑갈색 탄화수소 화합물.

고향에 돌아가지 않고 남았다. 지아기는 블루 아이스 익스플로러라는 관광 사업을 시작했다. 공교롭게도 지아기가 은퇴하는 시점에 사업은 활황을 맞았다. 사라지는 푸른 얼음에 사람들이 속수무책으로 이끌리니 말이다. 지아기가 어깨를 으쓱한다. 이듬해 지아기는 덴마크인 여자친구와 함께 캠핑카를 사서 고향 알프스 산맥으로 돌아갈 계획이다.

피오르 초입에 들어서자 거의 완벽한 원형으로 깎인 웅장한 바위 원형극장이 앞을 막아선다. 해안의 농장은 야릇한 모습이다. 마치 네모난 벨벳 조각을 산비탈에 핀으로 고정한 것 같다. 부서진 철조망 울타리 안쪽으로 1헥타르의 땅에 잎갈나무, 흰가문비나무, 뱅크스소나무, 구주소나무 등이 최근에 식재되었다. 로제빙거가 심은 원래 소나무들은 초록 네모 가장자리에서 바람에 쓸리고 주접들고 시든 채 잿빛이 되어 서 있다. 두 그루만이 아직 살아 있는 듯하다. 껍질은 바람에 뜯겨 나가고, 남은 바늘잎은 끄트머리에만 초록색 얼룩이 남아 있다. 사방의 풀은 굵고 푹신푹신하며 이끼가 들러붙어 있다. 120년간 사람들이 이곳에 찾아와 노르웨이 북부에서 온 나무 난민들에게 경의를 표했다. 나무들은 이제 생의 막바지를 앞둔 것처럼 보인다. 한 그루는 벌레들에 처참히 유린당했다. 몇몇 낮은 가지들은 양들이 뜯어 먹었다.

나르사르수악 박물관에는 호시절의 사진들이 있다. 로제빙거의 실수는 노르웨이 북부에서 수종을 골랐다는 것이라고 학예사 올레가 말한다. 그곳 기후가 여기와 비슷할 거라 생각했다는 것이다. 사실 북부 소나무의 유전자는 훨씬 적은 햇빛과 짧은 계절에 맞도록 진화했기에 그린란드 남부의 긴 생장철에 적응하여 이 이점을 활용하지 못했다. 다른 나무들이 여전히 햇볕을 빨아들이던 이른 가을에 잎을 닫아버렸으니 말이다.

시들시들한 소나무 옆에는 무척 인상적인 잎갈나무가 한 그루 서 있다. 넓게 뻗은 가지가 부러진 것을 보면 100살은 넘은 듯하다. 금속 꼬리표에는 3799라는 숫자가 쓰여 있다. 인간이 조성한 네모 숲 안에서 나직한 쉿 소리가 들린다. 바늘잎 양탄자는 기름진 부식질로 빠르게 분해되어 알싸한 내음을 풍긴다. 숲은 저마다 다른 소리를 낸다. 복잡하게 뒤섞인 넓은잎과 바늘잎이 공기를 걸러 독특하게 바스락바스락 속삭인다. 이 숲에서는 조용히 울렁거리는 잡음이 난다.

농장 반대편 끝에는 땔나무, 연장, 조리 도구, 담요가 완비된 오두막이 있다. 혼자 있으면 외롭겠지만 부실하진 않다. 피오르 아래로 보이는 자줏빛 비구름 밑의 빙산과 하얀 빙봉氷峰, 이따금 지나가는 크루즈 여객선은 세상의 끝을 장식할 배경으로 제격이다.

농장과 주변을 샅샅이 돌아다니고 나니 볼 게 거의 없다. 피오르에 배를 묶어둔 지아기에게 손짓하여 다시 보트에 탈 시간이다. 뒤돌아서서 짙은 상록수들의 네모를 바라보고서야 이 농장이 왜 이상한지 깨닫는다. 어린나무가 거의 없다. 울타리 안쪽도 마찬가지다. 북부한대수림 수종은 발아하려면 불이나 교란이 필요하다. 무기질 토양이 필요하다. 축축한 이끼와 사초로 덮인 흙은 소용없다. 울 밖의 산비탈을 차지한 것은 토착 잡종인 키 작은 자작나무 베툴라 글란둘로사*Betula glandulosa*다. 어린나무라고는 위쪽에 산사태로 맨땅이 드러난 자리에 있는 가문비나무 한 그루뿐이다.

고위도에서 숲이 자연적으로 생기는 데 걸리는 시간의 규모가

문득 뚜렷해진다. 오싹하다. 기후 조건이 알맞더라도 숲이 자리 잡기까지는 수백 년, 어쩌면 수천 년이 걸린다. 토양, 강우, 교란율이 모두 맞아떨어져야 한다. 그냥 내버려두었더니 자연은 자작나무가 이곳에 적합한 수종이라고 결정했다. 자작나무는 흙을 준비해—또는 태워—구과수가 들어올 길을 닦을지도 모르지만 아직은 때가 아니다. 로제빙거의 소나무보다 나중에 심은 농장의 구과수들이 지금은 건강하고 무럭무럭 자라는 것처럼 보이지만 농장에 재생 능력이 없다는 사실은 이런 사업에 반론을 제기한다. 인간이 개입하거나 교란이 일어나지 않으면 이 나무들은 제 힘으로 번식하지 못할 것이다. 비탈에 유물처럼 남아 있다가 결국 다른 수종에 밀려날 것이다.

보트는 텅 빈 회색의 너덜 비탈에서 출발해 피오르 끄트머리를 흔들흔들 돌아 소나기구름, 산, 눈, 얼음, 바다의 장엄한 남쪽 풍광을 향한다. 이끼, 사초, 자작나무의 자연 서식지는 일정한 높이와 기울기에서 끝난다. 완벽히 균일한 초록색의 뗏장을 비탈에서 떼낸 것처럼 보인다. 이 미니어처 들판에서, 갈색과 회색에 떠 있는 섬들에서 트랙터가 말도 안 되는 각도로 돌아다니며 거대한 곤포*를 모아 검은 비닐 피라미드를 짓는다. 피오르의 양 사육업자들이 겨울을 대비해 건초를 쌓는 것이다. 1000년 전 노르드인(바이킹) 조상들이 바로 저 들판에서 했던 것처럼. 오늘날 그린란드 남부에 자생 자작나무 숲이 거의 없는 이유 중 하나이자 시험 농장을 옹호하는 논리 중 하나는 바이킹이 자작나무를 모조리 베

* 거적이나 새끼줄 등으로 포장한 짐.

어버렸다는 것이다.

돌아오는 길에 지아기가 배달할 우편물이 있다고 한다. 피오르 건너 나르사르수악 맞은편에 카시아르수크라는 더 오래되고 인구도 더 많은 마을이 있다. 제2차 세계대전 때 이곳을 찾은 미국인들은 피오르 한가운데에 가상의 선을 긋고는 현지인의 통행을 금지했다. 지금 그 선을 밟고 있는 것은 프랑스 국기를 휘날리는 거대한 크루즈선의 빛나는 검은 선체다. 이슬비 사이로 조디악들이 수상水上 호텔에서 해안으로 승객을 실어 나르고 있다. 지아기는 조심스럽게 호텔 주위로 항해한다. 우리가 배를 묶어둔 곳 옆의 낡고 녹슨 화물선에서는 콜라, 맥주, 휴지, 설탕, 분유, 상하수도 장비를 쌓아둔 팰릿*을 지게차가 부리고 있다. 한동안 땅을 파먹고 살다가 더 수월한 삶을 찾아 바다 건너 캐나다로 넘어간 이누이트족을 제외하면 그린란드는 자급자족이 가능한 적이 한 번도 없었다. 이곳에서 살아남는 일은 힘들고 외롭고 돈이 많이 든다.

낡아빠진 집들이 항구 위에 기우뚱하게 서 있다. 어느 집 마당에서 목줄을 한 개 한 마리가 대가리를 꼬챙이로 꿰어 널어둔 북극곤들매기 아래를 맴돈다. 또 다른 집 옆에서는 줄에 묶인 말 한 마리가 해안 위쪽 풀밭에서 완벽한 원을 그리며 풀을 뜯는다. 지아기가 우체국을 겸하는 카페 안으로 사라지고 나는 혼자 남아 주유소를 물끄러미 바라본다. 컨테이너에 설치된 셀프 주유기 두 대가 현금 인출기에 연결되어 있다. 관광객들은 위쪽 언덕바지에

* 화물을 쌓는 틀이나 대. 지게차로 하역 작업을 할 때 쓴다.

있는 노르드 유적으로 향한다. 유네스코 세계유산으로 지정된 곳이다. 돌과 최근에 깎은 풀로 둘러싸인 바이킹의 작은 부채꼴 모양 들판이 이쪽 해안에 점점이 널려 있다. 4륜 오토바이를 탄 농부 하나가 모자, 스카프, 방수포를 단단히 여민 채 굉음을 울리며 내 옆을 지나간다. 사방에서 산들이 시커먼 구름과 어우러져 하늘이 흐릿하다.

남쪽에 있는 마지막 농장에는 가장 크고 푸른 들판이 있다. 돌과 툰드라로부터 흙을 되찾으려는 고된 노동의 결과다. 연녹색 비닐의 건초 곤포가 가지런히 쌓여 있다. 흰색 농가 주택 옆에 파란색 주택과 헛간들이 서 있다. 한 줄로 늘어서 헛간 한쪽을 가린 나무들이 예사롭지 않다. 들판은 완만하게 굴곡진 채 바다 쪽으로 이어지고 해변에는 차 한 대가 버려진 채 삭아간다. 이곳 브라타흘리드 농장의 소유주는 붉은 에이리크의 막강한 아내 시오드힐드였다. 붉은 에이리크는 그린란드에 식민지를 개척한 최초의 바이킹으로, 서기 982년 정착지를 건설했다. 1000년 가까이 지나 새로운 탐험가들이 그린란드에 양 농장을 새로 조성하려고 찾아왔다. 오토 프리드릭센은 선발대로, 덴마크 정부의 지원과 응원하에 1924년 가족과 함께 도착했다.

오토의 손자는 파란 집에서 그린란드인 아내와 함께 산다. 손자며느리 엘렌은 눈이 다정하고 머리카락이 짧고 뻣뻣하며 근사한 안경을 썼다. 검은색 티셔츠와 바지 차림의 엘렌은 양 사육업자라기보다는 스칸디나비아인 건축가처럼 보인다. 집은 덴마크 모더니즘의 평범한 특징을 보여주는 황금색 목재와 유리로 장식돼 있다. 예외적으로 테이블은 유목처럼 생긴 나무로 만들었다.

“그린란드식 복고예요.” 엘렌이 웃음을 터뜨린다. 목재가 수입되기 전 엘렌의 조상들은 시베리아에서 떠내려오는 유목을 활용했다. 나무는 얼어붙었다가 빙산과 함께 떨어져 나와서는 남쪽으로 내려와 그린란드 동해안에 당도한다. 이것은 보퍼트환류 덕분인데, 사이클론처럼 생긴 이 해류는 점점 약해지고 있긴 하지만 여전히 북극 주위를 반시계 방향으로 회전한다. 대부분 시베리아 잎갈나무인 이 유목들은 주방용품, 스키, 천막, 장대, 주택 재료로 요긴하게 쓰였다. 지금은 피오르 해변에 쓸려 올라오는 유목이 줄었는데, 엘렌은 시베리아의 벌목이나 해류 변화 때문일 거라고 생각한다. 아니면 바다얼음이 더 멀리서 부서지는 바람에 유목이 피오르의 자연 소용돌이가 아니라 북대서양 쪽으로 떠내려가기 때문일 것이다. 사실 유목은 이곳에 정착지가 형성된 원래 이유였는지도 모른다. 지구 반대편에 있던 나무가 사람이 가장 살기 힘든 이곳에서 생명을 지탱한 것이다.

엘렌이 (카시아르수크 마을 이름의 유래가 된) 카사수크의 이야기를 들려준다. 카사수크는 고아였는데, 다들 잠든 밤에 바다에서 커다란 유목을 끌어올렸다. 아침이 되었을 때 아무도 그 나무를 들 수 없었으며 어떻게 이 나무가 해안선 위로 훌쩍 올라왔는지 영문을 몰랐다. 자기들 중에 힘이 장사인 사람이 있는 게 틀림없다고 판단했지만 그게 고아 카사수크인 줄은 몰랐다. 다른 이야기도 있다. 사건이 일어난 시기는 카사수크 이야기보다는 나중이지만 미국인들이 찾아온 때보다는 이르다. 엘렌의 시할아버지가 자작나무 덤불에서 땔감을 구하려고 물을 건너 나르사르수악에 갔던 일을 엘렌에게 들려주었다. 그땐 숲이 지금과 달랐다. 엘렌은 지금 창밖 풍경을 흐릿하게 하는 나무들이 알래스카 수종을 이용한 식목 사업의 일환이었다고 말한다. 40년 전 엘렌과 남편은 지금 눈앞에 보이는 창밖 지점에 가문비나무를 심었다. 나무들 때문에 집이 왜소해 보일 거라고는 전혀 생각지 못했다.

하지만 지금 엘렌의 근심거리는 목재 부족이 아니라 강수량 부족이다. 내가 창문을 가리키며 빗물이 피오르를 때리고 있지 않느냐고 말하자 엘렌이 씁쓸하게 미소 짓는다. “너무 늦었어요.”

올여름 정부 자문관들이 찾아와 카나시아사트 피오르의 양 사육업자 열한 명에게 더 따뜻하고 건조해지는 기후에 적응하는 법을 알려주었다. 물 부족은 건초 수확에 심각한 영향을 미친다. 그러면 양들이 긴 겨울을 이겨내기 힘들어진다. 저 많은 곤포들을 애지중지 쌓아둔 것은 이 때문이다. 자문관들의 조언은 호수의 녹은 물을 관개에 활용하라는 것이었지만 이제는 여름에도 호수가 마른다. 올 7월에는 비가 이틀밖에 오지 않았으며 건초 수확량은 50퍼센트 감소했다.

엘렌이 기후변화를 처음 실감한 것은 2006년이다. 피오르는 겨울이 되면 언제나 얼어붙었다. 차를 타고 나르사르수악까지 갈 수 있었다. 2006년에는 피오르가 얼지 않았으며 그 뒤로는 바다 얼음 위로 운전하는 일이 더는 안전하지 않았다. 최근 세 번의 겨울 동안 눈이 한 번도 내리지 않았고 스노모빌은 차고에 처박혀 녹슬어가고 있다. 한 농장은 소를 시험적으로 사육하고 있다. 엘렌은 갈피를 잡지 못한다. 양의 미래는 암울해 보인다. 농장을 아들에게 물려줄 계획이었지만 이젠 아들도 미래를 확신하지 못한다.

엘렌은 차분하고 강인해 보인다. 엘렌은 카시아르수크 마을학교의 교장이기도 하다. 학교는 2014년 학생 부족으로 폐교했지만 최근 학생 열두 명과 교사 세 명으로 다시 문을 열었다. 엘렌이 문화에 대해 말할 때는 불안의 감정적 뉘앙스가 묻어난다. 엘렌이 내게 자신의 전통 의상을 보여준다. 흰색 물범 가죽 반바지, 수놓은 셔츠, 빨간색 양털 레깅스, 흰색 물범 가죽 부츠다. 겨울이 온난해지면 이 의복을 계속 만들기 힘들다고 엘렌이 설명한다. 물범 가죽의 색깔을 내려면 겨울의 춥고 건조한 실외에서 말려야 한다. 날씨가 너무 따뜻하면 가죽이 흰색으로 변하지 않는다.

"사람들이 천으로 전통 의상을 만들기 시작했어요!" 엘렌이 지금껏 억눌러온 분노를 토해내며 말한다. 엘렌은 구슬처럼 생긴 섬세한 부츠 꼭대기 장식이 실은 염색한 물범 가죽의 작은 끈을 빽빽하게 엮어 만든 거라고 설명한다. "이걸 할 줄 아는 사람이 하나둘 세상을 뜨고 있어요. 지식이 사라지고 있어요. 이젠 누구도 이름들을 알지 못해요……" 엘렌이 말꼬리를 흐리며 손을 양옆으로 늘어뜨린다. 마치 생존은 그저 하나의 문제이고 이겨낼 수 있는 기술적이고 현대적인 과제이지만 문화의 사멸은 돌이킬 수 없고 용서받을 수 없는 비극이라는 태도다. 엘렌에게 문화의 종말은 곧 세상의 종말이다. 종말은 무수한 작은 비극들로 이루어진다. 종, 언어, 풍습이 하나씩 사멸할 때마다 이를 알리는 것은 항의하는 아우성이 아니라 말없는 눈물이다.

그린란드가 문명 붕괴의 실험실로 드러난 것은 이번이 처음이 아니다. 노르드인 식민지는 1420년 이후 어느 시점에 사라졌다. 바이킹은 양, 소, 염소를 사육했으며 꿀과 밀을 힘겹게 재배했다.

전성기에는 주교, 성당, 교회 12곳, 농장 300곳이 있었다. 그들은 바다코끼리 엄니와 북극곰 가죽을 노르웨이에 수출하고 캐나다 래브라도 해안에서 목재를 수입했다. 1400년경 시작된 소빙기에 기후가 추워지자 여름철 바다얼음 때문에 피오르에 배를 띄울 수 없었다. 고고학 자료에 따르면 연료로 쓸 나무가 동난 것으로 보인다. 500년이 채 지나지 않아 그들은 키가 작고 성장 속도가 느린 자작나무와 오리나무를 모조리 베었다. 수천 년에 걸쳐 자란 것들이었다. 하지만 땔나무를 모조리 베어버리기 전에도 토탄을 대체물로 태웠는데, 이것은 더욱 재앙적인 선택이었다. 토양이 형성되려면 나무보다 훨씬 오랜 시간이 걸리기 때문이다.

재러드 다이아몬드는 『문명의 붕괴』에서 환경 훼손과 숲 파괴가 어떻게 어우러져 그린란드 식민지에 치명적 압박을 가했는지 설명한다.[4] 노르드인이 자기네 환경의 취약성을 알고 적절히 대처했다면 결과는 달라졌을지도 모른다. 환경 훼손, 특히 숲 파괴는 우리가 알기로 지금껏 일어난 모든 인류 문명 붕괴의 핵심이라고 다이아몬드는 지적한다.

블루이 웨스트 원은 미국 정부가 공식적으로 인정한 그린란드 기지 열다섯 곳 중 하나였다. 알려지지 않은 열여섯 번째 기지 캠프 센추리가 있었는데, 이곳은 러시아의 지척에 핵탄두를 보관하기 위한 얼음 밑 비밀 기지였다. 캠프 센추리에서는 얼음의 역학적 성질에 대해 많은 실험이 진행되었으며 현대 빙하학에 크게 이바지했다. 한 실험에서는 얼음에 1.6킬로미터 깊이로 구멍을 뚫어 토양과 나뭇잎을 끄집어냈다. 얼어붙은 빙심은 덴마크의 대학교 냉장고에 잠들어 있었는데, 2020년에 시료를 분석했더니 지금껏 발견된 최초의 DNA가 확인되었다.[5] 45만~80만 년 전 그린란드는 가문비나무, 소나무, 오리나무가 빽빽했으며 곤충과 딱정벌레가 풍부했다. 연평균 기온은 현재보다 몇 도 높았다.[6] 그린란드는 부인할 수 없는 초록이었다. 그리고 다시 그렇게 될 것이다.

코펜하겐대학교에서 구축한 수목한계선 모델에 따르면 2100년이 되면 그린란드의 (북해안에 이르는) 모든 위도에서 토양과 기후대가 나무 생장에 적합할 것으로 예측된다.[7] 이 말은 붉은 에이리크가 그린란드 섬에 발을 디딘 계기였던 나르사르수악의 미기후, 더 폭넓게는 투눌리아르피크 피오르 시스템이 다시 한번 훨씬 빽빽한 종 분포를 지탱하는 독특한 기후 틈새가 될 수 있다는 뜻이다. 모델에 따르면 그린란드 남부 전체가 북아메리카, 스칸디나비아, 시베리아, 스코틀랜드, 알프스산맥, 심지어 카르파티아산맥과 우랄산맥 대부분과 같은 기후 유사체일 것으로 드러났다. 토양과 물이 적당하다면 그린란드에 독일과 루마니아 같은 숲이 조성될 수도 있다는 뜻이다. 더 중요하게는 훨씬 남쪽에서 열 스트레스를 겪고 있는 종의 피난처가 될 수도 있을 것이다.

대다수 절멸면제지역의 문제는 과학자들이 용량이라고 부르는 것이다. 그곳들은 얼마나 오랫동안 절멸면제지역 역할을 할 수 있을까? 대부분의 예측에서는 인간으로 인한 온난화 속도가 어찌나 빠른지, 2100년에 절멸면제지역으로 알맞은 지역들이 온난화 가속으로 인해 80~100년 안에 무용지물이 될 것이라고 전망한다. 그린란드는 다를 수 있다. 온도가 높아지고 이로 인한 온갖 효과가 발생하더라도 그린란드의 얼음이 녹기까지는 오랜 시간이 걸릴 것이다. 수백 년, 어쩌면 수천 년이 걸릴지도 모른다.

아직도 3억 헥타르의 얼음이 남아 있으며 일부는 두께가 수 킬로미터에 이른다. 빙모와 (더 중요하게는) 그 녹은 물이 산간분지의 미기후계와 가까이 있어서 냉장고처럼 이 지역을 더 오랫동안 비교적 서늘하게 유지하는 덕에 종들은 나머지 북부한대수림에서 예측되는 가뭄과 산불로부터 안전한 발판을 확보할 수 있다. 빙붕은 돌아갈 수 없는 지점을 지났는지도 모르지만, 그 영향은 오래 남아 있을 것이며 얼음의 마지막 메아리는 앞으로 수천 년간 다음번 북부한대수림의 구성을 좌우할 것이다.

이튿날 케네스는 워싱턴 디시에서의 약속 때문에 사랑하는 수목원을 떠나야 한다. 케네스는 그린란드인을 자처한다. 케네스의 가계도는 수백 년에 걸쳐 이누이트족과 덴마크 식민지 개척자의 혈통이 섞여 있다. 그린란드는 자치 정부가 있지만 여전히 덴마크 속령이어서, 케네스는 다양한 경력을 쌓았다. 아시아에서 덴마크의 원조 기관 DANIDA(덴마크 국제개발처) 농업 자문으로 일하며 덴마크 외무부에서 승진해 지금은 본업으로 그린란드 외무부 차관을 맡고 있다. 2019년 8월 도널드 트럼프가 그린란드 매입 의사를 밝혀 신문 헤드라인을 장식했다. 트럼프가 그린란드에 관심을 기울인 것은 그린란드가 기후변화에 대비한 구명보트 역할을 할 수 있기 때문이 아니라 영구동토대가 녹으면서 우라늄을 비롯한 풍부한 광물 자원을 새로 채굴할 수 있게 되었기 때문이다. 미국은 옛 군사기지의 일부를 다시 운영하는 것에도 점점 관심을 보이고 있다. 기지 열여섯 곳 중에서 지금은 툴레 기지 한

곳만이 남았는데, 여러 세대에 걸친 이누이트족의 혼이 깃든 신성한 산 옆에 자리잡고 있다. 이누이트족 마을 카나크가 활주로 부지로 선정되는 바람에 주민들은 160킬로미터 북쪽으로 강제 이주당했다.

텐트를 두드리는 빗소리에 잠을 깬다. 내부가 미끌미끌하다. 나는 케네스의 오두막 근처 너덜 기슭에서 야영하고 있다. 멀리 태평양 가장자리에서 자라던 우람한 나무는 전신주가 되었는데, 지금은 도랑에 누운 채 전선이 버드나무에 얽혀 있다. 땅은 지의류 양탄자로 덮였다. 어제는 발밑에서 서리처럼 우지직거리더니 이제는 고무처럼 말랑말랑하다. 주니퍼와 바늘꽃은 비탈에 줄지어 자라다 바위가 시작되는 부분에서 자취를 감춘다. 으스스한 잿빛 어스름에 도래까마귀의 외로운 깍깍 소리가 저 위 우뚝한 절벽에 메아리친다. 다른 새소리가 거의 들리지 않는다는 사실이 새삼스럽다.

발끝으로 걸어 오두막에 들어가니 케네스는 검은색으로 차려입은 채 창가의 둥근 탁자 옆에서 블랙커피를 마시며 검은색 배낭을 싸고 있다. 머리 위에는 북극곰 가죽이 벽에 걸려 있다. 케네스는 정치 얘기를 좋아하지 않지만, 목적지를 발설하지 않고는 못 배긴다. 백악관 웨스트윙*이라니! 하지만 트럼프에 대한 생각을 캐묻자 다시 과묵해진다. 회녹색 눈을 가늘게 뜨며 외교관답게 신중한 태도를 보인다.

"나무 얘기만 합시다."

* 대통령 집무실이 있는 공간.

정부 업무차 어떤 비밀 거래에 관여하고 있든 케네스의 유산 중에서 가장 오래가는 것은 나무일 것이다. 포울 비예르게와 쇠렌 외둠과 더불어 케네스는 그린란드의 식생 및 지질 역사를 확실히 바꿔놓았다. 그린란드가 북부한대수림 수종의 필수 절멸면제지역으로서 가진 잠재력이 더욱 입증된다면 케네스는 우리의 환경 파괴 시기가 지나간 뒤 나타날 전 세계 숲의 형태를 좌우하는 데 핵심적 역할을 한 사람으로 인정받을지도 모른다. 어느 시점이 되면 인간의 온실가스 배출이 느려지다가 멈출 것이다. 영구동토대에 얼어 있는 메탄과 탄소가 모두 방출되면, 되먹임 현상이 일어나 산소와 이산화탄소 비율이 다시 안정되면, 그때까지 남아 있을 광합성 체제는 이용 가능한 토양과 씨앗 자원을 가지고 숲을 만드는 고된 과정을 다시 한번 시작할 것이다. 이곳 그린란드 남부에서는 케네스와 미군의 공동 노력이 이 자원들의 미래를 좌우할 것이다.

해변으로 내려가니 고운 빗물이 땅에 깔린 채 계곡 바닥을 따라 내려간다. 피오르 곳곳에 진흙 줄무늬가 그려져 있다. 포효하는 크림색 강물을 갈색 흙이 베어낸다. 공항 활주로 울타리 안쪽에서 커다란 눈덧신토끼 두 마리가 덤불 자갈밭을 느긋하게 뛰어다닌다. 케네스의 수줍은 모래색 머리가 터미널의 이중문으로 사라지자마자 전직 빙하학자 디르크와 파치아, 아들 라딘이 숲 관리인 페테르와 함께 도착한다. 남쪽에서 돌아오는 길이다. 나는 무리에 합류하여 그들의 빨간색 트럭 뒷좌석에 올라타고는 나무를 좀더 심으러 옛 공군기지로 향한다.

비행장을 출발하자 낡은 미국산 도로는 휘어져 다리를 건너고 작은 나무 수백 그루가 점점이 박힌 평평한 들판을 지난다. 시베리아잎갈나무와 엥겔만가문비나무다. 이곳은 나무들이 좋아하는 장소다. 가장 자유롭게 씨앗을 퍼뜨릴 수 있기 때문이다. 사초와 이끼 때문에 구과수가 자리잡을 곳이 없는 피오르와 달리 이 교란된 빙퇴석 지대는 1940년대 미국 불도저에 의해 평토 작업이 이루어져 어린나무가 뿌리를 내리기에 이상적인 토양이 되었다. 우리는 바주카포와 삽을 들고서 새로 생긴 숲 속의 빈터를 찾는다. 어떤 나무들은 키가 2미터 넘게 자랐다. 미국인들이 남기고 간 부서진 콘크리트, 배수로, 무너진 철탑, 쓰러진 전신주 사이로 싹들이 돋아나고 있다. 땅을 파는 곳마다 녹슨 기계 조각, 항공기 리벳, 단조 튜브, 플라스틱 파이프, 몇 미터짜리 철선이 나온다. 한 지점에서는 부스러지는 역청 펠트 지붕 잔해 속에서 잎갈나무가 무더기로 싹을 틔웠다. 또 다른 지점에서는 석면판이 가문비나무 양묘장 노릇을 하고 있다. 한번은 케네스가 1940년대 코카콜라 병 운반 상자를 파내기도 했다. 그날 오전의 가장 기이한 장면은 나무 사이에 서 있던 주물 소화전이다. 그것은 징조이자 미래의 스냅숏 사진이다. 이곳은 한때 병원 한 곳, 학생 60명이 다니던 학교, 상주 교향악단 네 곳, 클럽 일곱 곳, 1944년 마를레네 디트리히의 공연을 관람한 군인 5000명이 북적거리던 미니어처 도시였으나 70년이 채 지나지 않은 지금은 갓 태어난 숲이 되었다.

미국인들은 피오르에 떠다니는 빙산에서 떼어낸 얼음을 칵테일에 띄워 마셨다. 수천 년에 걸쳐 거센 압력을 받아 생긴 얼음은 유리잔 안에서 쉬익 우지끈 펑 하고 갈라졌다. 하지만 이젠 빙산이 거의 남지 않았으며 더는 기지 터에서 빙하 주둥이가 보이지 않는다. 빙하는 절벽 뒤 계곡 정상부로 수백 미터 물러났다.

그럼에도 어디서나 얼음의 침울한 기척이 느껴진다. 녹은 빙하 물을 공급받는 강물의 끊임없는 굉음에서, 계곡 자체의 형태에서, 무엇보다 빛에서 알 수 있다. 마치 하늘을 뒤집은 듯한 언덕 뒤쪽 희미한 빛 때문에 지평선은 가장자리가 더 밝다. 그곳에서 대기의 호弧가 빙모를 건드리고는 뒤로 꺾인다. 얼음은 그린란드의 천국이자 지옥이요, 상수요, 모든 것을 아우르는 힘이요, 삶과 죽음의 주관자다. 디르크와 파치아는 이곳에 처음 왔을 때 빙하가 훨씬 가까웠던 것을 기억한다. 페테르는 몇십 년 전 빙하 위를 걷던 일을 떠올린다. 다들 빙하를 보지 않으면 그린란드 방문에서 유종의 미를 거두지 못한 거라고 주장한다.

수목한계선은 얼음과의 대화 속에서 진화했으며 언제나 정중한 거리를 유지했다. 수목한계선 이행대를 통틀어 어느 나무가 어디서 자랄 수 있는가를 결정하는 것은 얼음이다. 지각운동, 빙하작용, 침식이 어우러진 조산운동*은 지각의 지질을 빚어낸다. 빙하가 물러나면 집수 및 배수 체계와 광물질 분포가 변해 토양의 구성과 영양물질 농도가 달라지며 식물, 나무, 그리고 관련 생물의 적응을 유도한다. 숲과 얼음의 운명은 수천 년간 이어지는 지구적 탱고로 얽혀 있다. 한동안은 지금의 춤이 마지막 춤일 듯하지만. 연구에 따르면 산업 시대가 시작된 18세기에 이산화탄소 농도가 180ppm에서 240ppm으로 약간만 증가했는데도 다음 빙기의 도래가 중단되었다.[8] 다른 연구들에서는 2만 3000년 뒤에

* 산맥을 형성하는 지각변동으로, 마그마의 활동이나 변성 작용이 없어도 습곡이나 단층 작용에 의해 지각이 융기되어 대규모의 습곡산맥을 만든다.

다음 빙기가 찾아올지도 모른다고 예측했지만, 지금 보아서는 미뤄지거나 영영 오지 않을 것 같다.

새벽 직후 빙모를 향해 출발한다. 적금색 햇살이 맨 처음 건드리는 것은 북쪽 봉우리들의 바늘잎이다. 내륙으로 계곡 정상부까지 이어지는 미국산 아스팔트 도로에서 여명이 능선을 따라 꾸준히 미끄러져 계곡 반대편으로 내려가더니 가파른 비탈을 차지한 자작나무, 주니퍼, 버드나무 하목림의 노란색, 호박색, 희끄무레한 색의 늘푸른잎을 돋보이게 한다. 저곳이 숲의 최전선이다. 도로 끝 화강암 돌밭에서 마가목 특유의 가냘픈 대칭 잎을 찾는다. 이곳에서 일주일을 지내는 동안 유일하게 본 마가목은 소르부스 아우쿠파리아뿐이다. 수목원에는 스웨덴 변종이 한 그루 있었고 케네스의 오두막 주위에는 아이슬란드 변종들이 자라고 있었다. 케네스는 산에서 그린란드 변종을 찾을 수 있을 거라고 말했다. 얼음의 접근을 막은 채 작은 계곡 위로 우뚝 솟아 평평함이 유난히 두드러지는 이 산들에는 걸맞은 이름이 있다. '나르사르수악'은 이누이트어로 '평평한 곳'이라는 뜻이다.

마가목을 뜻하는 영어 '로원rowan'은 나무를 뜻하는 노르드어 '라운raun'에서 왔으며 스코틀랜드에서는 아직도 '라운'으로 발음한다. 마가목은 노르드인들에게 가장 중요한 나무이자 경우에 따라서는 유일한 나무였을 것이다. 노르드 신화에서 남자는 물푸레나무로, 여자는 마가목으로 만들어졌다. 마가목은 켈트어 오검 필사본에서는 '루이스luis'이고 웨일스에서는 '크리아폴criafol', 즉 '우는 나무'다. 고대 영어에서는 '크위크빔cwicbeam'인데, 직역하면

'살아 있는 나무', 어쩌면 '생명 나무'다.[9] 켈트인에게 마가목은 세계와 세계를 연결하는 관문이자 영적 세계의 문지방이었으며 정령이나 영감을 불러내기 위한 간구의 대상이었다.

이누이트어에서 마가목을 일컫는 낱말은 '오르피크'인데, 자작나무를 뜻하는 낱말로도 쓰인다. 하긴 그럴 법도 하다. 미군 기지의 폐허 너머는 자작나무 잡종인 베툴라 글란둘로사가 빽빽하다. 큼지막한 잎은 노란색과 연주황색을 띠었다. 그린란드의 8월은 가을의 시작이다. 고위도 지역에서 수입한 식물원 수종은 붉은색이 더 짙어서 표가 난다. 그 나무들의 유전적 기억은 낮이 짧아질 거라 예상하여 일찌감치 잎을 떨군다.

계곡이 좁아진 곳에서는 자작나무가 내 머리만큼 컸다. 그 아래로 버드나무와 주니퍼가 바위를 덮었다. 햇빛이 앞쪽 산들을 밝히고 계곡 테두리 위로 액체 같은 황금 여명을 쏟아부어 바위를 비추지만 나는 더 춥게 느껴진다. 조금 있다가 이유를 알아차린다. 얼음이 가까워지고 있다.

빙하에서 불어 나오는 산들바람이 내 얼굴 피부를 쓰라리게 꼬집는다. 공기가 하도 깨끗하고 파삭파삭해 종이를 자를 수 있을 정도다. 물의 냄새는 내 장화에 짓이겨지는 백리향과 주니퍼의 냄새와 섞인다. 길이 풀과 꽃의 계곡으로 내려갔다가 빙하로 이어지기 전 정상에서는 불과 수 미터 만에 자작나무의 키가 내 무릎 높이까지 낮아진다. 생태적 전이지대인 이행대가 비정상적으로 짧아지는 것은 고도뿐 아니라 얼음 때문이기도 하다. 캐나다와 시베리아에서는 수목한계선이 수백 킬로미터에 걸쳐 뻗어 있지만 그린란드에서는 수 미터로 압축된다. 뒤쪽으로 몇 걸음

떨어진 계곡은 아북극 북부한대수림이다. 빙하 주둥이 위로 솟아 위쪽 빙모 사막까지 이어진 단층애*는 황새풀, 당귀, 바늘꽃 같은 초록색, 황갈색, 자주색의 키 작은 풀, 고산식물, 이끼, 지의류로 보건대 의심할 여지 없는 툰드라다.

구부러진 범람원으로 내려가는 동안 바람이 잦아들고 기온이 조금 올라간다. 나무들은 다시 한번 키가 커진다. 불쑥 오전 내내 듣지 못한 소리가 들린다. 새소리다. 요란하진 않지만 편안하게 친숙한 짹짹 소리의 주인공은 검은딱새를 닮은 작은 갈색 삼총사다. 케네스는 기온이 올라가면서 식물원을 찾아오는 떠돌이 새가 늘었다고 말했다. 황여새*Bombycilla garrulus*는 이제 나르사르수악의 단골손님이다. 새가 없는 위쪽 계곡의 키 작은 자작나무 숲에서 그린란드마가목을 찾아보기 힘든 것은 이 때문인지도 모른다. 마가목 씨앗이 발아 기회를 얻으려면 새의 산성酸性 위장을 통과해야 하기 때문이다. 종의 확산을 제한하는 불균형 동학은 그린란드에 씨앗을 먹는 새가 없다는 사실 아닐까? 반면에 씨앗을 바람에 날리는 자작나무는 승승장구하는 것 아닐까? 그렇다면 지구 가열은 더 많은 떠돌이를 북쪽으로 인도할 것이다.

일주일 내내 숨겨져 있던 분홍빛 절벽과 새파란 하늘이 찬란한 햇빛에 드러나자 아침이 노래한다. 풀밭의 냄새에 어찌나 취기가 돌던지 병에 담아야겠다는 생각이 들 정도다. 갓 벤 꼴이 쌓여 있다. 비닐로 감싼 거대한 곤포를 따라 시선을 옮기니 작업 중간에 버려진 콤바인이 보인다. 창문에서 이슬이 반짝거린다. 그

* 단층운동으로 생긴 절벽.

너머로 길이 풀밭을 가르고 넓게 휘어지는데, 강물이 범람하면서 서로서로 연결된 물길이 파였다. 작은 다리들은 물에 잠겼으며 조심스럽게 놓은 징검다리는 50센티미터 아래 맑은 물속에 놓여 있다. 계곡 가장자리를 따라 위쪽으로 올라가니 떨기나무가 익사해 있고 물가에서 자라는 버드나무가 지금은 물줄기 한가운데에 떠 있다. 강 본류의 굉음이 사방에서 들린다. 지저분한 얼음판을 품은 회색 물이 절벽 주위를 구불구불 돌다 넓어진다. 몽글몽글 거품이 일어난 물 밑으로 일정한 크기의 흰색 화강암 돌멩이들에 부딪힌 얼음이 춤추고 까딱거리다 쪼개져 바다로 가는 급류에 합류한다.

빙하의 앞자락은 넓은 범람원이다. 들판을 덮은 돌둑들은 모두 크기별로 간추려졌는데, 이것은 얼음의 경이로운 솜씨다. 움직이는 빙하의 무게는 돌멩이들을 볼베어링처럼 완벽한 지름 순서대로 모을 것이다. 가까이 다가가자 풀이 밀려나고 이끼와 고산 양지꽃—이네룰라라크, '불을 닮은 작은 것'—이 땅을 덮었다가 담적색과 초록색 지의류를 끝으로 벌거벗은 바위와 모래만 보인다. 빙하 주둥이는 절벽의 어깨 부위 뒤에 숨겨져 있어서 그 규모는 골짜기 사이로 소용돌이치는 회색 물 덩어리로 가늠할 수밖에 없다. 골짜기를 이룬 것은 허공으로 수백 미터 솟아오른 채 계곡을 이룬 수직 바위벽들이다.

강물 소리에 귀가 먹먹하다. 저 소리에 의미가 가득 들어 있다는 느낌이 든다. 환경을 중립적 용어로 감지하거나 서술하는 것은 설령 예전에는 가능했을지 몰라도 더는 가능하지 않다. 쇄도하는 강의 소리를 듣기만 하는 것은 불가능하다. 물이 어디서 오고 있는지, 왜 이렇게 다량으로 거세게 쏟아지는지 외면하는 것은 불가능하다. 묻지 않았는데도 귓전을 울리는 이 질문을 침묵시키는 것은 불가능하다. 강은 무어라고 말하나? 그것은 죄책감을 일으키는 소리, 책망하는 소리, 두려움의 소리다.

요즘은 얼음을 실제로 보려면 밧줄의 도움을 받아 위험천만한 길을 따라 위쪽 고원으로 올라가야 한다. 나는 올라간다. 60미터쯤 올라가자 마지막 버드나무와 마지막 주니퍼가 길옆 땅바닥에 납작하게 붙어 있는 게 보인다. 크기는 사람 팔만 하다. 60미터를 더 올라가 골짜기 위쪽에 서서 먹빛 바다와, 옥빛 하늘과, 이웃한 피오르 위로 아찔하게 솟은 수직 봉우리들의 근사하고 뾰족뾰족한 흰색과 검은색을 돌아본다. 앞쪽 고원에는 깊고 차갑고 생명이 없는 수정 호수들이 점점이 박혀 있다. 사초와 풀이 바위를 얇게 덮었다. 길은 거대한 바위들 사이로 구불구불 이어져 있다. 캐나다기러기 네 마리가 바위 아래 웅크리고 있다가 느닷없이 꽥꽥거리며 마치 내 발밑에 있던 것처럼 뛰쳐 오르더니 잠시 뒤 거울 같은 호수에 내려앉는다. 거울에 비친 하늘에 물결이 인다.

이제 길은 호수로 빠져 들어간다. 호수는 한때 녹았던 적이 있으나 지금은 물이 증발해 분지가 되었고 얇은 진흙땅은 북극황새풀*Eriophorum scheuchzeri*이 무성하다. 이누이트어 이름 '우칼리우사크'는 '산토끼를 닮은 것'이라는 뜻이다. 성긴 꽃이 고운 섬유로 둘러싸인 덕에 빛을 사로잡고 식물의 내부 번식기관 온도를 높여 영양소를 이웃 식물들보다 빨리 전환할 수 있다. 이누이트족은 줄기를 먹고 설사약으로 쓰기도 했다. 북극황새풀은 다른 종이 들어설 길을 닦을 것이다. 지금은 이곳에 서식하는 종이 극소수에 지나지 않지만.

마지막 능선을 넘자 빙모의 웅장한 전모가 불쑥 드러난다. 눈부신 칙칙한 흰색 바다에 검은 피라미드가 삐죽삐죽 솟았다. 목까지 얼음으로 둘러싸인 산들이다. 앞쪽에서 고원이 가파르게 뚝 떨어진다. 아래에 깊숙이 쪼개지고 파인 표면은 작지만 여전히 거대한 빙하 키아투트 세르미아트다. 페테르는 예전만 해도 얼음에 '올라갈' 수 있었지만 이제는 지저분한 지면까지 900미터 가까운 표면이 검은색 줄무늬로 덮였다고 말했다. 이것은 빙하 표면을 덮친 새로운 피부병이다. 멀리서 날아온 그을음과 시커먼 탄소, 그리고 녹은 물에서 방출되는 유기 영양물질을 먹고 사는 조류藻類가 병의 원인이다. 표면이 짙을수록 햇빛을 더 많이 흡수하고 얼음이 더 많이 녹는데, 이것은 북극권의 온난화를 가속화하는 또 다른 지독한 되먹임 고리다. 얼음은 뒤쪽에 있는 바다의 네거티브 이미지로, 피오르 입구를 향해 좁아지는 바다의 손가락을 닮았다. 얼어붙은 바다의 색상을 반전시킨 널따란 풍경을 향해 뻗었는데, 파도의 마루와 골은 시커먼 거품으로 얼룩덜룩하다.

바위와 얼음 사이에 잿빛 웅덩이가 있다. 주름진 능선 사이로 빙하 표면에서 일정하게 쏟아져 내리는 물줄기가 웅덩이에 물을 공급한다. 수면에서는 얼음 녹는 소리가 띵띵 울려 퍼진다. 웅덩이 한쪽 끝에서 뿌연 수프가 빙하구혈moulin(빙하 아래로 뚫린 시커먼 구멍) 속으로 사라진다. 구멍 속으로 빨려드는 물의 숨막히는 듯한 꼬르륵 소리가 낯설다. 잿빛 물살이 어둠 속으로 떨어지자 남는 것은 메아리와 으스스하고 부단한 사색死色의 물소리뿐이다. 녹은 물이 비명을 지르는 듯한 힘으로 산과 빙모의 거대한 침묵을 메우는 소리 말고는 아무 소리도 들리지 않는다.

여기까지 오는 데 꼬박 반나절이 걸렸다. 내려가는 데도 반나절이 걸릴 것이다. 싸늘한 어둠 속에서 고원에 발이 묶이고 싶지 않다면 서둘러야 한다. 하지만 자리를 뜨지 못하겠다. 이 어마어마한 규모에 몸이 말을 듣지 않는다. 생명의 신비로운 선물과 망각의 약속이 나를 압도한다. 사람들이 이곳에 오는 것은 그 비밀을 탐구하고 그 지혜를 캐내고 지구 기후의 기록을 들여다보고 빙하를 사라지기 전에 보기 위해서다. 수많은 문화가 지구의 추운 극지방에 이끌리는 것은 이 때문인지도 모르겠다. 신화와 민담 이야기, 눈의 여왕과 나니아* 이야기는 탐험가, 작가, 이야기꾼을 매혹했다. 마음 깊은 곳에서 우리는 얼음이 필요하다는 것을 안다. 인류가 이곳에 있는 동안 얼음도 이곳에 있었다. 매혹은 얼음의 힘에서도, 역설적으로 우리 자신의 무력함에서도 비롯한다. 얼음은 비현실적이고 파악할 수 없고 통제할 수 없다. 얼음의 수정 같은 완벽은 인류 역사의 전 기간뿐 아니라 우리의 미래에도 걸쳐 있다. 우리는 빙하가 우리의 과거와 미래를 따뜻한 바닷물 속으로 쏟아버리는 광경을 앉아서 지켜본다. 얼음을 대면하는 것은 죽음을 숙고하는 것이다.

얼음과 나무가 함께 추는 탱고는 수백만 년에 걸쳐 지구를 식혔다. 나무가 대기 중 이산화탄소를 줄이지 않았다면 얼음은 애초에 생겨나지 못했을지도 모른다. 수많은 식물을 쓸어버렸다가 10만 년 주기의 빙기 내내 다시 태어나게 한 제4빙기의 임계점이

* C. S. 루이스의 소설 『나니아 연대기』에 나오는 마법 세계.

찾아온 것은 이산화탄소가 감소했기 때문이다. 우리는 지난 1만 년의 에덴동산이 얼마나 위태로웠는지 전혀 알지 못했다. 얼음의 이 미묘한 심장박동이 없었다면 지구는 홀로세의 특이한 평형을 결코 진화시키지 못했을지도 모른다. 그랬다면 지구상에서 생물다양성이 이처럼 이례적으로 꽃피지도 못했을 것이다.

지구는 섬세하게 조율된 시스템이다. 자전 궤도가 몇 도만 달라져도 빙기가 찾아올 수 있으며 기온이 몇 도만 달라져도 종의 분포가 변하고 빙하가 녹고 대양이 생성될 수 있다. 얼음이 사라진 미래에는 수목한계선 같은 것은 아예 존재할 수 없을지도 모른다. 멕시코만류, 극전선, 극소용돌이, 보퍼트환류와 연관된 공기와 물의 안정적 흐름이 흩어지거나 요동치고, 북극해가 완전히 녹고, 상층 대기의 로스비파*가 교란되면 알렉산더 폰 훔볼트가 최초로 관찰한 기온, 고도, 위도의 미세한 단계적 변화가 어그러지고 생태적 전이지대가 뒤죽박죽이 될 것이다. 드넓은 숲 지대가 지구를 둘러싸는 게 아니라 띄엄띄엄한 나무 군락들이 엉뚱한 장소에서 발견되고—이것들은 오래전 사라진 토양과 기온의 난민이다—다시 한번 북극에서 악어를 볼 수 있을지도 모른다.

지구 가열은 우리를 비롯한 생물이 살아가는 데 가장 기본적인 지구의 기능을 망가뜨린다. 그것은 호흡의 주기, 생명의 맥박이다. 여기에는 수십만 년에 걸쳐 함께 오르락내리락한 얼음과 수목한계선의 지질학적 관계뿐 아니라 해마다 일어나는 계절적 생산의 박동—나무가 잎을 내는 봄에는 산소가 급증한다—과

* Rossby wave. 기상학 용어로, 제트류의 축에서 발달해 차가운 극지방의 공기와 따뜻한 열대지방의 공기를 분리해주는 역할을 하는 커다란 대칭적 진동파.

밤낮으로 등락을 반복하며 식물계의 일차 엽록체 기능을 조절하는 하루하루의 변화가 있다. 이 맥박은 말 그대로 (우리가 살아가는 세상에 산소를 공급한다는 점에서) 지구의 심장박동이지만 산소 농도가 점차 낮아지면서 마루와 골이 계속 얕아지고 형태가 불규칙해지고 있다. 대기 중 이산화탄소가 늘면 나무는 하루의 탄소를 고정하는 데 드는 수고를 줄일 수 있다. 그러면 나무는 에너지를 쟁여두며 잎의 기공을 여는 둥 마는 둥 한다. 이 말은 나무가 호흡을 덜 하고 증산을 덜 하고 산소를 덜 내쉰다는 뜻이다.[10]

느닷없이 숨이 가빠진다. 한낮의 태양 아래 새하얀 판들이 반짝반짝 빛나자 눈이 부시고 머리가 어질하다. 낭떠러지 가장자리에 너무 오래 서 있었다. 현기증과 욕지기가 느껴지기 시작하고 두려움에 팔다리 힘이 빠진다. 마치 죽음을 경험한 직후와 같은 공황 발작의 전조인 듯하다. 나는 실제로도 공황 장애를 앓고 있다. 나무 심기 행사에서 만난 미국인 빙하학자 제이슨 박사의 연구에 따르면 2019년 해빙기에 그린란드 빙상은 2540억 톤의 얼음을 잃었으며 이는 1990년대의 일곱 배에 이른다. 이 규모의 빙상 해빙이 2070년 전에 일어나리라고는 아무도 예상치 못했다. 해빙 속도는 점점 빨라지고 있다. 게다가 2019년에는 해빙기가 10월까지, 2020년에는 12월까지 계속되어 빠른 빙상 붕괴의 판을 깔았다.

우리는 무슨 일이 벌어지고 있는지 안다. 과학의 예상치 못한 부작용 중 하나는 인간이 자연을 장악했다는 착각이다. 그것은 무슨 일이 벌어지는지 알면 바로잡을 수 있으리라는 생각이다. 얄궂은 사실은 우리가 그럴 수 있었는지도 모른다는 것이다. 하지만 비극적이게도 너무 늦었다. 연쇄 반응이 이미 일어나고 있다. 곡선은 여기서 점점 가팔라져만 간다. 지금 대기 중에 방출된 온실가스만으로도 해수면이 5미터 상승할 것이라고 제이슨은 말한다. 얼음이 얼마나 빨리 녹느냐의 문제만 남았을 뿐이다. 이번에도 모델은 속도를 낮잡은 듯하다.[11] 얼어붙은 북부에 대한 그 모든 이야기와 개념은 안정된 기후, 친숙한 종, 규칙적 계절과 연관된 인류 문화의 수많은 요소와 마찬가지로 오래전에 죽은 별의 빛과 같을 것이다.

발밑의 적갈색 바위에 깊은 골이 파여 있다. 빙하가 최근 지질학적 임무를 완수하며 남긴 줄무늬다. 시간이 짜부라드는 낯선 느낌이 든다. 나는 지질학적 단층선에 서 있다. 이곳은 북극-온대 전이지대의 출발선이며 지구의 시간으로는 거의 어제—웨일스, 스칸디나비아, 시베리아, 알래스카, 캐나다순상지가 얼음에 덮여 있던 시절—끝난 과정의 맨 앞이다. 눈 깜박할 사이에 수목한계선이 녹아내리는 얼음을 쫓아 북쪽으로 왔다. 자연이 이토록 빠르게 움직이다니 실로 놀랍다.

하지만 눈을 한 번 더 깜박이자 그린란드가 숲으로 뒤덮였고 타이미르 나무 섬은 더는 섬이 아니다. 스칸디나비아나 알래스카에는 툰드라가 하나도 남지 않았고 북아메리카와 시베리아의 숲은 산불 이후 형성된 프레리다. 내가 지금 서 있는 곳에 나무들이 자라게 되었을 때 그 광경을 볼 사람이 여전히 남아 있을까? 우리의 현재 시대는 17세기 조지 버클리 주교가 던진 질문을 떠올리게 하되 다른 각도에서 바라보게 한다. 숲에서 나무가 자라는데 볼 사람이 아무도 없다면 그 일은 정말로 일어난 것일까? 인류가 인류 없는 지구를 상상하는 것은 가능할까?

지금의 긴박한 상황은 우리가 언제나—최근까지도—알고 있던 사실을 기억하도록 강요한다. 그것은 우리를 넘어선 소통과 의미의 그물망이 있다는 것, 인간사에 무심한 채 끊임없이 재잘거리고 외치고 꾀고 사냥하는 생명 형태들의 세계가 존재한다는 것이다. 그런 관점을 취하면 위안이 된다. 탄소의 막다른 골목을 맞닥뜨린 우리의 우울과 슬픔과 죄책감에서 벗어나는 길은 우리 없는 세상에 대해 숙고하는 것이다. 지구가, 그 생명이 그 모든 신비와 경이를 간직한 채 진화적 여정을 계속할 것임을 아는 것이다. 시간에 대한, 우리 자신에 대한 개념을 넓히는 것이다. 우리가 스스로를 더 큰 전체의 일부로 바라본다면 세상은 아름답고 의미와 존중에 값하고 어쩌면 목숨을 걸 가치가 있는 완전한 그림일 것이다. 생명이 죽음의 반대가 아니라 순환하는 원임을, 숲이 우리에게 가르치듯 연속임을 우리가 알기에 그 세상은 안전한 장소일 것이다.

타다닥타다닥 희미한 헬리콥터 날갯소리가 정적을 깨뜨린다. 저 작은 빨간색 상자는 과학자나 관광객들을 빙상에 실어 날라 지금 펼쳐지는 영원을 엿보게 해줄 것이다. 나는 경외감과 감동과 겸손을 느끼며 하산한다. 지구의 거대하고 귀중하고 사라져가는 얼음 보고寶庫를 대면하고 나니 기진맥진한다. 내리막을 걷는 다리가 후들거린다. 해가 나를 따라 내려온다. 산은 오후 햇빛 속에서 날카롭고 아름답다. 피오르의 바다는 빛을 골짜기 위쪽으로 튕겨 보낸다. 황금색, 빨간색, 초록색의 가을 외투를 입은 골짜기의 자태가 눈부시다. 골이 파인 붉은 바위가 자갈로 바뀌고 길은 빙퇴석 위로 오르락내리락하다 드디어 물러나는 빙하 주둥이 앞으로 이어진다. 이제 나는 수천 년간 얼음 아래 갇혀 있다 지상에 드러난 신선한 땅 위를 걷고 있지 않다. 나의 부츠는 자갈, 고운 모래, 바위 사이에서 보금자리를 찾는 이끼와 풀 위를 통통 튄다. 지의류가 바위를 채굴해 귀중한 토양의 첫걸음을 떼기 시작했다. 저 앞에 바늘꽃, 주니퍼, 자작나무가 있고 그 너머 구과수의 고고한 뼈대에서 날개 달린 씨앗이 떨어져 바람을 타고 날아오른다. 조만간 이곳에 숲이 들어설 것이다.

맺음말:
숲처럼 생각하기

웨일스 흘라넬리유

북위 52도 00분 01초

숲은 정지 상태에 있지 않다. 서로, 또한 암석과, 대기와, 기후와 다양한 관계를 맺고 끊임없이 진화하는 종의 모자이크다. 러시아의 선구적 생태학자 수카초프는 이 상호 연관된 시스템을 생태지리통합권이라고 불렀다. 코유콘족은 '도래까마귀가 만든 세계'라고 부른다. 복잡하디 복잡한 이 관계가 정확히 어떻게 작동하는가는 수수께끼다. 우리는 그 윤곽을 짐작만 할 수 있을 뿐이고, 살아서 숨쉬며 지구상의 생명을 지탱하는 숲의 형태를 바라보며 그 결과에 감탄할 수 있을 뿐이다.

이 책은 자연의 알고리즘이 작동하는 과정을 엿보고 그 자리에 멈춰 그 결과에 경탄하려는 시도였다. 인간이 자연에 일으킨 위기에 해결책을 제시하려는 생각은 전혀 없었다(물론 몇 가지 불가피한 결론이 있긴 하지만). 우리가 아는 것 속에 두려워할 것이 훨씬 많고 우리가 모르는 것 속에 희망을 걸 것이 훨씬 많은 법이니까.

수목한계선을 따라가는 나의 여정에서 분명히 드러난 사실은 지구온난화가 적잖이 진행되었다는 것과 인간이 고삐 풀린 온난화의 규모와 정도를 아직 누그러뜨릴 수는 있을지 몰라도 완전히 멈추기에는 무력하다는 것이다. 또한 이 책을 쓰기 위해 조사하던 짧은 시기(2018~2021년)에도 관측되는 지질학적 변화의 속도는 모델의 예측보다 훨씬 빨라지고 있었다. 세상은 전례 없는 변화에 휘말려 있다. 당신은 친숙한 지구에 살고 있다고 생각하겠지만 그런 지구는 더는 존재하지 않는다. 하지만 이것은 오래된 소식이다.

우리가 당면한 진짜 문제는 이 지식을 가지고 무엇을 할 것인가이다. 급박하게 변화하는 환경의 실상을 받아들이기 위해서는 진보, 평화, 민주주의, 경제성장이라는 관념(과 경험)에 기반한 풍요로운 생활양식과 서구적 사고방식에 근본적 의문을 던져야 한다. 북반구에서 벌어지는 담론은 수렁에 빠졌다. 한쪽에는 '넷제로'*와 고통 없는 녹색 성장이라는, 점점 비현실적으로 치닫는 꿈이 있고 반대쪽에는 종말, 폭력, 인류 멸종의 염세적 이야기가 있다. 하지만 수목한계선에서 살아가는 사람들—변화하는 환경의 실상을 누구보다 오래 겪은 사람들—의 역사에서 대안을 찾을 수 있다. 우리에게는 세 번째 이야기가 있다. 그것은 인간과 거주지의 관계를 더 긍정적으로 읽어내는 것이다. 여기에 다른 미래를 상상할 열쇠가 있다.

나무와 인간은 같은 기후 틈새를 공유한다. 우리의 엄지손가락이 나머지 손가락들과 마주볼 수 있다는 사실은 우리가 나무 위에서 진화하고 번성했음을 늘 일깨운다. 우리는 언제까지나 숲의

* net zero. 배출하는 탄소량과 제거하는 탄소량을 더했을 때 순 배출량이 0이 되는 것.

피조물일 것이다. 마지막 빙기 이후 1만 1000년 동안 인류는 나무와 공진화했다. 전진하는 수목한계선이 개척한 서식지에 이주한 다음에는 숲에 적응하고 숲을 관리하고 돌봤으며 그 시기 내내 지구적 규모에서 놀랍도록 안정적이고 유리한 환경을 조성했다. 우리가 숲에 기본적으로 의존한다는 세계관을 지닌 토착민은 코유콘족, 사미인, 응가나산인, 아니시나베족 말고도 무수히 많다. 우리는 홀로세의 핵심종이었다. 틀림없는 지질학적 요인이었으며 전적으로 부정적인 요인은 아니었다. 지구상에서 인간에 의해 교란되지 않은 숲은 거의 없으며, 인간의 개입은 종종 생물 다양성의 틈새를 열었다.

호모 사피엔스가 시베리아 거대동물상을 절멸하여 타이가 숲이 들어설 길을 닦았다는 지모프 부자의 주장은 거의 확실하다. 하지만 구주소나무를 스코틀랜드에, 발삼포플러를 허드슨만 해안의 자갈 에스커에 들여온 것도 우리다. 우리는 아리마스의 동토 잎갈나무 숲뿐 아니라 웨일스와 스코틀랜드의 온대우림에 저림 작업을 했고 소림에서 짐승을 방목했으며 꿀밭, 소택지, 평지, 사냥터용 황무지를 깎아냈고 포플러강의 아니시나베족처럼 북부한대수림의 산불을 관리했다. 이것은 생물 다양성을 파괴하는 것이 아니라 인간의 유익을 증진하기 위한 활동이었다. 우리가 지구의 핵심종 지위를 누린 짧은 통치기는 지구의 생물 다양성이 정점에 올라 있던 시기와 일치한다. 급진적 생태학자 이언 래펄은 이렇게 썼다. "생물 다양성과 생물권의 관점에서 보자면 인류세에는 잘못된 것이 하나도 없다. 잘못된 것은 지금 인류세가 운영되고 있는 방식이다."[1]

우리가 지구의 생태적 저지선을 뚫을 수 있게 되고 그 속도가 더욱 빨라진 것은 최근의 특이한 경제모델 덕분이다. 그것은 산업자본주의와 그 정치적 수출품인 식민주의였다.[2] 하지만 자원과 노동을 착취해 소수의 손에 부를 집중시키는 체제인 자본주의가 반드시 최상의 경제모델인 것은 아니다. 우리가 지구상에서 함께 살아남기 위해 자본주의를 넘어서야 한다는 것은 거의 분명한 사실이다. 우리의 자본주의적 순간 안에서 지형을 측량하면 대안은 없으며 위기는 우리의 탓이라고 믿게 마련이다. 하지만 그런 비난을 받아들이는 것은 우리를 지독한 무기력에 빠뜨릴 뿐 아니라 핀트가 어긋난 것이기도 하다.

우리가 선택한 경제체제는 주어진 모든 선택지 중에서 고른 것이 아니다. 정도는 다르지만 우리는 모두 역사적 힘의 피해자다. 그 힘들은 무척 무딘 가치 평가를 바탕으로 수백 년에 걸쳐 권력 구조를 구축했다. 나무를 예로 들자면 시장에서 값을 받을 수 있는 것은 나무를 자라게 한 흙이나 꽃가루받이를 해준 곤충, 나무를 먹인 해, 물을 준 비가 아니라 오로지 목재뿐이다. 수많은 종의 보금자리인 숲 공동체에는 값이 매겨지지 않는다. 자본주의는 자연을 소외하고 자연의 상품화를 통해 인간을 소비자로 탈바꿈시킬 뿐 아니라 우리를 소외하고 상품화한다. 우리의 시선 자체도 상품이 되었다. 우리의 눈길은 우리를 떠받치는 생물권에서 멀어졌으며 이 소외로 인해 우리는 적게든 많게든 눈멀고 귀먹고 말문이 막혔다. 우리가 숲과 공진화한 오랜 역사 속에서 바라본다면 인류가 자연과 결별한 것은 눈 깜박할 순간의 일이다. 지구상에서 인간이 살아온 이야기는 자본주의의 역사보다 길고 넓으며, 무엇보다 중요하게는 아직 결말이 쓰이지 않았다.

우리는 주변에 대한 무관심을 타고나지 않았다. 내가 이 글을 쓰고 있는 지금, 우리 집 옆 흘라넬리유 교회에서 아래로 내려가는 큼리드엘류라는 작고 좁은 골짜기의 혼합림에서 사슬톱의 굉음이 메아리치고 있다. 저 작업은 '오래된 자연림에 대한 조림 작업'이라고 불린다. 그런 까닭에 저곳에서 튼튼한 견목堅木이 자라고 있는데도 당국은 땅임자에게 숲을 쑥대밭으로 만들 개벌皆伐 허가를 내주었다. 저곳에는 구주소나무, 자작나무, 잎갈나무, 가문비나무, 마가목 등 북부한대수림의 모든 수종이 있으며 오리나무, 물푸레나무, 미송 같은 그 밖의 수종도 있다.

우리 두 딸이 놀던 장소—아이들이 강변 카페라고 부른 자작나무 그늘 바위, 왜가리 둥지로 알려진 쓰러진 포플러 아래 깊은 웅덩이—가 어떤 피해를 입었는지 살펴보려고 함께 도로를 따라 내려가는데, 아이들은 충격에 휩싸여 울음을 터뜨린다. 통나무들이 높이 쌓여 있고 공기는 수액 냄새로 가득하며 가파른 개울 기슭에 가지들이 널브러져 있고 벌목 기계의 깊은 무한궤도 자국에 빗물이 고여 있다. 나무가 베인 탓에 강물은 개잎갈나무의 붉은 색조를 띠고 있다. 여섯 살과 네 살인 두 아이는 짧은 생애 동안 처음으로 저 너머 산들을 볼 수 있다. 우리에게 필요한 산소를 만들고 빗물을 응결시키는 나무를 왜 베는 거냐고 아이들이 묻는다. 하지만 무엇보다 심란한 것은 숲을 집이라고 부르는 살아 있는 존재들에 대한 걱정이다. 이 때문에 아이들이 다시 한바탕 흐느낀다.

"나무들도 울고 있었을 거예요!" (캐나다 퍼스트네이션 부족들에게는 친숙한 생각일 것이다.)

"엄마 무당벌레가 보금자리에 돌아왔는데 나무가 베이고 아기들이 사라졌으면 어떡해요!"

급속한 기후변화의 시대에 아이를 키우는 부모는 인간 혐오나 거짓 희망의 사치를 누릴 수 없다. 캘리포니아대학교의 인류학자 도나 해러웨이의 말을 빌리자면 우리는 "말썽과 함께해야" 한다.[3]

아프리카의 뿔*에 수용된 난민들에 대한 전작前作을 끝낸 뒤 내 상상력을 사로잡은 것은 움직이는 수목한계선이라는 발상이었다. 케냐와 소말리아 적도 사막의 지긋지긋한 열기와 먼지에 시달리고 나서 추운 지방에 가보고 싶었기 때문만은 아니었다. 아프리카의 뿔은 여느 사헬 벨트** 지역과 마찬가지로 다른 곳에 있는 숲과의 원격연결—또한 숲 파괴—로 인한 대양 및 강수 패턴의 기후변화에 유난히 민감하다. 그곳에서 벌어지는 강제 이주와 폭력의 원인은 대체로 가뭄과 기후변화다. 나는 온난화의 효과가 이미 가시적으로 드러난 곳, 우리가 미래를 엿볼 수 있는 다른 장소들에 대해 쓰고 싶었다.

미처 깨닫지 못했지만, 아프리카에서의 전쟁과 난민에 대해, 험난한 여건에서 의미와 희망을 찾으려고 몸부림치는 사람들에 대해 보도한 경험은 새 책에서 효과를 발휘했다. 전쟁이나 자연재해의 피해자들은 극적인 변화를 상상하고 대처하기에 훨씬 유리한 상황에 놓여 있을 때가 많다. 재난이 일어나면 사회질서가

* 아프리카 대륙 동북부를 통틀어 이르는 말.

** 수십 년째 가뭄이 이어지고 있는 사하라 사막 남쪽 지대.

갈기갈기 찢기며 우리는 스스로를 새로운 눈으로 보게 된다. 관습적 제약에서 벗어난 '인간'이 드러나 이따금 야만적 결과를 빚기도 하지만 긍정적 효과를 나타낼 때가 더 많다. 그런 상황에서 사람들은 대단한 일을 해낼 수 있다. 콩고, 수단, 우간다, 소말리아의 폐허와 난민 수용소에서 내가 배운 것은 희망이 분투를 낳는 것이 아니라 분투가 희망을 낳는다는 것이다. 희망은 가만히 누워 발견되기를 기다리는 불활성 귀금속이 아니다. 달라지는 상황에 비추어 하루하루 제작되고 재정의되어야 하는 무언가다. 여기서 얻을 수 있는 교훈은 절망이 회복을 향한 첫걸음이라는 사실이다. 과거의 피해를 인정하면 변화의 힘을 얻을 수 있다. 포플러강의 연장자들은 식민 지배의 고통을 승화하여 북아메리카 최대의 보호림을 조성했으며 토머스 맥도널은 수백 년에 걸친 양과 사슴의 남섭 패턴을 뒤집어 스코틀랜드의 거대한 숲을 복원하기 시작했다.

희망이 풍요로운 사회라는 이상적 상태를 보전하는—또는 달성하는—일과 동의어라는 생각은 부르주아적 오만이다. 그런 풍요가 경제성장의 지구적 한계를 감당할 수 없을 때는 더더욱 그렇다. 노르웨이의 마레트 불리오는 그런 발상에 코웃음 칠 것이다. 희망은 함께하는 노력에, 변화에, 공동선을 위한 의미 있는 작업에 있다.

우리는 지구의 생명이 맞닥뜨릴 새로운 시대의 목전에 있다. 적어도 2도의 온난화가 이미 "자행"—진행—되고 있다. 일부 과학자는 이를 뛰어넘어 4도까지 "암묵적 온난화"가 진행되고 있다고 추정한다.[4] 21세기가 끝나기 전에 멸종의 파도가 밀어닥칠 것이다. 나무들이 북쪽으로 도약할 것이다. 스텝이 확장될 것이다. 툰드라와 북극 바다얼음이 사라질 것이다. 바다의 구성이 달라질 것이다. 도시들이 물에 잠길 것이다. 계절이 순환하고 친숙한 종이 서식하는 안정된 기후, 그리고 그 토대에 세워진 모든 인류 문화와 전통을 아는 마지막 세대가 이미 출생했다

이것은 받아들이기 힘든 현실이다. 하지만 현상태를 돌이킬 수 없음을 받아들이면 행동을 취할 문을 열 수도 있다. 불현듯 할 일이 많아진다. 피해를 최소화하고 미래를 대비하려는 노력은 이미 시작되었다. 이런 철학을 토대로 세워진 블랙마운틴스대학은 내가 공동 설립한 새로운 형태의 교육기관으로, 이 책의 바탕이 된 연구를 모태로 삼았다. 블랙마운틴스대학의 철학은 숲학교 운동의 소박한 깨우침에서 출발한다. 그것은 자연과 다시 연결되려면 자연 자체를 교실로 삼아야 한다는 사실이다. 블랙마운틴스대학의 야외 수업에서 학생들은 다양성, 균형, 한계, 공생의 생태적 원칙에 따라 인간 사회를 구성하는 데 필요한 기술과 마음가짐을 배울 수 있다. 어떻게 수목한계선이 애초에 우리 세계를 거주 가능한 곳으로 만들었는지, 어떻게 숲이 비를 만들고 바람을 일으키고 물을 다스리고 바다의 씨앗이 되고 현대 의학의 토대를 제공하고 인간에 의해 오염된 공기를 정화하고 대기를 살균하는지를 더 널리 가르치고 이해시킨다면 나무를 베기가 훨씬 힘들어질 것이다.

21세기에 태어난 아이들의 삶은 그 전의 어느 세대보다 거세게 인간 바깥세상의 상황에 좌우될 것이다. 물과 식량이 귀해지면(이미 그럴 조짐이 나타나고 있다), 대륙 간 공급망이 작동하지

않으면, 산업적 영농이 비틀거리면 우리는 다시 한번 유심히 주의를 기울여야 할 것이다. 다시 숲의 일원이 되고 찰스 아이젠슈타인이 말하는 '분리의 이야기'를 뒤집어야 할 것이다. 그 방법은 우리의 영혼을 나머지 세계와 이어주는 관문을 이용하는 것, 우리의 감각을 활용하는 것이다. 호기심과 관찰은 지구와 새로운 관계를 맺기 위한 소박하지만 급진적인 전제 조건이다. 시스템이 변화하는 것은 변화를 요구하는 문화가 있을 때다. 혁명은 숲을 거니는 걸음에서 시작된다. 산소를 생산하고 공기와 물을 정화하는 살아 있는 존재들의 이름을 잊는 일이 대체 어떻게 일어날 수 있었을까?

공진화하는 종의 집단에 속하여 다가올 격변에서 살아남으려면 다른 생명체와의 필수적 얽힘을 복원해야 한다. 우리 모두 숲처럼 생각하는 법을 다시 한번 배워야 한다.

코유콘족 사냥꾼은 곰을 잡으러 다닐 때 곰을 호명하지 않는다. 심지어 곰을 바라보는 것조차 꺼린다. '춤'(천막)에 사는 여인에 대한 이야기를 들려주는 응가나산인 이야기꾼은 가장의 이름을 입에 올리지 않는다. 가장은 "'춤'의 문 옆에 앉아 있는 사람"으로만 지칭된다. "형" "사랑하는 올케" "선생님" "선배" 등 사람들의 이름을 부르지 않고 화자와의 관계에 빗대어 언급하는 관습은 다른 토착 문화와 구전 전통에서도 찾아볼 수 있다. 이것은 모든 존재가 관계로 맺어져 있음을 인정하는 명쾌한 방법이다. 한 사람 한 사람은 단일한 자아로 환원되지 않으며 여러 자아가, 자기 자아의 여러 모습이 깃들어 있다. 모든 존재에는 수많은 가능성이 깃들어 있다.

곰을 호명하는 것은 곰을 대상화하여 모욕하는 행위다. 우리는 곰이 스스로를 어떻게 일컫는지 알지 못한다. 곰의 몸에 어떤 영혼이나 자아가 깃들어 있는지도 알지 못한다. 그러므로 곰을 호명하지 않는 것은 겸손과 존경의 표현이다. 호명하지 않는 것은 상호 의존성—곰의 본성이 아직 고정되지 않았음—을 인정하는 것이기도 하다. 곰과 사냥꾼의 관계는 여전히 빚어지는 과정에 있다. 그 과정은 사냥꾼이, 곰이 어떻게 행동하느냐에 따라 달라질 것이다. 사냥꾼이 곰을 바라보지 않으려 하는 것 또한 보는 것과 보이는 것이 관계 속에서의 활동이기 때문이다. 냄새를 맡는다는 것은 대상의 미세한 입자들이 콧속에 녹아든다는 뜻이다. 당신이 무언가를 냄새 맡으면 그것은 당신이 된다. 감각 지각에 대한 토착적 사고방식(그리고 데이비드 에이브럼이 너무도 유려하게 우리에게 상기시키듯 현대 현상학의 사고방식)은 이 과학적 사실에서 한 발 더 나아간다. 이에 따르면 모든 지각은 참여다.[5] 당신이 곰을 보면 곰도 당신을 보며 두 존재 다 그 사실에 의해 변화를 겪는다.

토착 숲 문화는 동식물을 어떻게 쳐다보고 이야기하고 대하고 죽이고 먹어야 하는가에 대한 엄격한 규칙과 제의가 있다. 이는 인간 생존이 다른 종의 생존과 밀접하게 얽혀 있다는 사실에서 비롯한다. 우리는 곰을 먹으면 곰이 된다. 곰의 몸에 생명을 선사한 종들의 조합이 우리 몸속에서 재조합되기 때문이다. 현대 과학의 소화관 연구에 비추어보면 그런 관점은 보기만큼 터무니없진 않다. 뿌리 중 절반 이상에 다른 유기체가 서식하고 있거나 꽃가루받이를 위해 날벌레를 필요로 한다면 당신은 집합적 생존에 동참하고 있는 것이다. 모든 진화는 공진화다.[6]

코유콘족이나 아니시나베족, 사미인이나 응가나산인의 무시무시한 금기는 인간이 자연의 과정에 의존한다는 사실을 인정하는 행위에 그치지 않는다. 지구 핵심종의 어깨에 놓인 두려운 책임을 받아들이는 것이기도 하다. 온난화는 기정사실이지만, 종이 온난화에 어떻게 대응하는가는 아직 끝나지 않은 이야기이며 인류는 그 이야기에서 핵심 역할을 맡고 있다. 전략생태학은 머지않아 국가 안보와 공동체 복원의 핵심 요소가 될 것이다. 종의 이동과 적응을 돕는 인간보조이주는 자연보전의 핵심 목표가 될 것이다. 우리는 방주를 가진 노아다. 우리에게는 적어도 일부 종의 생존을 선택할 힘이 있다. 우리가 살리기로 선택하는 나무는 숲과 생태계 전체, 또한 그곳에 의존하는 종들의 집합을 수천 년간 좌우할 것이다. 인류세는 갓 시작되었으며 그 메아리는 우리가 사라진 뒤에도 지구에 울려 퍼질 것이다.

생명은 늘 도덕적 분투이자, 물려받은 생활 방식을 지키는 행위 자체였다. 켈트인, 코유콘족, 사미인, 응가나산인, 아니시나베족의 눈으로 숲을 보는 것은 다양한 자아와 영혼이 서로 소통하는 세상을 보는 것이다. 이 모든 다른 생명을 인정하고 우리가 여기에 의존하고 있음을 인정한다면 우리는 이 질문을 대면해야 한다. 어떻게 행동하는 것이 옳을까? 나뭇잎이 바람에게 말하고 꽃이 벌에게 말하고 뿌리가 균류에게 말한다. 세상은 혼란스럽고 소란스러운 장소다! 우리가 숲에 발을 디디는 것은 우리 자신의 몸으로, 발로, 눈으로, 숨결로, 상상으로 세상을 만드는 것이다.

우리에게 가능한 수백만 가지 미래가 무작위로 가지를 뻗는다. 숲은 가능성의 바다요, 무한한 공진화 실험장이다.

이런 정의에 따르면 희망찬 미래는 정체로 인한 안정을 간구하는 기도가 아니다. 참여하고 탐구하고 경험하고 길을 잃으라는—그래야 길을 찾을 수 있으니까—초대장이다. 옳은 일을 하여 참된 자아를 실현할 기회다. 당신을 정의하는 것은 언제나 당신이 과거에 한 일보다는 당신이 해야 하지만 아직은 하지 않은 일일 것이다. 그 일들은 끝나지 않기에 이름 붙일 수 없다. 진화하는 자연은 신비의 엔진이다. 우리가 알지 못하고 알 수도 없는 것들의 엔진이다. 숲에서 당신은 마법적이고 거대한 무언가의 일부가 된다. 그곳에서는 걸음걸음이 파괴의 행위이자 창조의 행위, 생명의 행위다. 우리가 언제나 이미 앞서 지나간 것들의 폐허에서 살아가고 있다는 사실은 우리에게 위안이 된다.

우리는 자녀들이 불확실성에 대비하도록 해야 하지만, 피해자로 살게 해서는 안 된다. 우리는 청지기이며 여전히 옛 책임을 맡고 있다. 지구는 살아 있고 마법에 걸려 있다. 그 속에서 행동한다는 것은 살아감으로써 마법을 거는 것, 보고 듣고 느끼는 것이다. 작건 크건 당신의 모든 움직임이 중요하다는 사실을 온전히 깨달아 걸음마다 미래를 만들어가는 것이다.

나무 설명

다음은 이 책에 등장하는 나무들에 대한 설명이다. 그중에는 각 장의 주인공도 있고 북부한대수림의 공통 수종도 있다. 내용은 나보다 더 전문가인 사람들에게 배운 것을 요약한 것이다. 추가 정보는 아래 자료를 참고하기 바란다.

Diana Beresford-Kroeger, *Arboretum Americana* (Michigan University Press, 2003)
Diana Beresford-Kroeger, *Arboretum Borealis* (Michigan University Press, 2010)
Daniel Moerman, *Native American Ethnobotany* (Timber Press, 1998)
Nature Conservancy (nature.org)
Iain J. Davidson-Hunt, Nathan Deutsch and Andrew M. Miller, *Pimachiowin Aki Cultural Landscape Atlas* (Pimachiowin Aki Corporation, Winnipeg, 2012)
Trees for Life (treesforlife.org.uk)
Colin Tudge, *The Secret Life of Trees: How They Live and Why They Matter* (Allen Lane, 2005)
Woodland Trust (woodlandtrust.org.uk)

{ 오리나무속 }

유럽오리나무

Alnus glutinosa

유럽오리나무 또는 검은오리나무*Alnus glutinosa*는 유라시아 북부한대수림에서 고도 약 500미터까지 흔히 볼 수 있다. 북아메리카에서는 그 밖에 30종의 오리나무가 번성한다. 약용으로 쓰이며 퍼스트네이션은 '냄새 나는 버드나무'라 부른다.

오리나무속은 자작나무과에 속한다. 물을 좋아하는 수종으로, 강과 호수 근처에서 흔히 볼 수 있으며 뿌리를 깊이 뻗어 강기슭을 안정시키고 공기 중의 질소를 고정하여 토질을 개선한다. 오리나무는 자작나무처럼 생장 속도가 빠르다. 여러 줄기에서 눈과 가장자리가 뾰족뾰족한 둥그스름한 잎을 내는데, 그루터기에서 직접 내기도 한다. 이 눈과 잔가지가 끈끈해서 학명이 '글루티노사*glutinosa*'다.

암수한그루로, 봄이 되면 꼬리꽃차례 수꽃과 원뿔 모양 암꽃을 잎보다 먼저 틔운다. 풍매화다. 씨앗은 공기 막이 있으며, 수면에서 발아하기 때문에 강기슭에 쓸려 내려와 뿌리를 내릴 수 있다.

생물 다양성에 필수적인 수종으로, 140여 종의 곤충에게 먹이가 된다. 잎은 강에서 분해되고 수생생물을 보호하는 화학물질을 방출하며 뿌리는 47종에 이르는 균근 균류의 보금자리다. 뿌리에는 프랑키아 알니*Frankia alni*라는 질소고정세균도 서식하는데, 나무로부터 탄소를 얻는 대신 질소를 준다. 이런 까닭에 오리나무는 훼손된 경관을 복원하고 재건하기에 안성맞춤이다. 개척종으로서 토양을 질소로 기름지게 하면 다른 나무들이 뒤따를 수 있기 때문이다. 미국에서는 석탄 폐광을 복원하는 데 쓰였으며 1915년에는 상트페테르부르크 근방 그린벨트를 재조림하는 데 활용되었다.

켈트 전승에서 오리나무는 오검 문자의 '피아른'으로, 은닉과 비밀을 의미했다. 오리나무 숲—카—은 축축하고 질척질척하고 들어갈 수 없는 장소였다. 목재는 물에 잠겨도 무척 잘 버텼기에 갑문과 운하 건설에 흔히 쓰였다. 베네치아를 떠받치는 나무 기둥도 오리나무로 만들었다. 불에 매우 강해 숲에 방화선*으로 식재된다.

* 불이 번지는 것을 막기 위해 불에 탈 만한 것을 없애고 어느 정도의 넓이로 둔 빈 지대.

{ 자작나무속 }

은자작나무

Betula pendula

자작나무속은 종류가 다양하며 전 세계 60종 가운데 상당수가 수목한계선 남쪽에서 온대림에 이르는 북부한대수림 전역에 서식한다. 빼어난 개척종으로, 풍성한 씨앗을 바람에 퍼뜨려 흙이 별로 없는 곳에서도 4주 만에 재빨리 발아한다. 성질이 무던하며, 산성이고 최근에 벌목되거나 불탄 곳을 좋아한다. 일단 자리잡으면 참나무, 소나무, 개잎갈나무 같은 장수 수종의 어린나무에게 그늘을 드리운다.

특유의 흰 껍질—무척 납작하고 고와서 일부 문화권에서는 종이의 대용으로 썼다—은 종에 따라 더욱 두드러진다. 솜털자작나무*Betula pubescens*와 난쟁이자작나무*Betula nana*는 껍질이 더 두껍고 자글자글하고 회색이며 추위에 잘 버틴다. 잎은 더 둥그스름하며 톱니가 한 줄로 나 있다. 대부분의 자작나무 잎은 밑면에 털이 나 있는데, 이곳은 새의 먹이인 진딧물, 털애벌레, 나비 같은 곤충의 중요한 서식지다. 자작나무는 많은 나비와 330여 종에 이르는 곤충의 숙주다. 균근 관계도 그에 못지않게 풍성해 무수한 균근균류와 공생하며 살구버섯, 거친껄껄이그물버섯, 광대버섯 같은 여러 흔한 버섯이 자작나무에서 번식한다.

봄에 영양이 풍부한 수액을 채취하는 것은 많은 문화권에서 오래전부터 전해진 풍습이었다. 포플러강 연장자들은 '오치카와피'—껍질로 자작나무 수액을 마시는 용기를 만드는 일—와 '노스콰소와치'—달콤한 안쪽 부름켜를 잘라 먹는 일—를 기억한다.

수액, 균근 관계, 손상된 토양을 복원하는 능력을 비롯한 여러 이유로 요즘 자작나무 심기가 장려된다. 자작나무의 에어로졸과 나뭇진은 인근의 사람과 짐승에 유익하다. 잎은 방부 효과가 있고 껍질은 충치를 예방하며 엽차는 요로 감염을 치료할 수 있다.

아메리카 원주민 오타와족에게는 최초의 자작나무가 된 사람에 대한 전승이 있으며 오지브와족에게는 자작나무가 화상을 입은 이야기가 전해진다. 치페와 지역에서는 자작나무 껍질로 시신을 감쌌다. 『피마치오윈 아키 지도책Pimachiowin Aki Atlas』에 따르면 오지브와족은 자작나무 껍질을 이용하여 장거리 지도를 만든다고 한다.

켈트인에게 자작나무는 재생과 정화의 상징이었다. '베이서'는 오검 문자의 첫 글자였다. 켈트인 축제 삼하인—핼러윈—에서는 자작나무 빗자루로 묵은 해年를 쓸어냈으며 벨테인—봄 축제—에서는 자작나무와 참나무로 불을 피웠다. 이따금 숲의 여인으로 불리는 자작나무는 다산을 상징했기에 교회 예식 대신 '자작나무 빗자루 결혼식'에 쓰였다. 앵글로색슨인의 봄 여신인 '에오스트레'도 자작나무를 통해 숭배받았으며 오월주도 자작나무로 만들었다.

{ 개암나무속 }

유럽개암나무

Corylus avellana

개암나무는 인간이 한때 숲과 맺었던 관계를 보여주는 표시다. 영국제도의 생울타리에서 유럽과 북아메리카의 중석기 고고학 자료에 이르는 증거로 보건대 인류는 개암나무 열매에 무척 의존한 것이 틀림없다. 개암나무는 한때 유럽 숲지붕의 75퍼센트를 차지했는데, 이는 인간이 일부러 개암나무를 퍼뜨렸으리라는 추측을 낳았다. 산불, 초지 조성, 수확의 사바나 체계는 견과 재배에 유리하며 견과는 고기에 맞먹는 훌륭한 단백질 공급원이다.

개암나무는 밑나무 한 그루에서 많은 줄기를 틔워 빠르게 자란다. 방치하면 100여 년을 사는 것이 고작이지만 정기적으로 잘라주면—저림 작업—거의 무한히 살 수 있다. 잎은 오리나무나 자작나무와 비슷하게 둥그스름하고 뾰족뾰족하며 끄트머리로 갈수록 작아진다. 실제로도 개암나무는 자작나무과에 속한다.

숲의 생명들에게 긴요한 개암나무의 귀한 견과는 수정된 암꽃에서 자라난다. 암꽃의 작고 붉은 눈은 가지 위에 꼬리꽃차례 수꽃과 나란히 돋는다. 설치류와 조류는 꽃눈을 먹으며 꼬리꽃차례는 곤충의 중요한 먹이다. 꼬리꽃차례는 전해 겨울에 생겨나며 봄이 될 때까지 나뭇진으로 밀봉된다. 나뭇진이 녹으면서 쏟아져 내리는 꽃가루는 겨울잠에서 깬 곤충들의 첫봄 먹이 중 하나다. 매끈한 껍질은 많은 지의류 종의 중요한 보금자리이기도 하다.

개암나무를 일컫는 옛 낱말 '해슬haessel'은 '두건'을 뜻하는 앵글로색슨어에서 왔는데, 견과가 쓰고 있는 두건 모양 깍정이를 가리킨다. 켈트인은 개암나무를 '콜'이라고 불렀으며 지혜가 깃들어 있다고 생각했다. 켈트인 설화에서는 성스러운 개암나무 아홉 그루가 웅덩이 둘레에서 자라며 견과를 물속에 떨어뜨리면 연어가 먹었다고 한다. 연어의 점은 연어가 먹은 견과의 개수와 같았다. 개암나무 막대기는 수맥을 찾는 데 쓰였으며 견과를 태우는 연기는 미래를 예지하는 고대의 강력한 켈트인 제의의 일부였다.

세계가 식량난을 겪는 지금 개암나무 열매는 다시 한번 인류의 식단에서 필수적인 몫을 차지할지도 모른다.

{ 향나무속 }

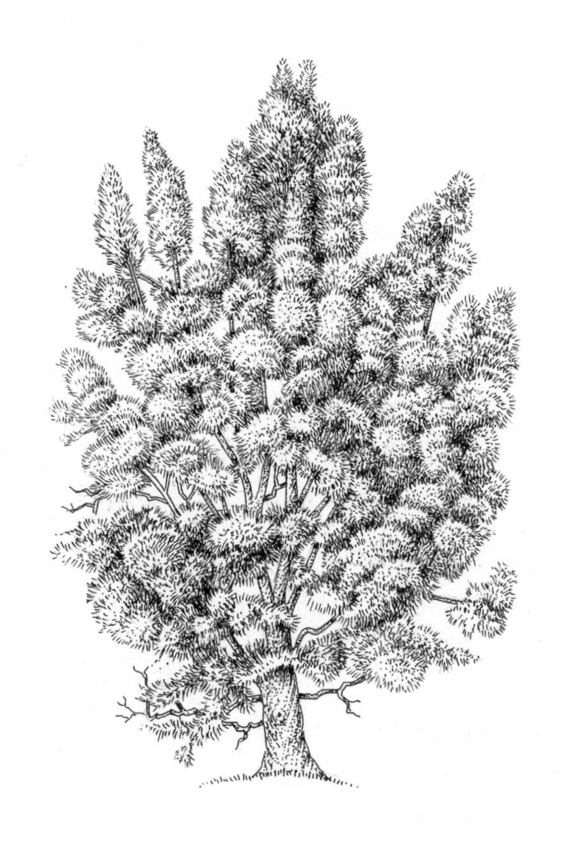

두송

Juniperus communis

주니퍼(향나무속)는 북부한대수림의 양탄자다. 스코틀랜드에서는 산주목mountain yew이라고 불리기도 하는데, 땅 위를 기고 흙을 끌어안는 모습은 아무리 봐도 나무와는 거리가 멀다. 세계에서 가장 널리 퍼진 상록 구과수로, 서식지가 일본에서 유럽과 아프리카에 이르며, 북아메리카, 중앙아메리카에도 서식한다. 북부한대수림에 여러 변종이 있고 전 세계적으로 60종가량이 서식하는데, 전부 약용 측백나무과에 속한다.

암나무의 연자주색 베리는 고기와 진gin에 향을 더하는 양념이지만 약용 성분이기도 했다. 비늘처럼 짧고 뾰족뾰족한 잎의 보호를 받으며 자라는데, 비늘은 내열성과 방수성이 있으며 초식동물을 퇴치하는 독소가 함유되어 있다. 매끈매끈한 각피는 세 가지 측면에서 생태적 건강을 증진한다. 땅에 그늘을 드리워 흙의 수분을 유지하고, 토양 침식을 억제하며, 농축된 약용 나뭇진은 새와 흙과 대기의 건강에 두루 유익하다.

주니퍼를 먹는 북부한대수림의 조류, 특히 회색머리지빠귀와 목도리지빠귀는 발아에 매우 중요한 듯하다. 베리는 길게는 3년까지 나무에 매달려 있다. 씨앗은 불투수성 껍질에 싸여 있는데, 새의 위장을 지나면서 홈이 파여야 발아할 수 있다. 주니퍼와 새는 서로를 필요로 한다.

나뭇진이 많은 가지는 언제나 신성한 용도로 쓰였으며 태울 때 나는 연기는 많은 토착민 제의에 필수적이었다. 아메리카 원주민 부족들에게 주니퍼는 보호의 상징이다. 샤이엔족과 다코타족 같은 평원 원주민 부족은 티피를 폭풍우로부터 보호하기 위해 주니퍼 가지를 매달았다. 나뭇진은 항바이러스 성질이 있고 건강에 유익하며 호흡기 질환에 효과가 있다. 게일어 전승에 따르면 주니퍼는 분만 시 자궁 수축을 유도하는 데도 도움이 된다고 한다.

전 세계에 걸쳐 발견되기는 하지만 일부 지역에서는 빠르게 쇠퇴하고 있어 특별한 보호가 필요한 실정이다. 그늘을 좋아하지 않으며 햇빛이 있어야 약용 성분이 활성화되고 방출된다. 학교, 보육원, 어린이집, 병원 주위에 심으면 유익할 것이다.

{ 잎갈나무속 }

시베리아잎갈나무
Larix sibirica

북아메리카에서 태머랙으로 불리는 잎갈나무는 유별나게도 낙엽성 구과수다. 전 세계에 아홉 종밖에 없는데, 대부분 유라시아 오지와 시베리아에 서식한다. 라릭스 라리키나*Larix laricina*는 캐나다와 알래스카의 태머랙으로, '흐느끼는 잎갈나무'라고도 불린다. 시베리아 추위에서 살아남느라 주접든 라릭스 그멜리니와 라릭스 시비리카보다 키가 크고 우아하며 로키산맥에서 대서양 연안까지 숲을 이룬다.

잎갈나무가 물과 붙어다니는 것은 잎갈나무가 지하수 흐름을 조절하고 세포의 묘기를 통해 물을 액체에서 얼음으로, 얼음에서 액체로 바꾸는 능력 때문만이 아니라 번식 방법 때문이기도 하다. 잎갈나무 꽃가루는 여느 구과수와 마찬가지로 물을 통해 이동한다. 잎갈나무의 정자는 인간 정자와 똑같이 꽃가루관을 타고 올라가 난자를 수정시킨다.

잎갈나무의 낙엽 메커니즘은 구과수를 통틀어 가장 특이하다. 차이점은 낙엽산의 생산이다. 이 호르몬은 엽록소가 바늘잎에서 흘러나오도록 하여 잎을 주황색이나 갈색으로 바꾼다. 가을에 기온이 더 내려가면 낙엽산이 다시 방출되는데, 이번에는 바늘잎을 가지에 부착하는 잎자루 조직을 공격한다. 그러면 낙엽이 떨어져 쌓이고 잎갈나무는 겨우내 휴면한다. 봄이 되면 잠에서 깨어 이산화탄소를 들이마시고 이것으로 잎을 만들며 가을이 되면 다시 잎을 떨군다. 이 과정에서 수백만 톤의 탄소가 포집되는데, 이 탄소가 저장되는 비결은 나무 그늘이 숲바닥을 식히고 균류 활동을 늦추고 증발을 감소시키고 분해를 억제하기 때문이다.

시베리아 토착 부족들에게 잎갈나무는 생명의 나무였으며 모든 신화와 성스러운 제의의 중심이었다. 북아메리카와 유럽의 부족들은 태머랙의 뿌리를 귀하게 여겼다. 자작나무 껍질을 엮어 카누를 만드는 데 썼으며 심지어 커다란 범선의 갑판과 선체를 결합하는 데도 썼다. 곧은 태머랙 줄기로 만든 관은 내식성耐蝕性이 있어 우물에 이용되었다.

잎갈나무는 이산화탄소를 격리하고 지하수를 조절하는 데 가장 효과적인 나무 중 하나이며 생태학에 대한 전략적 접근법을 고안할 때 무척 긴요하다.

{ 가문비나무속 }

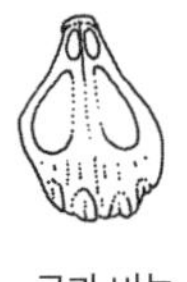

검은가문비나무
Picea mariana

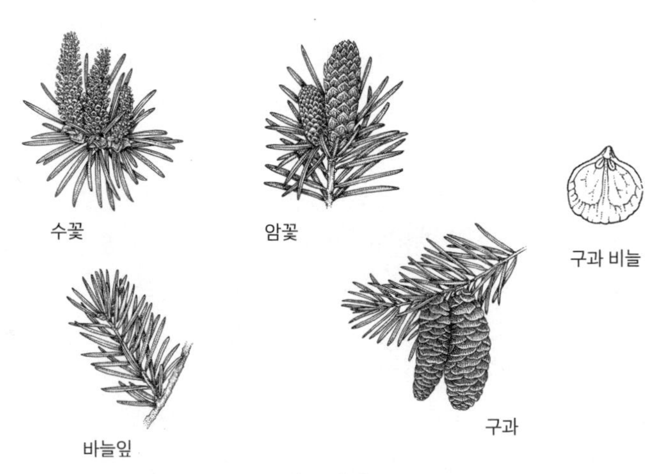

흰가문비나무
Picea glauca

다이애나 베레스퍼드크루거는 가문비나무를 전 세계 숲의 역마役馬라고 부른다. 45종이 있지만 돋보이는 두 종은 흰가문비나무와 검은가문비나무로, 아북극 대기의 상당 부분을 '세척'한다.

피케아 글라우카*Picea glauca*는 흰 수종으로, 캐나다가문비나무, 초지가문비나무, 고양이가문비나무로도 불리며 치페위안족에게는 큰형이라고 불린다. 피케아 마리아나*Picea mariana*는 검은 수종으로, 동부가문비나무, 늪가문비나무, 습지가문비나무로도 불린다.

둘 다 단단한 초록색 바늘잎이 있는데, 실은 대롱 모양으로 돌돌 말린 잎이 가지 주위에 나선형으로 난 것이다. 줄기는 길고 곧지만, 북부 수종과 검은가문비나무는 머스케그에 늘 발가락을 담그고 있어 주접이 들기도 한다. 바늘잎, 껍질, 뿌리, 구과는 모두 고무진과 나뭇진이 풍부하여 약용뿐 아니라 불꽃놀이용으로도 제격이다. 가장 척박한 서식지에서 느리게 자라는 나무가 약용 성분이 가장 풍부하다.

가문비나무의 짙은 잎살은 극단적 조건에서도 광합성을 하여 지구의 척박한 오지에서 최대한의 가치를 끌어낼 수 있다. 짙은 잎은 광합성을 하는 것과 더불어 복사열을 흡수해 장파 복사가 대기 중으로 돌아가 온실가스에 붙들리지 않도록 함으로써 지구를 이중으로 식힌다.

북아메리카 설화에서 가문비나무는 다양한 의미를 지닌다. 남서부 부족들에게는 하늘을 상징한다. 호피족 설화에서 가문비나무는 나무로 변신한 치유 주술사였다. 피마족 홍수 설화에선 피마족의 부모가 가문비나무 나뭇진으로 만든 공을 타고 물난리에 살아남았다고 전해진다. 이로쿼이족 전설에서는 한 소녀가 가문비나무 정령에 의해 마녀들에게서 구출됐다고 한다.

아니시나베족은 가문비나무를 '카와티크'라고 부르며 어린나무의 구과를 삶아 설사약으로 썼다. 가문비나무의 뿌리 '와터프'는 물에 불린 다음 자작나무 껍질을 묶어 카누와 토끼 올가미를 만들었다.

가문비나무에서 추출한 고무진, 진액, 나뭇진, 기름은 석유제품 대신 이용할 수 있다. 좀더 연구하고 관심을 기울이면 대안적 산업 분야를 찾아낼 수 있을 것이다.

{ 소나무속 }

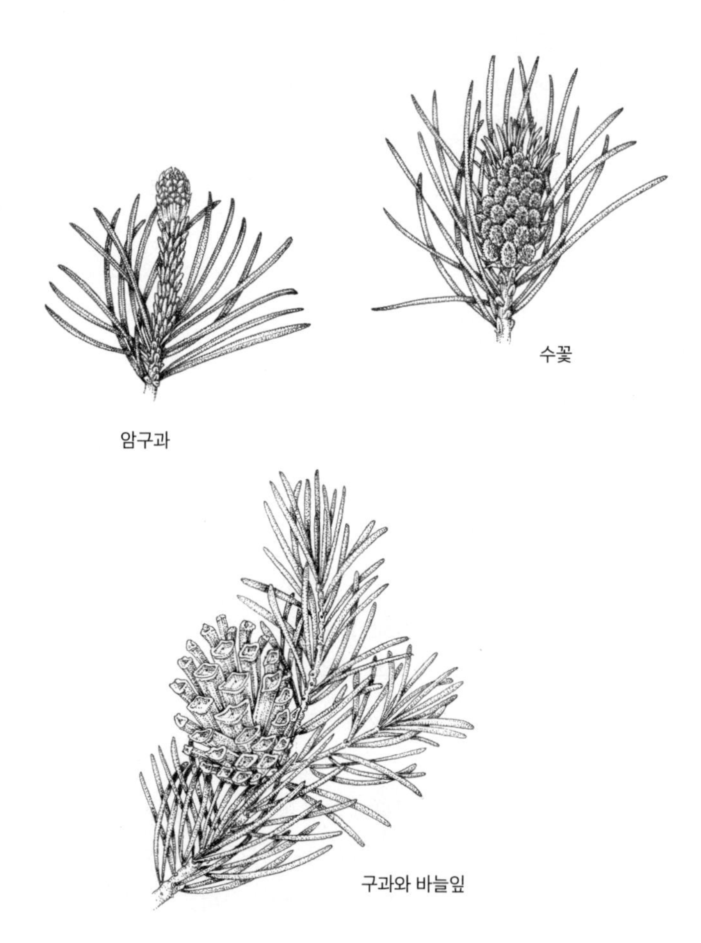

구주소나무

Pinus sylvestris

구주소나무*Pinus sylvestris*는 유라시아 소나무과를 대표하는 수종이며 쌍둥이 격인 뱅크스소나무*Pinus banksiana*는 북아메리카를 주름잡고 있다. 식민지 정착민들은 잭소나무, 관목소나무, 검은소나무, 회색소나무 등으로 불렀으며 아메리카 원주민들은 애서배스카어로 '코헤'라고 불렀다. 북아메리카의 또 다른 종 가시삿갓소나무*Pinus aristata*는 세계 최장수 나무 후보로, 캘리포니아에는 수령이 5000년 이상인 표본들이 있다.

구주소나무는 뱅크스소나무보다 더 오래 살고 더 높이 자라지만, 뱅크스소나무가 더 억세 헐벗은 바위와 모래질 토양에서도 살아남는다. 또한 지의류와 특별한 관계를 발전시켜 얕은 토양에서는 구할 수 없는 영양물질을 얻는다. 이 공생 관계는 뿌리에서뿐 아니라 줄기, 잔가지, 바늘잎에서도 일어난다. 근사하게 생긴 송라과 지의류는 뱅크스소나무 가지에 늘어지는데, 질소를 포집해 나무에 공급하며 다양한 항균성 산酸과 생화학물질을 만들어낸다.

구주소나무는 청록색 바늘잎을 쌍으로 내며 곧고 대칭적인 구과는 가지에 똑바로 서 있지만 뱅크스소나무의 바늘잎은 보잘것없고 뾰족하며 한 쌍의 휘어진 암구과는 한 쌍의 바나나처럼 서로 마주보며 가지에 달려 있다. 구과는 고무진으로 밀봉되어 산불이 나야만 열린다. 뱅크스소나무는 나뭇진에서 높은 열을 발생시켜 땔나무로 인기가 좋지만 나뭇진 때문에 고사목이 느리게 썩어서 그루터기가 100년까지 가기도 한다.

북아메리카는 100여 종의 온갖 소나무가 풍부하며 이곳 원주민들은 소나무를 약용으로 두루 활용한다. 바늘잎, 나뭇진, 고무진은 방부 및 항균 효과가 있다. 여러 부위를 태우거나 우리거나 삶아 호흡기 질환을 치료한다. 카유가족은 옹이—약용 성분이 가장 진하게 농축된 곳—를 모아 고갱이를 추출하여 결핵 치료제로 썼다.

오대호 부족들에게 소나무는 자연과의 조화를 상징했다. 이로쿼이족은 스트로브잣나무*Pinus strobus* 바늘잎을 태워 잡귀를 쫓고 평화를 빌었으며, 망자를 본 사람이 있으면 떨어진 가지를 태워 연기로 그 사람의 눈을 '세척'했다. 시베리아에서는 바이칼호 호안의 소나무 숲이 부랴트족에게 신성시되었다. 영국에서는 일찍부터 구주소나무를 지표로 써서 경계와 통행권을 나타냈다. 고대 이집트인은 소나무 가운데를 파내어 오시리스 신상을 묻었다.

구주소나무와 스트로브잣나무는 둘 다 가뭄에 취약하지만 뱅크스소나무는 계절에 따른 물 부족을 너끈히 이겨내는 듯하다. 북극권 남쪽으로 1600여 킬로미터에 이르기까지 북아메리카 전역에 분포하는 것으로 보건대 기후 틈새가 넓어 미래 숲의 후보가 될 수 있어 보인다.

{ 사시나무속 }

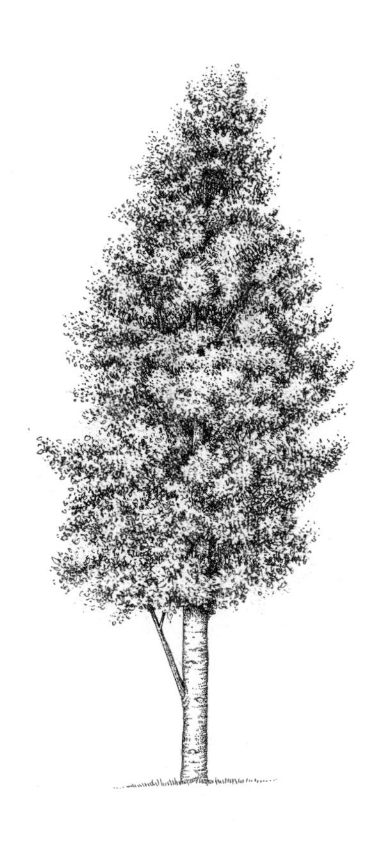

북미사시나무

Populus tremuloides

아스펜(사시나무속)은 북극권에서 북아프리카까지, 그리고 북부한대수림을 거쳐 일본까지 전 세계에 가장 널리 분포하는 수종 중 하나다. 자작나무와 마찬가지로 개척종이며 마지막 빙기 이후 최초로 북반구를 장악한 수종에 속한다. 빠르게 자라며 교란이나 산불 이후에 힘차게 재생한다.

껍질은 매끈하고 회색이며 잎은 작고 둥그스름하다. 잎자루 밑동이 독특하게 적응했는데, 그 부위가 납작하며 매우 유연하면서도 질겨서 산들바람에 회전하고 팔락거릴 수 있다. 북미사시나무*Populus tremuloides*가 영어로 '부들부들 아스펜trembling aspen 또는 quaking aspen'으로 불리는 것은 이 때문이다. 아일랜드인들은 아스펜이 감정이 격해져 몸을 흔든다고 말했다. 잎은 처음 돋았을 때는 구릿빛 갈색이며 엽록소가 채워지면 초록색으로 변했다가 가을에 노란색으로 바뀐다. 잎을 떨면서 주변에 빛을 반사하고 생화학물질을 퍼뜨린다.

아스펜은 짐승에게나 인간에게나 중요한 약용 식물이다. 나비는 살리실산염과 (아연과 마그네슘 같은) 무기물을 얻으려고 찾아온다. 껍질은 산도가 낮아서 (아스펜에서만 자라는) 일부 지의류의 보금자리가 된다. 사람은 속껍질을 먹을 수 있는데, 멜론 비슷한 맛이 난다. 겉껍질은 당뇨병, 심장병, 성병, 복통 등 온갖 병을 치료하는 데 쓰였다. 잎은 벌에 쏘였을 때 통증을 가라앉혀주며, 껍질의 흰색 주피를 채취하여 지혈 분말로 쓸 수 있다.

꽃은 봄에 피며 길게 늘어진 보송보송한 씨앗이 목화를 닮아 영어 속명이 '목화나무'다. 씨앗은 쓰이는 일이 드문데, 자기 복제로 무성생식하는 쪽을 선호한다. 포플러강에서와 같은 대규모 군락은 수천 년 묵은 하나의 유기체일 것이다. 아니시나베족은 포플러로 음식과 가죽을 훈연했으며 모깃불로 태우기도 했다.

그리스 신화에서는 몸과 혼을 보호하는 '방패 나무'로 알려졌다. 게일어 이름은 '크리슨'이다. 하일랜드 주민들은 아스펜이 요정 왕국과 관계가 있으며 주술적 능력이 있다고 생각했다. 그래서 건축물을 짓는 데 쓰는 것은 금기시되었다.

전 세계에서 아스펜은 열 스트레스에 시달리고 있는 듯하다. 하지만 다이애나 베레스퍼드크루거에 따르면 대서양 양편에서 북미사시나무의 삼배체—염색체의 수가 정상인 두 개가 아니라 세 개인 개체—변종이 나타났는데, 이는 더 강인한 자식을 낳을 기회가 될 수도 있다.

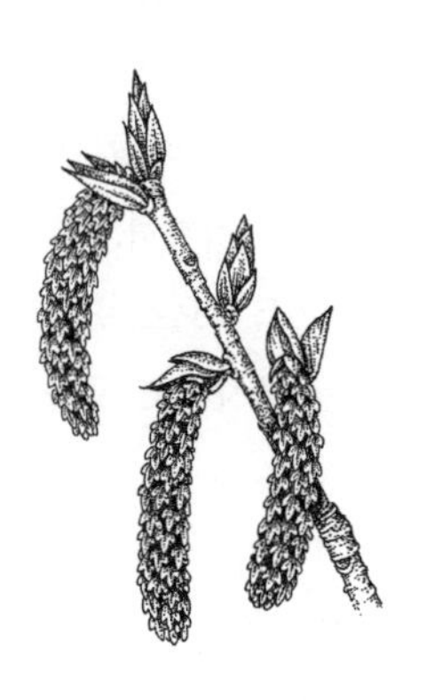

꽃이 달린 꼬리꽃차례

열매가 달린 꼬리꽃차례

잎

발삼포플러

Populus balsamifera

발삼포플러는 버드나무과에 속하는 또 다른 사시나무속 수종으로, 봄마다 암나무에서 솜털 구름을 피운다. 아스펜과 마찬가지로 무성생식을 하는 습성이 있어 어미 나무로부터 최대 40미터 땅속으로 대아를 내보낸다. 곧은 회색 줄기는 아스펜을 닮았지만, 어린나무일 때는 매끈하다가도 세월이 지나면서 파이고 갈라져 깊은 골이 생긴다. 잎은 사촌 아스펜보다 길고 푸르고 심장 모양이며 크기도 훨씬 크다.

이름의 '발삼'은 눈과 잎에 풍부한 나뭇진인 올레오레진에서 비롯했다. 올레오레진은 발삼포플러의 풍성한 약장藥欌으로, '길르앗의 유향'이라는 별명은 여기서 왔다. 올레오레진이 농축되는 이유는 발삼포플러가 수목한계선의 혹독한 서식 환경을 좋아하기 때문이다. 수목한계선에서 생존할 수 있는 견목은 거의 없지만 발삼포플러는 추위를 이겨내고 번성한다. 키는 30미터, 지름은 2미터까지 자랄 수 있다. 주접든 크룸홀츠로 발견된 적은 한 번도 없으며 곧고 높게만 자란다.

전 세계에 서식하지만 북아메리카 바깥에서는 대규모 군락을 이루지 않는다. 퍼스트네이션은 발삼포플러를 중요시했으며 밤bam, 밤나무bamtree, 하크마타크라고 불렀다. 나뭇진으로는 암, 고혈압, 심장병 등 다양한 질병을 치료했다. 발삼포플러의 기름은 토착 아메리카인들이 다양한 치료에 쓴 만병통치약이었으며 목재는 약효와 항균 효과가 있어 이쑤시개와 젓가락에 쓰인다. 서구 의학에서는 아직까지 발삼포플러의 약용 잠재력을 파악하거나 온전히 탐구하지 못하고 있다.

{ 버드나무속 }

강둑버드나무

Salix fragilis

버드나무는 수목한계선 너머에서 발견되는 선발대 수종frontier species으로, 툰드라에 자리를 잡고 있다. 귀버들이나 호랑버들은 떨기나무로 자라 땅을 따라 기어다닐 수 있으며 강둑버드나무와 흰버드나무는 성숙하면 키가 30미터에 이른다. 300종이 매우 넓은 기후 틈새에 퍼져 있으며 모두가 물을 좋아한다.

버드나무는 물길을 보듬어 저지대 강기슭, 툰드라 웅덩이, 수목한계선 위 산속 개울에 늘어선다. 물에 너무 가까이 붙으면 백분병*에 걸릴 위험이 있지만, 버드나무가 진화시킨 살리실아닐리드라는 이종감응물질**은 항진균 성질과 항백분병 성질이 있다. 버드나무는 수계의 상류를 보호하고 지하수 흐름을 조절하며 범람을 늦추고 어류를 비롯한 수생생물의 회복에 유익한 생화학물질을 물에 방출한다. 불안정성 에스테르labile ester는 어류의 기름 고정에 도움이 된다. 그 밖의 살리실산은 물속에서 빛을 증폭하여 수생식물에 유익하다. 버드나무 씨앗은 목화솜 같은 털을 벗어버린 뒤 강물에 떠서 황금색으로 변하는데, 운 좋은 물고기에게 단백질이 풍부한 작은 먹이가 된다.

겨울에는 대다수 종의 헐벗은 가지가 초록색, 노란색, 빨간색으로 물들며 봄에는 꼬리꽃차례가 나타난 뒤 첫 잎이 돋는다. 두툼하고 북슬북슬한 털북숭이 눈은 단단히 싸여 있으며 매혹적이다. 버드나무과는 450여 종의 곤충을 먹여 살린다.

꼬리꽃차례는 호박벌에게 첫 번째 꽃가루 공급원 중 하나다. 벌들이 버드나무를 찾는 것은 약효가 있는 꽃가루와 꽃꿀을 얻기 위해서인데, 여기에는 항생 효과가 있다. 나비도 금속을 결합하여 멋진 색깔을 내는 데 필요한 생화학물질을 얻기 위해 버드나무에 의존한다. 금속은 나비 날개의 색깔을 이루는 전자 알갱이다.

버드나무는 수계를 맑고 건강하게 유지하는 것뿐 아니라 곤충 개체군

* 자낭균이 식물의 잎, 어린 열매 따위에 번져서 생기는 병.

** 다른 종의 개체에 특정 행동 변화를 불러일으키는 물질.

을 건강하게 유지하는 데도 필요하다. 지구온난화로 꽃가루받이 곤충이 홍역을 치르고 있는 지금 버드나무를 더 많이 심으면 도움이 된다. 대부분의 종은 가지를 잘라 땅에 묻으면 새로 자란다. 버드나무 씨앗은 발아한 지 36시간 뒤에 생장을 시작하여 멈추지 않으며, 숲에서 가장 빨리 자라는 나무 축에 든다.

어린 싹은 바구니와 직물을 짜는 데 쓰였으며 성숙한 목재는 가구, 수레바퀴, 크리켓 배트, 나막신 등 많은 물품의 재료로 제격이다. 오지브와족은 버드나무로 한증막을 지으며 통증 완화제와 염증 치료제에서 변비약과 항생제까지 다양한 약제로 활용한다. 사람들은 오래전부터 버드나무 잔가지를 씹었는데, 그 뒤 활성 성분인 아스피린을 분리해 시장에 선보였다.

{ 마가목속 }

소르부스 아우쿠파리아

Sorbus aucuparia

마가목은 북부한대수림 전역에서 쉽게 볼 수 있다. 봄에는 흰 꽃을 피우고 가을에는 빨간 베리를 주렁주렁 매단다. 장미과에 속하며, 대칭형 톱니 모양 잎이 물푸레나무를 닮아 산물푸레나무mountain ash로 불린다. 소르부스 아우쿠파리아*Sorbus aucuparia*는 유럽에 흔한 종이며 소르부스 아메리카나*Sorbus americana*와 소르부스 데코라*Sorbus decora*는 북아메리카 변종이다. 그린란드마가목*Sorbus groenlandica*은 별도의 아종이다.

마가목속은 빠르게 자라는 숲의 개척자로, 뜻밖의 장소에도 쉽게 자리 잡기 때문에 북부한대수림 클럽의 핵심 멤버다. 균류와 지의류와는 개암나무 다음으로 호혜적인 관계를 맺는다. 봄에 피는 꽃은 달콤한 향내를 진하게 풍겨 꽃가루받이 곤충을 유혹하며, 온갖 종류의 곤충과 긴 겨울을 나고 찾아오는 철새들에게 먹이 공급원이 된다. 마가목은 북부한대수림의 안전망으로, 기후 패턴이 교란되어도 꽃가루와 꽃꿀을 생산한다.

가을이 되면 새들은 마가목속의 빨간 베리로 다시 배를 채운 뒤 남쪽으로 날아간다. 마가목의 붉은색은 겨울의 전조다. 새들은 배를 불려준 대가로 씨앗을 퍼뜨려준다. 빨갛고 둥근 열매 하나에 씨앗이 여덟 개 들어 있다. 씨앗의 질긴 껍질은 그냥 부서지지 않기 때문에 짐승의 소화관을 통과하거나 기상 현상을 겪어야 한다. 씨앗은 생긴 지 몇 년이 지나서도 발아할 수 있다.

사람도 마가목 베리를 먹을 수 있으며 종종 잼으로 만들어 고기에 곁들여 먹었다. 스코틀랜드 하일랜드에서는 베리 말고는 어떤 부위도 쓰면 안 된다는 금기가 있었으며 칼로 자르는 것은 엄격하게 금지되었다. 마가목은 집 근처에 수호신 격으로 심었으며 요정 왕국과 관계가 있다고 여겼다. 베리 정단의 작은 '大' 자 모양 별은 고대의 수호 상징인 펜타그램pentagram이다. 스칸디나비아에서는 마가목에 룬 문자를 써서 점을 쳤다.

마가목 잎은 밑면이 은빛이다. 햇빛을 반사하며 흙에서 피어오르는 습기를 유지하고 잡아들일 수 있다. 덩이진 뿌리를 넓게 퍼뜨려 수분이 부족한 겨울과 여름에도 살아남을 수 있기에 기후변화를 완화할 목적으로 심으면 좋다.

{ 주목속 }

가지에 핀 암꽃

가지에 핀 수꽃

암꽃

수꽃

포엽*이 떨어져 나간 수술머리

가지에 열린 베리

서양주목

Taxus baccata

주목은 흥미로운 나무다. 습한 기후의 척박한 토양을 좋아하는 구과수로, 영국에서 유럽 전역을 거쳐 북아프리카, 이란, 캅카스산맥 산악 지대까지 퍼져 있지만 소규모 군락이나 한 그루로만 발견될 뿐 온전한 숲을 이루는 일은 드물다. 많은 나라에서 멸종위기종으로 분류된다.

한 서양주목*Taxus baccata*은 유럽에서 가장 오래된 생나무—스코틀랜드 글렌라이언에 있는 포팅걸** 주목—이며 주목속은 가장 오래된 유럽 나무속으로, 6600만 년 전 백악기-제3기 이행기에 나타난 것으로 보인다. 따라서 주목을 보면 존경심을 품지 않을 수 없다. 주목이 시선을 잡아당기는 것은 연륜과 불멸의 잠재력 때문이다. 이런 까닭에 켈트인은 주목을 삶과 죽음의 나무로서 숭배했다. 암나무의 빨간 베리는 인체에 매우 유독하지만 이따금 두통과 신경통 치료에 쓰이기도 한다. 최근에는 항암 효과가 발견되기도 했다. 줄기는 우람하게 커질 수 있으며 낮게 펼친 가지로 어두운 그늘을 드리워 주목 아래에서는 식물이 좀처럼 자라지 못한다. 이 때문에 주목은 신비와 마법의 분위기를 풍긴다.

주목은 우리가 나무들에 대해, 나무들이 어쩌다 이곳에 오게 되었는지에 대해 아는 것이 얼마나 적은지 절감하게 한다. 주목은 잔존식물로 보이지만—한때는 훨씬 널리 퍼져 있었다—과거 기후변화 때문에 지금처럼 분포하게 되었으며 서식지가 절멸면제지역에 국한되었다. 증거로 보건대 신제3기(3400만~3500만 년 전) 빙하 변동으로 서식 범위가 감소하고 마지막 빙기를 비롯한 여러 차례의 제4기 빙하 변동으로 군락이 더욱 쪼개졌을 것이다.[1]

주목은 확산 능력이 낮다. 작은 초록색 밑씨는 꽃가루로 수정되면 빨간 베리가 되는데, 가지와 잎자루 사이에 달린다. 바늘처럼 생긴 납작한 잎은 아래쪽에 회색과 노란색 띠가 있으며 나선 모양으로 가지에 붙어 있지만 밑동에서 휘어 마치 일렬로 난 것처럼 보인다. 주목은 씨앗을 멀리 퍼뜨리

* 잎의 변태로, 꽃이나 꽃받침을 둘러싸고 있는 작은 잎. 싹이나 꽃봉오리를 싸서 보호하는 작은 잎을 가리키기도 한다.

** 글렌라이언의 마을 이름.

지 않으며 씨앗에서 쉽게 자라지도 못한다. 습기, 영양분이 풍부한 미기후, 그리고 어린나무를 초식동물로부터 보호해줄 보모 식물(대개는 주니퍼)이 필요하다. 주목은 교란된 지대에서 견목들을 물리치고 새 숲을 조성할 테지만 혼합림에서 벌목되면 재생에 애를 먹는다.

주목은 인간이 숲에 등장하기 전부터 지금까지 숲을 지키고 있다. 지금의 분포는 기후가 불리하게 작용하고 플라이오세의 습한 안개가 사라지고 훗날 사람들에게 벌목된 결과다. 그 점에서 주목은 과거의 유령일 뿐 아니라 미래 숲의 유령이기도 하다.

숲의 끝은 세상의 끝이다

수목한계선. 나무가 자랄 수 있는 북쪽 끝. 그곳의 나무들은 얼어붙고 메마른 땅에서 추위와 바람에 시달리며 간신히 살아간다. 그래서 이 책의 영어판 부제가 '마지막 숲과 지구 생명의 미래'인 것이 의아했다('마지막 숲'은 한국어판 제목의 일부이기도 하다). 앙상하게 주접든 채 가까스로 연명하는 나무들이라면 마지막 숲이기는커녕 가장 먼저 사라질 처지 아닐까? 그렇다면 마지막까지 살아남을 숲이 아니라 마지막에 생겨난 숲이라는 뜻일까?

우선 밝혀둘 것은 저자가 머리말에서 말하듯 수목한계선은 선이 아니라 과정이라는 것이다. 예나 지금이나 수목한계선은 고정된 선이 아니다. 지구 기후의 변화에 따라 올라가기도 하고 내려가기도 한다. 그리고 지구가 온난화되고 있는 지금은 누구나 예상할 수 있듯 맹렬한 속도로 올라가고 있다.

그런데 발이 없는 나무가 어떻게 움직인다는 것일까? 나무 한 그루 한 그루는 평생 한자리에 뿌리내리고 살아가지만 숲은 이동할 수 있다. 나무의 번식은 곧 나무의 이주다. 어떤 씨앗은 단풍나무 열매처럼 날개가 달렸고 또 어떤 씨앗은 날개 달린 탈것(새)에 탑승하여(잡아먹혀) 날아간다. J. R. R. 톨킨의 『반지의 제왕』에 나오는 나무 거인 엔트는 나무의 이런 성격에 빗댄 것인지도 모르겠다.

나무는 그저 하나의 생명이 아니다. '생명의 보금자리'라고 부르는 게 더 나을 것이다. 무수한 목본초식동물, 조류, 설치류, 곤충, 균류가 나무에 기대어 살아간다. (인간도 마찬가지다. 저자 말마따나 "나무와 인간은 같은 기후 틈새를 공유한다".) 그렇다면 지구 역사를 통틀어 기온이 상승하여 빙하가 후퇴할 때마다 가장 먼저 땅을 차지한 생물이 날개 달린 새와 발 달린 짐승일 리 없음을 알 수 있다. 동물은 허허벌판에서 살아갈 수 없다. 먼저 서식 환경이 조성되어야 한다. 그러니 숲의 이동은 뭇 생명의 터전이 이동하는 것과 같다.

저자가 '마지막 숲'에서 '지구 생명의 미래'를 본 것은 이 때문이다. 북상하는 숲은 정복자이지만 그와 동시에 피난민이기도 하다. 우리와 같은. 이 책에서 거듭거듭 강조하듯 인류는 숲에 기대 살아왔다. 심지어 해양 먹이사슬의 토대인 식물성 플랑크톤조차 광합성을 하려면 나무가 내어주는 철이 있어야 한다. 인류는 더워진 지구에서 홀로 살아갈 수 없다.

저자의 여정은 웨일스에서 출발하여 스코틀랜드, 노르웨이, 러시아, 알래스카, 캐나다, 그린란드를 거쳐 웨일스에서 마무리된다. 지역마다 우점종이 다르고 기후변화의 양상이 다르다. 숲이 넓어지는 것을 반기는 곳이 있는가 하면 나무를 없애고 툰드라를 복원하려는 곳도 있다. 어느 곳에서는 나무가 온난화를 부추기기도 하고 다른 곳에서는 기온 상승을 막아주기도 한다. 무작정 나무를 심는 것이 능사가 아니다. 이 책에서는 현상황과 미래를 예측하여 파종하고 식재하는 '전략생태학'을 대안으로 내세운다. 이것은 세상 만물이 서로 연결되어 있다는 옛사람들의 지혜를 학문적으로 정립한 것이다.

너무 더워져서 견딜 수 없게 된 나무가 선택할 수 있는 방향은 두 가지다. 더 높은 위도와 더 높은 고도. 하지만 북상은 북극해에 가로막히며 산봉우리보다 높이 올라갈 수는 없다. 나무들은 어디로 가야 할까? 그건 그렇고 인류에게 나무를 걱정해줄 여유가 있을까? 기후 난민은 국경에 가로막히면 그 자리에 주저앉을까? 아니면 개별 국가가 감당할 수 없는 일이 벌어질까?

하지만 나무는 속수무책으로 당하고 있지 않다. 아무리 메마른 땅에서도 어떻게든 틈새를 찾아 싹을 틔우고 뿌리를 내린다. 달라진 환경에 적응하기 위해 자신의 DNA를 바꾸고, 교잡해 새로운 종이 되고, 생존 전략을 수정한다. 나무는 인간과 달리 절망하는 법을 모르는 것 같다. 우리는 나무에게 배워야 할 것이 많다.

우리는 지구온난화를 폭염, 홍수, 가뭄 등으로 경험한다. 이것들은 인간의 삶에 직접 피해를 주는 것들이다. 아니면 무너져 내리는 빙하나 얼음 조각 위에서 어쩔 줄 모르는 북극곰의 이미지를 떠올린다. 하지만 그 사이의 모든 존재들도 고통받고 있다. 먹이를 찾지 못해 떼죽음하는 순록, 회유回游하지만 산란하지 못하는 연어, 영구동토대가 녹아 '익사'하는 잎갈나무. 문명과 동떨어져 우리의 시선에서 벗어나 있는 부족들도 삶의 터전과 문화의 토대를 잃고 있다.

이 책은 일종의 다크 투어리즘인지도 모르겠다. 저자가 가는 곳마다 처절한 비명이 울려 퍼진다. 나무는 말을 할 수 없지만, 없어야 할 곳에 있음으로써, 있어야 할 곳에서 죽어감으로써 우리에게 경고를 발한다. 자식이 하나도 없는 할머니 나무는 무언가 잘못되었음을, 순환의 고리가 끊어졌음을 알린다. 처절한 풍경이 아름다워도 될는지 모르겠지만 물과 얼음과 햇빛과, 그리고 무엇보다 초록빛과 잿빛의 나무는 세상의 끝에서도 아름답다.

이 책이 내가 지금껏 번역한 책 중에서 까다롭기로 다섯 손가락에 꼽을 만하다고 말하면 믿을 독자가 있을까? 편집자는 눈치챘을지도 모르겠다. 원문 해독에 집중력을 소진한 탓에 엉뚱한 곳에서 종종 터무니없는 실수를 저질렀으니 말이다. 번역이 번역자 혼자만의 일이 아니어서 다행이다.

이번에는 전문 용어뿐 아니라 일상어에도 역주를 달았다. 요즘은 나의 한국어가 당신의 한국어와 사뭇 다를지도 모르겠다는 생각이 든다. 둘 사이에 소통이 없다면 차이는 점점 커질 것이다. 나는 당신을 이해하고 싶고 당신에게 이해받고 싶다. 내가 아는 가장 과거의 언어와 당신이 아는 가장 미래의 언어가 연결된다면 한국어는 더욱 풍성해질 것이다.

소유와 달리 이용에는 책임이 따른다. 책임지지 않는 자는 소비하고 파괴할 수 있을 뿐 가꾸고 간직하고 나눠주지 못한다. 말이 안 되는 말이지만, 우리는 버리기 위해 산다. 인류가 지구를 소유한 것은 분명해 보인다. 거대 동물이든 세균이든 바이러스든 지구를 넘보는 모든 생물을 우리는 성공적으로 물리쳤으니 말이다. 하지만 과연 우리는 지구를 책임 있게 이용하고 있을까? 나무들은 결코 그렇지 않다고 말할 것이다. 그렇지 않다고 말할 나무가 계속 남아 있었으면 좋겠다.

노승영

주

머리말

1 Thomas Berry, *The Dream of the Earth* (Sierra Club, 1988). 한국어판은 『지구의 꿈』(대화문화아카데미, 2013).

1장 좀비숲

1 Ron Summers, *Abernethy Forest: The History and Ecology of a Scottish Pinewood* (RSPB, 2018).

2 같은 책.

3 Oliver Rackham, *Trees and Woodland in the British Landscape* (Phoenix, 1976).

4 Rob Wilson et al., "Reconstructing Holocene Climate from Tree Rings: The potential for a long chronology from the Scottish Highlands," *The Holocene* 22, 3-11, 2019. Miloš Rydval et al., "Spatial reconstruction of Scottish summer temperatures from tree rings," *International Journal of Climatology* 37:3, 2017도 보라.

5 Jurata Buchovska and Darius Danusevicius, "Post glacial migration of Scots pine," *Baltic Forestry*, 2019.

6 Garrett Hardin, "The Tragedy of the Commons," *Science* 162:3859, 1243-48, December 13, 1968. 하딘의 논증은 인간이 공유지에서 절제력을 발휘하리라 신뢰할 수 없다는 것이었다. 하딘이 쓴 전체 구절은 "공유지에서의 자유의 비극"이었으며 이 논문은 인간으로 하여금 자제력을 발휘하도록 하고 공유지를 과도하게 이용하거나 오염시키지 못하도록 강제적으로 유도할 방법을 논했다. 이것은 현재의 천연자원 관리에 대해서는 적절한 논증이지만 과거에 대한 설명으로서는 유용하지 않으며 토착민의 관행을 대하는 엄밀한 방식도 아니다. 그럼에도 하딘의 논문은 그런 식으로 쓰이고 있다. George Monbiot, "The Tragedy of Enclosure," *Scientific American*, January 1994를 보라.

7 John Prebble, *The Highland Clearances* (Penguin, 1969).

8 Arthur Mitchell (ed.), "Geographical Collections," 2 in Professor T. C. Smout, *History of the Native Woodlands of Scotland 1500–1920* (Edinburgh University Press, 2008).

9 Jim Crumley, *The Great Wood: The Ancient Forest of Caledon* (Birlinn, 2011).

10 Vladimir Gavrikov and Pavel Grabarnik et al. "Trunk-Top Relations in a Siberian Pine Forest," *Biometrical Journal* 35, 1993.

11 Diana Beresford-Kroeger, *The Global Forest: 40 Ways Trees Can Save Us* (Particular

Books, 2011).
12 Rackham, *Trees and Woodland.*
13 Eurostat 데이터베이스, ec.europa.eu.
14 Leif Kullman, "A Recent and Distinct Pine (Pinus sylvestris L.) Reproduction Upsurge at the Treeline in the Swedish Scandes," *International Journal of Research in Geography* 4, 2018.
15 Leif Kullman, "Recent Treeline Shift in the Kebnekaise Mountains, Northern Sweden," *International Journal of Current Research* 10:01, 2018.
16 Summers, *Abernethy Forest.*
17 같은 책.
18 Fiona Harvey, "London to have climate similar to Barcelona by 2050," *Guardian*, July 10, 2019.
19 Summers, *Abernethy Forest.*
20 Bob Berwyn, "Many Overheated Forests May Soon Release More Carbon Than They Absorb," *Inside Climate News*, January 13, 2019.

2장 순록을 쫓아

1 *Last Yoik in Sami Forests?* Greenpeace, 2005. 핀란드 노숙림 개벌에 반대하는 투쟁을 기록한 영상.
2 다이애나 베레스퍼드크루거와의 개인적 교신.
3 Diana Beresford-Kroeger, *Arboretum Borealis* (University of Michigan Press, 2010).
4 Abrahm Lustgarten, "How Russia Wins the Climate Crisis," *New York Times*, December 9, 2020.

3장 잠자는 곰

1 Anton Chekhov, *Sakhalin Island* (Alma Classics, 2019). 한국어판은 『안톤 체호프 사할린 섬』 (동북아역사재단, 2013).
2 Anatoly Abaimov et al., "Variability and ecology of Siberian larch species," Swedish University of Agricultural Sciences, Department of Siviculture, Report 43, 1998.
3 Bob Berwyn, "When Autumn Leaves Begin to Fall—As the Climate Warms, Leaves on Some Trees are Dying Earlier," *Inside Climate News*, November 26, 2020.
4 Berwyn, "Many Overheated Forests…".
5 Elena Parfenova, Nadezhda Tchebakova and Amber Soja, "Assessing landscape

potential for human sustainability and 'attractiveness' across Asian Russia in a warmer 21st century," *Environmental Research Letters* 14:6, 2019.

6 Lustgarten, "How Russia Wins…".

7 같은 책.

8 Oliver Milman, "Global heating pushes tropical regions towards limits of human livability," *Guardian*, March 8, 2021.

9 Gabriel Popkin, "Some tropical forests show surprising resilience as temperatures rise," *National Geographic*, November 19, 2020.

10 A. A. Popov, *The Nganasan: The Material Culture of the Tavgi Samoyeds*, Routledge Uralic and Altaic Series 56 (Routledge, 1966).

11 Piers Vitebsky, *The Reindeer People: Living with animals and spirits in Siberia* (Mariner Books, 2005).

12 Peter Wadhams, *A Farewell to Ice* (Penguin, 2015). 한국어판은 『빙하여 잘 있거라』 (경희대학교출판문화원, 2018).

13 Svetlana Skarbo, "Weather swings in Siberia as extreme heat is followed by June snow, tornadoes and floods," *Siberian Times*, June 9, 2020.

14 A. Popov, "Tavgitsy," Trudy Instituta antropologii i etnografii, t. 1. vyp. 5. Moskva-Leningrad 1936, pp. 85-93. A. Lintrop 편역.

15 *Shaman*, Lennart Mari. 1977년 제작되어 1997년 발표된 다큐멘터리 영상, https://www.youtube.com/watch?v=2ZlOPkIbR50.

16 Eugene Helimski, "Nganasan Shamanistic Tradition: Observations and Hypotheses," 1999년 6월 오슬로 Centre for Advanced Study에서 열린 콘퍼런스 'Shamanhood: The Endangered Languages of Ritual'에 제출된 논문.

17 W. Gareth Rees et al., "Is subarctic forest advance able to keep pace with climate change?", *Global Change Biology* 26:4, July 2020.

18 Dr Zac Labe of the University of Colorado interviewed by Jeff Berardelli, "Temperatures in the Arctic are astonishingly warmer than they should be," *CBS News*, November 23, 2020.

19 Chekhov, *Sakhalin Island*.

20 Craig Welch, "Exclusive: Some Arctic Ground No Longer Freezing—Even in Winter," *National Geographic*, August 20, 2018.

21 S. Zimov et al., "Permafrost and the global carbon budget," *Science* 312:5780, July 16, 2006.

22 University of Copenhagen, "Arctic Permafrost Releases More Carbon Dioxide than Previously Believed," phys.org, February 9, 2021.

4장 국경

1 Charles Wohlforth, *The Whale and the Supercomputer* (Farrar, Straus & Giroux, 2004)에서는 이 연구와 관련 논쟁을 자세히 서술한다.

2 Ken Tape, "Tundra be dammed: Beaver colonization of the Arctic," *Global Change Biology* 24:10, October 2018; Ben M. Jones et al., "Increase in beaver dams controls surface water and thermokarst dynamics in an Arctic tundra region, Baldwin Peninsula, northwestern Alaska," *Environmental Research Letters* 15, 2020.

3 Seth Kanter, *Shopping for Porcupine* (Milkweed Editions, 2008).

4 Anna Terskaia, Roman Dial and Patrick Sullivan, "Pathways of tundra encroachment by trees and tall shrubs in the western Brooks Range of Alaska," *Ecography* 43, 2020.

5 Merlin Sheldrake, *Entangled Life* (Bodley Head, 2020). 한국어판은 『작은 것들이 만든 거대한 세계』 (아날로그, 2021).

6 S. W. Simard et al., "Net transfer of carbon between ectomycorrhizal tree species in the field," *Nature* 388, 1997; Ferris Jaber, "The Social Life of Forests," *New York Times Magazine*, December 2020.

7 "Satellites reveal a browning forest," NASA Earth Observatory, April 18, 2006.

8 "Land Ecosystems Are Becoming Less Efficient at Absorbing CO2," NASA Earth Observatory, December 18, 2020.

9 Kate Willett, "Investigating climate change's 'humidity paradox'," *Carbon Brief*, December 1, 2020.

10 Max Martin, "Add atmospheric drying—and potential lower crop yields—to climate change toll," *Toronto Star*, March 12, 2021.

11 T. J. Brodribb et al., "Hanging by a thread? Forests and Drought," *Science* 368:6488, April 17, 2020.

12 Jim Robbins, "The Rapid and Startling Decline of World's Vast Boreal Forests," *Yale Environment* 360, October 12, 2015.

13 같은 책.

14 Fred Pearce, *A Trillion Trees* (Granta, 2021).

15 같은 책.

16 David Ellison et al., "Trees, Forests and Water: Cool Insights for a Hot World," *Global Environmental Change* 43, 2017.

17 A. M. Makarieva and V. G. Gorshkov, "Biotic pump of atmospheric moisture as driver of the hydrological cycle on land," *Hydrological Earth System Science* 11, 2007.

18 같은 책.

19 Roger Pielke and Piers Vidale, "The Boreal Forest and the Polar Front," *Journal*

of Geophysical Research 100:D12, 1995.
20 Makarieva and Gorshkov, "Biotic pump of atmospheric moisture…".
21 Fred Pearce, "A Controversial Russian Theory Claims Forests Don't Just Make Rain—They Make Wind," *Science*, June 18, 2020.
22 Kyle Redilla, Sarah T. Pearl, et al., "Wind Climatology for Alaska: Historical and Future," *Atmospheric and Climate Sciences* 9:4, October 2019.
23 Richard K. Nelson, *Make Prayers to the Raven: A Koyukon View of the Northern Forest* (University of Chicago Press, 1983).
24 "Project Jukebox," University of Alaska, Fairbanks Oral History Program. 아틀라와의 인터뷰는 https://jukebox.uaf.edu/site7/interviews/3623을 보라.
25 *Make Prayers to the Raven*, KUAC Radio, Fairbanks. 유튜브에서 볼 수 있는 다큐멘터리 시리즈.
26 World Wildlife Fund for Nature and Huslia Tribal Council, *Witnessing Climate Change in Alaska*, 2005. 학생 주도로 허슬리아 주민들을 인터뷰한 라디오 프로그램 시리즈. https://wwf.panda.org/discover/knowledge_hub/where_we_work/arctic/what_we_do/climate/climatewitness2/huslia/radio_programmes/.
27 Juliet Eilperin, "As Alaska warms, one village's fight over oil and development," *Washington Post*, December 14, 2019.
28 Beresford-Kroeger, *Arboretum Borealis*.
29 같은 책.
30 Dieter Kotte et al. (eds), *International Handbook of Forest Therapy* (Cambridge Scholars, 2019).
31 Sabrina Shankman, "What Has Trump Done to Alaska? Not as Much as He Wanted," *Inside Climate News*, August 30, 2020.

5장 바다의 숲

1 Diana Beresford-Kroeger, *To Speak for the Trees: My Life's Journey from Ancient Celtic Wisdom to a Healing Vision of the Forest* (Penguin, 2019).
2 같은 책.
3 John Laird Farrar, *Trees in Canada* (Fitzhenry and Whiteside, 2017).
4 Beresford-Kroeger, *To Speak for the Trees*; Katsuhiko Matsunaga et al., "The role of terrestrial humic substances on the shift of kelp community to crustose coralline algae community of the southern Hokkaido Island in the Japan Sea," *Journal of Experimental Marine Biology and Ecology* 241, 1999.
5 Charles C. Mann, *1493: How Europe's Discovery of the Americas Revolutionized Trade,*

Ecology and Life on Earth (Granta, 2011).
6 Tracy Glynn, "Canada is under-reporting deforestation, carbon debt from clearcutting: Wildlands League," *NB Media Coop*, January 15, 2020; Frederick Beaudry, "An Update on Deforestation in Canada," treehugger.com, January 31, 2019.
7 아니시나베족의 불의 순환과 문화 지리는 Iain J. Davidson-Hunt, Nathan Deutsch and Andrew M. Miller, *Pimachiowin Aki Cultural Landscape Atlas: Land That Gives Life* (Pimachiowin Aki Corporation, 2012)에서 자세히 설명한다.
8 David Lindenmayer and Chloe Sato, "Hidden collapse is driven by fire and logging in a socioecological forest ecosystem," *Proceedings of the National Academy of Sciences of the USA* 115:20, 2018.
9 Robin Wall Kimmerer, *Braiding Sweetgrass* (Milkweed Editions, 2013). 한국어판은 『향모를 땋으며』 (에이도스, 2020).
10 *Pimachiowin Aki Cultural Landscape Atlas*에서 애거시호의 지질을 자세히 설명한다.
11 Columbia University, "Northern peatlands may contain twice as much carbon as previously thought," phys.org, October 21, 2019.

6장 얼음과의 마지막 탱고

1 Wadhams, *A Farewell to Ice*.
2 C. Rahbek et al., "Humboldt's enigma: What causes global patterns of mountain biodiversity?", *Science* 365:6458, September 2019.
3 Richard T. Corlett and David A Westcott, "Will plant movements keep up with climate change?", *Trends in Ecology and Evolution* 28:8, 2013.
4 Jared Diamond, *Collapse: How Societies Choose to Survive or Fail* (Penguin, 2005). 한국어판은 『문명의 붕괴』 (김영사, 2005).
5 Andrew Christ and Paul Bierman, "Ancient leaves preserved under a mile of Greenland's ice—and lost in a freezer for years—hold lessons about climate change," *Conversation*, March 15, 2021.
6 Ker Than, "Ancient Greenland Was Actually Green," *Livescience*, July 5, 2007.
7 Signe Normand et al., "A Greener Greenland?: Climatic potential and long-term constraints on future expansions of trees and shrubs," *Philosophical Transactions of the Royal Society* 368:1624, 2013.
8 Peter Branner, "The Terrifying Warning Lurking in the Earth's Ancient Rock Record—Our climate models could be missing something big," *Atlantic*, March 2021.

9 Max Adams, *The Wisdom of Trees* (Head of Zeus, 2014). 한국어판은 『나무의 모험』 (웅진지식하우스, 2019).

10 Ellison et al., "Trees, Forests and Water…".

11 Aslak Grinsted and Jens Hesselbjerg Christensen, "The transient sensitivity of sea level rise," *Ocean Science* 17, 2021.

맺음말

1 Ian Rappel, "Habitable Earth: Biodiversity, Society and Re-wilding," *International Socialism*, April 2021.

2 같은 책.

3 Donna Harraway, *Staying with the Trouble: Making Kin in the Chuthulucene* (Duke University Press, 2016). 한국어판은 『트러블과 함께하기』 (마농지, 2021).

4 James Hansen, *Storms of my Grandchildren* (Bloomsbury, 2009); James Hansen et al., "Young people's burden: Requirement of negative CO2 emissions," *Earth System Dynamics* 8, 2017; David Wadsell, "Climate Dynamics: Facing the Harsh Realities of Now, Climate Sensitivity, Target Temperature and the Carbon Budget: Guidelines for Strategic Action," presentation by the Apollo-Gaia Project, September 2015.

5 David Abram, *The Spell of the Sensuous* (Vintage, 1997).

6 "집합적 생존collaborative survival"은 Anna Tsing이 *The Mushroom at the End of the World* (Princeton University Press, 2015)에서 만든 신조어다.

나무 설명

1 P. A. Thomas and A. Polwart, "*Taxus baccata*," *Journal of Ecology* 91, 2003.

옮긴이 **노승영**

서울대학교 영어영문학과를 졸업하고, 서울대학교 대학원 인지과학 협동과정을 수료했다. 컴퓨터 회사에서 번역 프로그램을 만들었으며 환경단체에서 일했다. '내가 깨끗해질수록 세상이 더러워진다'라고 생각한다. 박산호 번역가와 함께 『번역가 모모 씨의 일일』을 썼으며, 『우리가 세상을 이해하길 멈출 때』 『오늘의 법칙』 『서왕모의 강림』 『에 우니부스 플루람』 『여우와 나』 『끈이론』 『유레카』 『시간과 물에 대하여』 『향모를 땋으며』 『약속의 땅』 『자본가의 탄생』 『새의 감각』 『나무의 노래』 등 다수의 책을 한국어로 옮겼다. 2017년 『말레이 제도』로 한국과학기술출판협회 선정 제35회 한국과학기술도서상 번역상을 받았다. 홈페이지(http://socoop.net)에서 그동안 작업한 책들의 정보와 정오표, 칼럼과 서평 등을 볼 수 있다.

지구의 마지막 숲을 걷다:
수목한계선과 지구 생명의 미래

1판 1쇄 2023년 6월 16일
1판 2쇄 2024년 6월 28일

지은이 벤 롤런스
옮긴이 노승영
펴낸이 김정순
편집 황지연 김소영
디자인 김마리
마케팅 이보민 양혜림 손아영

펴낸곳 (주)엘리
출판등록 2019년 12월 16일 (제2019-000325호)
주소 04043 서울특별시 마포구 양화로 12길 16-9 (서교동 북앤빌딩)

✉ ellelit.book@gmail.com
◎ ellelit2020
전화 02 3144 3123
팩스 02 3144 3121

ISBN 979-11-91247-35-0 03450